対称性

レーダーマンが語る量子から宇宙まで

レオン・レーダーマン／クリストファー・ヒル：著
小林茂樹：訳

Symmetry
and The Beautiful Universe

白揚社

ブロンクス第九三公立学校とジェームズ・モンロー高等学校の先生方へ

――レオン

母ルース・F・ヒルと父ギルバート・S・ヒルへ

――クリストファー

対称性——目次

はじめに——対称性とは何だろう？

対称性はどこにでもある。対称性は、自然がデザインした無数のパターンのなかに具体的に表現されている。美術品、音楽、舞踊、詩、建築物などで対称性は重要な要素であり、しばしば中心的な、あるいは決定的な主題である。対称性はあらゆる科学のなかに入り込んでおり、化学、生物学、生理学、天文学においては目立った位置を占めている。対称性は、物質の構造という内部世界、宇宙という外部世界、そして数学それ自体の抽象的世界に広がっている。

われわれが最初に対称性と出会うのは、子供の頃のさまざまな体験のなかである。われわれは対称性を見たり聴いたりし、またある種の対称的相互関係をもつと思われる状況や出来事を経験する。われわれは、花びら、放射状に広がる貝殻、卵、堂々とした木の枝、木の葉の葉脈、雪の結晶、空と海面を分ける水平線などの優美な対称性を目にする。また太陽と月の理想的な対称的円盤を眺め、大空に完全な円を描くかのような太陽と月の運動を目にする。リズミカルなドラムの音の対称性、歌や鳥の鳴き声にある単純な音の繰り返しの対称性を耳にする。ときには、生物のライフサイクルの対称性や、毎年規則正しく繰り返される季節の対称性を目撃する。

人間は数千年にわたって、本能的に対称性を完全性と同一視してきた。古代の建築家は、意匠や建造物に対称性を組み入れた。古代ギリシアの神殿にせよ、ファラオの幾何学的な墳墓にせよ、あるいは中世の大聖堂にせよ、いずれも「神」が住まいとして選ぶある種の住居を表している。ギリシアの叙事詩『イリアス』、『オデュッセイア』、『アエネーイス』のような傑作にまとめられている古典詩は、物語と歌の女神をたたえるために、対称的な詩のリズムを援用している。壮麗な大聖堂の穹窿《きゅうりゅう》に響き渡るバッハの荘重なオルガン・フーガは、あたかも天空から数学的対称性が降りてくるかのように感じられる。対称性は途切れることのない大洋水平線上の日没のような気分を引き起こす。周囲の世界にわれわれが感じたり見たりする対称性は、宇宙のすべてのものの根底に完全な秩序と調和が存在するという考えを肯定している。対称性を通して、われわれはこの宇宙にある目に明らかな論理の働きを感じる。その論理はわれわれの精神の外にあるが、それにもかかわらずわれわれの精神と共鳴する。

対称性の定義を学生たちに求めると、その答えはいずれも一般的に正しい。「対称性とは何か?」という問いに、たとえば次のような答えがある。

正三角形の辺や角がすべて同じであるようなこと

互いに同じ比率になっていること

別の視点から見たとき同じように見えること

両耳、両目のように、ある対象の異なる部分が同じに見えること答えの大部分が対称性の視覚的な印象である。しかし、これらの答えには、より抽象的な概念が含まれていることがわかる。つまり「同じである」という概念が、これらの定義のすべてに含まれている要素である。実際、**対称性**の一般的な定義は次のようになるだろう。

対称性【名詞】 複数のものの間にある同等性の表現

対称性は、数学の最も基本的な概念である**同値**を含んでいる。数学では、二つのものが同じである、つまり同値であるとき、それらは等しいといい、どこにでも現れる等号「＝」を用いる。ここで「もの」といっているのは、複数の別の対象でもよいし、一つの対象の別の部分でもよい。あるいは何かの操作が加えられる**前後**の一つの対象の外観でもよい。

物理系とは、原子のような単一の粒子、あるいは分子、岩石、人体、惑星、全宇宙のような粒子の複雑な集まりであって、物理学のいろいろな法則にしたがって運動したり行動したりするものである。物理学というプリズムを通して見れば、本質的にすべてのものは物理系となる。もしある物理系にある**変化**を起こさせ、**変化の後でもその物理系が変化の前とまったく同じ**であれば、その物理系は**対称性**をもつという。われわれが物理系に起こさせるそのような変化を**対称操作**または**対称変換**という。ある変換を加えても物理系が同じであれば、系は**その変換に対して不変**であるという。

したがって、科学者が対称性を定義すれば、**対称性とは変換に対する物体または系の不変性である**ということになるだろう。**不変性**というのは、形、外観、組成、配置などについて系が同一または一定なことであり、**変換**というのは、系がある状態から別の同一の状態に移るように系に加える抽象的な作用である。系を同等な状態に移すためにその系へ加えることのできる変換は、いくつもあることが多い。

幾何学的対称性の簡単な例は、釉薬《うわぐすり》をかけて模様を焼き付ける前の中国の花瓶で見ることができる。テーブルの上に置かれた花瓶をある角度（たとえば三七・七四二…度）回転しても、その花瓶の外観や物理的構造には何の変化もない――回転の「前」と「後」の写真はまったく同じである。この花瓶はその中心を通る想像上の直線のまわりの回転に対して不変であり、この仮想直線は**対称軸**と呼ばれる。花瓶の回転が明白に示しているように、対称性の数学的定義とわれわれの知覚上の経験や情緒的な経験は一致しており、対称性は花瓶の形の美しさを高めている。

音楽にもある対称性

われわれがよく知っていて、しかし必ずしも視覚的でないものに関する対称性を考えてみよう。すでに述べたように、対称性はどこにでもあり、数ある芸術のなかで最も素晴らしいものの一つ、音楽を含む芸術作品にも入り込んでいる。初期バロック様式はルネサンスから引き継がれたもので、その構成は比較的単純だったが、ヨハン・セバスティアン・バッハの時代の西欧音楽は初期バロック様式を越えて進歩していた。新しい時代の音楽が現れ、そこには「アフェクト」と呼ばれる感情、情緒、情念がより多く含まれていた。さらに音楽の形式、構成様式が漸進的に変化を遂げつつあった。

一七〇〇年、一五歳の少年バッハは、ハンブルクの北五〇キロメートルほどにあるリューネブルクのミヒャエル修道院の学校に給費生として採用された(1)。バッハは、授業料、部屋代、食費を免除された以外に、教会の少年聖歌隊員としての奉仕に対して手当を与えられた。その奉仕には、日曜礼拝、結婚式、葬式、その他いろいろな祝祭のときの歌唱が含まれていた。バッハはソプラノを歌ったが、数年後に声変わりで美声を失い、給費生としての資格も失った。

リューネブルクは、若い音楽学徒に刺激的で多様な音楽生活と知的生活を与えた。リューネブルクでバッハは、作曲の新しい「対称的」様式に初めて出会った。その様式は、この時代のフランスの作曲家、たとえばフランソワ・クープランのような作曲家の音楽の構成に早くから見られるものだった。これらの作曲家を通して、音楽はその構成と様式において、人間的で親密で繊細で意味ありげなものになり、宮廷でのふるまい——舞踊——のような日常的な人間活動をますます表現するようになった。そして舞踊と同じように、音楽はより多くの対称性を獲得していった(2)。

単純で規則的なドラムの音は、繰り返しのリズムであり、時間における対称性である。ドラムの音のリズムは等しい間隔で時間を計り分ける。われわれの対称性の定義では、ドラムの音と音の間の**間隔の等しいこと**が**不変性**であり、変化するものに当たるのは**時間の経過**で、これが**操作**または**変換**ということになる。心臓の鼓動の生理学的な対称性がもう一つの例である。したがって、不整脈は非対称である。ドラムの音は、心臓の鼓動、生命のリズムを表している。音楽はドラムのリズムから進化したのである。

一般に初期の楽曲には、定められた調性のなかで自分自身を繰り返しながら演奏をつづけていく主題があり、これをXと呼ぶことにする。よく知られていて人気のあるパッヘルベルのカノン・ニ長調を考えよう。ヨハン・パッヘルベルはバッハより三〇年ほど前に生まれ、一八世紀の音楽表現様式を発展させた一人である。パッヘルベルのカノン・ニ長調は、初期バロック音楽の対称性を示している。このカノンがとる主題の様式は、連続的なほとんど時計のように正確なテンポでのD–A–Bm–F#m–G–D–G–Aという和音進行から構成され、それ自身を何度も繰り返し、異なる声部が入ったり出たり和声をなして演奏されながら、巧みな変奏や期待をかき立てる装飾音を加える。

もちろん、この様式にまずいところはどこにもない。ラヴェルの『ボレロ』のように、とりとめのない動きの雰囲気を呼び起こすために、二〇世紀の現代的な作曲家も、この様式、つまりある出来事が一定の歩みで進んでいく印象を呼び起こすカノンを利用して、最高潮の終局を準備する。しかしバッハの時代に、音楽はもっと複雑な対称様式を進化させ、最初の**複合形式**を表しはじめた。(3) このような楽曲は**楽章（ムーヴメント）**と呼ばれる構成を含んでいた。これは舞踊をまねたものであるが、舞踊そのものが自然のなかに見られる動作をまねたものといえる。これらの楽章は、この時代の通俗的舞踊の名をとって、「アルマンド」、「クーラント」、「サラバンド」、「ジーグ」、「フーガ」と呼ばれた。楽曲におけるこれらの楽章は、厳格な一連の規則にしたがい、楽章の対称様式を明確に規定していた。

さて、第一楽章Xが楽曲の主調で書かれた主題であって、属調に変わる、つまり転調するとしよう（たとえばハ長調の主調がト長調に転調する）。つづく第二楽章Yは属調での同じ主題の継続で、主調に転調するとしよう（われわれの例ではト長調からハ長調に変わる）。このXY、つまり二部形式の構成は、いろいろな楽曲で他の様式に拡張された。たとえばXXYYのような構成で、これは反復二部形式と呼ばれる。この構成は、たとえばベートーヴェンのピアノ・ソナタ——いわゆるウィーン風のアレグロ・ソナタ形式——に見られ、基本的な対称様式の一般化である。ここでYは、属調以外の関連する調、たとえば関係短調で再現されたXということもあり得る（たとえばもしXがハ長調の主調で提示されれば、Yはイ短調でのXの再現になる）。Yは通常はXでの主題変奏を含んでいる。

バッハはこれらの新しい概念を吸収したが、これらのたんなる構成を示す様式よりもっと多くの対称性を含む音楽を導入した。バッハの楽曲の多くの楽章には、楽句または半楽句と呼ばれるものへの対称的な分割があり、小曲の構成を示す構造的対称性を反映し模倣する類似の様式が含まれている。さらにバッハの楽曲には、逆行（註で触れた）と呼ばれる特徴が見られる。この技法では、楽節XとYのなかの同じ小節が同じ主題を用いるが、音の連なりが逆転している。個々の楽句そのものが、より大きな構成の対称的サブコンポーネントを形成する。楽曲全体はこれらの対称的コンポーネントの階層的体系になり、時間的にも空間的にも異なる数多くのスケールにある事物の多様性を備えていく。

バッハの楽曲は、最初に聴いたときには理解できないことが多い。聴く人は忍耐を要し、何回か聴いてから、これらの荘重な楽曲の内部世界を理解しはじめる。楽曲のなかで、複雑な階層構造が翼を広げて空高く舞い上がる。理解しはじめるにつれて、さまざまな様式が繰り広げられる新しい複雑な宇宙、論理と対称性の基本原理によって規定される宇宙を体験しているかのように感じる。音楽は演奏している楽器を超越する。ハープシコードや堂々たるパイプオルガンで演奏しても、おもちゃの笛のカズーやシンセサイザーで演奏しても、バッハは同じように「正しく」響く。音楽の構成を規定しているのは、結局は特定の楽器ではなく、むしろ奥深くに内在する対称的構成そのものと、それらが生み出す全体的なアフェクトなのである。

地球は丸い！

対称性はわれわれの創造力を発展させる。対称性はわれわれの芸術的衝動と思考のための組織原理を提供し、また物理的世界を理解するためにつくることのできる仮説の根源である。これについてもう一つの素晴らしい例、地球が丸いということの発見を考えてみよう。この発見がなされたのは、コロンブスやマゼランが大航海を行い、最初の地球周航を実現した時代よりはるか以前のことである。マゼランは、地球が丸いという理論を証明するための「確認実験」を成し遂げたのである（もっともマゼラン自身はこの航海から生きて帰れなかったし、フィリピン諸島をキリスト教国に変えるという企ても失敗に終わったが）[4]。もっと正確に言うと、地球が月や太陽と同じように丸いということは、古代ギリシアの数学者たちによって知られており、彼らは地球の直径も見当をつけていた。

ギリシア人は、太陽の光が地球にさまたげられて月を照らさないことが時々あり、それが月食と呼ばれるものの原因であることに気づいていた。月食のとき月に投げかけられる地球の影を観察することによって、ギリシア人は地球も月や太陽と同じように丸い物体、つまり球であると理解することができた。

紀元前二四〇年頃、ギリシア人の学者でエジプトはアレクサンドリアの有名な古代図書館の館長であったエラトステネスは、はるか南の町シエネに深い井戸があることを知っていた。一年でいちばん昼の長い夏至――六月二一日――の正午には、シエネの深井戸の水面に映る太陽の完全な像を短時間だけ見ることができた。したがって、太陽は正午にシエネの真上を通過しているはずである。しかし、この同じ日に、シエネの北八〇〇キロメートルにあるアレクサンドリアでは、太陽は真上を通らないことにエラトステネスは注目した。アレクサンドリアでは、太陽は空の真上の点である天頂から七度だけずれていた。天頂の方向がアレクサンドリアとシエネで七度異なる、というのがエラトステネスの結論だった。エラトステネスは初等幾何学を使って地球の直径を求め、それが一万二八〇〇キロメートルであることを見いだした[5]。

われわれが今日知っているように、地球の本当の直径は測定する場所によっていくらか異なる。地球が**扁平**で、極方向よりも赤道方向に広がっているからである。また地球には山や潮汐などがあるから、「平均値」だけをいうことができる。赤道を通る地球の平均直径は約一万二七六〇キロメートル、両極を通る平均直径は一万二七二〇キロメートルである。このことは、エラトステネスが地球を球と仮定して、誤差一パーセント以下という驚くべき正確さで地球の直径に正しい答えを得たことを意味する。その時代としては、これは注目に値する科学的偉業であった。

ところが実際には、右に述べたように、地球は抽象的な幾何学の限界内で考えられるような完全に対称的な球では**ない**。球の対称性は地球の形に対しては近似にすぎない。地球の形を決めるのは、重力の影響下で物質が固着して大きな固体をつくる動力学的過程である。たとえば、地球を完全な球として創造したのは神であるという結論を下したり、宗教的な「完全な球」の教義体系と地球を関係づけたりするのは誤りといえる。

対称性が現実に対する近似にすぎない場合でも、対称性は強力な道具となり得る。しかし、われわれ人間はしばしば誤りをおかし、対称性が実際には何か別のものの錯覚に基づく偶然の結果にすぎない場合にも、そこに完全な対称性があるように考えてしまう。プトレマイオスの地球中心説がそうだった。地球中心説は宗教と結びついて、一五〇〇年にわたって影響力を保った。完全な円や球の対称性は、神によって設計された神聖なものと考えられた。このことは、対称性が議論の余地なく存在し**なければならない**ことを意味し、中心に固定しているとされた地球のまわりを惑星、太陽、月が回転するという図式で直接的に表現された。

確かに、惑星の運動には対称性がある。しかし、本当の対称性は隠されていて、その当時の人が思い描くことができた以上に奥深いものだった。ヨハネス・ケプラーの英知と忍耐とによって、太陽のまわりの惑星運動を説明する正確な原理が見いだされた。これらの原理は、球対称や幾何学が要請するものから大きくずれていて、期待はずれなほどに不完全であるように思われた。それにもかかわらず、これらの原理は、ガリレイからニュートン、アインシュタインにいたる人類史のなかで、最も偉大な知的競技のための舞台を準備し、自然の最も奥深くにある深遠な対称性を最後には明らかにしたのである。

数学も物理学も対称性が支配する

数学は対称性についての体系的な考え方を発展させた。その考え方は、入口のところは理解するのにそうむずかしいわけではなく、実際に扱ってみると面白い。このほとんど魔術のような数学の一分科は、群論として知られている。**群論**は、一九世紀のフランスの数学者エヴァリスト・ガロアからはじまった。ガロアはその短い悲劇的な人生のなかで、群論の考え方の基礎を築いた。

ガロアは政治的には急進派で、ペシュー・デルバンヴィルという男と婚約中の美しい女性と激しい恋に落ちた。デルバンヴィルは射撃の名手として知られていたが、二人の関係に気づき、ピストルによる決闘をガロアに申し込んだ。[6] 決闘の前夜、相手の評判を知ったガロアは、大急ぎで小論を走り書きした。そこには、高次代数方程式（代表的なものは五次方程式）の数学的解析と、代数方程式の解の存在に関する研究が要約されていた。ガロアの解析の中心にあったのは、群論の代数的構造である。一八三二年五月三〇日の朝、一発の銃弾によって二一歳のガロアは倒れ、「決闘場」に放置されたまま死んだ。この決闘は、実際には、政治的に過激なガロアを暗殺するための策略だったとも言われている。しかし幸いにも一四年ほど後に、ガロアの遺稿はフランスの著名な数学者ジョゼフ・リュヴィルの手に渡り、その卓抜さと重要性が認められ、世に伝えられた。

群論は対称性の数学的言語であり、きわめて重要な理論なので、自然の構造そのもののなかで基本的な役割を演じているように見える。[7] 群論はわれわれの知っている力を支配していて、素粒子の動力学全体に内在する組織原理であると信じられている。実際、現代物理学においては、対称性の概念がおそらく最も重要な概念として役立っているかもしれない。対称性の原理は、現在知られているように、物理学の基本法則を決定し、物質の構造と動力学を支配し、自然における基本的な力を規定している。自然は、その最も基本的なレベルで、対称性によって規定される。現在われわれがもっている自然の描像は徐々に形成され、その大部分は二〇世紀につくられたが、いまだに不完全である。しかし、そのジグソーパズルはかなり完成していて、対称性が自然全体にとっての基礎であることが明らかになっている。対称性という抽象的な概念、そしてその概念と物理的世界との関係は永続的であり、しっかり定着している。

歴史上、最も卓越した女性数学者エミー・ネーターがその苦行者のようでどこか悲劇的な生涯を送ったのは、二〇世紀の新しい物理学が発展しているさなかだった。ネーターは、その時代に知的世界の中心であったドイツのゲッティンゲン大学で研究生活を送った。ゲッティンゲンでネーターは、この時代の大数学者ダフィット・ヒルベルトとともに研究し、その研究によってアルバート・アインシュタインに大きな影響を与えた。ネーターは当時の女性が一般に受けた差別とたたかいながら研究者としての役割を果たし、最後にはヨーロッパ文明崩壊の目撃者となった。ネーターは女性の昇進をはばむ偏見を打ち破って大学の講師になったが、その後、ユダヤ人であるという理由で大学から解雇された。二度と会えなくなることも知らずに、ネーターは友人や家族と別れて、残りの短い生涯をペンシルベニア州のブリンマー大学で過ごした。

ゲッティンゲンでのネーターは、数学の基本構造に対する研究で名声を勝ちとった。しかし、しばらくの間、自然についての注目すべき数学の定理を証明するために、理論物理学の領域へ入った。ネーターの定理は深遠な内容をもち、有名なピタゴラスの定理と同じように、われわれの精神の奥深くへ入り込んでいる。ネーターの定理は対称性を物理学に直接結びつけ、また逆に物理学を対称性に結びつける。この定理は自然についての現代的な概念を組み立て、現代の科学的方法論を特徴づけている。またこの定理は、われわれの世界を規定する物理的過程を対称性がどのように支配しているかを直接語っている。科学者が物質の最も深い構造を探求し、最も短い空間的距離と最も短い時間的瞬間を追求するとき、ネーターの定理は、自然の謎を解き明かす導きの星である。

自然の謎の解明に科学者が使っているのは、人間がつくりあげた最も強力な顕微鏡である。ここで顕微鏡と呼んだのは巨大な粒子加速器で、たとえばイリノイ州バタビアのフェルミ研究所のテバトロン、スイスのジュネーブに建設中の大型ハドロン衝突型加速器などである。テバトロンは、まるで一兆ボルトの電池を真空管に接続したように、陽子と反陽子を巨大な円周上で逆方向に加速して一兆電子ボルトのエネルギーにまで高める。こうすると、これらの粒子は真正面から衝突する。陽子と反陽子のなかのクォークと反クォークそのものが衝突する。衝突で生じた破片の行方を追うことによって、物理学者は物質の構造についてのいわば「写真」を手に入れる。この写真の距離スケールは、これまでに見られたものとしては最も短く、この距離とバスケットボールの大きさとを比較すると、バスケットボールと冥王星の軌道ほどにもなるのだ。これらの衝突事象から、物質の基本的な構成要素と、それらのふるまいを支配する基本的な物理法則が明らかになる。物質の構成要素のふるまいは、対称性に支配されていることが見いだされている。

きわめて微小な距離スケールで物理学を研究すれば、自然のいろいろな力が合体して共通の性質を分け合うようになる現象、つまり低いエネルギーでは見えない現象を「拡大」してみることができる。今日われわれは、基本的な力の合体、つまり力の統一が、一つの美しい対称性原理の結果であることを理解するようになった。**ゲージ不変性**と呼ばれるこの原理はやや理解しにくい。この原理で武装した科学者は、今や、時の始まりの最初の瞬間の宇宙を考えることができる。クォーク、レプトン、基本ゲージ力のるつぼから、現代の宇宙論が生まれた。

ゲージ不変性という統合的対称性原理が発見されたことによって、理論的には、最も強力な粒子加速器で見ることのできる距離の一〇〇〇兆分の一の距離スケールまで達することが可能になった。またこの発見によって、宇宙創成の最初の一〇億分の一の一〇億分の一の一〇億分の一のそのまた一〇〇万分の一秒後に、宇宙がどのような状態だったかを考えることができるようになったのだ。一インチの約 1/1,000,000,000,000,000,000,000,000,000,000,000（1のあとに33個のゼロがつづく数で1を割ったもの、もっと便利な科学的記数法では10^{-33}）という短い距離では、量子重力が活躍するようになり、空間と時間が破られて、実在性についてのわれわれの通常の概念が消失する。そこでは、すべての力の完全な統一が最終的に何をもたらすかを理論的に追求するために、対称性原理（および関連する数学的概念、たとえば曲面の形状を研究する**位相数学**など）を使う必要がある。

このような研究から、**超ひも理論**という注目すべき新しいアイデアが導かれた。これには**M理論**という難解な数学の体系が用いられるが、まだ完全には理解されていない（Mが何を意味するかも明らかでない）。それにもかかわらず、この理論は、おそらくこれまでに人間の頭脳が考えた論理体系のうちで対称性を最も多く含むものに違いなく、物理的宇宙のいわゆる万物の理論にいたるための最善の仮説だと思われる。だが、もしかすると、プトレマイオスの地球中心説のようなもので、次の時代のケプラーによって解明されるためには、自然の真の隠れた対称性をさらに追求しなければならないのかもしれない。

対称性に関する科学的概念がどこではじまったかを理解するために、最初からはじめよう。時計を逆に回して、宇宙がまだ非常に若く、出来そこないの役立たずのように見えた時代、つまり宇宙にまだ物質が存在せず、無意味な水素ガス以外のものが出現するようには見えなかった時代を考えてみよう。どのようにして、この状態から現在に至ったのだろうか？

現代科学が今日理解している宇宙の歴史と、他でもないこのわれわれの惑星の歴史を検討してみよう。われわれはこれを古代ギリシアの神話というプリズムを通して行い、まさにその「起源」という概念を理解しようとする人間の奮闘ぶりを一瞥しよう。われわれは比較的遅い宇宙の初期、つまり宇宙創成から一〇〇〇万年ほど経過した頃からはじめる。また、地球の起源と**われわれ生物**の起源について、神話と科学がどう説明するかを眺めてみよう。

科学的な観察に基づく洞察の代わりに人間がつくり出した神話は、人間のいろいろな特質を自然の力に当てはめている。これに対して宇宙の科学的な歴史は、望遠鏡や顕微鏡（粒子加速器）を使った無数の実験、観察、測定から推測され、最後には数学に総合される。これから述べることは、現代的な理解や方法論と対比、合体、そして最終的には総合される詩や伝承と、物理学の力の融和である。

われわれの知識には、鮮明な部分、まだ不明確な部分、さらには謎に包まれた部分がある。しかし、われわれが示したいのは、物理的な世界が普遍的かつ不動の一連の**物理法則**によって支配されていることである。これらの法則はまだ完全に理解されているわけではないが、宇宙そのものの畏敬の念を起こさせる歴史を支配し、規制し、またその歴史に耐えてきている。物理法則が不変であることには確固たる科学的証拠があり、証拠の一部は初期の地球の地質学的記録から得られたものである。これらの物理法則は、今日でも、ごく初期の宇宙を統御してきたのと同じ法則である。これらの不変の法則は、奥深い固有の対称性から構成され、自然の荘厳な美しさを表現するようにはたらいている。

エミー・ネーターに捧ぐ

エミー・ネーターが行った研究は、物理学と数学を通して、自然についてのわれわれの理解に美と調和を織り込んでいる。この美と調和はあらゆる形で、自然、音楽、美術のなかで、われわれを取り囲んでいる。エミー・ネーターは彼女の素晴らしい定理によって、人間の知識に対する最も意義深い貢献の一つを成し遂げた。この定理は物理学の複雑な動力学と対称性とを明確に結びつけ、極限的なエネルギーと距離のもとで物質の内部世界を探求しようとする人間の思考に土台を提供している。幾何学の理解にとってピタゴラスの定理が重要なのと同じように、ネーターの定理は自然の力学的法則の理解にとって重要である。

実際、ネーターの定理は、物理学と数学を統合して論じる場合、自然で無理のない重要項目を提供する。たとえば、物理と数学というやりがいのある科目を、その両方に興味をもたせながら教えるような場合である。ネーターの洞察は、単独の講義だけでなく、物理、数学、その他の科学の初等的なカリキュラム全体に新しい生命を吹き込む方法を提供している。このような講義によって、数学の新しい概念である対称性群を調べたり、数学と相性のよい科学の講義に数学を引き戻したりすることができる。

エミー・ネーターの輝かしい貢献は、社会的な面でも重要な意義をもっている。彼女は非凡な能力をもち、おそらく歴史上で最も偉大な女性数学者だった。学生に限らず、実際には大部分の人が、ネーターの名前を知らない。しかし、科学者になろうと思っているかどうかに関係なく、女性にとって、またすべての人にとって、ネーターはまことに見事な模範である。

高等学校または大学の物理課程を受講する若い女性たちは、講義の最初の日に、まるでうっかり男性のロッカールームに入り込んだような感じを受けるに違いない。ガリレイ、ニュートン、アインシュタイン、ハイゼンベルク、シュレーディンガー、フェルミといった物理学の英雄たちの一群は、オリンポス山の神々、あるいはシェークスピアの戯曲やイタリア・オペラの登場人物たちと同じように、性別のバランスに欠けている。物理学を追究しようとする女性が少ないことは別に不思議ではない。しかし、物理学は男性の同好会であってはならない。ネーターが十分な資格をもっていたにもかかわらず、女性だからという理由で教授会メンバーが彼女を教員として認めることに反対したとき、著名な数学者のダフィット・ヒルベルトが教授会の態度を批判して述べたように、学問の場は「浴場」ではない。献身的な人々が知的職業に専念するとき、その能力や洞察力に男女の性差は存在しない。

今日では物理学者になる若い女性の数は増えてはいるが、その数はやはり信じられないほど少ない。エミー・ネーターだけでなく、マリー・キュリー、キャロライン・ハーシェル、ソフィー・ジェルマン、その他の模範となるような優れた女性の数学者や物理学者が歴史上には大勢見られるにもかかわらず、二〇〇五年においても残念ながら、自然科学ではまだ女性が非常に少ない。文化的な偏見が明らかに二一世紀にもつづいている。科学者の社会は、このような才能ある集団がこれほど少数であることをもはや許容したり受け入れたりすることはできない。

対称性がもたらす視点は、何百年もつづいたガリレイ–ニュートンの物理学を活性化する手段を提供する。その視点は、自然についての現代的な思考、その前衛であるアインシュタインの相対性理論、またゲージ対称性のもとでのすべての力の統一、こういったことに対して方向を示し、ロードマップを与える。さらにこの視点は、超ひも理論へいたる道筋を明らかにする。したがって、対称性がもたらす視点からわかりやすい物理の本を書くことにためらいはない。本書の執筆は、高等学校や大学初年で物理のよりよい授業や講義が行われるようになってほしいというわれわれの希望にもそっている。

今日の世界はきわめて複雑で、われわれのすべてが、これまで以上に厄介で緊急な課題に直面している。世界の難問を解決するために使うことのできる手段は、基礎研究と先進技術を必要とする。その根底にある科学をめぐる問題は、一般の人たちの理解をかなり超えている。したがって、科学、工学、数学などの専門分野への認識、関与、理解が低下することのないように、われわれは努力しなければならない。民主的な過程を通して最終決定をするさい、科学を専門としない人たちが重要な問題をよりよく理解してくれるように、われわれは努力する必要がある。実際、われわれの未来はこのことにかかっている。

とりわけ、エミー・ネーターの生涯と女性科学者として彼女が体験した苦労は、われわれの社会で包容力と多様性、そして真実の追究が必要であることの時宜にかなった教訓を与えているように思われる。

第1章　ビッグバンから生まれた巨人《ティタン》たち

ティタンたちはゼウスの雷電によって殺されるが、彼らの遺体から人間が生まれる。

――アーサー・ケストラー『夢遊病者たち』

宇宙の進化とその隠喩

ビッグバンから一〇〇〇万年を経て、粒子の霧が宇宙を満たしていた。ごく軽い元素、つまり大部分は水素で、わずかにヘリウムを含むだけの希薄な霧が宇宙空間に広がっていた。宇宙創成の激動の瞬間の残余である何種類かの素粒子も存在し、宇宙空間を自由にさまよっていた。宇宙は暗く、冷たくなってきていて、かすかな赤外光だけで照らされていた。これはビッグバンの名残の放射で、火が消えて冷たくなっていく灰の発光のようなものだった。[1] 誕生からほぼ一〇〇〇万年を迎える頃には、宇宙は死につつあるように見えた。

宇宙には固体をつくるための材料は何もなかった。貝殻、樹木、氷山、ダビデ像、高速道路、ギターの弦、羽毛、脳、石器、あるいは独創的なバッハのカンタータを作曲するための紙、こういったものは、とうてい存在できないかのようだった。実際、岩石や砂、水、呼吸に適した惑星の大気、ましてや惑星などは存在できるはずがなかった。広大な宇宙空間を漂いながら拡散していく気体や、消え去っていく素粒子から、固体が形成される様子はなかった。惑星にとってはもちろん、地球の生命のどの種にとってもごく短い時間である一〇〇〇万年という時点では、宇宙はこのような混沌とした冷たくて暗い存在で、まさに消え去ろうとしているかのように見えた。

　今日まだ完全には理解されていないが、原初の霧のなかに存在した、おそらくまだ知られていない謎の素粒子と関係があるらしいいくつかの理由によって、あることが起こった。それは、粒子の小さい集団の自発的な形成にすぎなかったかもしれないが、量子運動によって混ぜ合わせられ、構造をつくるための小さい原始的な種子を形成した。その状況は、ちりが種子となって水蒸気を集め、平原に降る雨滴をつくるのに似ている。その形成物はまだ小さいとはいえ、重力がはたらくには十分な質量をもっていた。押しとどめることのできない重力のはたらきによって、霧の各部分が大きな雲に落ち込みはじめた。巨大な水素の雲が、積乱雲の雄大な塊のように渦を巻き、荒れ狂いはじめた。重力によるこの崩落は、ますます激しくなった。数億年のうちに、形の定まらないこの霧のようなものの完全な転換が起こった。巨大で原始的なぼんやりとした丸い形の銀河が光りはじめた。それぞれの銀河には、数十億個の弱々しい若い星が含まれていた。宇宙は開花期を迎えたのだ。

　これらの最初の星は、やがて現れるすべてのものの親であり、祖父母であった。一部の星は熱い水素ガスの巨大で柔らかな球体にすぎず、とても光を発することはできなかった。しかし、太陽の数百倍の質量をもつ大きな輝く球体になったものもあり、これらの巨大な星は原初の燃料である水素とヘリウムを猛烈な勢いで食い尽くしながら、青白くあざやかに輝いた。これらの巨大な星の奥深くでは、水素とヘリウムから核融合反応によって重い原子が形成された。

　星の中心部の圧力と温度は並外れて大きく、これが核融合反応を促進する。原子核が融合して、より重い原子核ができる。二つのヘリウムの原子核が融合すればベリリウムの原子核がつくられ、これにもう一つのヘリウム原子核が加われば炭素の原子核ができる。炭素の原子核とヘリウムの原子核からは酸素の原子核が生まれ、このような過程がつづいてより重い原子核がつくられていく。これらの反応が星のエネルギーを生み出し、星を輝かせ、暗い宇宙空間に向けて光を発散させる。

一連の核融合反応が進み、星の内部の核融合炉でさらに重い原子がつくられる。しかし、これらの核融合反応は、鉄の原子核がつくられた段階で終わる。鉄はきわめて安定な原子核で、鉄より重い原子核の場合もそうだが、他の原子核との融合によってはエネルギーを生み出さない。鉄は星の有効な燃料の最後を意味し、星の寿命の最終段階が来たことを表している。小さい星の場合には、核融合反応の燃料が使い尽くされても、ただ輝くのをやめ、冷たい死の世界に収縮し、銀河のなかで姿を消して永遠に眠りつづけるにすぎない。しかし巨大な星は、はるかに劇的で激しい終末を迎える。

ティタンたち

あらゆる文明は、いったい何がこの物理的な世界を出現させたのかを理解しようとする。どのような荘厳な力、規則、法則が一連の出来事を押し進めたのかを理解しようとする。だれによって、どのような基準によって、全宇宙はつくられたのだろうか？　その物語は、どのような言葉で語られなければならないのだろうか？　このような疑問のすべてに答えることは、はたして可能だろうか？

最初の爆発から、暗闇で輝く何十億もの星を含む銀河の創成にいたる宇宙の歴史は、人間によって推論されたものである。人間そのものは、平凡な銀河のなかの標準的な星のまわりを回転する類を見ない惑星に起きた、まったく別のスケールでの進化の所産である。宇宙の歴史に関する説明は科学的な解釈であるが、**宇宙創成の理解の進化**について考えてみることは、人間の思考の発展を明らかにするのに役立つ。大昔のバビロニア人、エジプト人、ギリシア人など古代人の神話のなかにも、現代宇宙論の考えの萌芽が見いだされる。宇宙が提起する深遠な論理的難問に古代人の合理的な精神がどのように取り組んだかを、これらの神話から推測することができる。

われわれは現在、自然のいろいろな規則についての理解を体系化するようになった。これらの規則が**物理学の法則**だとわれわれは考えている。自然に関する法則を記述する言葉は数学である。これらの法則についての理解がまだ不完全であることは確かだが、「科学的な方法」によってその理解をどのように拡げていけばよいかということはわかっている。科学的な方法とは、自然について得られた経験的に正しい言明を煮詰めていく、観察と推論の論理的な過程のことである。強調しておくが、この「論理的な過程」は、不確かさでしばしば曇らされ、混迷につきまとわれ、失敗につまずき、官僚主義によって遅らされ、自負心に邪魔される。しかし長い目で見れば、論理的な過程が勝利をおさめる。こうして科学者は、不動の自然法則を確定しようと努力している。確立された物理法則は宇宙のどこでも完全に成り立っているから、われわれは今日、これらの法則が宇宙創成の瞬間でも現在と同じだったと信じている。しかしそれにもかかわらず、このことは科学的な仮説であって、科学者は観察に基づく確認をたえず求めている。

同じように古代人たちも、宇宙創成に対する自分たちの見解を正当化する不動の規則の体系を探し求めた。宇宙創成を支配する力と法則についての古代人の考えも、彼らを取り巻く世界の経験的な観察に基づいていた。しかし古代人のいろいろな規則は、人間の本性についての「法則」や人間の感情についての「規則」であり、人間の行動の弱点を含んでいた。これらの行動上の弱点が、彼らの神、すなわち宇宙の至高の原動者に投影されていた。古代人の言葉は、抽象的な数学の言葉よりむしろ詩であった。

古代ギリシアの創成神話に登場するティタンたち（巨神族）は、やや変わった表現ではあるが、宇宙で形成された初期の大きな星——最終的に超新星になる星——の隠喩的な類似物なのだ。ティタンたちは第一世代の謎めいた神々で、「年長の神々」と呼ばれ、後のオリンポス山の神々の親や祖父母だった。ギリシア神話には、人間のさまざまな特質を体現する多くの神々が登場する。したがって、売春、愛、乱交、近親相姦、略奪、怒り、羨望、嫉妬、暴行、その他一九世紀のオペラのあらゆる題材が出てくる。またギリシア神話には、宇宙創成の現代的な科学的説明に似た素晴らしい論理も見いだされる。

ギリシア神話によると、ティタンたちが現れる以前にはカオス（混沌）が存在していた。ホメロスの時代——紀元前八世紀——に、詩人のヘシオドスは彼の『神統記』のなかで、カオスから女神のガイア（大地）が自然に出現し、ガイアはウラノス（天空）を生んだと書いている。われわれは先史時代の「母なる大地」の女神としてガイアを受け継いでいるが、ガイアはヘレニズム文明の出現以前に古代西欧の部族文化によって崇拝されていた女神である。

まず原初にカオス（混沌）が生じ、次に雪に覆われたオリンポスの山頂を住まいとするすべての不死の神々の永遠に揺るがぬ地盤である胸の広いガイア（大地）と、道幅の広い大地の奥底にある薄暗いタルタロス（冥界）、そしてさらに不死の神々のうちでも格別に美しいエロス（愛）が現れた。エロスは四肢の力を失わせ、神々と人間のすべてのものの判断力と知恵を打ち砕く。カオスからエレボス（闇）と暗いニュクス（夜）が生じた。次にニュクスからアイテル（天上の光）とヘメラ（地上の光、昼）とが生まれた。ニュクスがエレボスと愛の交わりをもち、身ごもって生んだのである。さてガイアは最初に彼女自身と同じ大きさの、星で飾られたウラノス（天空）を生んだ——天空が大地をすっかり覆い、幸いなる神々の永遠に揺るがぬ不動の場所となるように。またガイアは高い山々を生んだ——山々の峡谷に住む女神ニンフたちの美しい遊び場として。さらにガイアは、楽しい愛の交わりをもつことなく、波で荒れ狂う不毛の海ポントスを生んだ。その後、ガイアはウラノスと寝て、深い渦の巻くオケアノス、コイオス、クレイオス、ヒュペリオン、イアペトス、テイア、レア、テミス、ムネモシュネ、黄金の王冠をつけたポイベ、愛らしいテテュスを生んだ。彼らの後から、悪知恵にたけた末っ子で、ガイアの子供たちのなかで最も恐ろしいクロノスが生まれた。クロノスは強壮な父親ウラノスを憎んだ。

こうしてガイアは、彼女の最初の息子であるウラノスと近親相姦を行い、子供たちを生んだ。ウラノスは子孫を誇らしげにティタンたち（巨神族）と呼んだ。ティタンたちは巨大な体と途方もない力をもっていた。神話のティタンたちのなかでとくに有名なのは、ゼウスの父でローマ神話ではサトゥルヌスと呼ばれる**クロノス**、**オケアノス**（大洋）、**ムネモシュネ**（記憶）、**テミス**（正義）、そして**イアペトス**である。イアペトスの息子アトラスは、永遠に世界を双肩に担うことになった。**プロメテウス**もティタンの一人で、神々から火を盗んで人間を助け、人間に世界を理解させようとした。**タルタロス**は、ヘシオドスの詩のなかでは死後の世界を体現しており、大きな鉄の柵で囲まれた薄暗い陰気な禁断の場所、原初の冥界であった。そこは行き着いたすべての者たちにとって究極の監獄であり、その門は宇宙で最も醜い生き物によって守られていた。タルタロスは「地の下はるかのところ」にあると考えられていて、噴火口に飛び込めばその門に達することはできたが、一〇日間落ちつづけるとされた。ティタンたちは、オリンポスの山から支配する神々の親であった。ギリシア神話の他のすべての神々はティタンたちの子孫なのである。(2)

ヘシオドスはもちろん予想できなかったが、現代の科学的な説明と古代神話との間のいくつかの興味深い類似点を取り出すことができる。たとえばガイアの暗い子供であるタルタロスは、多くの銀河の中心にあると今日信じられている巨大なブラックホールを表しているといえる。ブラックホールは原初のガス雲がそこへ押し込まれて形成され、宇宙の最初の構造を生み出した。噴火口からタルタロスへの落下は、**事象の地平線**を越えて落下する不運な宇宙旅行者の片道旅行の詩的な叙述と結びつけることができる。事象の地平線というのは巨大なブラックホールの境界のことで、この境界を越えた旅行者は彼自身の宇宙、ましてや自分の家に再び帰ることはできない。事象の地平線は恐ろしい怪物によって守られる鉄の門よりはるかに強固で、いったん事象の地平線を越えれば、ブラックホールへの監禁はまさに永遠につづく。ブラックホールでは空間と時間の性質が変化し、光さえもそこから再び出ることはできない。

ギリシア文明のいわゆる英雄時代は別として、ヘシオドスの時代は、初期西欧ルネサンスと同じように文学の全盛期だった。そしてルネサンス後がそうだったように、ヘシオドスの時代の後にも、より分析的あるいは合理的な時代、「啓蒙主義」の時代が現れ、数学の発展をもたらした。古代ギリシアでは、この時代は紀元前六世紀の数学者ピタゴラスの学派の興隆とともにはじまった。この新しい潮流が見られたのは人類史上まったく例のない時代と地域であり、この時代になって初めて、洗練された人間精神が、数学によって物理的な世界が記述されることを理解したのである。

幾何学という新しい武器を使って、ピタゴラス学派の哲学者たちは宇宙の構造にかかわる問題に取り組んだ。彼らが問題にしたのは、次のようなことだった。数学という論理的な秩序があるなら、宇宙はどのように組み立てられて、この論理を体現するようになっているのか？　宇宙の形はどのようなものか？　宇宙の構成部分はどのように運動するのか？　あらゆる物質の（原子的な？）成分は何か？　地球は宇宙の中心にあるのか、もしそうなら夜空に観察される惑星の運動をどう矛盾なく説明するのか？　こうした疑問と向き合いながら、古代ギリシア人は幾何学と論理学をみがきあげ、潮汐、気象、種の起源と進化、医術、物質、宇宙を含む多くの自然現象について、詳細な科学的理論を発展させた。

注目に値する啓蒙思想は、すぐれた哲学者アリスタルコスの科学的、理論的な成果のなかで紀元前三一〇年頃にひっそりと頂点に達した。アリスタルコスは彼以前にヘラクレイトスが提案した太陽系の太陽中心説に立脚して、太陽のまわりを回る地球と他の惑星の軌道、さらに地球を回る月の軌道の正確な配置を正しく説明する理論をつくりあげた。その研究は失われてしまったが、それにもかかわらず今日まで知られているのは、科学者アルキメデスやローマ時代の哲学者プルタルコスによって書き残されたからである。このことは、ギリシア科学哲学の黄金時代、すなわちコペルニクス、ケプラー、ガリレイとほんの一歩しか違わない成果を達成したと言われてきた時代の絶頂とその終末を象徴的に表しているのかもしれない[3]。

太陽中心説は一部の人たちには奇妙な考えと見なされ、後のギリシア哲学者にはまったく受け入れられなかった（物理学のさまざまな法則を解き明かすこの重要な手がかりは、ほぼ二〇〇〇年後にコペルニクスとケプラーによって再発見されるまで放置されてきた）。哲学そのものの本質が変わり、数学的、科学的な合理主義への畏敬の念が薄れ、社会は激動してプラトンやアリストテレスの時代を迎えた。これらの哲学者たちは宇宙の構造の全体像を誤って理解し、結局は物理学や自然現象について誤った考えを広く普及させることになった。これらの誤った考えは最終的に、権威主義的なカトリック教会の教義のなかで認められた。

ピタゴラス学派の時代にめざましい成果があったにもかかわらず、宇宙の**起源**についての詳しい理解はほとんど進展せず、ヘシオドスの理解のような詩的な寓意物語の域を出なかった。もちろん、この時代には、遠くの宇宙空間を観察する科学的な手段はなかった。しかし意外にも、古代のギリシアやローマの創成神話は、宇宙創成についての論理的な疑問に取り組んでいる――しかも正しい答えを得ているのだ。創成神話は、**特異な**騒然とした宇宙創成についての正しい認識、つまり混沌という不明確な空虚から宇宙が現れたという正しい考えを受け入れている。この考えは、現代のビッグバン理論に大枠で似ている。

宇宙創成について古代の神話と現代の科学的理論との間に、どうしてこのような目立った類似点があり得るのか？　現実には、たくさんの選択肢があるわけではない。どんな創成説でも、本質的には論理的な難問への答えである。宇宙は、ある特定の特異な瞬間につくられたと考えるか、あるいは永遠に存在していたと考えるかのどちらかである。後者の場合には、創成の問題は疑わしくなる。第三の可能性は、その観点が禅に似たものになるが、現実は幻影であって、われわれの知っている宇宙は何か意味のある仕方でつくられたものではない、つまり問題そのものがおそらく意味をなさない、とするものである。古代ギリシアの創成神話は、創成という特異な出来事を主張することによってこの難問を解決し、特別な出来事を「説明」する課題に正面から立ち向かっている。古代人たちの説明は、基礎となる「自然のいろいろな法則」によって創成の複雑多岐にわたる激しい過程を理解しようとする企てでもあった。ただし、そこでの自然の法則は、人間の感情、神々の激情、神々の荒々しい行動の法則を意味していた。人を引きつける創成神話は、善悪両面に及ぶわれわれ人間の本質の多くを描写している。次々に展開するものごとの論理的な結果が、結局はわれわれが今日存在する地球という惑星をもたらしたのである。

わずかこの四〇年ほどの間に、現代科学では、ビッグバンと呼ばれる宇宙創成の瞬間があったということで意見が一致している。ヘシオドスの神話はオリンポスの山頂ではじまり、その詩碑を天から下界へおろしたのに対して、科学は、科学的方法を用いて、苦労を重ねながら山を登らなければならなかった。科学は、苦心に満ちた発見、分析、反駁、そして最終的成功という長く苦しい歴史を歩んできた。科学的な成果を得るには、多くの基本的な過程や観測についての精密な理解が必要だった。3K背景放射（ビッグバンからの名残の電磁放射）の観測のような発見は、理論を立証する直接的な科学的発見の一つであり、最近の多くの発見は、起こったことの詳細な理解をいっそう深めてきた。しかし宇宙創成についてのわれわれの理解は、物理学という学問の**すべての**発見で支えられている。確かに、望遠鏡で見るのと同じように、世界で最も強力な顕微鏡——粒子加速器——で見ることによって、われわれは宇宙について多くのことを学んできた。一四〇億年ほど前に、ビッグバンという創成の特異な瞬間があったことは疑う余地がない。われわれの地球は、実際には、継続して起こった一連の現象のなかのむしろ遅い時期に発展した。

現代の科学的な考えによれば、宇宙は物質の「混沌」、つまり物質の基本的構成要素――クォーク、レプトン、ゲージボソン、未発見の多くの粒子――のプラズマから出現した。これらの粒子は、極端な温度と圧力のもとで萌芽期の歪み捻れた空間と時間のなかを猛烈な勢いで飛び回っていた。空間それ自体が、後にアインシュタインの一般相対性理論の幾何学的法則によって証明されたように、宇宙の構成要素の荒々しいエネルギーに駆り立てられて爆発した。宇宙とその構成要素のプラズマが膨張するにつれて、プラズマは冷えて凝縮し、最後には通常の物質に転換し、水素、ヘリウム、電磁放射線の残存粒子、ニュートリノ、そしてたぶん何種類かの未知の粒子からなる一様なガスを形成した。これらの残存粒子の密度の原初的量子ゆらぎが、重力によって水素ガスの雲に伝えられてガス雲を崩落させ、初期宇宙の銀河や巨大な星を形成させた。これらの巨星は、ティタンたちのように、後のすべての重い元素、惑星、やがて現れる太陽をはじめとする星の生みの親であった。われわれはここで、詩に見られるような自由を行使して名前を借用し、これらの原初の巨星を時にはティタンと呼ぶことにしよう。

炭素、酸素、窒素、硫黄、ケイ素、鉄といった重い原子はすべて、岩石や堅くて湿った地球、近くの惑星、太陽やその近くの星の素材であり、さらには生命そのものの素材であるが、これらの重い原子はいずれも巨大なティタンたちの内部でつくられた。重い原子はティタンたちの巨大な核融合炉のなかの融合反応によって焼かれ、ティタンたちの中心部で強烈な重力によって結びつけられた。(4) 重い原子は現在見るような宇宙の原料となり、もしこれらの原子がなければ、宇宙の構造もなかったに違いない。こうしてティタンたちの家系のなかで惑星が生まれた。惑星の特殊な条件が微妙でゆるやかな生命の進化を引き起こし、地球では人間の思想と感情の進化をもたらした。

星や銀河の初期の形成を想像することは、アルプス山脈やシエラネバダ山脈あるいはアメリカ南西部の峡谷の人里離れた雄大な土地へ旅行したり、イエローストンの沸き立つカルデラを眺めたりするのと似ている。本当の科学的物語のなかでは、自然の美しさが躍動しており、人々を魅了する。宇宙の最初の様相についての物語は、地球あるいは他のどの惑星においても、そこに立ち、歩き、這い回ってきたあらゆる生き物にとって共通している。われわれが受け継いだ宇宙の本当の科学的物語は、どんな伝説や神話よりも豊かで、その現実性においていっそう不思議である。また洗練された論理性という点で、その物語はいっそう安心できるものであるかもしれない。今後は伝説と神々を追い払って、現実的な宇宙に没頭することにしよう。現実のティタンたちの物語は次のようにつづいていく。

神々のたそがれ——ティタンたちの衰退期

重い元素は、それらが形成された超巨大な星の中心部からどのようにして解放されたのだろうか？巨大な星の核融合炉の内部では、最後に核反応が停止した。最も安定な原子核である鉄で満たされたために、中心部はもはや核融合によって燃えることができなかったのだ。こうしてティタンたちは崩壊しはじめた。彼らのばかでかい体は、今や新たにつくられた重い元素で満たされ、重力に命じられて自分自身の中心に向かって崩れ落ちた。核融合エンジンの強力な放射で重力に抵抗することはもはやできなくなり、中心部で突如として急激な変化が起こった。中心部の鉄の原子は、重力による崩壊に逆らって巨体の全重量を支えていたが、沈んでいく潜水艦のようにつぶされ、爆発した。巨大な圧力と密度のもとで、鉄の原子は押しつぶされた。このことによって、これまで宇宙に存在しなかった物質の新しい状態が瞬時に生まれた。

　原子は、原子の中心にある小さくて重い**原子核**と、その外側をまわる**電子**から成り立っている。原子核をつくっているのは**陽子**と**中性子**である。巨大な星が崩壊の最後の段階に達すると、電子と陽子が中心部で一緒に押しつぶされる。普通はわれわれの周囲の日常的な世界の背後に静かにひそんでいる新しい一組の物理過程が、突如として前面に飛び出してくる。これらの過程は**弱い相互作用**と呼ばれ、押しつぶされた陽子と電子を直ちに中性子に変える。そのときの副産物として、**ニュートリノ**と呼ばれる素粒子の爆発的な噴流が生じる。ティタンたちを破壊する弱い相互作用の主要な過程は次のように表される。

$$p^{+}+e^{-}\rightarrow n^{0}\rightarrow \nu_{e}$$

これを言葉で表すと、「陽子と電子が中性子とニュートリノに変わる」ということである。

　ティタンの中心部の崩壊の瞬間には、弱い相互作用が主役に躍り出る。ティタンのいちばん奥の中心部が中性子だけの球体に圧縮される。その球体は密度がきわめて大きく、おそらく直径はわずか一五キロメートル程度だが、重さは太陽と同じくらいで、したがって密度は太陽の数兆倍になる。ニュートリノが、中心部から外部に向かって猛烈な勢いで吹き出す。この外部へのニュートリノ爆発とほぼ同時に、巨星の外殻が爆発する。これが**超新星**で、ビッグバン以降の宇宙に起こるきわめて強烈で劇的な爆発である。

　ここで注目に値し、しかも皮肉なことは、この猛烈な「あらゆる爆発の母」がつつましいニュートリノをともなっていることである。このニュートリノは、別の状況なら、すべての粒子のうちで最も不活発で目立たないと思われている素粒子である。ニュートリノが外部へ向かって噴出するとき、星の外側のすべての物質、つまり新しく合成された元素が一緒に持ち出され、一つの銀河内の全部の星の輝きより何百倍も明るいあざやかな閃光が生じる。水素から鉄までのあらゆる元素を含むティタンの外殻が、宇宙空間に吹き飛ばされる。回転する高密度の中性子星、あるいはおそらくブラックホール——太陽より大きい質量をもつティタンの中性子からなる中心部の小さい残骸——が、後に残される。

今や重い元素を含むガス雲、ちり、破片——激しい運命の果てに死んでいった多くのティタンたちの燃えかす——が、時とともに蓄積され、銀河をとりかこむ。そのため銀河は、新しい壮大な姿、包むように延びた渦状の腕をもつ繊細な渦巻の形になる（図1の子持銀河を参照）。銀河の外側の渦のなかで、ティタンたちの子供である黄色っぽい小さい第二世代の星が生まれる。これらの星は太陽に似て、彗星、小惑星、惑星、衛星をともなっている。小天体の多くはガスやティタンたちの金属灰から構成されているが、惑星はティタンたちの内部で生まれた元素からなる岩石でできている。これらの天体は、ティタンたちの本当の子供なのだ。

ありふれた物質の存在、惑星やわれわれが今住んでいる世界の存在、生命の存在、そして**われわれ自身の存在**が、これらの無名の星——何十億年も昔に超新星の激しい滅亡のなかで死んだ原初のティタンたち——の猛烈な壊滅の恩恵をこうむっている。「ありふれた物質」のすべてが、これらの途方もない大火災のなかで一緒に焼き上がったのだ。重い元素の生成というこの過程は、現在でも宇宙のいたるところで進行している。多くのティタンたちが今日も存在し、純粋な水素やヘリウムの融合の光で輝き、いろいろな銀河の中心部にある隠れ場所に住み、ときどき爆発する。数百万光年も離れた別のほの暗い遠くの銀河では、超新星が遠くの暗い宇宙のなかで夜のホタルのように光って、少しの

図1　子持銀河（M51）。並はずれて発達した渦状の腕をもち、これらの腕には星が爆発したときの残骸や未来の星を形成するための原料が含まれている。われわれの天の川銀河は、遠くの観測者にはほぼこの写真のように見えると思われる（写真はNASA（米航空宇宙局）およびハッブル・ヘリテージ・チームSCSci/Auraによる）。この画像は、M51のハッブル記録データからハッブル・ヘリテージ・チームによって構成されたもので、アリゾナ州トゥーソンにあるNSF（全米科学財団）のキットピーク国立天文台の0.9メートル望遠鏡でトラヴィス・レクターが撮影したデータに重ね合わされている。

間だけティタンたちを照らす。われわれ自身の銀河にある一部の星や、地球からあまり遠くない、たぶん不安定で死につつある竜骨座イータ星は、いつか大激変の最後を迎え、天空を照らすに違いない。

地球の誕生とウランの核分裂

太陽、地球、そして太陽系の兄弟たちは、宇宙が誕生して九〇億年ほど経過したときに生まれた。渦巻銀河の離れた腕のなかに存在した大昔のティタンたちの残骸やちりが雨滴のように凝縮して、太陽系がつくられた。彗星や隕石の落下による激しい変動、また巨大な地震や火山爆発による地殻の変化が、長期間にわたってつづいた。一つの惑星の誕生とその幼年時代は平穏とはほど遠いものだった。二五億年ぐらいで地球の大陸が固まり、地球上に初期の生命形態がゆっくりと育ちはじめた。地球に生まれた生命は、化学反応を押し進め、精巧な分子を操り、また生命を特徴づける複雑な生殖過程をつくりあげるために、厳しい条件を必要とした。その頃の生命は揺籃期にあった。藻類が繁殖し、塩類を含む海水の大洋に定着した。

われわれの知っている万物の揺りかごであるこの青緑色の地球は、この時代には、遠方の異星人の世界のように見えたに違いない。地球は荒れ狂う幼年期を終わろうとしていた。地球は成熟し、安定に向かいつつあった。地球の大気は酸素を獲得しはじめた。酸素は、大気や海洋中に豊富に存在する二酸化炭素を藻類が呼吸し消化した排泄物である。まだ火山活動が活発で、地球は高度な生命形態には適していなかった。

二〇億年前の地球は**きわめて強い放射能**を帯びていた。ティタンたちは多くの元素をつくりだしたが、そのなかには鉄よりはるかに重い原子が含まれていた。これらの原子はティタンの寿命が尽きる最後の瞬間につくられた、超新星の猛烈な核爆発の放射性残骸だった。ウランは巨大な爆発でつくられた最も重い元素の一つで、原始の地球がつくられたとき、地球のなかに取り込まれた。一言加えると、「ウラン」という名はティタンたちの始祖であるウラノスに由来している。したがってウランは、地球の構成物の一部として含まれていて当然なのである。

今日、ウランは他の鉱石と同じように鉱床から掘り出されるが、その鉱床はウランが水の溶解作用で濃縮され、流され、岩石に拡散されてできたものである。この重くて黄色みを帯びた金属は、主として原子炉と核兵器をつくるのに利用されてきた。科学者の定義によると、**ウラン**は、その原子核に九二個の陽子を含む原子である。しかし、原子核に含まれる中性子の数は一定でなく、そのためにウランの異なる**同位体**が生じる。今日、鉱床に見いだされるウランの大部分はウラン238で、ウラン235はほんのわずかだけ含まれている。二三五という数は、原子核のなかの**中性子と陽子の合計**を表す。つまり、235－92＝143が中性子の数になる。したがって、ウラン238という同位体は、ウラン235よりも原子核のなかに中性子を三個多く含んでいる。今日、ウラン鉱石を採掘すると、ウラン238が九九・三パーセント含まれ、ウラン235はわずかに〇・七パーセントにすぎない。

原子核が「割れる」過程は**核分裂**と呼ばれる。核分裂は鉄よりはるかに重い元素だけに起こり、重い原子核の核分裂で大量のエネルギーが放出される。このエネルギーの放出があるからこそ、**持続的な連鎖反応**によって原子炉を稼働させることができ、また**暴走的な連鎖反応**によって原子爆弾を爆発させることができるわけである。原子炉や核兵器をつくるためには、ウラン235の濃度を高める濃縮という工程が必要である。濃縮ウランでは、一個の原子核が分裂すると、いくつかのはみ出し者の中性子と、一般には二個の軽い「娘核《じょうかく》」が生じ、これらの娘核は新しい原子になる。はみ出し者の中性子は飛び回って、もう一つのウラン原子核に衝突する。これが引き金となって、その原子核の核分裂が起こり、また娘核とはみ出し者の中性子とエネルギーが生じ、とつづいていく。

核分裂性物質が少量あるだけでは、持続的な連鎖反応は起こらない。はみ出し者の中性子がもう一つのウラン原子核に衝突する前に、核分裂性物質を通り抜けてしまうからである。しかし、**臨界量**を形成する**十分な**量の濃縮ウランがまとまっていれば、連鎖反応が持続的になる。**超臨界量**になると、連鎖反応は加速されて「暴走」する。ウランはきわめて高温に熱せられ、最後には融解し、激しく泡立ち、流れ出す。しかし、もしウランが通常の爆薬によって一挙に圧縮されれば、超臨界量となって爆発する。これが原子(核分裂)爆弾の原理である。ゆっくり進む持続的な核反応が起こるのは、ウラン混合物がウラン235を三パーセントくらい、ウラン238を九七パーセントくらい含む場合である。**兵器級ウラン**(核兵器製造に適した品位のウラン)はウラン235の含有量がはるかに高く、一般には九〇パーセント以上である。

われわれの若い銀河のたくさんのティタンたちが爆発したときには、ウランのこれら二つの同位体がほぼ等量ずつつくられ、銀河の渦巻をつくった残骸とともに飛び散った。この残骸は地球に取り込まれた。それなら、今日の地球の鉱床に見いだされるウランには、なぜウラン235がごく小量しか含まれていないのだろうか? その理由は、ウラン235の原子核の方がウラン238の原子核より不安定で、より大きい速度で自発的に崩壊するからである。物理学者によると、ウラン235の**半減期**は約七億年で、地球の現在の年齢のだいたい六分の一である。つまり現在一〇〇グラムのウランに235があるとすると、七億年後には五〇グラムに減ってしまう。あとの五〇グラムは、崩壊過程の副産物である別のもっと軽い原子に変化する。これに対してウラン238の半減期は約四五億年で、ウラン235の半減期よりはるかに長く、地球の年齢にほぼ等しい。したがって、地球が歳をとればとるほど、寿命の長いウラン238に比べてウラン235の割合はそれだけ小さくなる。地球が年齢を重ねるにつれて、寿命の長いウラン238がウランの存在量の大部分を占めるようになったのだ。

したがって二〇億年前には、ウラン235の存在度は今日よりずっと大きかった。実際、その存在度はウラン238に対して三パーセント以上だった。つまり、**その当時は濃縮ウランが地球で天然に見いだされる物質だった。**若い地球には濃縮ウランが天然に存在していたから、われわれの隠喩上の母であるガイアは注目すべきことを行った——**ガイアは彼女自身の原子炉をつくったのだ。**これらの原子炉はウラン含有量の高い鉱床のなかにつくられた。このような鉱床ができたのは、ウランが浅い鉱脈に自然に濃縮され、水に流され、岩石内の割れ目に拡散されたからである。このような天然の原子炉は定まった形がなく、原子力発電所の災害で融解した炉心に似ている——いわば自然に生じたチェルノブイリである。これらの天然原子炉は周囲の岩石のなかで熱を発し、沸き立ち、融解した放射性廃棄物を吹き出し、間欠泉や噴出口から放射性の蒸気やガスを吹き上げた。天然原子炉は核分裂性燃料を消費すると同時に、自分自身の放射性廃棄物で汚染された。すると今度は、廃棄物が散らばり、沸騰し、あるいは崩壊して、原子炉は再び活動しはじめた。こうして、これらの天然原子炉は核分裂過程を繰り返し、何百万年にもわたって何度も活動したり停止したりした。最後に、天然原子炉は濃縮ウランを使い果たし、静かに死を迎えた。

ガボン共和国オクロの天然原子炉

天然に形成された古代の一七箇所の原子炉の一つが、一九七二年、アフリカ西部のガボン共和国オクロ村にあるウラン鉱床で発見された。オクロの天然原子炉は、活動中に放射性廃棄物をつくりだしたが、それらは原子力発電所の現代的な原子炉で生じる廃棄物とまったく同じである。オクロにある一七箇所の原子炉のうち、一つだけがとくに注目されている。他の一四箇所は一九七二年の発見前に採掘されてしまっていたし、残りの二箇所はまだ調査されていないからだ[5]。

この化石原子炉の遺物は、地下の坑道の壁に見ることができる。これらの遺物は不自然な淡い黄色の岩石のように見える。この岩石の大部分は酸化ウランからなり、かすかに光る石英ガラスの層が混じっている。石英は結晶化した二酸化ケイ素で、過熱された地下水が原子炉の活動期や活動後に炉心を通って砂層を循環したときにつくられた。オクロの原子炉では、プルトニウム239のような、通常の核分裂副産物のすべてが生じた。プルトニウム239はきわめて毒性の強い放射性元素で、兵器としても使われる。プルトニウムは濃縮ウランと一緒になって、それ自身の核分裂過程で燃焼する。プルトニウムの半減期は比較的短く、二万四〇〇〇年にすぎないから、地球が形成されたときの残骸の雲にプルトニウムはもともと含まれていなかった。このことはオクロの原子炉が実際に核分裂原子炉であり、この原子炉でプルトニウムが生成されたことを証明している。

オクロの原子炉は驚くべき自然現象である。オクロの原子炉がその核分裂性燃料を自発的に燃やしていた時代には、宇宙は今日よりも約一五パーセント若かった。このことは、自然そのものの永遠の不変性という仮説をわれわれに考えさせる。二〇億年前の宇宙とその自然法則が今日のものといくらか違っていたということはあり得るだろうか？　その頃には、たとえば重力がいくらか違っていて、現在より弱いとか強いとかということがあっただろうか？　自然界の電磁気力は、今日と同じであっただろうか？　初期の宇宙で核反応を支配する法則は、今日の法則とまったく同じであっただろうか？

オクロの原子炉は、自然の法則だけでなく物理学について、二〇億年前にそれがどのようなものであったかを示す感度のよい素晴らしい手段を提供している。あらゆる原子炉は、核反応の副産物としてさまざまな希少元素をつくり出す。これらの元素は、星や原子炉でなければ起こらない極端な過程、自然の厳格な法則に敏感な過程と密接な関係がある。オクロの原子炉の活動期は、現代的な原子炉以前にこれらの希少元素が地球上で合成された唯一の時代なのだ。このときの核反応の一つによって、**サマリウム**と呼ばれるとくに希少な元素が合成された。

サマリウムは一八七九年にP・E・ルコック・ド・ボワボードランによってパリで発見された。この美しく銀色に輝く毒性のない金属は、あざやかな光沢をもっている。地球で見いだされるサマリウムの大部分は、ティタンたちによってつくられた原初のものである。通常、サマリウムは何種類かの鉱石の地質学的構成物中に見いだされ、一緒に存在する他の重い原子から化学的に分離することができる。サマリウムは映写機に使われる光源の製造や、ある種のレーザーに用いられ、また原子炉の建設にも使用される。

自然が成し遂げたオクロの原子核工学の偉業から、微妙でしかも深遠な事実を学ぶことができる。つまり、二〇億年前にオクロの原子炉でつくられたサマリウムの存在度は、**まさに今日その存在度が**

予想されるような量なのである。このことが、なぜそれほど注目に値するのか? 実は、この核分裂副産物の生成は、原子炉内で起こる複雑な物理的過程にきわめて敏感なことがわかっている。もしオクロの原子炉が機能した二〇億年前と現在とで物理学の基本法則にわずかでも差異があったとしたら、サマリウムはつくられなかったに違いないのだ。したがって、サマリウムの生成とその正確な存在度とによって、オクロはこう語っているのである——**宇宙は二〇億年前も現在と同じ物理法則をもっていたはずだ。**実際、オクロにおけるサマリウムの存在度の測定から、サマリウムに関係する物理学の諸法則は、宇宙の存在期間にわたって一〇〇万分の一以上変化したことはあり得ない、と科学者は推論できるのだ。[6]

物理法則の不変性

時代とともに変化する物理法則というのは、思考の対象としては奇妙で不安を与える。実際に、原子炉でサマリウムがつくられる過程に影響する自然の諸法則が、二〇億年前の宇宙では現在と違っていたということはあり得るだろうか? サマリウムの**原子核の質量がほんのわずかでも違う**と、それだけでオクロの原子炉での**サマリウムの生成は妨げられる**はずだということがわかっている。理論的には、サマリウムの生成が起こるような他のいろいろな過程を想像することができるが、それは自然の諸法則が二〇億年前にも違っていなかったとすれば成り立つことである。たとえば、もし電子や陽子の電荷の単位量が二〇億年前に現在といくらか違っていたとするなら、そのわずかな違いは原子核内の陽子間の電磁相互作用に影響を与えたはずである。そうすれば、サマリウムの原子核の質量がそれに応じていくらか変化したはずである。しかし、オクロのサマリウムの存在度を分析した科学者たちの計算によれば、オクロがウランを燃やしていた時代の電荷の単位量が一〇〇〇万分の一（10^{-7}）以上違うことはあり得なかった。つまり今日、一年あたり、電荷の値が一〇万兆分の一（10^{-17}）以上変化することはあり得ないのだ。これは時代を通しての物理法則の不変性に関する、意味深い安心させる発見である。

オクロだけではない。他にも、時代を通しての物理法則の不変性を示す指標がいろいろある。天文学者は望遠鏡での観測によって、地球上の実験室で今日起こっているのと同じ物理的過程が、大昔に遠く離れた世界で起こっていたことを知っている。隕石中のいくつかの元素の存在度は、何十億年も前に起こったきわめて繊細な過程が、現在と同じ過程であることを示している。一九七〇年代にNASAが火星へ送ったバイキング探査機によって、重力の正確な測定が行われたが、重力もまた時代を通して変化していないことが確かめられた。あらゆる実験的な証拠が、**物理学の諸法則は一定であって時代を通して変化していない**という自然法則についての妥当な仮説を示唆している。

物理法則の永遠の不変性が**対称性**である。時代をさかのぼったり、望遠鏡で宇宙を眺めたり、あるいは強力な顕微鏡（粒子加速器）で調べたりするときわれわれが見ているのは、あらゆる時代にあらゆる場所で全宇宙を支配している物理法則の同じ体系なのだ。いろいろな物理法則は、宇宙とその内容物の構造の基本的対称性であり、もっと深いレベルでいえば宇宙そのものを支配している法則の対称性である。実際、これから明らかにしていく対称性は、自然の諸法則や物理学の諸法則、したがって宇宙を統御する諸法則を規定する基本原理なのである。これから述べるように、物理法則の不変性は、われわれの日々の生活に直接関係する重要性をもっている。

第2章　時間とエネルギー

エネルギーは永遠の歓喜である。
——ウィリアム・ブレーク『天国と地獄の結婚』

アクメ電力会社、フリーエネルギーを生みだす!?

アクメ電力会社という会社は、われわれの知る限りでは存在していないし、存在したこともない。操業中かどうか、過去にあったか現在あるのか、営業しているか倒産したか、またその経営者や投資家が実在の人物か架空の人物か、投獄されたか拘束されたか、そういうことを含めて、このアクメ電力会社がどこかの他の電力会社と似ているとしても、それは偶然の一致にすぎない。物理学に関するわれわれの考えを立証するために、この会社が考え出されたのである。

アクメ電力会社のような会社が、歴史上にはたくさんあったに違いない。残念なことだが、このような会社は、発起人と同一資格で株を得る投資家に架空のことや莫大な富を約束する。しかし、われわれは、アクメ電力会社の創業者たちに悪意があったといって非難しようというわけではない。この事件そのものは、初めは悪意のない考え違いだった。だが、ことが進むにつれて、いつの間にか創業者たちは抑制がきかなくなり、勢いがついてきた。多くの解説者、銀行家、後援者、それに高潔で善意の政治家がこの騒ぎに加わり、会社の約束に既得権をもった。まもなく会社は、成功間違いなしと考えて、まだ結果がどうなるかわからないのに、成功したと発表する。しかし最後には、物理法則が勝負を決めるはずである。

アクメ電力会社を設立したのは、少数の金持ちの投資家たちである。彼らは、「新しい発電方法」を見つけたという無名の発明家の主張を耳にした。この発明家は地階の研究室で、物理法則が時間によって変化することを発見した。彼は、一週間ごとに、とくに火曜日の朝に、重力に変化が起こることに気づいたのだ。毎週、火曜日の午前一〇時ちょうどに、重力が必ず弱くなることが観測された。投資家たちの事業計画は、この奇妙な「火曜日現象」を利用して、重力の変動からエネルギーを取り出そうというものだった。火曜日には、他の曜日よりも地球上の重力が弱くなるから、少ないエネルギーでどんな物質でも大量に持ち上げることができるはずである。火曜日以外の日に、持ち上げておいた物質を落下させれば、その物質を持ち上げるのに要したエネルギーより差し引き余分のエネルギーが得られるはずである。

ここで簡単に物理の解説をしておこう。地球の表面での重力は、どんな物質でもよいが、たとえば岩石が、ピサの斜塔のような高いところから落下するときに受ける**加速度** gで測られる（空気抵抗は無視する）。**質量** mの物体が重力に引かれることによって地球上で受ける**力**は、重力加速度と質量の積、つまりmgである。高校生が物理の授業で学ぶように、地球上の重力の加速度gは、**メートル-キログラム-秒**の単位系では約一〇単位である。[1] 言い換えると、gは一秒の二乗あたり大ざっぱに一〇メートルで、つまり10 m/s^{2}である。これはどういう意味かというと、落下して一秒後には、空気の抵抗を無視すると、どのような質量の物体でも一秒あたり一〇メートルの速度をもつということである。簡単に言えば、重力が大きくなると g の値が大きくなる。

アクメ電力会社によると、火曜日の午前一〇時には数分間にわたって、他の曜日よりも g がかなり小さくなる。したがって、だれでも火曜日の午前一〇時には体重がいくらか減るはずである。重力の減少は、アクメ電力会社が特許をとった g メーターで測定された。この測定器は例の発明家が地階の研究室で組み立てたもので、きわめて正確に g が測定できるとされた。

アクメ電力会社はまず一〇〇万株の株券を売り出し、次に大きな貯水塔、貯水池、さらに揚水機としても使える水力タービン発電機を購入した。地上高くそびえる貯水塔は、大量（つまり大質量）の水をたくわえることができた。したがって、物理を学んだ高校生なら知っている公式によって、質量 m の水を地上から h の高さにある貯水塔へ汲み上げるのに要する**全エネルギー**は、m と g と h の積、つまり mgh である。

火曜日の午前一〇時、アクメ g メーターは、重力が弱まって、つまり g が小さくなって、**メートル-キログラム-秒**の単位系で九単位に下がったことを示した。そこで大急ぎで貯水池から水を貯水塔へ汲み上げる（図2参照）。水を貯水塔へ汲み上げるためのエネルギーは送電線から供給される。汲み上げた水は貯水塔に一晩ためておく。

水曜日になると、アクメ g メーターは重力がもとの強さに戻ったことを示した。つまり、**メートル-キログラム-秒**の単位系で一〇単位という標準的な値に g が戻ったのだ。バルブが開けられ、水は貯水塔からパイプを通って流れ落ち、途中でタービン発電機を通って貯水池へ戻る。貯水塔の高さまで汲み上げられた水の重力ポテンシャルエネルギーが今度は回収され、役に立つ電気エネルギーに転換される。ところが、今の g は火曜日（九単位）より大きくなっている（一〇単位）から、流れ落ちる

図2　アクメ電力会社のテスト設備。高さhの貯水塔、効率100パーセントのタービン発電機、貯水池からなる。タービン発電機を逆転させることによって、貯水池から質量mの水が貯水塔へ汲み上げられる。地上の重力加速度を測定するアクメ「gメーター」が左下に見える。（図はクリストファー・T・ヒルによる）

水から取り出されるエネルギーは、水を汲み上げたときのエネルギーより**大きい**。したがってアクメ電力会社の主張では、mとhと（$g_{\mathrm{Wed}}-g_{\mathrm{Tues}}$）の積、つまり$mh(g_{\mathrm{Wed}}-g_{\mathrm{Tues}})$に等しい余分のエネルギーが得られたことになる。

ところでエネルギーというのは、単位あたりについて市場で定められた価格をもつ商品である。貯水塔から回収されたエネルギーで水を汲み上げるのに使ったエネルギー経費をまかない、残った余分のエネルギーを配電網に送って売却すれば、純益が得られるはずである。したがって、このような仕組みは近隣の都市やその住民に電気を提供することになる。アクメ電力会社は、重力の時間的な変動から余分のエネルギーを無料でつくりだした。この会社は無期限に運転することのできるいわゆるフリーエネルギー機関を設置して、消費するよりも多くのエネルギーを無料でつくりだしたというわけだ。[2]

この大発見のうわさがウォール街に伝わると、アクメ電力会社の株価は急騰した。この会社の経営者はこう言明した。「アクメの最初の設備が順調に稼働し、すべての契約者にエネルギーを送り、投資家に多大の利益をもたらすようになるのは、今や時間の問題にすぎない。」多くの孤児や未亡人がその蓄えを銀行や証券会社を通して、この「楽に儲かる」株に投資した。アクメ電力会社の株はにわかにウォール街のお気に入りになった。

しかし、うたぐりぶかい監査役が証券取引委員会（SCC）に対し、別の独立した研究所でアクメ電力会社の装置を検査するように求めた。とりわけ、重力の法則が時間によって変化することを明らかにしたgメーターが、各種の厳密な検査の対象になった。六月にSCCがgメーターを入手し、それをユニバーサル・テスティング・ラボラトリー（UTL）に引き渡した。検査の結果は一〇月に公表されることになった。夏が終わる頃には、アクメ株の取引はほとんど行われなくなった。熱心な投資家たちが、ＵＴＬの結果が出るまで模様眺めを決め込み、アクメ電力会社と大胆だがあいまいさのある発明家の大発見の成果が確認されるまで取引を手控えたからだ。

ついに一〇月がやってきた。株主たちはしばしば一〇月に神経過敏になる。あの名高い投資顧問、まぬけのウィルソンがかつて言ったように「一〇月は株に手を出すのはとくに危険な月だ。この他にも危険な月には七月、一月、九月、四月、一一月、五月、三月、六月、一二月、八月、二月がある」[3]。待たれていたｇメーターの検査結果が発表される日の前日になり、アクメ電力会社の株価は取引終了時間の少しの間に急落した。ｇメーターの発明家がその前の日の夜半に東ヨーロッパのどこかへ夜間飛行便で出国し、行方がわからなくなった、という悪いうわさが取引所に流れたのだ。

翌日、取引のはじまる直前に、ＵＴＬによる検査の結果が発表されることになった。ウォール街は息を殺して待ち、その瞬間が来たときにはティンパニの連打が聞こえるかのようだった。ＵＴＬの幹部が声明を読み上げ、その内容は各方面に電話で伝えられた。検査の結果、アクメ電力会社の有名なｇメーターは確かに火曜日の午前一〇時に小さい値を示した――しかし、それは**設計上の欠陥**によるものだったのだ。

注意深い分析によって、近隣の町の非常用サイレンが毎火曜日の午前一〇時にテストされており、そのサイレンがｇメーターの鋭敏な電気回路に音響振動を与え、ｇメーターの表示器の電圧をいくらか下げたことがわかった。これが物理量ｇを誤って表示させ、重力が減少したと誤解させたのだ。ｇメーターのこの系統誤差を補正すると、ｇの値は火曜日にもまったく**変化していない**ことが明らかになった。検査に当たった人たちは、この実験によっても、またこれまでのいろいろな実験によっても、物理法則が時間によって変化するとは思われないと主張した。ユニバーサル・テスティング・ラボラトリーは、その報告のなかで、有名なオクロの天然原子炉の発見に触れて次のように述べた。「オクロでの発見に基づけば、電荷の単位の値は宇宙の存続期間にわたって一〇〇〇万分の一しか変化していないから、一週間で重力が一〇パーセントもその値を変えることはまったく信じられない。gは電荷とは物理的に違う量ではあるが、オクロの結果は、欠陥のあるgメーターに記録された信号よりもはるかに正確に物理法則の不変性を立証している。」

したがって、アクメ電力会社のもっともらしい設備は**余分の電気エネルギー**をつくり出さなかった。どんな機械設備や電気設備でも効率一〇〇パーセントで稼働することはあり得ないから、実際には、熱、音、機械的振動など、さまざまな形態でのエネルギー損失が生じただけである。物理法則は時間とともに変化せず、一定である。

アクメ電力会社の株取引はSCCによって直ちに停止された。数日にわたって、一株といえども（合法的には）所有者が変わることはなかった。数日が数週間に、数週間が数ヶ月に延びた。ようやく取引が再開されたときには、かつては三桁の高値投機株で、『ブラーブス・マガジン』の名声ある特集記事にもなったウォール街のお気に入りが、一ドル以下の投機的低位株になった。その後SCCが犯罪調査に乗り出し、gメーターの哀れな発明家が、最初は地階の研究室でこの効果にだまされたが、後に自分の発見についての疑問を投資銀行家に話していたことが明らかになった。しかしそのときには、アクメ電力会社の株価は急騰していたので、秘密の相談に用いられるどこかの一室でだれかによって、この好機を逃すべきではないと決定されてしまったのだ。

後にわかったことだが、最高経営責任者、経理担当役員、社長、その他の役員たち——現役も前任者も——、そしてさらにアクメ電力会社の数人の大投資者たちは、ＵＴＬの結果が発表される数ヶ月前に、実は自分たちの所有する株をすべて売却していた（もちろんそれなりの理由があったからだ）。ところが彼らは、投資家や引退後の計画を考えて自社株に投資した従業員たちには「すべて順調だ。次の四半期には無料の電気が大量にできる。もうちょっとの辛抱だ。」と言いつづけた。この会社の幹部たちは、gメーターの問題についてまったく知らなかったと断言した。しかし、事務処理部門のある会計担当社員は、役員会でgメーターが議論されたときの議事録をきちんと整理していなかったという理由で刑務所に送られた。

これがアクメ電力会社の結末である。

最初に言ったように、アクメ電力会社のこの物語はただの作り話である。こんな話はばかげている、自重する投資家ならこういう愚かな計画にだまされて株を買うようなことはしない、と考える人もいるかもしれない。しかし実際には、永久機関やフリーエネルギー機関が無数に提案され、何世紀かにわたって投資家をだましてきた。二〇世紀の後半になっても、このような創案に多くの特許が与えられた。それぞれの装置はかなり違う。一九世紀初期には、コンベヤーベルトについた水受けから流れ落ちる水を利用する装置が多く、たとえば上の水受けから落ちる水で動いた下の水受けが、別の水受けを上へ動かすというような装置だった。あるいは、汲み上げた水でピストンを動かし、そのピストンでさらに水を汲み上げ、その水でまたピストンを動かすという装置もあった。

もっと現代的な永久機関やフリーエネルギー装置は、見かけ上さらに複雑な技術を利用することが多い。たとえば、水の**電気分解**を利用する装置もある。この装置では、普通の蛇口から出る昔ながらの水 H_2O に電流を通し、水を成分の水素ガスと酸素ガスとに分解する。得られた水素と酸素は内燃機関で化学的に結合（燃焼）させることができ、その結果、エネルギーと、排出物として普通の水が生じる。電気分解が起こることは確かで、高校の化学の授業で実際に見せられることも多い。しかし残念ながら、電気分解が投資家によって**誤解**され、得られた水素と酸素を燃やすと**電気分解で消費されるよりも多くのエネルギー**が生じると信じられてしまうこともある。これはまったくの間違いである。それにもかかわらず電気分解は無制限のエネルギー源で、自動車を動かしたり、環境を汚染せずに発電したりできると主張されることがあった。

一九七〇年代にこのような会社の一つが投資家たちの注目を引き、ある朝、その会社の株価が取引開始と同時に急上昇した。本書の著者の一人（クリストファー・T・ヒル）は当時カリフォルニア工科大学の大学院生だったが、物理教室の建物に入ると、世界的に著名な物理学者リチャード・ファインマンに出会った。ファインマンはこの会社の計画や株価の急騰を面白がって、「この会社の株全部を空売りするにはどうしたらいいんだ？」と質問した。このときには、この会社の株取引はすでに中止になっていた。しかし「プットオプション（売付け選択権）」はまだ取引されているようだった（プットオプションは株の空売りに近い）。ファインマンとこの大学院生は昼食を食べながら、どうしたら注文を出せるかを話した。特別の書類への記入と株式仲買人の承認が必要なことを聞いていたとき、ファインマンは突然こう叫んだ。「これは馬鹿げた考えだよ、時間の無駄というやつだ――さあ研究室に戻って物理をやるぞ。」意外にも、その後この会社の株取引は再開されたが、予想されたような暴落はなかった。実際、最初の底値に戻ることはなかったのだ。どういうわけか、信奉者たちは、その永久運動フリーエネルギー装置は作動しないだろうという反論を信用しなかったのだ。プットオプションは期間が切れて無価値になった。したがって、株式市場は明らかに物理法則によっては支配されて**いない**と明言できる。

風車や原子力発電所のようなエネルギー源がすでにあれば、水を水素（および酸素）に変え、その水素を燃料として利用することは簡単にできる。しかし、注意しなければならないのは、この場合、**最初にあったエネルギーを使っている**だけで、フリーエネルギーをどこかから余分につくり出しているわけではないことである。アクメ電力会社と同じように、水を水素に変換するフリーエネルギー過程は必ず永久機関になるはずである。そういう永久機関なら、どこかから余分のエネルギーをつくり出して、われわれはそのエネルギーを現金に換えることができるに違いない。このような永久機関がうまくはたらくのは、物理法則が時間とともに変わるような場合だけである。差し引き余分のエネルギーが生じるためには、水の分子を分解するのに使ったエネルギーが、水素と酸素を燃やして取り戻したエネルギーより小さくなければならない。したがって、最初の水分子の性質と最後の水分子の性質が違っていなければならない。しかし、水の分子は比較的簡単な物理系である。初期の宇宙で生まれた水分子――ティタンたちの爆発の副産物――も、今日の水分子がもっている性質とまったく同じ物理的性質をもっている。水の性質は時代とともに変化しない。水の分子を分解し、それをもとの形に再結合しても、そのことによって余分のエネルギーを取り出すことはできない。

有害物質を出さない集中化したエネルギー源から、水の電気分解によって自動車などの水素燃料をつくり出すことは、将来のエネルギー政策としてよい考えかもしれない（そうでないかもしれない）。水素と酸素の燃焼は、比較的安全で有害物質を出さないし、効率がよく、しかも炭素化合物で大気を汚染しない。水素燃料の利用は環境に優しいように見える。しかし、全体的な環境への影響は、まだ完全には理解されていない。水素燃料の広範囲な利用を実現するためには、エネルギーインフラストラクチャーに大きな変化を要するだろう。水素燃料の大規模な利用には何か新しいエネルギー資源が必要で、水の電気分解の過程で余分のエネルギーが得られるわけではない。この過程全体が効率一〇〇パーセントということはあり得ないから、実際にはエネルギー損失がともなう。大規模な水素燃料の利用が将来実現するかどうかは、最初の大規模操業で出会う問題によって決まることである。しかし、これまでのところ、この方法は有望であるように見える。

もしエネルギーを無からつくり出すことができ、また消滅させることができるとしたら、エネルギーは保存されないことになる。アクメ電力会社が貯水塔へ水を汲み上げるのに使った全エネルギーは、水を落下させて取り戻したエネルギーより少ないと誤って考えられた。本当にそうだとするなら、エネルギーは保存されていない――無からエネルギーがつくり出されたことになる。しかし、水の汲み上げと落下によるエネルギー差を確かめるため行われたすべての実験で、**最初にあった全エネルギーは最後に残った全エネルギーに等しい**ことが常に見いだされた。したがって、自然界ではエネルギーは保存される。どのような物理的過程においても、最初の全エネルギーと最後の全エネルギーは実際に同じであることを証明するために、これに似たような実験が大勢の科学者によって行われてきた。

エネルギーの保存について混乱が起こりやすく、また永久機関やフリーエネルギー機関が次々に考案される理由の一つは、エネルギーの行方を見失わないように追跡するのがむずかしいからである。われわれの日常生活では、多くのものが保存されない。地球上の生物の数や株式市場の総評価額は二つの例である。またエネルギーは多くの異なる形態をとる。運動している物体のエネルギー（運動エネルギー）はかなり明白だが、山の頂上に静止している物体のエネルギー（ポテンシャルエネルギー、これは物体が落下するとき運動エネルギーに変わる）はわかりにくい。一般にエネルギーは物理的な過程で失われるが、それはエネルギーが熱や音のような役に立たない形態に変わるからである。また物体を変形させたり押しつぶしたりするときも、物体内の分子が変化したり再配列したりしてエネルギーが失われる。エネルギーは化学エネルギーの形で吸収され（あるいは放出され）、また物質の物理的状態を固体から液体へ、あるいは液体から気体へ変える。エネルギーは光や他の形態の放射線によって運ばれ、系から流れ出る。燃料を燃やし尽くした大きな星のような系は、収縮して重力ポテンシャルエネルギーを減らすが、そのエネルギーは光に変換され、放射されて使い果たされ、その星は最後には白色矮星か、場合によってはブラックホールになる。実は、エネルギー保存の原理が正確で絶対的なものだということを、物理学者や化学者や生物学者が理解するまでには、長い時間がかかった。この原理はあらゆるものを支配している。生物といえども、エネルギー保存則によって支配されている。生物だけが保持する特別な形態のエネルギーというものは存在しない――あらゆるエネルギーは宇宙のどこででも同じ単位で測定できる。もしすべての形態のエネルギーを詳細に記録し、その行方を追跡することができるなら、いかなる過程においてもエネルギーが常に保存されていることがわかるはずである。

アクメ電力会社の例で見てきたように、もし物理法則が時間によって変わるなら、物理学の最も重要な法則の一つであるエネルギー保存則は成り立たなくなってしまう。もし自然の力がある時刻と別の時刻で異なるとすれば、ある物理的過程に投入したエネルギー量と、ある時間の経過後に同じ過程に投入したエネルギー量とが違うということになる。しかし、オクロの原子炉や他の多くの観察から学んできたように、物理法則は時間の経過によって――**宇宙の年齢にほぼ等しい時間のスケールにわ**

たって——変化しない。したがって、われわれが行うどのような物理実験でも、それが今日または明日、あるいは一〇秒前または一〇〇億年前、さらには一兆年後の実験であっても、同じ結果を生ずるはずである。物理法則は、したがって物理のあらゆる正しい方程式もそうだが、宇宙の歴史のいつであろうと同じである。これは実験的事実である。物理法則は永遠に変わることがない。

われわれは、自然における最も重要な関係の一つを見てきた。つまり、エネルギー保存則は、物理法則が時間によって変わらないという事実と結びついているのだ。このことは、ネーターの定理として知られる一般的で深い意味をもつ現象の最初の例である。その要点は、物理法則の**不変性**は物理法則の**連続的対称性**である、ということである。ネーターの定理によると、自然の法則のあらゆる連続的対称性に対して保存量が存在している。

ところで、エネルギーとは何だろう？

今日、われわれの文明が直面しているきわめて重要な問題の多くが、エネルギーに関係している。その理由は簡単である。エネルギーは、われわれが消費する重要な商品だからだ。そのため、われわれがたえず巻き込まれる多くの戦争や紛争の原因をさぐると、その根底には使いやすい大量のエネルギーに対する要求がある。現代では、そのようなエネルギーは石油である。政治権力にとってはもちろんだが、われわれの経済や将来にとっても、エネルギーが鍵になっている。しかも、エネルギーを適切に使うことが、環境の命運に関係している。人によっては、人類が直面している緊急の問題は、第一が世界の人口問題、第二がエネルギー政策で、この二つが複雑に絡み合っている、と考えるかもしれない。この二つの問題は、公共政策立案の観点からすれば最も厄介で、人類がつくりあげた非暴力主義的ないかなる政治体制によっても改善できる保証はない。

その上、エネルギーは不十分にしか理解されていない概念である。「彼の心霊エネルギーは大きい」とか「体のエネルギーが生命量子となって神秘の水晶の中心部を通ってピラミッドの頂点から上に向かって流れる」というような表現を聞くことがある。これらの表現は、物理学者が理解しているエネルギーとは無関係なことをいっている。一般にこういう表現はいかさまで、せいぜい比喩の一種にすぎない。残念ながら、多くの場面でエネルギーはある種の神秘的な解釈を獲得し、それを受け入れる人も数多くいる。

また次のような言葉を耳にするかもしれない。「手術後一ヶ月たって、彼女もようやくいつものエネルギーを取り戻した」あるいは「彼は精神的なエネルギーが不足している」などである。これらは、活力や活気、活動力や知的能力のいわば詩的な表現である。こういう言い方は、日常的表現としてはあり得るが、物理学者がエネルギーの正しい物理的定義として考えていることとは違う。エネルギーという概念はわれわれの言葉ではいくつかの意味をもつが、物理学では、ただ一つの明確な意味だけをもつ。

それにもかかわらず、大多数の物理学者はある特定の種類のエネルギーならすぐに定義できるが、一般的な定義を考えることはそう簡単ではない。高校の教科書では、**エネルギー**は「仕事をする能力」と定義されている。たいへん結構だ。しかし、この定義は**仕事**の明確な定義を必要とする。物理学では、定義はあいまいでなく、明瞭でなければならない。そして最終的には、方程式で書き表すことができなければならない。ここで厄介なのは、物理学での**仕事**は「力のベクトルと物体の変位ベクトルとのスカラー積」と定義されており、いささか複雑なことである。したがって当面は、いろいろな形態のエネルギーのすべてに明確な定義が与えられているということを信じてもらって、いくつかの特定のエネルギーについて考えることにしよう（明確で普遍的な定義を与えるのはむずかしい問題であることに読者は同意してくれると思う）。

運動エネルギーは運動のエネルギーで、動いている物体の質量と速度によって決まる。物体を動かすためにはエネルギーが必要で、物体の質量が大きければ大きいほど、また物体の速度を増そうとすればするほど、それだけ多くのエネルギーが必要になる（自動車を動かすときのことを考えよう）。物体のなかの分子や原子はでたらめな方向に動いていて、運動エネルギーをもっている。物体に含まれている分子や原子が大きな運動エネルギーをもつとき、その物体は「熱い」という。分子や原子の運動エネルギーが小さいと、その物体は「冷たい」。

ポテンシャルエネルギーは物体や系に含まれているエネルギーで、それらの物体や系が束縛から解放されて自由になるとき他の物体を動かすことができるエネルギーである。たとえば押しつけられたスプリングはポテンシャルエネルギーをもっている。ポテンシャルエネルギーによって、子供が遊ぶ鉄砲からおもちゃの矢を飛ばしたり、車庫の扉を巻き上げたり、古風なゼンマイ時計を何日か動かすことができる。スプリングのポテンシャルエネルギーは、実際には鉄合金（鋼）原子の格子の**変形エネルギー**である。格子の変形は、鉄合金原子が通常のおだやかな状態からいくらかねじれたときに生じる。ポテンシャルエネルギーには多くの形態がありうる。たとえば山の頂上に積もった雪の層にはポテンシャルエネルギーがあって、雪が落下すれば運動エネルギーに変わる。ガソリンや他の燃料には化学的なポテンシャルエネルギーがあり、このエネルギーは酸化という化学反応（燃焼）によって解放される。

化学エネルギーは、さまざまな物質がさまざまな化学反応を起こしてエネルギーを生じたり消費したりするときに現れる（または失われる）。化学エネルギーがどのような形態をとるかは、反応によって決まる。ごく一般的な例は、石炭、石油、木材、あるいは炭素を多く含む物質の燃焼である。燃焼とは、炭素と酸素（好都合なことに一般には大気から供給される気体）が結合することで、基本的な反応は $C+O_2 \to CO_2+Q$ である。ここで Q はエネルギーの記号で、光の粒子（光子、つまり電磁放射線を構成している粒子）と、燃焼の結果生じた分子の高速運動（運動エネルギー）を含む。言い換えれば、炭素は酸素と化合して、二酸化炭素とエネルギーを生じる。

燃焼によって生じた分子の速度は大きいが、その速度は不揃いで**熱エネルギー**と呼ばれる。木材を燃やす暖炉では、高速で運動する燃焼生成物の分子が、周囲の空気のような他の分子と衝突し、それらの分子に運動エネルギーを与える。エネルギーをもらった分子は部屋へ流れ出て熱を伝えるが、この過程は**対流**と呼ばれる。光子も**熱放射**として部屋へ出て行き、放射熱を生じる。暖炉の暖かい炎がもたらす心地よい感じは、光子と高速で運動する空気の分子を浴びていることに他ならない。

電気エネルギーはまた別の形態である。なかでもいちばん簡単な形態は、導線やある種の液体、あるいは真空管（陰極線管つまりテレビのブラウン管など）や粒子加速器の内部の自由空間を通る電子の流れ（電流）の運動エネルギーである。もし導線に大きな**電気抵抗**があると、電子は導線中の原子と衝突してエネルギーを失い、導線の原子を動かす。そのためトースターや電気オーブンに見られるように、導線は加熱される。この現象は電気抵抗と呼ばれ、電気エネルギーの損失になる。しかし、電気エネルギーの収支を記録するさいに注意しなければならないのは、電子が $e \to e' + \gamma$ という過程によって、光の粒子である光子を「放射」する、つまり**放出**することである。放出される光子 γ はエネルギーの一部を持ち去るから、光子を放出した後の電子 e' は、放出する前の電子 e よりもエネルギーが少ない[4]。この過程は $\gamma+e\to e'$ のように逆にも進む。この場合には、最初の電子 e は光子を**吸収**し、最後の電子 e' はエネルギーを受け取る。このような過程は自然界における基本的な過程で、電磁現象を規定している。電磁現象が電子と光子の基本的な対称性から成り立っていることは後で述べる。光子を蓄えることができるのは「電磁場」で、これは光子のエネルギーを含むいわば光子のスープである。このように電子と光子の間で絶えずエネルギーが行ったり来たりしているから、電気と磁気の基本的過程でエネルギーを追跡することはむずかしい。化学エネルギーは、微視的に調べると、実は原子や分子のなかの電気エネルギーである。

人間の活動——実際には人間の生活——には、常にエネルギーの消費を必要とする。もちろん、われわれが好ましい種類のエネルギー源を無限にもっているなら、地球が人口過剰になったときは、他の惑星へ行って、そこを住めるようにすることができるかもしれない。小惑星をくりぬき、宇宙の穴居人になってそこに住むことも想像できる。あるいは、火星を地球のような美しい惑星に変えることができるかもしれない。火星を太陽にもっと近い都合のよい軌道へ引っ張ってきて、その表面に彗星(大きな氷の塊)を落として海洋をつくることも不可能ではないかもしれない。おそらく核融合エネルギーを利用するさまざまな化学反応によって、火星に大気をつくることもできるだろう。これは究極の「人類居住地」計画かもしれない。こういったことのすべては、エネルギー、専門的知識、そして時間の問題にすぎない。したがって原理的には、他の惑星を居住できるようにするために必要なエネルギーがありさえすれば、人口が増えても問題はないだろう。

しかし現在のところ、予想できる未来には、このような可能性はない。したがって地球が人口過剰になると、エネルギーの必要性と関連したむずかしい問題が生じる。現在はエネルギーの需要を満たすために、主として炭素の燃焼に頼っている。炭素の燃焼は、ガソリンを利用する自動車が放出する排ガスのような、二酸化炭素やそれ以外の燃焼生成物をつくり出す。これらの炭素を含む気体は、大気中に存在して、太陽可視光の高エネルギー光子を自由に通過させる。しかし日光が地表を暖めたときに生じる熱放射の低エネルギー光子は、これらのいわゆる温室効果ガスによって吸収される。吸収されたエネルギーは地球を暖める。六〇億人（今世紀中に一〇〇億人に近づく）の活動が、燃焼を通してこれらの温室効果ガスをつくり出し、大気中に分散させ、地球規模の気候変動という環境への恐ろしい影響を生み出す。したがって炭素を主体とする化石燃料を燃やすことによって、われわれは深刻な地球規模の気候変動を潜在的に引き起こしている。また、化石燃料を使い果たしたときのエネルギー不足という決定的な衰退を、われわれ自身が準備しているわけである。このような事態は今世紀中に起こるかもしれない[5]。

すでに述べたように、物理学ではエネルギーは明確に定義された概念である。エネルギーはあらゆる過程で保存されるから、エネルギーという概念はたいへん役に立つ。今ここに大きな箱があって、そのなかで、スプリングの圧縮や伸張、いろいろな物体の落下や跳ね返り、水の流れ、化学反応、燃焼、原子核の崩壊、こういった考えられることのすべてが起こっていると仮定しよう。これらの現象全体を通じて、この箱のなかで変化せずに同じままのものが一つだけ存在する——それが**全エネルギー**である。

運動エネルギーの簡単な例として、自動車のような身近な動く物体を考えよう。ここで考える自動車はごく普通の小型車で、約一〇〇〇キログラムの質量をもつとする。[6] この自動車が幹線道路を時速六〇マイル、つまり秒速約三〇メートル[7]の速さで走っていると仮定する。その場合、物理学者は、この自動車がもっている**運動エネルギー**は四五万エネルギー単位に等しいと計算する。この数字を求めるには、キログラムで表した質量に½を掛け、それにメートルで表した秒速を掛け、さらにメートルで表した秒速を掛ける。[8] メートル-キログラム-秒の単位系、つまりMKS単位系を使うときは、この答えは**ジュール**と呼ばれる特定のエネルギー単位で出てくる。MKS単位系でのエネルギーの単位ジュールは、一九世紀の物理学者ジェームズ・プレスコット・ジュールにちなんで名付けられた。ジュールは生涯の大部分をエネルギーの測定と研究に捧げ、とくに熱と熱力学の研究に取り組んだ（ジュールはまたアーク溶接も発明した）。自動車が四五万ジュールの運動エネルギーをもつという表現は、自動車の運動とその運動エネルギーについての科学的に明確な表現である。

比較のために、まったく別の、何かもっと変わった物理系を考えよう。たとえば、現在、世界で最も強力な粒子加速器はフェルミ研究所のテバトロンであるが、この加速器内の陽子パルスの運動を考えてみる。テバトロンのパルス一つには約三兆個の陽子が含まれており、これは生きている一個の細胞に含まれる原子の数に近い。このパルスは、光速度の九九・九九九九五パーセントの速度まで加速される。自動車のエネルギーを計算するのに使ったような簡単な公式は、陽子パルスのエネルギーの計算には使えない。なぜなら、この公式は「古典物理学」と呼ばれるガリレイとニュートンの物理学から出てきたもので、物体が光速度に近い速度で運動しているときには、その有効性が失われてしまうからである。幸いにも科学者たちは、このような場合にどうしたらよいかを知っている——アインシュタインの特殊相対性理論を使えば陽子パルスのエネルギーを正しく計算することができる。

したがって、光速度に近い速度で運動している陽子パルスのような、日常的な体験には無関係のものでも、明確な値のエネルギーをもっている。ここで述べた陽子パルスは、意外なことに、(アインシュタインの理論を使うと)やはり四五万ジュールのエネルギーをもっている。つまり、幹線道路を時速六〇マイルで走っている自動車の運動エネルギーと同じなのだ。エネルギーは宇宙のすべてのものに適用できる明確に定義された物理量であり、常に明確な意味をもつ。エネルギーはすべての物理的過程で保存されるから、エネルギーの変換効率が一〇〇パーセントだとすると、テバトロンのパルスのエネルギーを変換して、自動車を時速六〇マイルまで加速することができるはずで、その逆も成り立つ。

アクメ電力会社の例は、エネルギーが商品であることを示している。エネルギーは無から創造されることもないし消滅することもない。ある形態から別の形態に変換されるだけである。しかし、この変換過程での効率は一〇〇パーセントにはならない。実際、物理学の重要な一部門である熱力学の全領域は、エネルギー保存と、エネルギー変換に固有の非効率性を扱うために発展した。**エンジン**(原動機)はものを動かすために、ある形態のエネルギー(普通は化学エネルギーや熱エネルギー)を別の形態のエネルギー(普通は運動エネルギー)に変換する。エンジンは決して余分のエネルギーをつくり出さないし、効率が一〇〇パーセントにならないため、その変換過程で必ずエネルギーの一部を失う。物理学者は、効率が完全に一〇〇パーセントのエンジンは存在しないことを証明した(たとえば註(5)のカルノーの効率と熱力学の歴史を参照のこと)。アクメ電力会社が主張したのは、この会社に効率一一〇パーセントのエンジン、つまり消費されるより多くのエネルギーを生み出すエンジンがあるということだった。

エネルギーが取り出され、消費され、変換される時間的割合を**仕事率**と呼ぶ。もしエネルギーを距離のようなものと考えるなら、仕事率は速度のようなものと考えることができる。どこかあるところへ旅行したいと思ったら、ある一定距離を移動しなければならない。どれだけ速く移動できるかは速度による。速度が大きければ、それだけ旅行に要する時間は短くなる。これと同じように、芝刈りのような作業を行うために一定量のエネルギーを消費する場合を考える。この作業をどれだけ速くやり終えるかによって、必要とされる仕事率、つまりエネルギーを消費する時間的割合が決まる。仕事率が大きいほど、作業にかかる時間は短い。一言付け加えると、作業をやり終える速さは大きくすることも小さくすることもできるから、仕事率は一定の固定した量ではないし、保存される量でもない。これに対して、全エネルギーは、旅行のときの移動距離と同じように一定である。

それでは、幹線道路を走る一〇〇〇キログラムの自動車の仕事率はどれくらいだろうか？　これを測定する一つの方法は、障害物のない道路を秒速三〇メートル（時速六〇マイル、約一〇〇キロメートル）で自動車を走らせることである（他に走っている自動車がないことを確かめた上で、注意深く実験すること）。次にアクセルから足を離し、自動車を惰性で走らせる――他の自動車から離れて注意深く。自動車が秒速二五メートル（時速五〇マイル）まで減速するのに要する時間を秒で計る。この速度になったときの自動車の運動エネルギーは、½掛ける一〇〇〇キログラム掛ける秒速二五メートル掛ける秒速二五メートルで、計算すると三一万二五〇〇ジュールになる。したがってこの自動車は、四五万ジュールから三一万二五〇〇ジュールを引いた一三万七五〇〇ジュールの運動エネルギーを失った。もし自動車の減速に一〇秒かかったとすると、この自動車は一秒あたり一万三七五〇ジュールの時間的割合でエネルギーを失ったことになる。これは一万三七五〇**ワット**（あるいは一三・七五**キロワット**）の仕事率である。**ワット**は仕事率の単位で、蒸気機関の発明者ジェームズ・ワットの名に由来する。

自動車が秒速三〇メートルで走っているとき、この自動車が消費するエネルギーの時間的割合、つまり仕事率を計算した。この自動車の運動を持続させるためには、燃料を燃やすことによって、エンジンがこれだけの仕事率を生み出さなければならない。これは一〇〇ワットの電球一三七個が消費する仕事率（電力）にほぼ等しい[9]。

「失われたエネルギーはどこへ行ったのか？」という疑問が出るかもしれない。こういう疑問が出てくるなら、エネルギーに関するきわめて重要なこと――**エネルギーは保存され、創造されることも消滅することもない**――ということを本当に学んだわけで、したがってエネルギーはどこかへ行ったに違いない。われわれの自動車の場合、その運動エネルギーは、機械部品どうしの摩擦やエンジンの加熱、自動車が出す音、あるいはタイヤが回転するときの発熱、圧縮、変形のエネルギーなどになって失われる。しかし、浪費されたエネルギーの大部分は、水（エンジン冷却液）、タイヤ、道路などの分子の運動速度を高め、熱に変わる。熱は無秩序な分子運動だから、このエネルギーを役立つように取り戻すことは事実上できない。

われわれ生物もまたエンジンである。われわれの体はエネルギーを消費しながら、物質代謝を行い、それによって生命を維持している。この場合のエネルギーは「栄養カロリー」（食物カロリーともいう）で計られ、普通は**カロリー**（Calorie）の頭文字をとって大文字のCで表す。典型的な（痩せ型の）アメリカ人は、一日に約二〇〇〇キロカロリーを摂取する。キロカロリーをジュールに換算するには、（概算で）四二〇〇倍すればよい。したがって、痩せ型の平均的な人は、一日あたり食物のエネルギーを約八四〇万ジュールも消費しているのだ。一日は二四時間、一時間は六〇分、一分は六〇秒だから、一日は八万六四〇〇秒ということになる。したがって平均的な人は、8,400,000/86,400＝97ワットの仕事率でエネルギーを消費している。つまり、代謝をつづけながら体を機能させている生物としてのわれわれ各人は、代謝エネルギーの仕事率でいうと、一〇〇ワットの電球にほぼ等しい。

忍びよるエネルギー危機

しかし大多数のアメリカ人は、生きていくのに必要な一〇〇ワットよりはるかに多くのエネルギーを毎日の生活で消費している。平均すると、アメリカ人の家庭では、約三〇〇〇ワット（つまり毎秒三〇〇〇ジュールのエネルギー）[10]を絶えず消費している。これには電灯、冷蔵庫、エアコン、テレビなどが含まれるが、さらに自動車、トラック、航空機、交通機関、工場、送電損失、オフィスビルの照明、大空母戦隊（石油の商業的供給ラインの確保に必要だが、この戦力の維持にも石油を消費する）を含めると、アメリカ人は**一人あたり**約一万ワットを消費する。アメリカ人一人あたりのエネルギー消費量は世界の平均の約五倍である。技術を改良し、われわれの行動を変えれば、これはかなり引き下げることができるだろう。

比較のために加えると、晴れた日に太陽が生み出すエネルギーは、地表一平方メートルあたり平均して約一〇〇ワットである。したがって、アメリカの各家庭で現在必要としているエネルギーの全部を太陽から得るためには、効率を一〇パーセントとすると、平均して三〇〇平方メートル（大きな屋根の面積くらい）の太陽熱収集器が必要になる。このような太陽熱収集器の効率は今のところ一〇パーセントより小さく、たいへん高価ではあるが、費用効果をもっと高めるように真剣な努力が重ねられている。太陽から受け取る以上のエネルギーを消費せず、また有害な副産物をつくらずに、エネルギー平衡状態で生活することができれば、われわれのエネルギー問題は解決されると考えられる。しかし太陽エネルギーは、われわれの社会のように毎日一人あたり大量のエネルギーを消費している社会では、実用的でないかもしれない。

水力発電、あるいは潮汐池のような重力によるエネルギー貯蔵を利用する発電はどうだろうか？満潮のとき潮汐池に貯水し、干潮のときに放流する。これはアクメ電力会社の設備に似たようなものだが、エネルギー源として潮汐を利用する。水はタービン発電機を通って流れ、発電する。しかし残念ながら、中規模の都市に必要なエネルギーを得ようとすると、潮汐池が巨大になりすぎる。

「オーダーエスティメート（桁数による見積）」と呼ばれる概算をしてみよう。アメリカのどこかの海岸線に広大な区域を用意する。ここに、たとえば長さ約一〇〇〇キロメートル（10^6メートル）、幅約一〇キロメートル（10^4メートル）、つまり一万平方キロメートル（10^{10}平方メートル）の潮汐池を建設する。この潮汐池へ一日周期で流入する海水量が高さ一メートルに相当すると仮定すれば、海水量は一〇〇億立方メートル（10^{10}立方メートル）になる。その質量は一〇兆キログラムである（10^{13}キログラム、なぜなら一グラムは一立方センチメートルの水の質量だから、10^{10}立方メートルに一立方メートルあたり10^6立方センチメートルを掛けると10^{16}グラム、すなわち10^{13}キログラムである）。海水は潮汐によって一日周期で一メートル上昇し、たくわえられる（実際には平均の水面上昇は〇・五メートルであるが、ここでは桁数による見積をするだけなので、簡単のため四捨五入して一メートルとした）。

この潮汐池からタービン発電機を通して海水を放流することによって、重力ポテンシャルエネルギーが取り出される。電気への変換効率は一〇〇パーセントと仮定する。したがって、ここで得られる重力ポテンシャルエネルギー mgh は、$g=10\ \mathrm{m/s^2}$ を用いると、一〇〇兆ジュール（10^{14} ジュール、つまり 10^5 ギガジュール、**ギガ**は「一〇億」を意味する）である。一日周期の秒数、およそ一〇万（10^5）で割ると、この設備で平均一ギガワット、つまり一〇億ワットの電力を生産できることがわかる。この発電量は、一人あたりの消費量を三〇〇〇ワットとして、三〇万人にエネルギーを供給することができる。潮汐池エネルギーは本質的に無料であるが、すでに述べたように、広大な面積の海を潮汐池として囲む必要がある。また、この見積では効率を一〇〇パーセントと仮定したが、これは楽観的すぎる。ここに述べた潮汐池は小都市の電力需要を満たすことはできるだろうが、たとえばニューヨーク市の需要はまかなえない[11]。

注目に値する新技術は、いわゆるペブルベッド型原子炉である。この原子炉はオクロの天然原子炉のように、核分裂性ウランを消費する。ウランは、ガラスで密封したビリヤードの玉ほどの大きさの燃料要素に前もって加工されていて、化学的に不活性になっている（この原子炉では化学的に反応しやすいプルトニウムを利用することはできない）。この発電システムはヘリウムガスを過熱し、それをタービン発電機へ送って電気エネルギーを生産する。このシステムには他の原子炉に比べて大きな利点がいくつかあるが、その一つは安全性である。ヘリウムは水と違って化学的に不活性で、部品やパイプを劣化させない。燃料のビリヤード玉は利用されてから取り出されるが、核廃棄物施設に保管しなければならない。核廃棄物を自宅の裏庭におきたいという人はまずいない。それにもかかわらず、ペブルベッド型原子炉は、現在のところ、電力を生産するいちばん経費のかからない方法の一つである。これらの設備はあまり費用をかけずに前もって準備しておくことができ、一つの構成単位は穀物や家畜飼料を貯蔵するサイロくらいの大きさで、一〇〇メガワットを発電することができる。一人あたりの消費が三〇〇〇ワットとすれば、これで三万人の需要がまかなえる。しかし、エネルギー生産に核分裂性ウランを大規模に消費するのは、たんに時間を稼ぐだけで、結局は石油と同じような期間でウランを使い果たすことを心に留めておかねばならない。

エネルギー政策を議論するさい、最近は風力発電基地が焦点になってきた。地表から風車の先端までの高さが一〇〇メートルもある大規模な設備をつくることができ、風速が毎秒一〇メートルなら一基で約一メガワットを発電できる（したがってこのような風車が一〇〇基あれば、今検討したペブルベッド型原子炉と同じ量のエネルギーが生産可能である）。これらの設備は、暴風にも耐えられる現代的な材料のおかげで、化石燃料エネルギー源と競い合えるようになった。強風が定常的に吹く沖合に配置することができる。ヨーロッパでの経験では、技術的にはほとんど問題がない。しかし美観上の問題があり、騒音の大きい巨大な風車が増加するにつれて、沿岸か沖合かを問わず、景観を損ねることに抵抗が出てくる。しかし、コペンハーゲンのような都市は、沖合の風力発電基地の利用の点でも、住民による受容の点でも、模範となっている。

では最後に、核融合はどうだろうか？　このエネルギーは、前にも述べたように、星を活動させ通常の物質を形成する。鉄より軽い原子核はいずれも核融合でつくられる。二つの軽い原子核が結合してより重い原子核がつくられ、そのときエネルギーが放出される。典型的な過程では、二つの重水素（重水素の原子核は陽子一個と中性子一個からなり、したがって水素の同位体である）が結合してヘリウムができる。実際、われわれのエネルギー源の**すべて**は、本質的に核融合に由来する。なぜなら、われわれが燃やしたり、食べたり、天然資源から取り出したりしているあらゆるものが、太陽のエネルギー生産によって生み出されており、そのエネルギー源は核融合であるからだ。原子炉で使われる核分裂性物質でさえも、核融合によって重い鉄の中心部をつくり出した星の最終段階で、重い元素を中性子の海につっこんだ超新星の強烈な爆発のなかでつくられたのである。

核融合から事実上無限のエネルギーをつくり出すという以前からの約束はまだ果たされていないが、人類のエネルギー需要に対するこの潜在的な究極の解決をあきらめるのは早過ぎる。核融合を利用する上での問題を解決することは長期的な研究課題であり、実現可能性をはっきりと示すためにはさらに四〇年か五〇年を要するかもしれず、決して安上がりにはすまないだろう。おそらく、アメリカの年間国防予算くらいの経費を要するだろう。大規模な核融合研究が前例のない国際的科学協力事業となっており、最新の中心的計画が国際熱核融合実験炉（ＩＴＥＲ）である。[12] この計画は、二〇五〇年までに核融合エネルギーの科学技術的実現可能性の実証を目指している。その他にも、多くの小規模な革新的努力が世界中で展開されている。幸運を祈ろう。

一つの共通した特徴がわれわれの簡単な分析から出てくる。つまり、問題の大部分は、われわれのエネルギー消費量が多すぎるという点にある。したがって、現代的な技術やよりよいエネルギー政策によって、われわれの社会におけるエネルギー消費量を引き下げることが、結局は賢明な考えかもしれない。ガソリンを大食いする自動車、貧弱なエネルギー保存技術、大量公共輸送システムの不十分さまたは完全な欠如、エネルギーについて気にもとめないわれわれの行動、政府の良識あるエネルギー政策の不在、こういったことをそのままにしておけば、現在のエネルギー消費率が安易につづいていく。しかし、政策や公害や地球規模の温暖化にもかかわらず、われわれが行動を変えようとしなければ、最後にはエネルギー保存則がわれわれの行動を変えるだろう。

エネルギーについて語るべきことはたくさんある。ここではその表面に触れたにすぎない。「エネルギー」のようなものがなぜ存在するのか？　物理法則の対称性とエネルギーとの深い関係とは何か？　エネルギーと時間との間になぜ関係があるのか？　さらに探っていこう。

第3章　エミー・ネーター

数学者がどのような主観的または観念的なイメージを使っているのか、どのような種類の「内部言語」を使っているのかを知ることは、心理学的な研究の目的に大いに役立つであろう。

——アルバート・アインシュタイン

宇宙は多くの対称性を示している。たとえば宇宙には、すべてのものがそのまわりを回転する中心点というものはない。宇宙空間におけるどの点も、他の点と同じように申し分のない「中心」である。もっと深みのある言い方をするなら、物理法則そのものは、空虚な宇宙空間のどこでも同じである。また物理法則は、空虚な宇宙空間の方向によっても左右されない。たとえば、宇宙空間の別の方向へ実験装置を回転させても、実験結果には影響がない。あるいは、すでに述べたように、物理法則は時代がいつであるかということにも左右されない。空間と同じように、時間にも特別な時点とか望ましい時点というものはない。ビッグバンの最初の瞬間は例外だろうと考える人がいるかもしれない。しかし、宇宙論のビッグバンという事象でさえも、われわれの知る限りでは、カンザス州のトウモロコシ畑に降る雨滴の形成を支配しているのと同じ物理法則によって支配されている。極端な条件の下でも、物理法則は空間と時間の構造を支配している。ビッグバンの最初の瞬間には宇宙は事実上無限の密度の物質から構成されていたが、そのような条件においても、時間と空間のふるまいは物理法則にしたがっていた。[1]

隠れた対称性、つまりまだ発見されていない対称性もあると考えられる。**時空トンネル**のような現象を通して、われわれの宇宙と結びついている多数の別の宇宙さえ存在するかもしれない。「われわれの宇宙がはじまった前または後」という概念が意味を失っている別の宇宙で、時間は存在してきたかもしれない。きわめて小さいために、粒子加速器というわれわれの顕微鏡がまだ検出できていないような、他の多くのまだ気づかれていない時空の次元があるかもしれない。これらの次元はわれわれの知っているのとよく似た対称性をもつに違いなく、空間に特別な方向とか望ましい方向とかはないだろう。あるいは、これらの新しい次元は、奇妙な性質（たとえば $3\times4=-4\times3$ となるようないわゆる非可換性）をもつ新しい抽象的な数を必要としているかもしれない。これらの次元から**超対称性**と呼ばれる物質の性質を支配する対称性原理が導かれると考えられる。超対称性は、新しい力や新しい素粒子を予言するだろう。

このように物理法則には、「上」とか「下」あるいは「側面」、「前」、「後」に関して特別なことは何もない。宇宙は完全に民主的で、あらゆる方向、場所、時間が平等につくられている。こういったことを越えて、さらに多くの対称性があり、自然の基本的構成部品である素粒子と力の世界のなかに反映されている。

物理の「基礎定数」が巨大な距離と時間をへだてて不変であることは、天文学的、地質学的な観察によって、約一〇億万分の一の精度で証明されている。これについては、オクロにある古代の天然原子炉などで見たとおりである。ここで理解しておかなければならない重要なことは、極端に小さい距離や時間のスケール、素粒子に関係するごく短い時間スケールについても、物理の基本法則はやはり同じだということである。

物理学者は、どのような不変性も自然の対称性であると考えている。対称性があれば、時間、空間、方向などに関してどこへ動いても法則は同じである。対称性があれば、系を変えるような何かをしても系の性質は不変である。明日の物理法則が昨日のものと同じだということは、宇宙のなかで時間に関して前方へ移動するときの対称性である。物理法則が別の場所でも同じだということは、宇宙のなかで空間に関して移動するときの対称性である。

数学と物理学を結ぶトンネル

エミー・ネーターは最もすぐれた女性数学者であり、男女を問わず、歴史上の最も偉大な数学者の一人である。ネーターは**抽象代数学**という数学のまったく新しい分野を発展させた。抽象代数学によって、数学の世界の可能性が広がり、数学という学問の本質が深められた。ネーターは、ネーター環として知られる注目すべき代数系をつくりあげた。しかし、ネーターの最も重要な貢献は理論物理学に対するもので、それは結局、宇宙がどのように機能しているかについての最も深いレベルでの理解に導くものだった。ほとんどの数学者は物理学におけるネーターの定理について聞いたことがあるかもしれないが、理論物理学にとってのその重要性はよくわかっていないというのが今日でもおそらく本当のところである。また、ほとんどの物理学者が、数学におけるネーター環を十分に理解していないことも事実である。理論物理学者と数学者が住んでいる世界は、多くの場合、まったく離れていて、それぞれ独立している。この二つの世界が接近するめったにない時期に、科学のめざましい進歩が見られる。

高校生の授業で、バスケットボールの有名なプロ選手の名前を挙げさせると、たちまち長いリストができあがる。最初にマイケル・ジョーダンの名前が出ることが多い（とくにシカゴ近辺では）。しかし同じ生徒たちが、大数学者の名前を挙げるようにと言われると、糖蜜の入ったつぼにテニスボールが沈んでいくような速さでしかリストはできあがらない。それにもかかわらず、最初にアルバート・アインシュタインの名が挙がるのが普通である。この答えに対して単位を与えるのは結構だが、アインシュタイン革命が強い影響を与えた主要な分野を考えているだろうか？　実際には、その分野は数学ではなく、理論物理学である。自然という現実世界で起こりうることの数学的なロードマップをつくるために、理論物理学は数学から必要なものを借りてくる（もし借りるものがなければ新しい数学を考案する）。理論物理学は、宇宙で観測される多くの現象を説明し、最終的には優雅で簡潔な論理体系を手に入れようとする。しかし物理学者は通常、不本意でも小さい勝利で我慢する。それによって、普通の、比較的容易に理解できるふるまいを示す多くの物理系がうまく記述される。この記述は、常に数学の抽象的な言葉で与えられる。

確かに自然は、奥深くにある数学的な土台とさまざまな現象の間の相互関係を明らかにしてきた。たとえば、一九世紀半ばに磁気と電気は——運動を通して——関連していることがわかった。つまり、磁気と電気は、異なる運動状態のもとで自然法則の対称性によって統合されると、実際に一つの同じものであることが明らかになった。この現象は**電磁気**と呼ばれ、あらゆる電磁現象が、注目すべき多くの対称性を含む簡潔で美しい一つの理論にきれいにまとめられた。電磁気のこの統合された記述は、通常、イギリスの物理学者ジェームズ・クラーク・マクスウェル（一八三一-七九）にちなんで「マクスウェル方程式」と呼ばれる。しかし、雄大な山の風景の描き方がいろいろあるように、関連する現象を記述するためには、別の同等な数学的定式化の方法がいろいろある。重要な点は、これまでに観測されたどのような自然現象でも、数学の深い論理によって統御されていると言えることである。自然は数学という言語を話すように見える。

すべてのものの数学的記述へ導く小道を自然は示唆しているが、最終的な、あるいは完全な数学的大統合へはまだいたっていない。**超ひも理論**は、最重要項目として重力を含む一つの数学的理論のなかですべての力と粒子を記述しようとしており、この分野では大きな前進があった。しかし、未解決の部分がまだたくさんある。超対称性（超ひも理論に由来する）として知られる素粒子の理論的に予想される様式が、いつか（まもなく？）実験で姿を現しはじめるかもしれない。あるいは、実験的証拠なしには、ささやかな人間の知力は自然の多様性の全体を予知できないのだという、神からの厳しい伝言を受け取ることになるのかもしれない。いずれにせよ、理論物理学においても実験物理学においても、なすべきことは山積しており、若い物理学者や今後の世代の物理学者に授与されるノーベル賞はたくさん残っている。

これに対して、数学の主題はそれ自身の独自性をもっており、物理学者に比べると数学者は、考えられるすべての**論理体系**のロードマップをつくり出そうとする。この論理体系は、それが最終的に自然と関係があろうとなかろうと、矛盾なく存在できる。それでも自然は、数学を生み出す抽象概念の基礎を提供している。三角形、円、多角形、多面体といった自然に見られる形はギリシア人によって抽象化され、ユークリッド幾何学という最初の完全な数学体系に組み立てられた。したがって、数学は自然から力を与えられている。しかし数学は、前進するために実験による観測をする必要がない。

そのため、数学の世界と理論物理学の世界はまったく別のもので、この二つの世界は異なる「使命の宣言」をもっている。理論物理学はわれわれが経験する自然の性質を地図に描いているが、これに対して数学は、論理的に存在が許される可能なすべての「自然」の地図をつくっている。それでも数学の世界と理論物理学の世界は共存して、それぞれ繁栄しており、黄金時代であったり、そうでなかったりする。両者はマンハッタンの古いアパートに住む夫婦のようで、古いプラスターの壁を通して喧嘩をしている声が聞こえることもあり、愛をささやく声が聞こえることもある。だがほとんどの場合は静かで、平和に共存している。

数学と理論物理学という二つの知的世界には、このように、目的と方向の非対称性が存在する。エミー・ネーターの最大の貢献であるネーターの定理は、二つの異なる世界を結ぶトンネルのような、一方の世界からもう一方の世界へ移る有力な連結部である。ネーターの定理は、対称性と物理系の力学的ふるまいとの間の出入り口なのである。

科学の転換期を生きたエミー・ネーター

エミー・ネーターは、数学の構造と形式について重要な発見が行われる時代に活躍した。二〇世紀初めのことで、理論物理学と数学の両分野にとって急進的な修正主義と大統合の時代だった。数学と物理学の両分野とも、新たに発見された地域の地図をつくり、古典的な時代の古びた地図を改訂しているところだった。これら二つの分野で用いられる方法や評価は、関連はあるものの、まったく異なっていた。

エミーの父マックス・ネーターは、一九世紀の卓越した数学者の一人だった。その当時のドイツは、数学はもちろん、物理学、医学、生物学の知的中心であり、また急速に発展していた技術の中心でもあった。ドイツの社会が、政治的にも領土的にも、文化的にも経済的にも、そして社会的にも驚くほどの変化を遂げた時代だった。ドイツ帝国とその強力な宰相オットー・フォン・ビスマルク（一八一五–九八）の時代で、ビスマルクは多数の公国や小国家を統一して、強力な新しい統一国家をつくりあげた。

この時代のドイツには富と自由と寛容があり、主として産業革命のおかげで、一般の人々の経済状態も改善されつつあった。楽観主義が広がり、人類は最後には「ユートピア」を実現できるかもしれないという信念が強まっていた。ドイツ皇帝ヴィルヘルム一世の子で、将来の皇帝ヴィルヘルム二世の父であった皇太子のフリードリヒ三世は、新興国家における、また自分自身の統治下にある貧しい階層の人々、とくに坑夫の生活を改善するために、多くの社会改革の導入を計画した。フリードリヒは皇帝になる前に咽喉癌におかされて死んだが、もし皇帝になっていれば、それらの改革が実現したかもしれず、次の二〇世紀はまったく違う結果を享受したかもしれない。皇太子の咽喉に現れたのは、治療可能なおだやかな癌性の病変だった。それが悪化して致命的になったのは、病変を切除すべきだというドイツのすぐれた外科医たちの主張をしりぞけ、この時代の指導的なイギリスの喉頭学者による「ベッドでの療養」という（ビクトリア女王自身も強くすすめた）指示にしたがったためである。皇帝の座は一八八八年にフリードリヒの子ヴィルヘルム二世に継承され、ユダヤ人の大虐殺へ向かう道への転換をうながす種子がまかれた。(2)

ネーター家は、北ヨーロッパで永年にわたって迫害を受けてきた少数民族集団のユダヤ人だった。

マックス・ネーターは、一八四四年、マンハイムの富裕な金物商の家庭に生まれた。一四歳のとき小児麻痺にかかり、その後は生涯、不利な条件を負った。家での勉強のおかげで、伝統的なアメリカの高等学校と名目上は同等な「ギムナジウム」を終えることができた。多くの大数学者と同じように、マックス・ネーターも自主的に高等数学の勉強をはじめたが、大部分は独学だった。このような学習方法は、微妙な問題点に注意を集中し、本人に最も適した速さで学ぶことを可能にした。一八六五年、マックス・ネーターはハイデルベルク大学へ入り、わずか三年で博士号に相当する学位を受けた。

一九世紀後半から二〇世紀初めにかけてのドイツの大学は、格差と矛盾の多い場所だった。ドイツの大学は、とくに科学と数学では、きわめて影響力のある共同体で、世界で最高という名声を得ていた。ドイツの大学はこの時代の最高の学術水準にあり、量子力学やアインシュタインの一般相対性理論だけでなく、抽象代数学、位相数学、微分幾何学のような現代数学の大部分の誕生の地だった。少数民族集団にとって、大学は寛容かつ開放的で受容性に富んだ共同体であり、外の社会の強固な国家保守主義からの息抜きを与える活動の場であった。大学は静かで思索に適した環境を提供し、抽象的な学問を追究することに共通の愛情をもつ学者たちの共同体だった。しかし、ドイツの大学はまた、社会の主流をなす「教育可能な」青年が、通常は兵役と併せて、一人前の男になるために各家庭から送られてくる場所でもあった。

マックス・ネーターはおだやかな人柄で、主流のドイツ社会から離れて、禁欲的な学究生活を送っていた。数年間、ハイデルベルク大学の教員をつとめてからエルランゲン大学へ移り、ここで一八八八年から一九一九年まで正教授をつとめた。マックス・ネーターは一九世紀の代数幾何学の創始者として認められており、もう一人の偉大な数学者ベルンハルト・リーマンのあとを継いだ。リーマンは非ユークリッド幾何学の創始者の一人で、この新しい幾何学は後にアインシュタインの一般相対性理論の基礎となった。

一八八〇年にマックス・ネーターは、イダ・アマリア・カウフマンと結婚した。ネーター夫妻の娘アマリア、つまり「エミー」は、一八八二年三月二三日に生まれ、母親の名前をもらった。エミーは三人の弟をもち、一八九〇年、エルランゲンの小学校へ入学し、国語、数学、ピアノを学んだ。エミーの当初の希望は国語の教師になることだった。

しかし、エミーは教師への道を進まずに、不意に進路を変えた。父親と同じように数学の研究に専念しようと決意したのだった。これは当時の女性にとって、きわめて珍しいことだった。ドイツの大学では女性は一般に公式には学ぶことが許されていなくて、講義に出席するためには一人一人の教授から許可をもらわねばならなかった。このような障害があったにもかかわらず、エミー・ネーターは定められた課程を終え、一九〇三年に資格試験に合格した。これは大ざっぱに言うと、学士号の取得に匹敵する。

その後すぐに、エミー・ネーターは大学院レベルの勉強をするためにゲッティンゲン大学へ移った。ゲッティンゲンでは、ダフィット・ヒルベルト、フェリックス・クライン、ヘルマン・ミンコフスキーのような、その当時の大数学者の講義に出席した。一九〇七年、エミーは博士号を得たが、そのすぐ後に歳をとって体の衰えていた父親を手伝うためにエルランゲンの家に戻った。この頃からエミーは彼女独自の数学の研究をはじめた。すぐれた数学者という彼女の評判がすぐに伝わりはじめ、この間にエミーは多くの栄誉や賞賛を受けた。

ダフィット・ヒルベルトは、二〇世紀初めの大数学者だった。実は二〇世紀初めに、数学全体にわたる論理構造を検討するための抽象的体系である**集合論**に、ある種の論理的矛盾が見いだされていた。この頃までに、集合論は数学の根底をなす最も重要な基礎と見られていた。ヒルベルトはこれらの論理構造上の問題を整理し、数学を「仕上げる」ための目標を提案した。

ヒルベルトのこの数学のための目標は、一九〇〇年にパリで開催された第二回国際数学者会議で、「数学の問題」と題する有名な講演のなかで示された。この講演でヒルベルトは、最も基礎的で例証的な問題と考えられる二三の代表的問題――数学それ自体の内部構造を最もよく説明する問題――に焦点を当て、それらを解決するよう世界の数学者に求めた。そのなかには、たとえば**連続体仮説**、**リーマン予想**、**一般境界値問題**などが含まれている。これらの有名な問題の多くは今日まで未解決で、それらの証明は世界中の数学者のよく知られた目標として残されている。いくつかの問題は二〇世紀中に解決されたが、今日この瞬間にも解かれつつある問題があるかもしれない。ヒルベルトは、最後には無矛盾な数学的体系が構築され、整然とした完全に論理的な体系として数学を理解できるだろうと感じていた。したがって、無限に広いチェス盤上のナイトのように、多数の論理的な駒の動きによって、チェス盤上をあるます目から他のどんなます目へも必ず移ることができると考えられた。ヒルベルトは、数学には隠された予想外のことは残されていないと信じていた。

一九一五年、ヒルベルトとクラインは、エミー・ネーターにゲッティンゲンに戻って研究と教育を行うようにすすめた。ネーターはゲッティンゲンで職務に取り組んだが、彼女の処遇はあいまいで、無給の上に補助的なものだった。ヒルベルトは女性を教授陣の一員として認めるように主張し、大学当局と激しく争った。教授陣の多数はヒルベルトの考えに反対した。「女性が「私講師」(大ざっぱに言うと助教授に相当する大学教員の職位）になることがどうして許されるのか？　私講師になれば、教授にも、次には大学評議会の一員にもなることができる……われわれの学徒兵が大学へ戻ってきて、女性の足下で学ばなければならないと知ったら、どう思うだろうか？」

このような主張に対して、ヒルベルトは答えた。「皆さん、候補者の性別が私講師に任命することへの反対の論拠になることは、私には理解できません。とにかく、大学評議会は浴場ではないのです。[3]」

女性の学者に向けられたこのような激しい性差別主義は、数学と科学の歴史上、ドイツに特有のものではないことに注目すべきである。大学で講義をする前に、ネーターに「大学教授になる資格」を与えてよいかどうかが問題になった――女性にこの資格を与えることは認められなかった。しかし一九一九年に、ヒルベルトの奮闘とネーターのすぐれた才能によって、ついに「大学教授になる資格」を与えることが認められた。この頃には、エミー・ネーターは公式に講義を行ったが、その講義は次のようにヒルベルト教授の名前で公表された。

数理物理学セミナー
ヒルベルト教授、補助E・ネーター博士
月曜日、四―六時、無料[4]

一九一五年にゲッティンゲンに戻った直後のネーターの最初の研究が、理論物理学にとっての重要な研究、ネーターの定理の証明だった。この定理は簡単に言うと、物理法則におけるすべての連続的対称性に対して対応する保存則があることを述べている。この定理の一つの例は、前に述べたように、時間についての物理法則の対称性つまり不変性が**エネルギー保存則**に導くというものである。この反対も成り立つ。つまりエネルギー保存則は、物理学が時間とともに変化しないことを意味している。しかしネーターの定理は、エネルギー保存則以外にも成り立ち、対称性が自然の根底にある最も重要な主題であることを明確に示している。われわれは本書全体を通じて、この優雅で簡潔な成果が表している意味と広がりを述べようと思う。すべての保存則は、自然法則の基本的な対称性を反映している。ネーターの定理は、長い間知られてきた多くの概念を簡明に体系化して統合し、それらの概念を対称性という柱の上にしっかりと据えたのである。[5]

対称性の観点は、自然の法則について考えるためのきわめて現代的で革命的な方法だった。ネーターの定理は対称性と動力学を密接に結びつけ、奥深くに内在する対称性の結果として生じる自然の力と動力学を最終的に説明する。ネーターの定理は、現代物理学の発展を導く上で、これまでに証明された最も重要な数学の定理の一つであり、おそらくピタゴラスの定理に匹敵する。ネーターの定理は数学の分野に孤立して存在しているのではなく、物理学の世界全体についての重要な言明なのである。

ネーターの研究が基本的な重要性をもつことは直ちに認められた。アルバート・アインシュタインはネーターの貢献を賞賛して、ヒルベルトに宛てた手紙のなかで「透徹した数学的思考」と述べ、この才能豊かな若い女性数学者の研究を応援した。ダフィット・ヒルベルト自身を理論物理学の研究へ進ませる上で、ネーターの定理がある役割を果たしたかもしれない。この頃、ヒルベルトが提案した重力の定式化は、アインシュタインの一般相対性理論と実質的に同等であり、同時期の研究であったことはほぼ間違いない。

ネーターは数学における素晴らしい研究を進め、ますます多くの世界的な賞賛を受け、歴史上の大数学者の一人として位置づけられた。ゲッティンゲンでは一九一九年以降、純粋数学のなかの抽象代数学のテーマに力を注いだ。このテーマに重要な貢献をなしとげ、**環論**を数学の大きな分科へ発展させた。環論は、数の抽象化はもちろん、数について行うことのできる関数や演算を扱い、規則の細部に関係なく、数学を定める何組かの規則へ代数の構造を濃縮しようとする。一九二一年のネーターの論文「環におけるイデアル論」は、現代代数学の発展にとって基本的な重要性をもっていた。[6] この論文のなかでネーターは、ある種の代数的対象の基本構造を明解に解析し、やはりヒルベルトの学生でチェス世界チャンピオンになったエマヌエル・ラスカーが以前証明した重要な定理を一般化した。

一九二〇年代を通じて、ネーターは抽象代数学に関する基礎的な研究をつづけた。一九二四年には有名な数学者B・L・ファン・デル・ヴェルデンがゲッティンゲンに来て、ネーターと一緒に一年間研究を行った。ヴェルデンはアムステルダムに戻ってから、影響力をもつことになった二巻本の『現代代数学』を書いたが、その第二巻の大部分はエミー・ネーターの研究から成り立っている。一九二七年以後、ネーターはヨーロッパの他の著名な数学者と共同研究をつづけ、この時代の最も名声の高い数学雑誌『マテマティッシェ・アナーレン』の編集委員になった。ネーターの研究の多くは、彼女自身の名で発表された論文にというより、むしろ共同研究者や学生によって書かれた有名な論文に見られる。ネーターは研究者としての生涯を通じて、辛抱強い教育的な指導者で、自分の新しい革新的な着想を学生たちに分け与えることで知られていた。ネーターの学生の多くが彼女の着想で最終的に名声を得たといわれる。ネーターは自分の着想を「先取特権」なしに快く伝え、学生たちが研究者として世に出るのを助けた。

それにもかかわらず、ネーターの名声はこの時期に学問の世界でいっそう広まった。一九二八年と一九二九年にはモスクワ大学の客員教授となり、一九二八年にはボローニャで開催された国際数学者会議で講演するように栄誉ある招待を受けた。一九三〇年にはフランクフルト大学で教え、一九三二年にはチューリヒでの国際数学者会議で再び講演するように求められた。この会議でネーターは、「数学的知識を発展させた」として、有名なアルフレッド・アッカーマン-トイブナー記念賞を受賞した。


その間に、数学という建物の完全性と調和についてのダフィット・ヒルベルトの確信に満ちた見解は、若いクルト・ゲーデルが一九三一年に証明した過激な定理によって打ち砕かれた。ヒルベルトは、数学の全体が自己無矛盾の完全に論理的な体系であると信じていた。つまり、いかなる定理も他の定理と矛盾することはあり得ないはずだった。ハワイ州オアフ島からカリフォルニア州ロサンゼルスまで私が濡れずに歩いていくことはできないと、もし読者が証明したら、オアフ島からロサンゼルスまで私が濡れずに歩くことができる隠された陸橋やトンネルがあることを私は証明することができないのだ。

クルト・ゲーデルは、彼の有名な不完全性定理によって、いかなる数学的体系も必ず不完全であることを明らかにした。すなわち、どのような数学的構造にも、真偽を証明できないと主張できるような問題が必ず存在するということである。最後には自然のすべてを基本的な一組の定義方程式に還元しようとする理論物理学の企てにとっても、ゲーデルの定理は、ある意味では関係があるはずである。この定理は、理論物理学の数学によって予言できない明確な結果をもたらすことのできる実験が常にあることを素朴に暗示しているように見える。

したがって数学は、単純なロードマップやチェス盤ではない。チェス盤なら明白な規定に基づいて、どの二つのます目の間でも最終的にはナイトを動かすことができる。ゲーデルが明らかにしたのは、数学的体系というチェス盤上のどこかには、ナイトが決して到達することのできないます目があるということなのだ。数学それ自体が完全な数学的解析を拒んでいる。むしろ数学的構造はより混沌として地図に描きにくく、見かけは隣接した二つの点が実際には互いに完全に切り離されているかもしれない。数学的体系のなかで提起できるすべての定理の論理的証明は存在しない[7]。ナイトは仮想的な数学のチェス盤のすべてのます目を訪れることはできないのだ。

不運なことに、数学という建物以上のものが、一九三〇年代の初めに混沌に投げ込まれた。ドイツの大学の平和な、理想的と思われる研究生活も同じ運命をたどった。一九三三年、ドイツを覆ったナチズムの荒々しい暗雲が、エミー・ネーターを他のすべての少数民族集団とともにゲッティンゲン大学から追い払ったのである。プロイセンの学術大臣がユダヤ人の先祖をもつ教授たちのリストを公表し、エミー・ネーターもそのリストに含まれていた。数日のうちに、これらの教授たちは解雇され、ドイツのすぐれた大学の名高い数学科や物理学科は弱体化した。エミーはしばらくの間、自分のアパートで学生たちのために隠れて講義を行ったが、討論の話題は最近の情勢に移ることが多かった。ヘルマン・ワイルはこの期間のネーターについて次のように書いている。「われわれが一九三三年の夏にゲッティンゲンで過ごした、このような苦難の嵐の時期は、人々を近づけた。そのため、私はこの数ヶ月を鮮やかにおぼえている。エミー・ネーター……彼女の勇気、率直さ、自分自身の運命につい

図3　ブリンマー大学の数学の客員教授としてアメリカに滞在した1932年から1933年にかけてのエミー・ネーター。この頃が生涯でいちばん幸せな時代だったとネーター自身が語っている。（ブリンマー大学資料館提供）

ての無関心、融和的な精神は……われわれを取り囲むあらゆる憎しみ、卑劣さ、絶望、そして悲しみのなかで、精神的な慰めであった」[8]。

ネーターは一九三四年の学年度をアメリカに招かれ、ブリンマー大学の客員教授になった（図3参照）。ネーターはまたこの期間にプリンストンでもしばしば講義を行った。一九三四年の夏、ネーターは再びゲッティンゲンに戻り、自分のアパートを片付けて家財をブリンマーに送った。家族や友人に最後の別れを告げたのがこのときだった。当時は恐怖が待ち受けていると考えなかった人も多かったが、ドイツに残った家族や友人の運命について思いをめぐらさずにはいられない。

ブリンマーでの幸せそうに見えたエミーの新生活は長くはつづかなかった。一九三五年、卵巣に大きな腫瘍が発見され、四月一〇日に手術を受けた。手術から四日後に、突然、昏睡状態に陥り、体温は四〇度をこえた。一九三五年四月一四日、エミーは五七歳で亡くなった。直接の死因は脳卒中と診断されている。

自分の生涯の最後の一年半は最高に幸せだったとエミー・ネーターが言ったと伝えられている。ネーターは新しい友人と知り合い、母国では体験しなかったような歓迎と評価をブリンマーとプリンストンで受けた。これに先立つ一〇年間のヨーロッパの陰気な雰囲気が、ネーターを弱らせたのかもしれない。ユダヤ人大虐殺による親しい友人や親類の運命を知らずに、また一九世紀ドイツの素晴らしい研究環境とエミーの父の平和な世界がすっかり焼け落ちる恐怖を体験せずに、エミーは生涯を閉じた。(9)

一九三五年五月四日の「ニューヨーク・タイムズ」にアルバート・アインシュタインは次のように書いた。

> 人類に開かれている最も美しく満足すべき体験は外部から来るのではなく、各個人の感情、思考、活動の展開と結びついている。幸いにも、このことを人生の早い時期に理解する少数の人たちがいる。真の芸術家、研究者、思想家は常にこのような人たちである。これらの個人がどれほど目立たない生活を送ったにしても、この人たちの努力の成果は、一世代が後の世代になしうる最も価値ある貢献である……
>
> ……最もすぐれた才能のある数学者が何世紀も精力的に研究を重ねてきた代数学の分野で、(ネーターは)きわめて重要であることが立証されたいくつかの方法を発見した。……純粋数学は、ある意味では、論理的な概念の詩である。……この論理的な美しさを求める努力のなかで、自然の法則をさらに深く理解するために必要な崇高な公式が発見されるのだ。……多数の人々の努力

は日々のパンを得るための苦闘に使い果たされるが、幸運や特別の才能のおかげで、この苦闘を免れている人々の多くは、この世の自分たちのめぐり合わせをさらに活かすよう大いに専念している。(10)

一九九三年、エルランゲン市は新しく建設された学校をネーターに捧げて、エミー・ネーター・ギムナジウムと命名した。同じ一九九三年にエミー・ネーター著作集が刊行された。ネーターの遺骨は、彼女の生誕一〇〇年を迎えて女性数学者協会が開催したシンポジウムの機会に、エミー・ネーター・ギムナジウムの図書館回廊の煉瓦づくりの小道に埋葬された。

対称性と物理学

対称性と物理学との間に注目すべき関係があると考えるのは、二〇世紀に主として発展した現代的な概念である。以前の物理学者は、物理的な世界を主として「歯車と滑車」から組み立てられたものとして眺めていた。電磁気学の理論を定式化する上で重要な役割を果たしたジェームズ・クラーク・マクスウェルでさえ、世界をたんなる運動学的な系と考えていた。一般に二〇世紀以前の物理学者たちは、基本的な対称性原理の観点からは考えなかった。彼らは対称性を対称的な配置が関係する特別な状況で生じる些細なこと、余分な付け足しと見なす傾向があり、特定の物理的問題を単純化するには役立つが、物理的な世界の奥にある動的な構造のなかで重要な役割を果たすものではないと考えていた。

特殊相対性理論を発展させて新しい考えを取り入れたのは、アルバート・アインシュタインだった。アインシュタインは深いレベルで空間と時間の対称性について考え、電磁気学のマクスウェル方程式のなかに隠れている特殊相対性を発見した。この発見は、アインシュタインが努力を注いだ新しい観点によってのみ可能だった。後で述べるように、相対論というのは実際にはガリレイにはじまり、すべてが空間と時間の対称性に関係している。しかし、アインシュタインの観点は現代的だった。つまり、アインシュタインは、物理学の本当の法則を引き出すために、ある種の基本的な自然性を追求し、それまでに理解されていたよりはるかに深い対称性原理を発見した。ネーターの定理は、この新しい観点から生まれたのである。

後で述べるように、一定の対称性が存在するためには、自然界に観測される力の存在が必要である。自然界におけるすべての力は、ゲージ対称性と呼ばれる深いレベルでの対称性から来ていることがわかっている。基本的な対称性の概念とネーターの定理が、自然界のすべての力を支配している統一原理の発見へと導いたのである。局所ゲージ対称性の原理を理解することによって、最も強力な粒子加速器、つまり人類がこれまでにつくった最も強力な顕微鏡で見ることのできるものの一〇万兆分の一（10^{-17}）の距離スケールまで思考上で達することが可能になった。このような微小な距離では量子重力が活躍し、空間と時間の通常の概念を無視する。それでもなお、このような世界を探検するときに、対称性の概念と原理をもっていくことができる。この探検では、すべての力を統一する超ひものようなものを想像するために、対称性原理を使用しなくてはならない。超ひもというのは、人間がこれまでに考え出した最も多くの対称性を含む系の一つである。

物理学者は今では、これらの抽象的ではあるが基本的な自然の対称性に敬意を払っており、対称性を現実的なものとして理解し、対称性がもたらす複雑な結果を十分に評価するところまで来た。永久機関の幻想に屈服することは、エネルギー保存則を放棄することを意味する。つまり、時間の流れは対称であって、時間に関して物理法則は不変であるという考えを放棄させられることを意味する。実際には、これから述べるように、対称性は最も深いレベルで自然を統御している。ティタンたちの子にとって、これが二〇世紀の最大の教えである。

第4章　対称性、空間、時間

対称性を広く定義するにせよ、狭く定義するにせよ、各時代を通じて人々は、対称性の概念によって秩序と美と完璧さを理解し、また創造しようとつとめてきた。

――ヘルマン・ワイル『シンメトリー』（一九五二）

われわれ人間が住んでいる宇宙の空間と時間には、対称性が含まれている。これらの対称性はおおむね明白であるが、捕らえにくく神秘的なことさえある。空間と時間は、**動力学**――つまり物理系、原子、原子核、原生動物、人々などの運動と相互作用――がその役を演じている舞台を形成している。空間と時間の対称性は、物質の物理的相互作用の動力学を統御している。

われわれ人間が住んでいるのは、時間の次元が加わった三次元空間である。われわれは明らかに空間をどの方向へも自由に**連続的**に移動することができる。空間のすべての方向が同等であるように見える。チェス盤では駒が次のます目に移るときには離散的な（とびとびの）ステップをとらなければならないが、われわれが空間を動くときには、明らかに、ゼロでない（検出可能な）どのように小さなステップでもとることができる。たとえば宇宙空間が、格子、つまり整然とした周期的な点の配列であるという証拠は見あたらない。同じように、時間も連続的に流れていて、掛け時計のカッチンカッチンという音のように離散的なステップに合わせて動いているのではない。われわれの空間と時間は**連続体**であるように見える。

空間と時間の基本的な対称性が何であるかは、どうすればわかるだろうか？ それらが本当に対称性であることは、どうすれば検証することができるだろうか？ 何らかの明らかな対称性が、目に見える範囲を越えて、すべての距離スケールにわたって保たれているかどうかは、どうすればわかるだろうか？ 空間と時間が連続体を形成していることは、どうすればわかるだろうか？ 原子より小さい距離スケールでは世界が変化して、結晶格子のように、離散的なチェス盤に似た構造になることはないのだろうか？ あるいは距離と時間のどのようなスケールでも、世界は連続的なのだろうか？

思考実験室ゲダンケンラボ

これらの疑問を検討するために、いろいろな仮想実験を行うことが考えられる。このような仮想実験に対して、物理学者はしばしば「思考実験」という意味のドイツ語「ゲダンケンエクスペリメント」という用語を使う。われわれが素晴らしい研究所を知っていると想像し、その研究所を「ゲダンケンラボ」と呼ぶことにしよう（図４参照）。ゲダンケンラボは広大で空虚な宇宙空間に送り出されていて、これらの実験に割り当てる膨大な量の時間をもっている。この想像上の研究所は、宇宙を満たしている空間と時間のいろいろな位置でさまざまな実験を行う無制限の任務をもっていた。

ゲダンケンラボは**基礎定数**の測定を行った。基礎定数は、物理のすべての方程式——与えられた一組の状況の下で何かがどのようにふるまうかを予言することのできる方程式——に入ってくる。これらの基礎定数が、宇宙のいたるところで注意深く正確に測定された(1)。

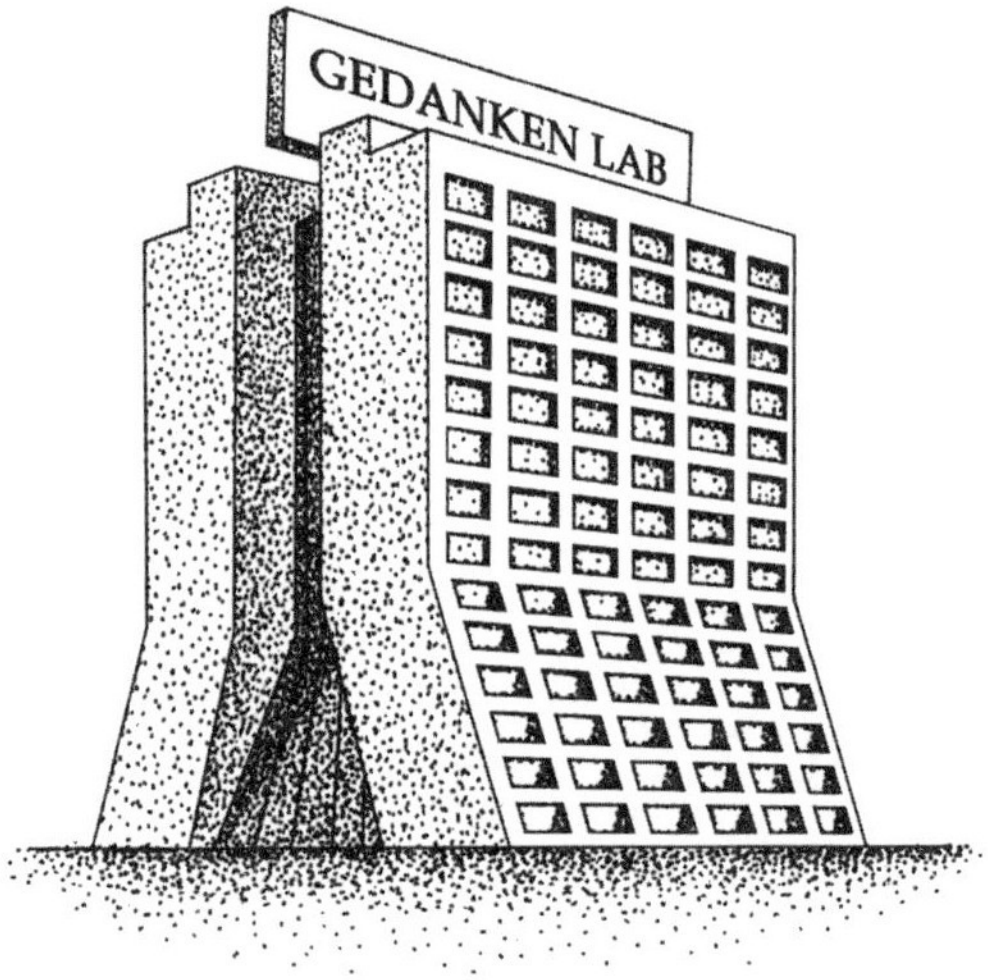

図 4　ゲダンケンラボ（図はシー・フェレルによる）

ゲダンケンラボが宇宙のいたるところで測定した多くの定数の一つが**光速度**である。そのため、ゲダンケンラボは宇宙空間を移動して、いろいろな場所で結果を比較しながら光速度のさまざまな測定を行った。ゲダンケンラボは、宇宙空間の巨大な距離を隔てた異なる地点で行った測定の結果を比較した。また、強力な顕微鏡と加速器を使って、原子より小さい距離、実際にはクォークより小さい距離の空間の各地点での物理法則を比較した。ゲダンケンラボは、これらの実験が行われた時刻を注意深く記録した。

ゲダンケンラボは、宇宙のごく初期をはじめとして宇宙の歴史の多くの瞬間で実験を行い、またきわめて短い時間差で精度の高い実験を行った。この仮想研究所は姿勢制御用のロケットエンジンを備えていたので、宇宙に対してその方向を回転することができた。宇宙空間のなかで研究所の方向をいろいろに変えながら、光速度のわずかな差を見つけ出す実験を行った。自然の法則をつくりあげている物理定数の観測値に、「上」、「下」、「横」、「前」、「後」などの方向依存性があるかどうかを見つけ出そうとした。光速度は、光が「上」へ進むときも、反対に「下」へ進むときも同じだろうか？　これらの疑問にゲダンケンラボは答えようとした。

原子や原子核、あるいはクォークやレプトンが空間内で異なる方向へ運動するとき、これらの粒子のふるまいや性質を観察すれば、原理的にはきわめて短い距離でこれらの測定ができるはずである。たとえば、磁場の方向を変えたとき、電子が磁場のなかを同じように運動するかどうかを測定することができる。電子のこのようなふるまいは、本質的に光速度に依存している。電子のふるまいから、空間内の方向に関係なく光そのものが同じ速度で進むかどうかが間接的に判断される。

科学者が仲間どうしで使っている気取った言葉で言い換えると、「空間は**等方的**だろうか？」ということである。つまり、空間はどの方向に対しても同一だろうか？　空間には「好まれる」あるいは特別な方向があるだろうか？　光が特定の方向、たとえば北極星に向かって進むとき、その速度が異なっているとすれば、空間は**異方的**であると結論せざるを得ないのだ。

ゲダンケンラボで行われた光速度の測定結果がまとめられ、惑星間科学会議で科学者たちに公表された。「異なって**いない**」という結果が高らかに告げられた。ゲダンケンラボは、光速度がどの方向に対しても同一であることを見いだした。したがって、**空間は実際に等方的であることが明らかになった**。ゲダンケンラボは、このことが微小な距離に対しても巨大な距離に対しても正しいことを見いだした。さらにゲダンケンラボは、光速度が時間に関しても変化せず、研究所のどのような運動状態に対しても同一であることを発見した。こういったことは光の対称性であるが、もっと大きな意味では、空間と時間の基本的な対称性でもある。

最終的に、ゲダンケンラボの実験の全結果が公表された。それらの素晴らしい結果によって、物理学のいろいろな法則は、ゲダンケンラボが宇宙空間のどこにあったか（空間における並進）、いつ測定したか（時間における並進）、どの方向を向いていたか（空間における回転）ということには左右されないことがきわめて高い精度で明らかになった。その上、ゲダンケンラボの内部で行われた測定結果は、この研究所の一様な運動状態に依存しなかった——つまり、ゲダンケンラボが宇宙空間を動いているのか静止しているのかを判断することはできないのである。運動、方向、位置、または時間が変わっても、明らかにゲダンケンラボの実験結果は同じである。(2)

空間と時間のこれらの基本的な対称性をさらに詳しく調べてみよう。

空間的並進

（われわれの宇宙の）普通の空間は連続的並進対称性をもっていて、物理法則は空間のどこでも同じである。空間は、並進（平行移動）に対して離散的なステップをもつ結晶格子やチェス盤では**ない**。つまり、われわれの住んでいる空間には、識別可能な最小距離 1/10,000,000,000,000,000,000（つまり 10^{-19}）メートルまで短くしても、並進に対して最小のステップは存在しない。間接的な方法を使えば、1/1,000,000,000,000,000,000,000,000（つまり 10^{-24}）メートルという短い距離まで、空間は並進に対して不変であると推測することができる。この対称性がさらに短い距離まで保持されるのかどうか、確かなことはわからない。それにもかかわらず、理論的な概念とネーターの定理を用いると、対称性が保持される納得のいく証拠がある。

科学者は、空間を**連続体**と呼ぶ。この概念は実は純粋数学に由来し、**実数**からなる数直線から来ている。実数には有理数と無理数が含まれる。**有理数**は二つの整数の比として表すことのできる数で、**無理数**は有理数の「間を満たす」円周率 π や $\sqrt{2}$ のような数である。実数に対しては定義できる最も近い隣の数はない。つまり3という数が与えられた場合、3に最も近い数というものはない。これに対して、整数（1、2、3などの普通の自然数）の数直線は連続体では**ない**。なぜなら、たとえば6と7のような二つの最も近い隣の整数の間には一単位のステップがあるからだ（3には整数のなかの二つの最も近い隣の数2と4がある）。

普通の空間には、最小のステップというものはないから、クォーク、電子、原子、あるいは惑星をステップに相当する識別可能な最小の距離スケールだけ並進運動させることはできない。したがって、われわれは空間には最小の距離スケールはないという仮説を立てる。空間の連続体における並進を離散的な最小ステップの整数倍として考えることはできない。最小のステップというものがないからである。連続体には最小のステップがないということは、可能な並進対称操作が無数にあることを意味している。他方、ゲダンケンラボは、われわれの宇宙には三次元の連続的並進対称性があることを発見した。ここで強調しておくが、このことは実験に基づいている。将来の強力な加速器を用いる実験で現在より短い距離の空間を調べたときに、もし結晶に似た基本構造が明らかになるなら、それはそれで仕方がない。現在のところは、連続的並進対称性をもつ連続体の仮説が有効であるように思われる。

教室で使う指示棒を考えよう。指示棒は通常、一定の長さ、たとえば一メートルくらいの木の棒である。この指示棒を手にもって動かすだけで、空間内で自由に並進させることができる。並進を行うと、指示棒の物理的性質が変わるだろうか？　変わらないことは明らかだ。物理的物質、原子、原子の分子への配列、木材のような繊維性材料への原子の配列、こういったものは、指示棒を空間内で並進させても決して変わらない。指示棒で歌手クリスティーナ・アギレラのポスターを指しても、ドアを指しても、指示棒の原子や原子の配列は変わらない。指示棒を空間内で並進させたとき、その色も長さも質量も変わらない。これは並進に対する指示棒の対称性であるが、物理法則のもっと大きな対称性でもある——物理法則そのものが空間における連続的三次元並進に対して対称的であることを表している。木材のなかの原子は、指示棒を並進させるときに決して変化しない。なぜなら、原子を支配している法則が、原子がここにあるときも向こうにあるときも同一だからである。

クォーク、レプトン、原子、分子、応力、体積弾性率、電気抵抗などを記述するどんな**方程式**も——指示棒の長さを表す方程式でも——**それ自身が対称性をもつ**はずであり、空間のなかでの並進に対して不変でなければならない。空虚な空間のどこで用いても、方程式は同一でなければならない。これは注目すべき洞察である。しかし、方程式そのものが対称性をもち、不変であるということは、何を意味しているのだろうか？

対称性をもつ方程式の最も簡単な例を考えよう。教室で使う指示棒の長さを記述することにしよう。その長さをLとする。巻き尺を指示棒に平行に伸ばす。長さを測るために、指示棒を巻き尺のどこかに当てる。次に指示棒の先端の位置を計る。先端の位置を巻き尺の目盛 x_{tip} で表し、目盛を読むと $x_{\mathrm{tip}}=79$ インチだったとしよう。指示棒の柄の端の位置 x_{handle} も同時に計る必要がある。$x_{\mathrm{handle}}=49$ インチだったとする。したがって、指示棒の長さは $79-49=30$ インチである。もっと一般的には、指示棒の長さに対する数学的な**式**は $L=x_{\mathrm{tip}}-x_{\mathrm{handle}}$ である。[3]

さて、われわれの地区に住んでいる気立てのいい高校生で、物理を学んでいるシャーマンがやってきて、巻き尺をいじり、黄色のボタンを押して巻き尺がピュッと巻き込まれるのを何回か見ていた。それから巻き尺を伸ばして、机の上の指示棒に当て、指示棒の長さの測定を繰り返した。今度の測定では $x_{tip}=54$ インチ、$x_{handle}=24$ インチだった。先端と柄の位置の測定値が変わったようだ。これは、巻き尺と指示棒の系になされた**変換**つまり**操作**の結果である。指示棒が巻き尺に対して空間を並進したわけである。しかし、**対称性——並進不変性という対称性**——がある。指示棒の長さは変わらなかった。やはり $54-24=30$ インチである。

こうして、われわれの式 $L=x_{tip}-x_{handle}$ それ自体が対称性をもっていることがわかる。空間における並進によって、x_{tip} と x_{handle} の値を**変換**する**操作**を行うことができる。変換を行うためには、これらの量の値を新しい値（ダッシュをつけて示す）で置きかえればよい。つまり、$x'_{tip}=x_{tip}+D$ および $x'_{handle}=x_{handle}+D$ である。D は、巻き尺に対して空間中で指示棒を移動させた量、つまり並進させた量である。しかし、この変換は指示棒の長さを表す式の結果には影響しない。すなわち、$L=x'_{tip}-x'_{handle}=x_{tip}+D-(x_{handle}+D)=x_{tip}-x_{handle}$ である。今回の実験が意味しているのは、指示棒の長さの最終結果は並進の量 D に**左右されない**、ということである。D はどんな値であっても、式から相殺されてしまう。このことを、空間において指示棒に並進操作を行ってもこの式は**不変**である、という。また、この式は「並進対称性を示す」という。対称性が存在するのは、方程式が空間のどこか特別の点に対するものではなく、また空間には特別の点がないからである。これがなぜ正しいかというと、方程式そのものが、物理法則は空間における並進に対して不変である、という事実を反映しているからである。

時間的並進

時間も空間と同じように考えることができ、**時間における**物理系の並進を想像することができる。たとえば、これまでに検出された最も重い素粒子であるトップクォークの性質を、午前九時にフェルミ国立加速器研究所で調べることができるし、あるいは午後三時に調べることもできる。トップクォークの固有の性質である質量や電荷などは、トップクォークがつくられた時間に依存するだろうか？ゲダンケンラボは実験を行い、仮説として、時間に依存**しない**と報告した。トップクォークの性質は物理法則を反映しているだけである。したがって、**物理法則は時間における並進に対して不変である**ことが見いだされたわけである。

言い換えると、何かの実験を明日に行っても、一〇秒前または五年後に行っても、その結果は同じであるに違いない。物理法則、したがって物理学のすべての正しい方程式は、空間と時間の両方で並進に対して不変である。このことは、われわれが理解する限りでは実験的な事実である。

ゲダンケンラボの科学者の言うことだけを聞かなくてもよい。広大な距離と時間にわたって基礎物理定数が一定であることは、天文学的および地質学的観測によって、宇宙の年齢――約一四〇億年――にわたって一〇〇〇万分の一の精度で証明されている。たとえば、オクロの天然原子炉でのサマリウムの生成からこのことが証明されることはすでに述べた。しかも、オクロだけではない。宇宙的な時間の規模で物理法則が不変であることを示す多くの証拠がある。天文学者は望遠鏡によって遠くの星や銀河を見ることができ、大昔のこれらの遠くの天体においても、今日、地球上の研究室で見られるのと同じ物理的過程が起こっていることを観察している。隕石のなかのある種の元素の存在度から、別の非常に繊細な過程が数十億年前と今日とで同じであることがわかる。一九七〇年代にNASAが火星へ送った着陸船バイキング号によって、重力の精密な測定が行われた。(4) 重力も時間によって変化しないことが確認された。これらを総合すればすべての実験的証拠が、物理法則は一定であって、時間の流れのなかで変化しない、という合理的な仮説を確認するのに役立っている。

このことはまた、自然についての記述、すなわち物理学における方程式も同じ対称性をもつに違いないということを意味する。方程式それ自体が、時間における並進に対して不変である。方程式がある任意の時刻 t に関係していれば、別の時刻 $t_1, t_2, \ldots$ に生じる特定のことにも関係している。たとえば私が $t_1=$9:00:00am の瞬間にピサの斜塔から球を落とし、一秒後の時刻 $t_2=$9:00:01am にその球がどこまで落ちるか計算したいと思っているとしよう。ところが、時間の進展を記述するいかなる正しい方程式においても、現れるすべての時刻を一定量だけずらした新しい時刻で置きかえることができる。つまり、$t+T, t_1+T, t_2+T$ を同じように問題なく使うことができる。前述した空間における並進の例で取り上げた並進 D と同様に、運動を記述するのに使うどの方程式からも量 T が相殺される。もし私が $T=3$ 時間を選ぶとすれば、私の物理の問題は、球が正確に昼の一二時に落とされたとき、一秒後の 12:00:01am にその球がどこにあるかを求めることである。落下する球のある時間後の高さは、いつでも同じである。なぜなら、物理法則は、時間における並進に対して不変だからである。(5)

すでに述べたように、エネルギー保存則は時間に対して自然法則が変わらないことの結果であり、これがネーターの定理の核心である。この主張を逆にして、物理法則が変わらないという結論を導くためにエネルギー保存則を用いることもできる。物理法則は、きわめて短い時間スケール、1/10,000,

000,000,000,000,000,000,000,000,000（10^{-28}）秒という短い時間でも、局所的に変化するはずがないことがわかっているのだ。重いクォーク（後の章で述べるように非常に小さい粒子）の崩壊に関係するきわめてまれな過程から間接的に、これよりさらに短い時間スケールにおいても、物理法則の不変性は有効であると推論することができる。

回転

ラベルをはがしたワインボトルを考えよう。ボトルの垂直線、つまり「対称軸」のまわりにボトルを回転させる。**回転**という**変換**を行っても、ボトルの物理的外観に目に見えるような変化は生じない。変換の前後にボトルの写真を撮ることができるが、認められるような変化は起こっていないことがわかる。その写真に円盤形のチーズ、あるいはフルーツをもった皿のような他の物体が写っていることもあり得るが、ボトルを回転軸のまわりに注意深く回転させれば、場面は変化していないように見える（図5参照）。

対称軸は、ボトルの底の中心からボトルの口のコルクの中心を通る想像上の直線である。回転を行うとき、対称軸は空間に固定されていると考える。ボトルのラベルは回転のときに明らかに位置を変えるしるしとなるので、前もってはがしておくことが重要である。

ワインボトルの外観は、ボトルを回転させる角度には関係しない。対称性は外観だけではない。物理系、たとえばガラスの原子、ボトルに残っているかもしれないワイン、ボトルの口のコルクは、系を回転させても、その**物理的性質**を少しも変えない。これは外観の対称性以上のもの——物理系の対

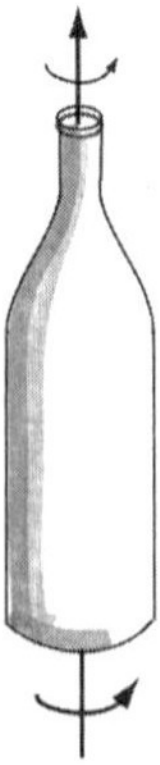

図5　ラベルをはがしたワインボトルを、ボトルの外観や物理的性質が変わらないように、対称軸のまわりに「連続的に」回転させることができる。あるいは、ボトルの外観や物理的性質が変わらないように、われわれ自身がボトルの周囲を回ることができる。

称性である。空間そのものには好まれる方向はない。物理法則は、「上」と「下」、「前」と「後」、または「横」を区別しない。

ゲダンケンラボは、空間には物理法則の連続的回転対称性があることを発見した。空間には、完全な三次元球の回転対称性と同じ対称性がある。球（あるいは球状の系）は、その中心を通るどんな軸のまわりにも回転させることができる。回転角はどんな角度でもよいから、六三度としよう。この回転（これもやはり「操作」または「変換」）を行った後、球の外観は変わらない。この場合も、軸のまわりの六三度の回転という「変換」に対して球は「不変」である、と表現する。われわれが球に関して用いるどのような数学的記述も、この回転に対してやはり変化しない（不変）だろう。球に対してわれわれが行うことのできる対称操作（回転）は無数にある。その上、われわれが行うことのできるゼロでない最小の回転というものはない。いっそう小さい、つまりもっと「無限小」の回転を限りなく行うことができる。したがって、球の対称性は連続的であるという。

回転角はどんな角度でも自由に選ぶことができるから、物理法則の回転対称性は**連続的対称性**である。明らかに、円や球に対して行うことのできる対称操作は無数にある。また、われわれが行うことのできるゼロでない最小の回転というものはない。したがって、円や球の対称性は連続的であるという。球や円柱は、五六・五四八六二…度、あるいは$\pi/10$ラジアン、あるいはどんな角度を選んでも、その中心を通る軸のまわりの回転という**変換**に対して**不変**である。ところが、三枚羽根のプロペラや正三角形は、正確に一二〇度、二四〇度、三六〇度の回転を行うときだけ同じように見え、したがって**離散的対称性**の例である。離散的対称性にはゼロでない最小のステップがある――つまり「離散的」対称操作がある。無数の対称操作がある連続的対称性は、離散的対称性よりも「大きい」対称性である。よって連続的対称性は、空間と時間の構造に対する非常に強い束縛条件である。微分学の効果的な手法を使うことができるので、連続的対称性を解析するのは実は数学的に容易であることがわかっている。これに対して、離散的対称性の場合は、それを解析するときに厄介な計算上の問題がたくさん出てくる。

したがって物理法則は、研究所が空間内でどの方向に位置しているかということには依存しない。また、太陽のまわりを回転する惑星のように、われわれ自身が空間に固定された球のまわりを回ることもでき、その場合も球は物理的に同じように見える。よって、球状の物体の回転対称性は、空間それ自体のもっと一般的な回転対称性と密接に関係している。球状の物体を回転させることと、球状の物体のまわりに全宇宙を回転させることとを実際には区別できないのだ。

(ゲダンケンラボではなくて)フェルミ研究所で行われた実験によって、少なくとも原理的には、このことを検証することができた。「中性K中間子」(後で出てくるとくに興味深い素粒子)が空間をある方向へ進んでいるときの崩壊の仕方のような物理量を測定すれば、正午(昼の一二時)と午後六時とで同じ結果が得られるかどうかを原理的には確かめることができる。ただし、この測定のときに、実験装置に系統的な誤差がないことを注意深く確認する必要がある。たとえば、検出器に接続されている電線の電圧が、正午と午後六時の間に測定を狂わせるほど変化しないことを確認する必要がある。午後六時には周辺の住人たちが仕事を終えて帰宅し、エアコンのスイッチを入れたり、夕食の準備で電子レンジを使ったりするかもしれない（近隣の町の非常用サイレンのテストによってgメーターが変動し、アクメ電力会社がだまされたことを思いだそう――物理実験を行うときには、こういうことにだまされないようにしたい）。

正午と午後六時の間に、地球は宇宙空間を九〇度回転する。フェルミ研究所はその緯度のために、もう少し小さい角度を回転するが、回転することに変わりはない（もし研究所の緯度が赤道からちょうど四五度だとすると、正午から午後六時までの間に研究所は空間を六〇度回転するはずである）。こうしてデータを点検することができ、K中間子のふるまいは正午と午後六時で違わないことがわかる。もちろん、これは時間依存性だけでなく方向依存性も点検しているわけだが、正確に同じ答えを得ているので、時間依存性と方向依存性のどちらの効果もなさそうなことがわかる。重要な点は、K中間子、またはそれを測定する実験装置が空間内でどの方向を向いていても、K中間子のふるまいにはまったく関係がないということである。物理法則は回転に関して対象なのだ。

ここでもまた、回転不変性をもつ物理量の数学的な記述それ自体が、対称的でなければならない。簡単な例として、教室で使う指示棒の長さを考えよう。指示棒を机の上に置き、柄の端を特定の点に固定するとしよう。指示棒の先端は机の上のどこか他の点にある。机の表面は二次元だから、二次元座標系を考えなければならない。柄の端が置かれている位置を原点つまり（0, 0）とすれば、先端の位置は（x, y）である――柄を座標系の原点に置くためには、いつでも並進不変性を利用することができる。指示棒の長さLに対する式は、ピタゴラスの定理 $L^2=x^2+y^2$（「直角三角形の斜辺の二乗は他の二辺の二乗の和に等しい」――オズの魔法使いにかかしが最初に言った言葉がこれではなかったか？）によって与えられる。

さて次に、柄の端を固定して、指示棒を角度θだけ回転する。指示棒の先端は新しい点（x', y'）にくるが、柄の端は点（0, 0）にとどまっている。ダッシュのついていない最初の座標によって新しい（ダッシュのついた）座標を書くためには、実際には三角法を少し使えばよい。明らかに指示棒の先端は、原点を中心とする半径Lの円の円周上のどこかにある。回転後の長さに対しては $L^2=x'^2+y'^2$ となる。結果はθに依存しない。指示棒の長さに対する式（ピタゴラスの定理）は**回転に対して不変**なのだ。すなわち、回転の前後で長さに対する同じ式が適用でき、回転角には依存しない。したがって、式そのものが回転対称性をもっている。[6]

運動の対称性

ゲダンケンラボは、空間と時間について、もう一つのきわめて重要な対称性を発見した。つまり、**ゲダンケンラボがある速度で空間を一様に進んでいるとき、基礎物理定数の測定結果はゲダンケンラボの運動状態に依存しない**ということである。もしゲダンケンラボが一定の速度で一様に運動していないのなら、ゲダンケンラボは加速しているか回転しているかであって、**遠心力**のようないくつもの不思議な**見かけの力**を受けるはずである（後で述べるように遠心力は実際には力ではなく、むしろ物体が一直線上を進みつづけようとする傾向である）。そのためゲダンケンラボの管理者たちは、この

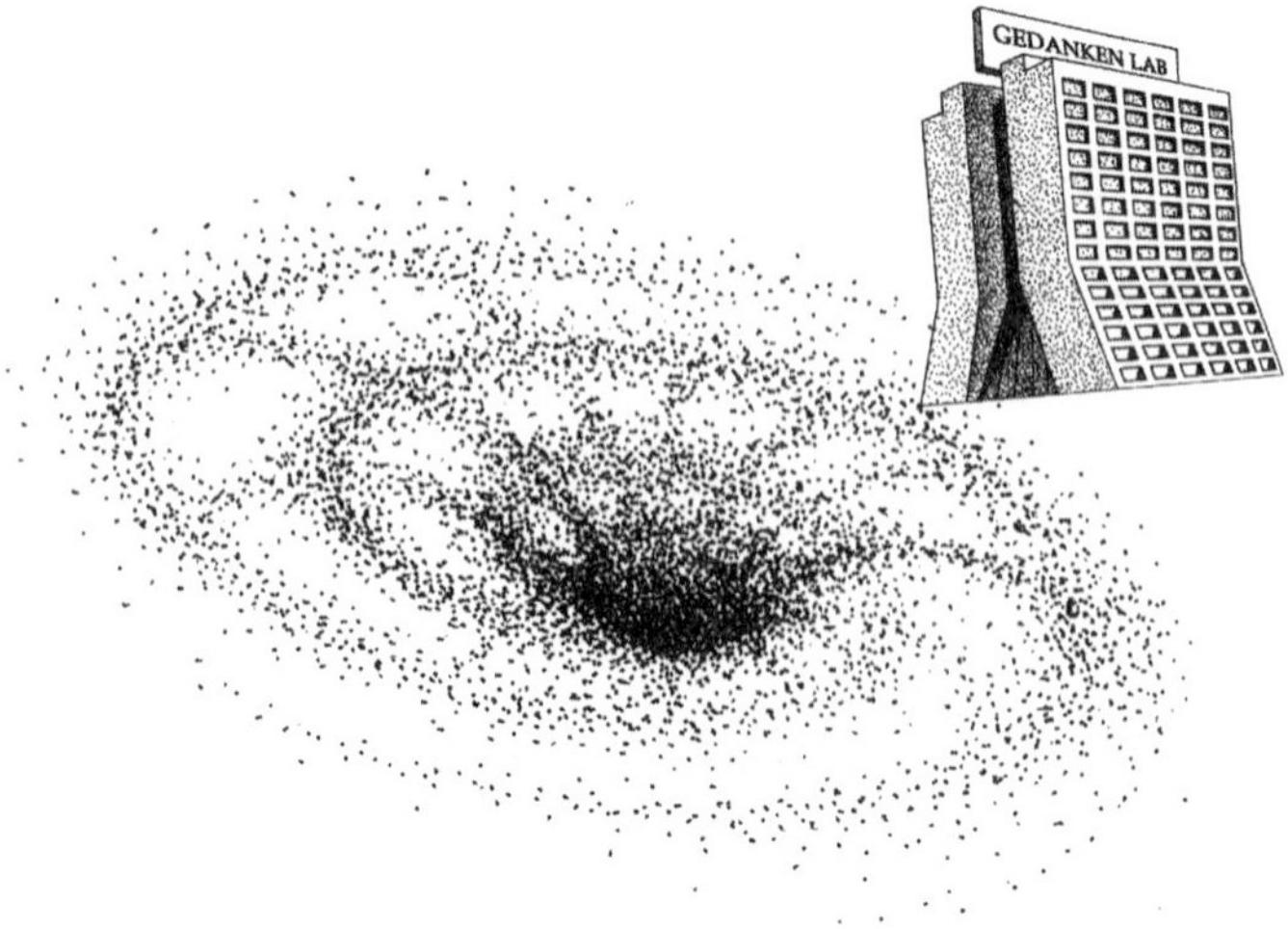

図6　ゲダンケンラボがブラックホール「タルタロス」に落ち込みそうになった日。（図はシー・フェレルによる）

言明を「一様運動（等速度運動）」つまり一定の固定された速度の運動に限定した。こう限定する必要はなかったが、記録は簡単になった。もっと一般的には、このことは**相対性原理**と呼ばれる。相対性原理は、われわれがまもなく出会う慣性と呼ばれるものの存在と密接に関係しており、アインシュタインの特殊相対性理論の基礎になっている。

しかし、運動は一様運動ばかりではない。ある日、ゲダンケンラボは超大質量のブラックホールに危険なほど接近した（図6参照）。ゲダンケンラボのエンジンが故障し、ラボはブラックホールに自由落下しはじめた。当初、ラボの人たちはだれもブラックホールの効果に気づかなかった。というのは、自由落下では「重力」つまり遠心力は存在せず、だれもが無重量になるからである。彼らは自由空間を漂っているかのように感じていて、自分たちを飲み込もうとしているブラックホールが近くにあるようには感じなかった。[7] これが、地表からそれほど離れていない航空機のなかで無重量の模擬実験ができる理由である。航空機は自由落下に相当するコースを飛ぶことができ、訓練中の宇宙飛行士たちは機内で無重力の効果を体験する。

ブラックホールに向かって自由落下する間も、ゲダンケンラボの実験では、すべての基礎物理定数について、空虚な空間を一定の速度で一様運動をしているときと同じ測定値が得られた。幸いにもだれかが窓の外を見て、二度と脱出できないブラックホールの事象の地平線に近づいていることに気づいた。非常用ロケットエンジンのスイッチを入れるのがなんとか間に合い、ゲダンケンラボは間一髪で危機を逃れた。

このスリル満点の脱出のさい、ゲダンケンラボは三gに加速してブラックホールから離れ、だれもが地上での通常の体重の三倍になったように感じた（感謝祭の素晴らしい夕食を食べ過ぎたときよりはるかに悪い気分）。それにもかかわらず、ブラックホールから離れる加速の間に行われたすべての実験が、基礎物理定数の同じ値を記録した（電線が外れて技術的な不調が生じたり、ボルトが締まっていなかった装置が床に落ちたりしたが）。

重力場における自由落下（重力がない場合の一様運動を含む）の状態で物理法則が同じだという事実は、運動の対称性の概念をいちじるしく強固にする。この対称性がアインシュタインの一般相対性理論の基礎になっている。物理法則は、観測者の一般的な運動状態に依存しないように定義することができる。これが運動の奥深い対称性で、**われわれは自由落下していないときだけ重力を感じる。**加速度は重力の知覚と密接に関係している。

もっと簡単な一様（等速度）運動の場合に焦点を合わせる方が理解しやすい。等速度運動も物理法則の連続的対称性である。なぜなら、われわれは任意の速度で進むことができ、(加速によって)その速度を別の速度に連続的に変えることができ、同じ物理法則がはたらくのを観測できるからである。したがって対称性の観点から考えると、**系の速度に生じるこの変化**が変換または対称操作であり、この対称操作に対して物理法則は変化しない。方向を変える対称操作を**回転**と呼んだように、系の運動状態を変えることを**ブースト**と呼ぶ。したがって、物理法則はブーストに対して不変である。後で見るように、ブーストは四次元の時空における「回転」と考えることができる。運動のこのような記述は、アインシュタインの特殊相対性理論に現れる。そのため特殊相対性理論では、運動の対称性は空間における回転対称性の概念の延長である。

ブーストに対して物理法則が不変なことは相対性原理と呼ばれ、通常、アインシュタインの名と結びつけられるが、この概念は実際には、慣性を最初に理解したガリレイにはじまる。慣性とは、力の作用を受けなければ、等速度運動をつづける物体の傾向である。慣性を理解したことは、人類の自然理解における最大の概念上の飛躍であり、物理学という科学の本当のはじまりを表している。相対性と慣性は、光と電磁気の驚くべき性質に注目したアインシュタインによって大いに磨き上げられた。相対性原理とそれと同等なものである慣性の原理は物理学全体の礎石をなしている、と言ってもおそらく間違いではない。この二つの原理については、第6章で詳しく検討しよう。

「大局的」対「局所的」

対称性を論じると、次のようなむずかしい問題がいつも出てくる。きわめて短い時間や距離のときも、逆にきわめて長い時間や距離のときも、対称性は同じだろうか？　宇宙の年齢のような非常に長い期間にわたって調べたとき、物理法則が一定であるように見えるだけかもしれない。光が原子核や陽子の直径くらいの距離を通過する極端に短い時間、あるいはこれよりさらに短い時間では、物理法則が急に変わることもあり得るのではないだろうか？　宇宙においては必ずしも明白とは言えない最短の距離と最短の瞬間でも、対称性は存在し得るのだろうか？　これらは実際、検討に値する問題である。

宇宙の「大きな時間」あるいは「大きな距離」の形と構造に関する問題は、**大局的**な問題と呼ばれる。大局的な問題には宇宙における**物質の分布**とこの分布をもたらした原因が含まれ、宇宙論学者がこの種の問題を考える。宇宙は無限のチェス盤のように平らで、あらゆる方向へ無限に広がっているのだろうか？　あるいは宇宙は一つの次元では無限だが、別の次元では有限で丸くなっていて、そのため大局的宇宙は巨大な円筒のように見えるのではないだろうか？　あるいは巨大な球面のような形をしているのだろうか？　あるいは巨大なドーナツの表面のような形（トーラスと呼ばれるもの、図7参照）をしているのだろうか？

大局的な問題は、宇宙の歴史と宇宙をつくり出したものすべてに関係がある。宇宙はどのようにして生まれたのだろうか？　何が宇宙の大きさや形を決めたのだろうか？　宇宙は未来へどのようにづいていくのだろうか？　しかし、これらの問題は、宇宙におけるきわめて短い距離についての問題と基本的な点で結びついている。大局的な問題は原理的には答えることができるが、実際には答えるのが非常にむずかしいかもしれない。

他方、素粒子物理学者は一般に、自然のなかの最も小さい物体と空間における最も短い距離に焦点

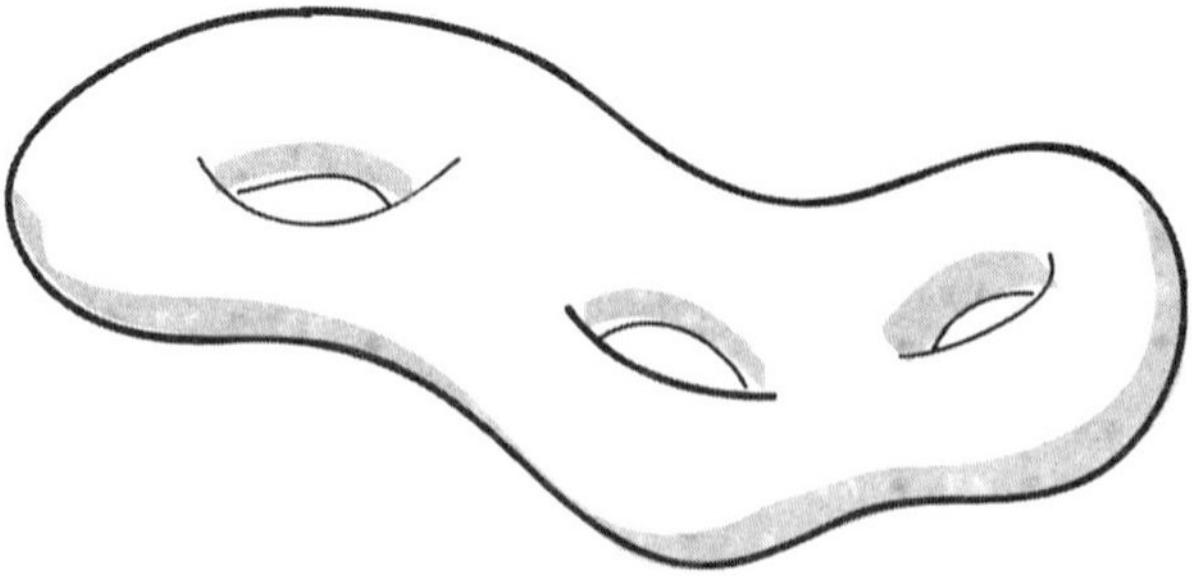

図7　２次元宇宙は穴のたくさんある広がったドーナツの**表面**の形をしているかもしれない。**局所的**物理学は球面のどの点でも同じであり得るが、**大局的**物理学は、ドーナツの有限個の穴があるので、ドーナツ位相数学によって球面の物理学とは区別される。

を合わせる。彼らは自分たちの世界について**局所的に**測定をしようとする。彼らは世界を、それが自分の裏庭にあるかのように研究する。空間（および時間）の**局所的**な構造は、次のような問題と結びついている。空間と時間の最小の距離における対称性は何か？　物質の基本的な構成要素は何か？　物質が相互作用をする基本的な力は何か？　これらの問題が扱うのは、空間と時間の内部構造、物質とそれらをまとめている接着剤、そして自然の基本法則である。

宇宙の大局的な面と局所的な面との概念的な違いは、子供が吹いてつくるシャボン玉から理解できる。大きなシャボン玉をつくるには、液状セッケンの容器に金属の輪を浸し、輪を通して空気を吹き込めばよい。そうすれば、大きくて美しいシャボン玉ができる。それは透明でゆっくり波打つ形をしており、虹色をおびている。その後、わずかに揺れ動いて、結局は（大局的には）球形に落ち着く。短い距離では（局所的には）、シャボン玉はセッケンから構成されている。さらに大きい距離スケールでは、大局的な物理学の領域になる。

シャボン玉の大局的な問題は、シャボン玉をどこまで大きくふくらますことができるかというような、シャボン玉宇宙全体の大きさ、形、振動などを扱う。短距離の（局所的な）問題は、セッケンとは何か？　何からできているか？　セッケンはなぜ透明でねばねばしていて大きいシャボン玉をつくることができるのか？　というような、セッケンそれ自体の構成を論じる。明らかに局所的な問題は、シャボン玉の存在と性質にきわめて深い関係がある。たとえば、セッケンを薄める水が多すぎると、シャボン玉は小さくなる。水が少なすぎるとシャボン玉にならない。シャボン玉宇宙の大きさは、セッケンそのものについての情報を伝えてくれる。最も短い距離でのセッケンの詳細な構造は、次のような風変わりな専門用語を使って述べられる。**主としてトリグリセリド（脂肪酸）のアルカリ（ナトリウムまたはカリウム）塩から構成されるアニオン表面活性剤をつくっている分子**。これはそれ自体が興味深い複雑な科学である。

短い距離では、われわれはまったく新しい別の一連の問題に遭遇する。セッケンの分子配列や、それがどのように形成され、どのように修飾されるかというような無数の問いを発することができる。セッケンの分子組成の法則を理解することは、たいへん役に立つ可能性を秘めている。これらの法則を用いて、いろいろなものを清潔にする新しいセッケンを発明することができるのだ。新しい生物分解性のセッケンを発明できれば、環境を汚染せずにすみ、海岸沿いに流出した大量の石油を取り除くのに使うことができる。あるいは、すぐれた潤滑剤になる新しいセッケンを発明できるかもしれない。セッケンのような接着剤、セッケンのような滑りやすい機械油、磁気を帯びたセッケン、あるいは流れ出てからそれ自体をきれいにするナノテクノロジー・セッケンはどうだろうか？

自然の局所的法則は基本的であり、どこにでも見られる。局所的法則は存在できるものとできないものを最終的に決める。大局的な宇宙は、結局のところ、自然の局所的法則の詳細な理解から人間がつくることのできる多くの仕掛けあるいは創案あるいは**適用**の一つなのである。

これまでに検討してきた時空対称性の先には、時間と空間に対してではなく、物質と物質固有の性質（量子力学で記述される）、そして素粒子の性質に対して適用される連続的対称性がある。これらの対称性の局所的および大局的側面は同じように重要である。これらの対称性は**荷量**の概念に、そしてまた自然の基本的な力にわれわれを導く。これについては後の章で述べるが、さし当たっては、ネーターの定理に包含されている空間と時間の連続的対称性の含意、物理系のふるまいに対するそれらの対称性の結果を述べることにする。

第5章　ネーターの定理

物理法則の何か一つの連続的対称性があれば、それにともなって一つの保存則が存在するはずである。
何か一つの保存則があれば、それにともなって一つの連続的対称性が存在するはずである。

——ネーターの定理

素粒子物理学での保存則

ネーターの定理は、動力学（つまり力と運動と自然の基本法則）と抽象的な対称性の世界との間にある最も深く最も直接的な関係である。この定理は、ゲッティンゲン大学に移って間もないエミー・ネーターによって、一九一五年に証明された。

ネーターの定理は、物理法則の連続的対称性とそれにともなう保存則の存在との間の関係を表している。保存則は、物理系には**変化しない**（系の全エネルギーのような）測定可能な量が存在すると主張する（たとえば、ある過程が起こる前後で全エネルギーが常に不変である）。このような物理量は**保存量**と呼ばれる。ネーターの定理は対称性の概念と保存則を統一し、対称性が自然のなかでどのように直接的に示されるかを伝えている。

ここでは**時空の保存則**に焦点を合わせることにしよう。これらの保存則は、前の章で述べた空間と時間における並進と回転の対称性から生じる特有の保存則である。これらの対称性から、**エネルギー、運動量、角運動量**の保存則が導かれる。これらの保存量は普通は高校の物理の授業で教えられ、保存則の実験的証拠という面が強調される。しかし、残念ながら高校の物理の授業では、ネーターの定理を通して自然法則の対称性と深い関係があることは決して述べられないし、仮に述べられたとしてもごくまれである。だがネーターの定理によって、保存則は実際に理解しやすくなる——保存則を対称性の結果として眺めたとき「神秘性が取り除かれる」のである。

さしあたり数学的な証明なしに、事実としてネーターの定理を述べることにする（先へ行くにつれてこの定理がどのようにはたらくかがわかる）。ネーターの定理は物理学全体に当てはまる。古典力学（特殊相対性理論を含めても含めなくても）にも量子力学にも適用できる。ただし量子力学の場合には、「観測可能量」の概念を精密にしなければならない。実際には、物理学には、これから調べる時空の保存則以外にも多くの保存則がある。これらの保存則には、電荷の保存、系における**バリオン**の総数（陽子プラス中性子マイナス反陽子と反中性子）の保存、電子と電子ニュートリノのようなレプトンの総数の保存、クォークとグルーオンを含む陽子のようなある状態の**クォークのカラー**の保存などが含まれる。これらの保存量のそれぞれ——電荷、バリオン数、電子族数、カラーなど——が、自然法則の構造内部の奥深くにひそむ連続的対称性からきている。実際、前に強調したように、また後で見るように、物理法則そのものが本質的に**対称性の原理によって規定されている**のだ。

運動量の保存

すでに述べたように、物理法則が空間的並進に対して不変であることは、自然の実験的事実である。これは確固とした命題である。これは物理法則の連続的並進対称性である。空間が連続的並進に対して不変であるという仮説は、物理法則の観点からいうと、空間における**どの**点も**他の**点と同等であるという命題と同じである。

対称性とは、物理系または装置のある方向へのある量だけの並進（あるいは同じことだが、ものごとを記述するのに使う座標系の並進）がその系を支配している自然法則に影響を及ぼさない、ということである。したがって、われわれが行う実験の結果は、実験室全体を空間のどこか他の場所へ並進させても影響を受けない。簡単に言えば、物理法則とそれを表す方程式は、並進に対して不変である。

空間における連続的並進に対して物理法則が不変な場合、エミー・ネーターの定理は**運動量保存則**を意味する。こういうことだったのだ。高校の物理の授業で学んだように、孤立系の**全運動量**は、系内の粒子がどのように相互作用をしても、一定のままである。たとえば二つのビリヤードの玉が衝突するとき、衝突前の全運動量は衝突後の全運動量に等しい。今や明らかなように、これにはもっと基本的な理由がある——自然の法則が空間のどこでも同じだということなのだ。では、運動量とは何であるかを思いだそう。

ネーターの定理によると、われわれが生きている宇宙のような三次元宇宙では、物理系を並進させることのできる三つの**垂直方向**がある（科学者はこれを三つの**互いに直交する**並進と呼ぶ）。系は空間の三つの方向のどちらへも並進することができるから、**空間の各方向と結びついた**三つの保存運動量があるはずである。この保存量は、空間における三つの垂直並進**自由度**と一対一対応をしている。したがって、粒子の位置、粒子の速度、あるいは粒子に作用する力と同じように、運動量も**空間における方向**と**大きさ**の両方をもっている。このような量を**ベクトル**と呼ぶ。

たとえば、速度はベクトルである。速度は物体の運動に関する尺度であり、明らかに方向、つまり物体の**運動方向**と、大きさをもっている。この大きさが物体の**速さ**である。したがって厳密に言えば、速さは数量にすぎず、方向を含まない。私が目指している地点を示さずに、ただ時速一〇〇キロメートルで移動しているとだけ言うこともできる。速度ベクトルを表すためには、方向と速さを示して「私は北へ時速一〇〇キロメートルで進んでいる」と言わなければならない。[1]

ベクトルを示す矢を描いて図式でベクトルを表すことも多い。その場合は矢の長さがベクトルの大きさを示す。カメのように速度の小さい物体に対して、カメの運動方向を示す矢としてベクトルを描く。この矢はカメの小さい速度を表していて長さが短い。ウサギに対しては、同じように方向を示す矢を描くが、矢の長さはカメの場合より長く、これはウサギの速度が大きいことを表している。

ニュートン物理学では、運動量は物体の**質量**（大きさをもつが方向をもたない数）と**速度**ベクトルとの積である。このため運動量は、速度の方向によって決まる運動の方向と、物体の質量と速さの積である大きさをもつ。したがって運動量はベクトルであり、また実際にベクトルでなければならない。物体の運動量に対して $\vec{P}=m\vec{v}$ という方程式を書く。ここで m は質量であり、$\vec{v}$ は速度ベクトルである。質量 m は物体の物質量の尺度であるが、その物体の運動には言及していないことを思いだそう。速度$\vec{v}$はその物体の運動の尺度であって、質量には言及していない。したがって運動量は、質量と速度の両方を含む**物理的運動**の尺度である。ゆっくり動いている大きくて重い物体が、速く動いている小さい物体と同じ大きさの運動量をもつこともあり得る。たとえば、カメとウサギの例を考えると、ウサギはカメよりずっと大きい速度をもつが、もしカメの質量がウサギの質量よりはるかに大きいとすれば、カメはウサギと同じ程度の、あるいはウサギよりずっと大きい運動量をもつこともあり得る。

　ここで強調しておきたいのは、保存されるのは物理系の**全**運動量であって、系の各部分の個々の運動量ではないということである。このことが正しいのは、われわれが空間において並進を行うとき、**系全体**を並進させるのであり、その系の一部ではないからである。

　運動量保存の最も簡単な例は、粒子Aが二つの破片、つまり「娘粒子」BとCに放射性崩壊をするときに見られる。もし親粒子がはじめに実験室に静止している（速度ゼロ）とすれば、この「系」の最初の運動量はゼロである。崩壊が起こって、二つの粒子BとCが正反対の方向に（われわれは「背中合わせに」という）飛び去る。この二つの娘粒子の運動量は、合計すれば運動量保存によってゼロになるはずだから、それぞれの運動量は大きさが等しく方向が反対、つまり$\vec{p}_B=\vec{p}_C$のはずである。この結果は、もっと複雑な状況、たとえば三つの粒子への崩壊を考えるときにたいへん役立つ。実際、原子核の構成要素の一つである中性子は、$n^0 \to p^+ + e^- + \bar{\nu}$のように陽子、電子、（反）ニュートリノという三つの粒子に崩壊する。[2] 生じた三つの粒子はそれぞれ自分の運動量$\vec{p}_p$、$\vec{p}_e$、$\vec{p}_\nu$をもち、これらを合計すればやはりゼロになるはずである。

　実験室で静止している中性子が崩壊すれば、生じた陽子と電子を粒子検出器で検出したり追跡したりするのはかなり容易である。ところが、ニュートリノは検出するのが**きわめて**むずかしい。しかし、陽子と電子が正確に背中合わせ——互いに一八〇度違う角度——でなく、ある角度で進むのを検出するなら、運動量保存則によって、第三の粒子である（反）ニュートリノもこの過程に含まれているに違いないという結論を下すことができる（図8参照）。運動量保存則から間接的に、ニュートリノが検出される。ニュートリノの存在を示す初期の決定的な証拠は、このようにして得られたのである。

運動量保存のもう一つの身近な例は、ビリヤードの玉のような、点と考えてもよい二つの質量のある物体の衝突である。二つの物体を1および2と呼び、それぞれが質量m_1とm_2、速度$\vec{v_1}$と$\vec{v_2}$をもつとする。たとえば物体1はビリヤード台の上の番号1の玉、物体2は番号2の玉としてもよい。この二つの玉が衝突すると仮定しよう。最初、二つの玉は$m_1\vec{v_1}+m_2\vec{v_2}$の全運動量をもっている。衝突後、衝突の力と動力学によって、一般的には玉の速度が変わり、$\vec{v_1'}$と$\vec{v_2'}$になる。しかし、少なくともビリヤードの玉の場合には、質量は（ほとんど）変わらない。したがって衝突後の全運動量は、$m_1\vec{v_1'}+m_2\vec{v_2'}$である。運動量保存則によって、$m_1\vec{v_1}+m_2\vec{v_2}=m_1\vec{v_1'}+m_2\vec{v_2'}$である。

実際には、二つのビリヤードの玉の衝突は、原子レベルで記述すると、何兆のそのまた何兆倍という多数の原子の相互作用を含む非常に複雑な過程である。一回の衝突で、物質そのものの配列が少し変わり、ちぎり取られてちりとなる原子もあれば、圧迫される原子もある。原子の位置の特別な配列は振動を引き起こし、その結果、衝突のさいの二つの玉の「カチン」という音が出る。つづいて、それぞれの玉の物理的な原子構造全体が跳ね返り、回転し、異なる方向へ転がる。衝突後、ビリヤードの玉の質量はほとんど同じであるということは、ビリヤードの玉の場合は成り

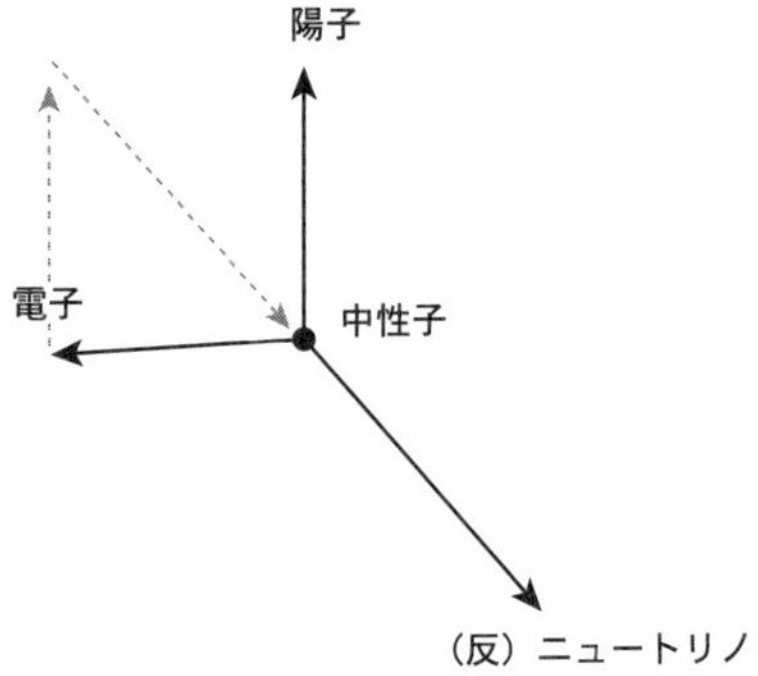

図8　初期運動量ゼロの中性子が、陽子、電子、（反）ニュートリノに崩壊する。生じた粒子の3つの運動量ベクトルが描かれている（太線）。これらのベクトルを「合計するとゼロ」になるが、そのことを図で説明しよう。ベクトルの1つ、たとえば電子のベクトルにそって終点まで進み、そこで方向を変えて2番目のベクトル、たとえば陽子のベクトルに平行にその終点まで進み（破線）、また方向を変えて3番目のベクトルである（反）ニュートリノのベクトルに平行に進むと（破線）、原点に戻る。

立つが、一般的に正しいとは限らない。素粒子が衝突して別の粒子に変わる場合によく見られるように、衝突の過程で物体の質量が変わることがある。

　したがって、非常に詳細なミクロのレベルでは、全運動量は、ある瞬間における二つのビリヤードの玉の、全原子の個々の運動量の総計である。しかしビリヤードの玉の衝突に対しては、全運動量を $m_1\vec{v_1}+m_2\vec{v_2}$ とする単純化した「一体」の記述でたいへんよく近似できる。実際には、もっと複雑で扱いにくい状況にこのような近似を行うことができないとすると、物理的に深く入り込むことはできない。物理学の技法の多くは、どのような近似を行えばよいかを知ることである。したがって、衝突のときに保存されなければならないのは全運動量であるが、二つのビリヤードの玉に対しては、衝突前後のそれぞれの玉の運動量の合計が非常によい近似で全運動量になる。

このような単純化によって近似が悪くなるのはどのような場合だろうか？　物体1を地球とし、物体2を月くらいの大きさのズロトという名の非常に大きな小惑星だとしよう。地球が小惑星ズロトとの大衝突によって衝撃を受けたとすると、地球上に住んでいるものの恐ろしい体験や衝突で起こり得る複雑な現象を想像することによって、状況をある程度理解することができる。ズロトと地球が接触しなくてもよい。実際には、たとえズロトと地球が何千キロメートルも離れていたとしても、二つの天体は重力の作用によって互いに影響を受け「ふれ合う」ことになる。これだけでも地球（あるいはズロト）の住人にとっては、きわめて不愉快な、実際には生き残れないような結果を生じるだろう。巨大な山脈が隆起し潮汐が異常に高まり、桁外れに大きな地質学的な衝撃波が地球全体を包み、地球の全表面を変形させてしまうだろう。海洋や大地が何百キロメートルも盛り上がって波打ち、二つの惑星が何億もの断片に砕かれてしまうこともあり得るのだ。膨大な量の破片が再び合体し、新たに配列し直された地球とズロトになるだろうが、大量の破片が宇宙空間へ飛び散り、より小さな新しい小惑星や隕石に再び凝集するだろう。その多くは何世紀にもわたって、新たに形成された世界に降り注ぐだろう。

　この想像を絶する衝突の結果として起こる一連の物理的過程の複雑さにもかかわらず、運動量保存則によって、衝突前後の地球とズロトの物理系全体の**全運動量**は同じでなければならない。地球とズロトの最初の運動量は $m_{\mathrm{Earth}}\vec{v}_{\mathrm{Earth}} + m_{\mathrm{Zlot}}\vec{v}_{\mathrm{Zlot}}$ である。最後の全運動量は $m_1\vec{v}_1{}' + m_2\vec{v}_2{}' + m_3\vec{v}_3{}' + \cdots$ となる。この場合、衝突で生じたそれぞれの破片や塊はさまざまな質量と速度をもつが、これらの破片や塊全部の運動量をすべて加え合わせる必要がある。この悲惨な大災害では、われわれがこれまで知っていたあらゆるものが文字どおり壊滅してしまうだろうが、それにもかかわらず $m_{\mathrm{Earth}}\vec{v}_{\mathrm{Earth}} + m_{\mathrm{Zlot}}\vec{v}_{\mathrm{Zlot}}$

$=m_1\vec{v}_1{}'+m_2\vec{v}_2{}'+m_3\vec{v}_3{}'+\cdots$というただ一つの事実だけは残る――衝突の全運動量は保存されるのだ。全運動量が小さい場合もあるが、とにかく保存されるものなのである。[3]

運動量保存は物理系の複雑さには関係なく、どんなことがあっても常に成り立つ。もう一つの例を挙げると、大砲の砲弾の空中における爆発である。この場合には、爆発によって榴散弾の何千という破片のそれぞれがそれ自身の運動量をもつが、その合計は砲弾そのものの最初の運動量に等しい。

物理系がどんなに複雑でも、また自然のどのような力が関係しようとも、運動量保存は、その物理系に起こり得ることと起こり得ないことを明確に規定している。「地球の運動量は絶えず変わっていて、保存されていないのではないか？」という疑問が出るかもしれない。確かに地球はその軌道にそって太陽のまわりを運動していて、その速度は絶えず変化している（速さは同じでも運動の方向が変わることによって速度ベクトルが変わる）。しかし**全運動量**は、この過程でやはり保存されなければならない。だが今度は、太陽を含むように「系」の定義を広げる必要がある。太陽は地球を引っ張って地球の速度を変え、したがって運動量を変える。しかし、これに対して地球も太陽を引き戻し、やはり太陽の速度を変えるが、その量はほんのわずかである。軌道を描いてまわる惑星は、現実に太陽の運動にわずかな「揺れ（ウォブル）」を引き起こす。[4]

事実、遠くの恒星の周囲をまわる新しい惑星が、「ウォブル・ウォッチング」というニックネームで呼ばれる方法によって最近いくつも発見された。恒星の近くの軌道に木星のような質量の大きい惑星があると、その恒星の揺れが大きくなる。天文学者が恒星の運動に揺れを検出したということは、その恒星が大型の惑星をもつ可能性を示している。現在知られている「太陽系外惑星」――われわれの太陽系以外の恒星を公転している惑星――は五〇以上におよび、その数は増えつづけている。[5] われわれわれが子供の頃には、太陽以外の恒星の周囲を公転している惑星が現実に発見されるなどとは、まったく考えもしなかった。

実は、ネーターの定理のずっと以前から、物理学者は運動量が保存されることを理解していた。運動量保存は、ニュートンの運動法則に組み込まれていて、ニュートン自身によって発見されたと考えられる。ある短い時間 t に質量 m の物体に力 $\vec{F}$（ベクトル）を加えると、その物体の運動量が $\vec{F}t$ だけ変わり、したがってその物体の速度が $\vec{F}t/m$ だけ変わる。$\vec{F}t$ を物体に加えられた**力積**（またはインパルス）と呼ぶ。**力積は運動量の変化に等しく**、これが『スタートレック』の巨大宇宙船「エンタープライズ」号が「インパルス・エンジン」を備えている理由に違いない。

ニュートンは、物体1が物体2と衝突するとき、物体1が物体2へ及ぼす力（$\vec{F}_{12}$と呼ぶ）があることを理解していた。同じように、物体2が物体1へ**逆に**及ぼす**反作用の力**（$\vec{F}_{21}$）があるはずである。たとえば、ホームラン王として知られる野球選手アレックス・ロドリゲスのバットがボールを打つと、バットがボールへ及ぼす力$\vec{F}_{12}$と逆にボールがバットに及ぼす力$\vec{F}_{21}$がある。ニュートンの運動の第三法則によると、この二つの力は大きさが等しく方向が反対、つまり $\vec{F}_{12}=-\vec{F}_{21}$ でなければならない。力は、加速度、速度、運動量と同じように必ずベクトルであるから、この式は**ベクトル方程式**である点に注意しよう。したがって、バットで打たれたときのボールの運動量の変化は力積$\vec{F}_{12}t$である。ここで t は衝突の起こる短い時間である。同じように、ボールを打ったときのバットの運動量の変化は力積$\vec{F}_{21}t$であるが、これはニュートンの運動の第三法則から$-\vec{F}_{12}t$に等しい。バットとボールの**全運動量**の正味の変化は $\vec{F}_{12}t+\vec{F}_{21}t=0$ である。ビリヤードの玉の衝突でも、何か別の物体の衝突でも、もちろん全運動量は保存される。

大きな物体は多数の小さい個々の構成要素の総和であり、また事実上すべての相互作用を多数の二体相互作用に分解されるものとして考えることができるから、全運動量は系全体に対して常に保存されることになる。したがって運動量保存は、実際にニュートンの運動の第三法則から出てくる。しかし、ニュートンの第三法則はどこから出てくるのか？　ネーターの定理はたいへん奥深い命題であり、全運動量が保存されることを意味している。**なぜなら**、相互作用を規定している法則は、系が空間のどこに位置するかには依存しないからなのだ。したがってニュートンの第三法則 $\vec{F}_{12}=-\vec{F}_{21}$ も、ネーターの定理から——したがって物理法則の並進対称性から——出てくる。こうしてわれわれは、「物理の諸法則」が実は対称性と同じものだということを理解しはじめるのである。

これを逆に考えることもできる。運動量保存則の妥当性は観測に基づく事実であり、実験室でのどんな過程に対しても直接確かめることができる。しかし、実験室で運動量保存が観測されるのだから、ネーターの定理は、空間が並進対称性をもたねばならないことを意味する。きわめて短い時間に起こる素粒子の衝突においても、運動量が保存されることは容易に確かめることができ、運動量保存則が常に成り立つことがわかる。このことは、1/100,000,000,000,000,000センチメートル（10^{-19} m）というきわめて短い距離のときでさえも、空間の並進対称性がやはり有効な対称性であることを意味している。

エネルギーの保存

物理法則が時間のなかでの並進に対して不変であることは、連続的対称性である。それでは、ネーターの定理からどのような保存則が出てくるのだろうか？　すでに見たように、それはエネルギー保存則にほかならない。ある系の全エネルギーの不変性は、ビリヤードの玉、惑星の軌道、クォークを用いた実験で十分すぎるほど確かめられているから、ネーターの定理が示すように、自然の法則は時間的並進に対して不変でなければならない。逆に、オクロの化石原子炉で得られたような証拠は、物理法則が時間の流れのなかで変化しないという仮説を強く支持しており、したがってネーターの定理は、系の全エネルギーが保存されなければならないということを意味する。したがって、永久機関や、アクメ電力会社を巻き込んだ無からエネルギーを生み出す計画に投資をしてはいけない。

これらの科学的な結論に対する信頼はどのようにして生まれたのか？　たとえば、多数の物理的過程のすべてでエネルギー保存則が必ず成り立つということは、どれほど確かなのか？　もし小さくても致命的な欠陥が見つかれば、ネーターの定理が示す物理法則の時間不変性という基本的対称性との関係に基づいて、物理学の全論理が崩れてしまうだろう。

一八九八年、マリー・キュリーとピエール・キュリーはアンリ・ベクレルとともに、ウラン鉱石から放出される自然放射線を初めて研究した。当時は、原子構造、とくに原子核の構造はまだ知られていなかった。キュリーたちは、不安定な原子核から自然に放出される放射線の基本的な種類を観測した。放射線には三つの異なる種類があることが観測され、**アルファ**、**ベータ**、**ガンマ**の各放射線に分類された。

今日では、**アルファ線**は、非常に重い原子核の自発崩壊から放出されたヘリウムの原子核（アルファ粒子）であることがわかっている。**ベータ線**は、核崩壊のときの普通の電子（またはその反粒子である陽電子）の放出である。**ガンマ線**は、高エネルギーの光子、つまり光の粒子、言い換えると「電磁気の量子」であって、やはり不安定な原子核から放出される。これらの「線」の詳細な研究から、エネルギーと運動量の保存のような通常の物理法則のすべてが、アルファ線とガンマ線の両方に対して証明されることが見いだされた。ところが、ベータ線の特別な場合には、気がかりな結果が生じることを物理学者たちは発見した。原子核がベータ線を放出する現象は**ベータ崩壊**とも呼ばれるが、このときエネルギー（および運動量）の保存が**破られている**ように見えたのだ。

最も簡単なベータ崩壊の例は、原子核の構成要素である**中性子**が単独で空間を自由に浮遊しているときに見られる。数え切れないほどの観測によると、問題は、中性子の崩壊で生じる電子と陽子のエネルギーの合計がもとの中性子のエネルギーより必ず小さいということだった。実験室で静止している中性子が崩壊して生じる電子と陽子は背中合わせに放出されないので、出ていった電子と陽子の運動量を合計しても中性子の運動量にはならなかった。したがって、中性子の崩壊においては、エネルギーと運動量の**失われた量**があるように見えたのだ。原子核のベータ崩壊の場合には、中性子が核の内部で束縛されているので、この過程は本質的にもっと複雑になる。

ベータ崩壊でのこの失われたエネルギーと運動量は、物理学者にとって長年の大きな謎であった。量子力学の創始者の一人であるニールス・ボーアは、この現象を説明するために、エネルギーと運動量の保存はその有効性に限界があって、ベータ崩壊の過程はこれらの保存則が実際に破られる最初の例を示しているのだという仮説を唱えた。才能豊かな創造的思索家のボーアは、エネルギーと運動量についてのわれわれの詳細な理解が量子力学の規則によっていちじるしく修正されたことをすでに二〇世紀の初めに見ており、ベータ崩壊に見られる現象はこれから到来する深刻な新しい驚異を表しているようだった。

ボーアの提案は、衝撃的な結果をもたらす可能性をはらんでいた。ボーアの仮説が正しいとすれば、ネーターの定理によって、ベータ崩壊に対してはなぜか空間と時間における連続的並進不変性という対称性が保たれないことになる。そうすると、空間と時間はある種の結晶格子を形成していることになり、結局は連続的並進対称性が空間（および時間）において成り立たないことになってしまう。これはまったく驚くべき発見である——われわれの宇宙は無限に広がる離散的なチェス盤に似たものになってしまうのだ。もしエネルギー保存則が破られることがあり得るなら、アクメ電力会社の着想が実はそれほど現実離れしたものではなかったことになる。

若くて威勢のよい理論物理学者ヴォルフガング・パウリは、ボーアの考えを受け入れることができなかった。エネルギーと運動量の保存の原理は、このときまで物理学のあらゆる分野で有効であることが証明されていた。保存則が破られるのは非常に大きな効果であるのに、ベータ崩壊**だけに**現れてそれ以外の現象に見られないことが、パウリには不自然であるように思われた。物理学では、あるレベルではすべてのことが相互に結びついている。したがって、空間と時間に内在する対称性がエネルギーと運動量を保存させていることを考えると、もし保存則の破れが本当だとするなら、なぜ他のすべての過程でエネルギーと運動量の保存の小さい破れが検出されないのだろうか？　これらの対称性の破れは普遍的ではないのだろうか？　自然界のすべての力によって感知されないのだろうか？　ベータ崩壊だけの特性ということがあり得るだろうか？　パウリには理解できなかった。

そのため一九三〇年にパウリは、新しい未知の素粒子の存在を仮定し、ベータ崩壊では陽子と電子の他にその未知の粒子も生じるのだと提案した。この新しい粒子は電荷をもたず、そのためまったく観測されずに崩壊領域から逃げてしまうと考えられた。この観測されない粒子が失われたエネルギーと運動量を運び去っているとすれば、保存則の有効性は維持されるはずである。言い換えると、物理学者は、ベータ崩壊のさいに保存則を維持するのに必要な失われたエネルギーと失われた運動量を計算できるはずで、これが新しい粒子によって運び去られた正確なエネルギーと運動量になると考えられる。放射能に関する会議へ出席するようにという招待への返事のなかで、パウリ自身が一九三〇年一二月四日付けでこう書いている。

親愛なる放射性淑女紳士諸君

この手紙の持参人にどうか耳を傾けていただきたい。持参人は諸君に、NおよびLi6核の「誤った」統計と連続的ベータスペクトルにより危機に見舞われたエネルギー保存則を救うために、私が向こう見ずと思われるような救済策を思いついたことを詳しく説明するはずです。すなわち、私が「ニュートリノ」と呼びたいと考えている電気的に中性の粒子が存在する可能性で、その粒子は二分の一のスピンをもち、排他原理にしたがい……どんな事象においても〇・〇一陽子質量以下の質量をもっています。ベータ崩壊のさいには、電子一個とともに「ニュートリノ」一個が放出され、電子と「ニュートリノ」のエネルギーの和が一定であると仮定すれば、……連続スペクトルは理解できると思います……

もし「ニュートリノ」が本当に存在しているなら、とっくに発見されているはずなので、私の救済策が非現実的だということは認めます。しかし、勇敢でなければ成功は得られません。ベータスペクトルの連続構造による事態の深刻さは、私の尊敬する前任者のデバイ氏が最近ブリュッセルで私に言われた次の言葉で明らかです。「新しい税金の場合と同じように、これについて考えないのが一番よい。」それで、この問題についてはあらゆる解決策を議論するべきです。そこで、親愛なる放射性諸君、私の提案を調べて判断してください。

残念ながら、一二月六日と七日の晩は舞踏会があって、どうしてもチューリヒを離れることができないため、チュービンゲンに行くことができません。皆様とバック氏によろしくお伝え下さい。

あなたの忠実な召使い
W・パウリ(6)

（パウリについてどう言われようと、彼の先取権は不動であることがわかる。）

この粒子は現在では**ニュートリノ**と呼ばれる。したがって、中性子が自由空間で崩壊すると、陽子一個、電子一個、(反）ニュートリノ一個が生じる。現代的な用語で言えば、電子とともに、反電子ニュートリノが生成する。最終的なエネルギーと運動量の和は、もとの親中性子の最初のエネルギーと運動量に正確に同じである。**電荷**がゼロのニュートリノによって、ベータ崩壊のさいに電荷の保存則が成り立っていることにも注目しよう。ニュートリノの電荷がゼロということは、検出しにくいことを意味する。つまり、ニュートリノには電荷という「取っ手」がついていないので、粒子検出器の磁場でつかむことができないのだ。

パウリは正しかった。ニュートリノは実際に存在している。一九五六年、クライド・カウアンとフレデリック・ライネスによってニュートリノが最終的に直接検出された。これらのニュートリノは、原子力発電所の炉心で起こっている核分裂過程での中性子の崩壊から放出された。しかし現在わかっているように、少なくとも三つの種類、つまり三つの「香り（フレーバー）」のニュートリノが存在する。レオン・レーダーマン（本書の著者の一人）、メルヴィン・シュウォーツ、ジャック・シュタインバーガーは、一九六二年に電子ニュートリノとは異なる粒子であるミューニュートリノを検出し、性質の異なるニュートリノが生じることを実証した。今日では、**電子ニュートリノ**、**ミューニュートリノ**、**タウニュートリノ**という三種類のニュートリノの存在が知られている。粒子のこのような動物学は後の章でもう少し詳しく述べる――この動物学は正確にまた近似的に対称性に満ちている。

今日、三種類のニュートリノが「振動」する過程、つまりニュートリノがその性質を変える過程についての研究が進められている。たとえば、高エネルギー衝突で生じたミューニュートリノは、ある時間後にその性質をタウニュートリノに変えることがある。エネルギーと運動量の保存に対する信念を貫くことによって、パウリは素粒子の新しい家族――ニュートリノ――へ到達する扉を開いた。この扉は、本節を執筆している現在でも、さらに広く開けられようとしている。ニュートリノという主題は、素粒子物理学と宇宙論の両分野で最も活気のある研究テーマの一つである。一言付け加えると、実験家は今でも、粒子衝突のさい検出器で失われたエネルギーと運動量を探すことがよくあるが、これは常に新しい粒子の証拠と解釈され、エネルギーと運動量の保存則の破れと解釈されることは決してない。空間と時間の構造の対称性に対するわれわれの信念（科学は信念に基づくものではないから確信というべきかもしれないが）とネーターの定理は、現在のところ、まったく揺らいでいない。

前に述べたように、エネルギーはいろいろな形態をとることができる。運動エネルギー、つまり運動と結びついたエネルギーは、エネルギーの一つの形態である。一般に全エネルギーの保存を測定するときの問題点は、運動エネルギーは一般に実測が容易だが、この運動エネルギー、ポテンシャルエネルギー、ねじれのエネルギーなどのように実測がむずかしい他の形態のエネルギーに変換されうるということである。その上、すでに見たように、運動エネルギーをポテンシャルエネルギーに、あるいはその逆に変換することができる。このことはエネルギー保存の直接的で明白な効果を隠しがちで、エネルギー保存をいくらか謎めいたもののように感じさせる。平らな線路を惰性で進んでいる一台の有蓋貨車は、運動エネルギーをもっている。上り坂にきても初めのうちはまだ惰性で進んでいるが、結局は停止してしまう。有蓋貨車がもっていた運動エネルギーは失われるが、その運動エネルギーは、貨車が重力に逆らって坂を登ることと関係するポテンシャルエネルギーに変わる。物理学者はこのことを、貨車が重力に逆らって「仕事」をし、運動エネルギーを失ったという。運動エネルギーは今や重力場に蓄えられている。この有蓋貨車が坂を逆向きに加速されはじめると、物理学者は、重力が「仕事」をしてポテンシャルエネルギーを失い、運動エネルギーを貨車に戻すという。しかし、結局はすべてがうまくいく——物理系の全エネルギーは保存されている。

ところが、ある種の特別な場合には、最初の**運動エネルギー**と最後の**運動エネルギー**が同じであるような衝突が観測されることがある。つまり、運動エネルギーそのものが保存されるような衝突がある。このような衝突では、変形、熱、音などのためにエネルギーが失われずにすむ。これらの特別な衝突は**弾性衝突**と呼ばれる。この弾性を、男性用ブリーフについている弾力性のあるゴムひもの弾性と混同してはいけない。ゴムひもの弾性は、ウエストバンドの形状が一日中身につけていても保たれるという意味である。

弾性衝突の美しい例は、衝突する鋼鉄製の玉でできたコーヒーテーブルに置くのにぴったりな玩具に、非常によい近似で見られる。細いプラスチック線などにつけられた玉が、六個ほど一列に並べて吊り下げられており、端の玉を持ち上げて他の五個の玉の列にぶつける。すると、反対側の端にある玉がはじかれたようにポンと跳び上がり、その玉が下に戻ってきて、五個並んだ他の玉に反対側からぶつかる。そうすると最初の玉がまたポンと跳び上がり、この過程が長くつづく。この過程は、非常によい弾性衝突では運動エネルギーが完全に近く保存されることを示している。鋼鉄はかなり非圧縮性で、エネルギーが変形に費やされずにすむので、鋼鉄で鋼鉄をたたくのは非常によい弾性衝突を生じやすい。いくらかのエネルギーが音、熱、空気の運動で失われるから、玉は最後には静止してしまう。鋼鉄と接する鋼鉄の弾性（運動エネルギーの損失が遅い）が、鉄道のレールのエネルギー効率が非常によい理由の一つである。機械油を十分差した有蓋貨車は、うまく敷設された平らな鉄道線路を、摩擦で運動エネルギーが失われるまで何キロメートルも惰性で走ることができる。

エネルギーは保存されるが、質量は必ずしも保存されないことに注意しよう。このことは初めて物理を学ぶ人を混乱させることが多い。$E=mc^2$ というアインシュタインの有名な公式によって、エネルギーと質量は等価であると教えられるからである。実際には、光子のような質量をもたない粒子がエネルギーをもっているから、この命題は正しくない。その上、粒子が運動しているときは、この公式が変わる。そのため原子核または素粒子は、別の質量をもつ別の核または粒子に変わることができるが、それでもその過程の全エネルギーは保存される。（エネルギーを保存するために通常は他のいくつかの粒子がこの過程に関係する。）

しかし、化学的または生物学的な過程のような低エネルギーの場合には、つまり核エネルギーが関係しない過程では、非常によい近似で質量が保存される。したがって、はるか昔にアルキメデスによって明確に表現された「質量保存の原理」は、化学でしばしば使われる。

角運動量の保存

われわれはまた、回転に関しても物理法則が不変な世界に生きている。ネーターの定理によると、**回転対称性に対応する保存則は角運動量の保存則である**。運動量は、速度ベクトルの方向のような直線に沿っての系の物理的運動の尺度であるが、これと同じように角運動量は回転運動の尺度である。角運動量は物理法則の回転不変性に関係し、したがって円運動にも関係している。

ネーターの定理によれば、運動量が空間的並進に関係しているように、角運動量は回転に関係している。実際には、回転をベクトルの一つの型であると定義する。こう定義するためには、**右手の法則**を使わなくてはならない。たとえば、回転しているフリスビーかジャイロスコープを考えよう。右手の親指以外の指を回転方向に丸めて、回転を定義する。そのとき、右手の親指が回転の向きを定義する。親指は**回転軸**と呼ばれる方向を指し示す。回転軸は、**回転面**に垂直な想像上の直線である。右手は回転軸にそった方向（上または下）を決定し、回転はその方向を指すと定義される。少し練習すると、右手を使ってベクトルとして定義される回転の考え方に慣れる。言葉で説明するより図9を見る方がわかりやすい。

恒星の周囲を軌道を描いてまわる惑星のような簡単な場合、角運動量を表すベクトルを求めるためには、軌道上の惑星の運動方向へ右手の親指以外の指を丸め、親指が指し示す方向に注目すればよい。反時計回りに運動している惑星をその軌道面の上の高いところから見ているとすると、その惑星

図 9　ジャイロスコープの角運動量は回転ベクトルによって定義され、このベクトルの方向は右手の法則で定義される。（図はクリストファー・T・ヒルによる）

の角運動量ベクトルは軌道面に垂直で、見ている人の方向へ向かっている。

　スピン（自転）している物体、または軌道をまわっている物体の角運動量ベクトルの方向は右手の法則によって決まるが、このベクトルの大きさは何によって決まるのだろうか？　非常に大きな恒星の周囲の円軌道をまわっている惑星を考えよう。軌道の半径はRで、どの時刻にもこの惑星は運動量$\vec{p}=m\vec{v}$をもっている。ここで$\vec{v}$は速度ベクトルである。円軌道では、速度ベクトルは常に軌道の**接線**である（軌道の中心方向に垂直で、軌道面にある）。この恒星は質量が大きいから、揺れ運動は無視できるとする。このような場合、惑星の角運動量ベクトルの大きさは、運動量の大きさ（運動量ベクトルの「長さ」）にただ半径を掛けたものである。運動量の大きさは$m|\vec{v}|$、つまりその惑星の質量に速さを掛けたものである（円軌道では惑星の速さは変わらない）。したがって、この場合の角運動量ベクトルは$m|\vec{v}|R$の大きさをもち、惑星の軌道に垂直な方向をもっている。

　したがって、恒星の周囲の軌道を毎年まわるこの小さな惑星は、角運動量と呼ばれる保存される（ベクトル）量をもっているが、そのことは物理法則が空間における系全体の方向には依存しないという事実の結果である。角運動量ベクトルを表すのに科学者はしばしば$\vec{J}$という記号を用いる。われわれの「系」がこの恒星とこの惑星だけから構成されている限り、この惑星の角運動量は保存され、変化しない。もし移動中の小惑星ズロトが近づいてきて、この系に衝突するようなことがあれば、恒星–惑星の角運動量は変わるが、恒星–惑星–ズロトの全角運動量は保存される。したがって、もし恒星–惑星が乱されなければ、角運動量ベクトルは保存される。

惑星の軌道角運動量の保存は、その運動が**常に**同じ平面にとどまらなければならないことを意味する。そうでないと、右手の法則によって定められるベクトル$\vec{J}$が、その方向を変えることになる。このことが、惑星の運動の法則を初めて正しく体系化したヨハネス・ケプラーの最も重要な発見の一つである。ケプラーはまた、惑星が軌道を完全に一回転するのに要する時間と、その軌道の大きさとの間に普遍的な関係があることを発見した。この関係は、火星の軌道のような極端な楕円軌道も含めて、太陽系のいかなる惑星の運動に対しても成り立つ。この普遍的な関係は、$\vec{J}$の保存された大きさの直接の結果である。したがって、惑星運動についてのケプラーの経験的法則は、角運動量保存の主要な結果なのである。ケプラーの法則は、物理学における保存則の最初の発見であり、力と運動を含む力学系へのその最初の応用を表している。

三つまたはそれ以上の恒星が星団にまとまった系のような複雑な多体惑星軌道に対しても、角運動量の保存はもちろん適用される。ただし、その系におけるすべての物体の個々の角運動量を全部加え合わせなければならない。運動量の場合と同じように、保存されるのは**全**角運動量であり、$\vec{J}=\vec{J}_1+$

$\vec{J}_2+\vec{J}_3+\cdots$ というベクトル方程式を書くことができる。ここで $\vec{J}$ は全角運動量、$\vec{J}_i$ は系のいろいろな構成要素の角運動量である。複雑な多体状況にある軌道運動を鉛筆と紙を使って実際に解くことはほとんど不可能で、いくつかの厳密解が知られているだけである。一般的な結果を得るためには、コンピュータの使用や思い切った単純化が必要になる。しかし、多体問題がどれほどむずかしいとしても、全角運動量が保存されることは常に保証されている。全角運動量の保存は、この宇宙の彗星やズロトのもっと一般的な双曲線や放物線の軌跡に対しても成り立つし、また自然のいろいろな力が関与する銀河、乗り物、原子、分子、素粒子の衝突に対しても成り立つ。

大きさをもつ物体はスピン（自転）することもでき、この運動と結びついた角運動量をもっている。子供のこまはスピンを説明する簡単な物体である。近似的な大きさ R（スピン運動の面におけるその物体の半径と考えてよい）、質量 m、物体の外側の先端の速さ v をもつ物体がスピンしているとき、その物体のスピン角運動量の大きさは $|\vec{J}|=kmvR$ となる。ここで k はたとえば 0.793 のようなたんなる数を表し、この物体の形と内部の物質分布を特徴づけている。（鋭い読者はスピン角運動量の大きさを表す式が運動量の大きさ mv に物質の大きさを掛けたものであることに気づくと思う。）

講義で角運動量の保存を**三ダンベル実験**と呼ばれる実験で説明することがあるが、今や簡単な観察でその理由がわかる。講師が回転台の上に立ち、両手に重いダンベルをもって腕を伸ばす（三つ目のダンベルの役を果たしているのは？）。学生が台の上の講師‐ダンベル系をまわしはじめる（図10 a参照）。こうすると、講師‐ダンベルが一つのスピンする系になる。初めのうち講師はゆっくりスピンしているが、両手（およびダンベル）を自分の体に近づけると、講師の回転の速さ v がかなり大きくなるのがわかる（図10 b参照）。なぜだろうか？

図10　三ダンベル実験。(a) ピーボディー先生が両手にダンベルをもって腕を伸ばしている。先生はゆっくり回転しはじめる。(b) ピーボディー先生が腕を引っ込めてダンベルを体に近づける。角運動量は保存されるから、先生の角速度はかなり大きくなる。(図はシー・フェレルによる)

運動量保存のために、ここで一定に保たれなければならないのは全角運動量であり、これは $|\vec{J}| = kmvR$ という大きさをもつ。ダンベルを講師の体に近づけることによって、彼の「半径の大きさ」R が小さくなる。しかし角運動量 $|\vec{J}| = kmvR$ は同じでなければならないから、R の減少を埋め合わせるために v が増加しなければならない[7]。

このようなわけで、フィギュアスケート選手は、氷上での印象的なスピンや空中での回転を行うために角運動量を利用する。また超新星で巨星の中心部が崩壊するとき、その中心部が小さい残骸の中性子星を形成することがあるが、中性子星は崩壊する星の中心部の全スピン角運動量を保持することになる。そのため、中性子星は高速でスピンしなければならない。このような天体は、スピンのさいに規則的な光のパルスを放射することが多い。パルスは周囲の残骸を高速で通過する天体の巨大な磁場によって発生する。この注目すべき天体は**パルサー**と呼ばれる。

角運動量の保存は、空間における $\vec{J}$ の固定された方位の場合のように、多くの系の安定性に寄与する。ジャイロスコープは、スピンするはずみ車（回転子）をジンバルという摩擦のほとんどない枠で支え、はずみ車が空間における一定の方位を保つようにしたものである。方位についての情報が重要な場合、航行補助装置としてジャイロスコープを使うことができる。角運動量を系の安定性に利用した他の例として、自転車がある。自転車では車輪の回転がかなりの角運動量を生じ、それが自転車の直立した状態を保っている。フリスビーは、角運動量によって飛行中の安定した状態を保っている。ライフル銃の弾丸や大砲の砲弾は、安定して飛ぶように、「旋条」つまり発射体をスピンさせるための銃身にきざまれた溝によってスピンを与えられる。アメリカンフットボールのクォーターバックは、タッチダウンのためにパスするボールをスピンさせ、ボールに安定性したがって正確さをもたせる。地球には、一昼夜の周期で自転するとき北極星（こぐま座のひしゃくの取っ手の端にある星）の方向を指す自転軸がある。

例外はあるが、太陽系の各惑星は他の惑星とまったく同じ方向（「黄道面」として知られる軌道面に垂直でお気づきのように右手の法則で決まる）を指す軌道角運動量をもっている。太陽系の大部分の角運動量を担っているのは大きな外惑星、つまり木星、土星、天王星、海王星である。太陽は、地球の軌道角運動量と同じ方位のスピン角運動量をもつ。公転に加えて、ほとんどすべての惑星が公転とほぼ同じ方向を向いた軸のまわりを自転している（金星は例外で公転方向とは逆向きに自転している）。このことは、太陽系が共通の星間雲からつくられたことを明白に示している。星間雲そのものが円運動をするちりや巨星の残骸で、現在の惑星軌道を決定する原初の角運動量を担っていた。この最初の角運動量は太陽系が形成されるときに保存され、惑星と太陽の個々の角運動量に受け継がれた。太陽は実際には、これまでの生涯で最初の角運動量のかなりの量を失ったが、それは宇宙線太陽風の放射によって、太陽の角運動量を宇宙空間に消散させてきたからである。

過去一〇〇年ほどの間に得られたデータによって、銀河、惑星、人、機械などのマクロのスケールでも、また原子や素粒子のミクロのスケールでも、角運動量保存則の正しさが立証されている。エミー・ネーターのおかげで現在われわれが理解しているように、これらのデータは、空間が等方的であること――空間にはとくに優先される方向がないこと――を意味している。空間におけるすべての方向が回転に関して同等であり、このことが物理法則の対称性を生み出している。角運動量の現象は、分子、原子、原子核、さらに物質の基本的構成要素である素粒子の理解にとってきわめて重要である。角運動量から最終的に気味の悪い量子現象や、極限状態における物質のふるまいの奇妙な効果が導かれるが、それらの問題にはまた後で触れることにしよう。

第6章　慣　性

サルヴィアーティ　……それでは、上にも下にも傾いていない表面上に置かれたこの同じ運動体がどうなるかを言ってください。
シンプリチオ　ここで答えを少しの間考えねばなりません……加速の原因も減速の原因も見あたりません……
サルヴィアーティ　それでは、もしそのような空間が無限であるとしたら、そのなかの運動もやはり無限、つまり永遠でしょうか？
シンプリチオ　私にはそう思われます。

――ガリレオ・ガリレイ『二大世界体系についての対話』

ここに掲げたのはガリレイの『二大世界体系についての対話』（いわゆる『天文対話』）の一部である。この本のなかで、コペルニクスの異端の太陽中心説を信じる主人公サルヴィアーティが、自分の考えについて保守主義者のシンプリチオと議論する。シンプリチオは、地球中心の宇宙、アリストテレスの誤った運動法則、カトリック教会公認の規範の擁護者である。この本は日常語であるイタリア語で書かれ、発売禁止になる前に売り切れたが、ガリレイ自身は異端審問所に召喚された。内容は一般の人向きで、慣性の原理の愉快な、風刺を含む、平明な説明だった。(1)

近代科学、さらに言えば近代世界は、慣性の原理からはじまる。慣性の原理は、われわれの知っている最も重要な自然の法則である。この原理は、ニュートンが運動の第一法則として表現した形で次のように言うことができる。**静止している物体または一直線上で一様運動**（等速度運動）**をしている物体は、外部の力を受けない限り、静止の状態または一直線上の一様運動をそのままつづける。**これが運動について言うことのできる最も簡単な表現である。これが運動を支配する基本原理といわれる。

実際、物体にはたらく物理法則は、一様な運動状態においては同一、つまり不変である。したがって、慣性の原理は実は**自然の対称性**であり、物体に対しても、われわれに対しても、実験室に対しても、いかなるものに対しても一様運動のすべての状態における物理法則の対称性すなわち同一性を表している。ガリレイは慣性の原理をこのように理解していた。静かな海で静止または一様運動をしている船の高いマストから落下する石をめぐる登場人物たちの議論を通して、ガリレイは**慣性系**という重要な概念を明らかにした。

慣性のような概念を説明し、それらの概念を対称性の考えと結びつけようとする場合、われわれは物理的世界の異なるものの間の関係を深く見極め、意味の拡張された新しい語彙に出会う。しかし、慣性の原理が**なぜ**存在するのか、あるいは関連する対称性の原理が**なぜ**自然に存在するのかということは、実際には決してわからないだろう。科学がなしうる最善のことは、ものごとを**観察する**ことである――ものごとがどのように縫い合わされて、どのように関係し合っているかを観察することである――そしてまた、ものごとをどのように記述し利用するかを考えることかもしれない。まだ説明されていない多くのことがらに加えて、さらに別の未解答の**なぜ**が絶えず出てくる。慣性がなぜあるのかをわれわれが本当に理解することは決してないと思われるが、慣性があるという**こと**を確実に観察しなければならない。

リチャード・P・ファインマンは二〇世紀の最もすぐれた理論物理学者の一人であったし、本書の著者も含めて多くの科学者にとって今日でも英雄でありつづけている。(2) ファインマンは子供の頃から世界についての知的好奇心が旺盛で、自分で考えたいろいろな実験をたびたび行っていた。ファインマンは後に父親との愛情あふれる関係を回想しているが、この父親は独特のやり方で、ファインマンが世界について探求するのを励ました。ある日、まだ小さい子供だったファインマンは慣性に気がついた。幸運なことに、ファインマンの「お父さん」は、この小さい発見について不思議に思う気持ちを教えてくれようとした。次の文章が健全な科学の基本と健全な実地指導の様子をよく説明している。

おやじはものごとをよく観察することを教えてくれた。ある日のこと私は、「特急ワゴン」という柵のついた小さなワゴン（荷車）で遊んでいた。このワゴンにはボールが一つのっていて、私がワゴンを引っ張ると、このボールがおかしな動きをするのに気がついた。私はおやじのところへ行って、こうたずねた。「ねえお父さん、おかしなことに気がついたよ。ぼくがワゴンを引っ張ると、ボールがワゴンの後の方に転がっていくんだ。ずっと引っ張っていて急に止まると、ボールはワゴンの前の方に転がってくる。あれはどうしてなの？」

「それはだれも知らないことなんだ。」とおやじは言って、次のようにつづけた。「一般的な原理を言うと、動いているものはずっと動きつづけようとするし、じっと止まっているものは、しっかり押してやらない限り止まったままなんだよ。こういう性質は慣性と呼ばれるけど、なぜそうなるかだれも知らないんだ。」

これこそ深い理解というものだ。実はおやじは、その名前［慣性］は出さなかった。さらにこうつづけた。「［動かしはじめたとき］ワゴンを横から見てごらん。そうすれば、お前が引っ張っているワゴンが前へ動いていて、ボールは止まったままなのがわかるよ。実を言うと、摩擦があるから、ボールは地面に対して少し前の方へ転がりはじめる……［しかしボールは］後へ転がるわけではないんだよ。」

私は急いで小さなワゴンのところへ戻ると、ボールをもう一度のせて、ワゴンを引っ張った。［横から］見ると、本当におやじの言ったとおりだった。歩道に対して［ワゴンはたくさん動き、ワゴンの後部がボールを押すから］ボールは少し前の方へ転がるだけなのだ。(3)

ファインマンの実験は、だれでも家や学校でためすことのできる簡単な実験を説明している。実際われわれは絶えず慣性を経験しているから、慣性を説明する「実験」はたくさんある。自動車が加速するときや航空機が離陸するとき、われわれは座席の後の方へ押される。われわれは静止したままでいようとする物理的な物体であり、座席の背からわれわれを押そうとする力を受ける。自動車を運転していてブレーキを強く踏んだときのように、急に止まろうとすると、物理的な物体としてのわれわれは、一様な運動状態をつづけようとする。もし自動車とともにわれわれを静止させようとするシートベルトの力がはたらかなければ、われわれは前方へ飛びだすことになる。床の濡れたところに気づいて急に止まろうとしたり、めくれ上がったカーペットの端につまずいたりする場合が慣性を経験する典型的な例で、足は前へ進むのを急に止めたのに、体は慣性によって前へ動きつづける。

そうはいっても、実際には慣性の原理はいくらか神秘的である。確かにほんの少し努力すれば慣性に「気づく」ことはできるが、事故のような、瞬間的で劇的な結果をともなわない限り、慣性は気づかれにくく、背後に隠れていて、ほとんど透明であるように思われる。われわれは進化の過程で慣性に適応してきたから、立ち止まって慣性に注意しなくても、また慣性の影響にいつも順応していなくても、物理的な世界を安全に進むことができる。

それでは、歴史上かなり後になって――実際にはルネサンス末に――**ようやく**学者たちが慣性に気づいたのはなぜだろうか？　それ以前の何世紀にもわたって多くの文明や文化があり、そこにはピタゴラスからアルキメデスまでのすぐれたギリシアの哲学者をはじめ賢い人々が大勢いたはずだ。それにもかかわらず、明らかにその人たちは、運動の最も基本的な性質である慣性をはっきりとは理解していなかった。慣性を理解することが、古代のすぐれた思想家や観察者にとっても、これほどむずかしかったのはなぜだろうか？

幾何学を発明した古代ギリシアの哲学者たちは、物理的世界で万物がどのように作動するかを説明しようとしていた。彼らはこの追求のなかで、今日のわれわれと同じように、対称性を基本的な指導原理と考えていたが、これは彼らの幾何学的な伝統から受け継がれたものである。天空における惑星の運行のような自然現象が、対称性を含む理論によって説明できれば、その説明はもっと満足のいくものになると考えられた。そうすれば、その理論は、自然についてさらに奥深い真実を明らかにするだろう。理論そのものが、さらに信頼の置けるものになるはずである。

慣性と対称性と太陽系の簡単な歴史

しかし、摩擦のない運動とか、理想的な真空の概念とかは、ギリシアの哲学者たちの時代には飛躍しすぎた概念だった。重い石やオリーブ油の壺を、使い古した軸受けのついた木製の荷車にのせて苦労して運んでいた時代で（ヘルメットや安全靴もなかった）、日常の経験は汗やうめき声と切り離せないものだった。**もし**力を加え**なければ**、重い物体が「一直線上の一様運動」をつづけるとはとても思えなかった。運動をしているすべてのものは、最後には静止という自然状態になろうとする——アリストテレスはこう言った。質量は、一般に、静止状態に戻ろうとする物質の傾向の尺度、そして持ち上げたり、押したり、引っ張ったりするとき汗やうめき声を出させる物質の傾向の尺度のように見えた。ギリシア人は摩擦が支配する世界に生きていた。慣性に気づくどころではなかった。ギリシア人は、純粋な理想化された運動の概念と、摩擦の概念とを切り離すことができなかった。ギリシア人が運動の最も基本的概念を誤って理解した理由はここにあると思う[4]。

これをファインマンの子供の頃の体験と比べてみるとよい。ファインマンは小さいおもちゃの特急ワゴンとボールを使って慣性に気づいたが、この簡単な実験装置でさえも、高度な現代技術の成果を表している。おもちゃのワゴンには、鋼鉄の軸受けを支える油のきいた鋼鉄製の摩擦のないベアリングが使われ、精密な鋳造車軸と引っ張って動かしやすいようにタイヤがついていたと思われる。このワゴンが置かれていたのは舗装された歩道のかなり滑らかな平面であって、丸石を敷いた手作りの道路ではなかった。ワゴンにのせられていたボールは、地元の雑貨店で売っているテニスボールか何かで、安価で手に入りやすく、しかも申し分のない球形である。こういったことのすべてが現代の所産である。つまり、だれにでも安い値段で手に入る商業技術が普及しており、洞察力があって面倒見のよい父親のもとで大恐慌のさなかに育ち、後日、量子電磁力学を発見することになる天才少年にも利用できたのだ。古代のギリシア人は、この種のインフラストラクチャーを全然もっていなかった。

しかし、古代のギリシア人が摩擦の支配する地上の世界から天空へ目を向けると、そこにはまったく違うものがあるように思われた。太陽や月や星と同じように、惑星も規則正しく天空を移り動いているように見えた。そこには形、運動、時間、空間の対称性が確かに存在しているように思われた（おそらく神々の存在を感じたのではないだろうか?）。何か神聖なもの、神の意図するものが惑星を軌道にそって**押している**ことは明らかだった。そのため、宇宙を説明しようとした古代の思想家たちは、惑星を天空で押し動かしている基本原理としてある種の神聖なもの――**対称性**――を援用した。これがプラトンの思想、最終的にはアリストテレスの思想となって結実し、完全な円運動の概念を天文学に不可欠の対称性原理へと高めた。

紀元前五六九年頃に生まれたピタゴラスから紀元前三八四年生まれのアリストテレスの時代まで、幾何学と推理力が自然現象を理解する道具として磨き上げられた。すでに述べたように、太陽系の配置は天文学者アリスタルコスによって正しく理解されていた。アリスタルコスは、惑星とその軌道の正しい位置、地球の周囲をまわる月、系全体の中心にある太陽を知っていた。アリスタルコスは、古代におけるコペルニクスの先駆者だった。

しかし、その後に現れたのは、さまざまな理由はあったが大部分が反科学的な俗論で、それが定説となった。ギリシアの黄金時代は崩壊しはじめ、政治的、経済的な激変を蒙ることになった。プラトンとアリストテレスは、合理的で数学的な天文学と科学を軽視し、むしろある種の信仰に基づく自然哲学を好み、権威主義的な規則をもつ完全に秩序正しい社会を擁護するように見えた。プラトンとアリストテレスのこのような解釈は、つづいて現れた過激かつ保守的で影響力のある教条主義的な新プラトン学派によって増幅された。「物理学は数学から引き離されて神学の一部門になった」と、二〇世紀の歴史家アーサー・ケストラーは述べている。(5) アリストテレスは地球中心の宇宙を想像し、天空の支配原理として円軌道の神聖な完全対称性を固く信じていた。アリストテレスは対称性の極致として円と球を賛美し、すべての天体——太陽、月、惑星、恒星——は完全な球であると公言した。この思想が、最終的に権威主義的なカトリック教会の教理典範に取り入れられた。アリストテレス以後の多くの学者たちは、このような構図を疑うよりも、この構図と観測された惑星の運動とを調和させようとした。

紀元二世紀、エジプトのアレクサンドリアにクラウディオス・プトレマイオスという名のギリシア人天文学者が住んでいた。プトレマイオスはアリストテレスの哲学を取り入れ、宇宙の「標準模型」となる理論を提案した。これは数学的に正確な理論で、ほぼ一五〇〇年も命脈を保った（宗教を除けば今日までのあらゆる物理学の理論のうちでこれは記録的といえる）。アリストテレスにつづくプトレマイオスの理論は、太陽、月、恒星、惑星のすべてが地球の周囲をまわると考える。プトレマイオスの主張によると、地球の中心に地獄があり、この宇宙体系のいちばん外側の部分に天界が存在する。

太陽、月、恒星は、実際に地球の周囲を日周軌道にそってまわるように**見える**。これに対して惑星は、恒星に関して考えられている天空を横切って移動するが、しばしば恒星に対する運動を変え、ときには逆方向に進むこともあり（これを**逆行**という）、次に再び方向を変えて通常の方向へ進む（**順行**）。そのため「天球上の相対位置が一定な恒星」に対する惑星の逆行や順行を説明するために、プトレマイオスは**周転円**の概念を導入した。周転円は実は、もっと以前のギリシアの哲学者ヒッパルコスから借用された概念である。周転円とは円周上を動く点を中心とする円のことで、この円の円周上に惑星が位置し、その円周にそって精巧な鳩時計の小さな立像のように惑星が動くと考えられた。

したがって、プトレマイオスの考えた宇宙は巨大な時計のようなもので、周転円に配置された天体がそれぞれの軌道にそって動き、それを動かしているのは壮大な隠された時計のような機構、つまり神の創造物とされた。しかしプトレマイオスの理論には、いくつかの大きな難問が残されていた。たとえば金星の輝度が、その運行にともなって不可解に変化することである。しかし、他のほとんどすべてのことは、最終的に円と周転円だけを含むプトレマイオスの理論でうまく説明された。注目すべきことだが、かなり改良（これをわれわれは「微調整」と呼ぶ）されてからのプトレマイオスの理論は、天空のすべての天体の将来の位置をほぼ正確に予言できた[6]。

こうして、至るところに存在する対称的物体であり、アリストテレスによって定められた惑星運動の基本要素でもある円と、正確に測定された惑星運動との結びつきが、プトレマイオスの理論によって確立された。これはまさに宇宙論、つまり宇宙についての「科学的」な見解であり、周転円とはいえ基本的に円の対称性の概念に基づいていた。プトレマイオスの理論は、すぐれた理論がそうであるように、実際に役立った。この理論は、惑星、恒星、太陽、月の位置の正確な予言（天体暦）を可能にしたから、航海や農作物の植え付けに有用だった——また占星術にも利用された（占星術には市場価値はあったが、それ以外の点では馬のふんほどの価値もない）。プトレマイオスの理論は美的に満足のゆく宇宙の記述であり、アリストテレスの哲学と調和し、絶大な権力をもつカトリック教会に受け入れられた。プトレマイオス理論の特色は円によって表現される神聖な対称性であり、この円は天体の運動として直接その姿を現していた。

それにもかかわらず、一五〇〇年間にわたって「標準模型」でありつづけたプトレマイオスの優美な理論――記録的な長寿命の宇宙理論――は、**完全に間違っている**のだ。[7]

ポーランドの神学者ニコラウス・コペルニクスは、一五三〇年、著書『天球の回転について』のなかで、プトレマイオスによる太陽系の説明に重大な修正を加えた。コペルニクスは、ほぼ二〇〇〇年前に考えられたアリスタルコスの失われた太陽系の配置を再発見し、地球は**地軸のまわりを回転し**、太陽、恒星、惑星が地球の周囲をまわっているような**見かけ**を生じさせると述べた。太陽はすべてのものの中心に位置し、地球を含む全惑星は太陽のまわりを動く。月は特別で、実際に地球の周囲をまわっており、恒星は「太陽系」からはるか離れたところに「固定」されている。今や惑星の順行と逆行は、地球も太陽のまわりの軌道上に位置し、そのため惑星に**対する**われわれの視点が常に変化している、という事実の結果であった。こうしてコペルニクスの理論は、理論の基本的要素としての周転円を取り除いた。コペルニクスの理論は巧妙かつ明晰である――惑星の順行と逆行は基本的問題でなく、**見かけの効果**となった。

コペルニクスは実際には自分の理論を強く主張しなかった。彼はカトリック教会を恐れていたに違いなく、その理論は死の直前まで刊行されなかった。コペルニクスの著者は、聖書、とくに主が太陽を天空の中心に一日の間「とどまらせた」と伝える『ヨシュア記』に反していた。[8]『天球の回転について』の扉裏の注目すべき弁明文には、「これらの考えは惑星の位置を予言するためのたんなる仮説であり、真実であると考える必要はないし、あるいはその見込みすらないと考えてもよい」と述べられている。この弁明文は、コペルニクスと同時代の神学者で、この本の校正者でもあったアンドレアス・オジアンダーによって、匿名で書き加えられたと信じられている。[9] オジアンダーがこの弁明文を加えたのは、当時の学者たちが異端審問にかけられることを心配せずにこの本を所持できるようにするためであったかもしれない。言うまでもなく、コペルニクスの理論は現実には騒ぎを引き起こした。

コペルニクスの理論では、当初、すべての惑星の軌道は円と考えられ、アリストテレスの哲学における対称性の重要な要素を保持していた。それでも今や人々は、金星の輝度の変化がやはり見かけの効果であり、地球の位置に対する金星の相対的な軌道位置と関係していることを理解することができた。つまり金星は地球に近い太陽のこちら側にくることもあれば、地球からずっと離れた太陽の向こう側に行くこともある。またコペルニクスの理論は、後にガリレイが望遠鏡で観測したように、金星には月と同じような相変化（満ち欠け）があるという事実を説明できたが、プトレマイオスの理論ではこの現象はまったく説明のつかないことだった。コペルニクスの理論は概念的により明瞭で、美的感覚に訴える軌道運動の構図を提供した。コペルニクスの宇宙はたいへん巧妙につくられていた。ものの見かけの位置は観測者の位置によって決まるから、すべてが巧みに解決された。惑星の見かけの順行や逆行が手際よく説明された。コペルニクスは周転円を追い払った。

われわれの現実的な「自然さ」の基準によって、正気の人ならだれでも直ちに周転円を含む不自然なプトレマイオスの理論を捨てて、コペルニクスの気の利いた経済的な宇宙の記述を選ぶだろうと思うかもしれない。しかし、かなりの期間にわたって、そうはならなかった。宇宙旅行時代の後知恵によって、プトレマイオスの全理論と、歴史的な挿話に出てくるこの理論の擁護者たちのふるまいを馬鹿げたことと思うのはたやすい。しかし客観的には、円軌道を含むコペルニクスの模型は、天空における将来の惑星の位置の予言という点に関して、初めのうちはプトレマイオスの理論より**はるかに不正確**だった（だからプトレマイオスは「観測データによく合わせた」と言われる（註6参照））。コペルニクスの模型はさらなる改良を必要としていた。

コペルニクスの理論に太陽系の配置に関する正しい科学的な説明が含まれていたとしても、その正しさをどうすれば証明することができるのだろうか？　コペルニクスの時代の天体暦の出版者たちは、依然としてより正確なプトレマイオスの理論を使っていた。したがって、正確さという客観的な長所で判断する限り、プトレマイオスの理論が勝っていた。その上、宗教指導者たちは、非地球中心的、非アリストテレス的なコペルニクスの理論を完全に否定し、最終的にはコペルニクスの理論を教えることは異端であって、死刑によって罰せられるべきだと考えた。コペルニクスの理論は、観測者はだまされて現実には存在しない周転円を「見ている」と思わせるような視点の微妙さを含んでいる――これが信仰の純粋さを汚す悪魔の役割に関心をもつ宗教指導者たちには人々の心を動揺させるように思われたのかもしれない。最終的に宗教指導者たちは、自分たちの支配的な権威を維持し、自分たちの師であるアリストテレスと円の神聖な対称性へのいかなる攻撃も退けたいと考えた。

ここに現れたのがジョルダーノ・ブルーノである。ブルーノはコペルニクス説の自明な合理的簡潔さと論理的美しさに魅了され、コペルニクスの理論は宇宙の中心にある地球の特権的な地位をきわめて民主的に捨て去ったのだと考えた。ブルーノはまた、太陽系それ自体が大宇宙のなかの似たような多くの太陽系の一つにすぎないと公言した。したがってブルーノの宇宙は、他の多くの同じような天体系に満たされており、事実上無限の空間に広がっていた。ブルーノはさらに、この広大な宇宙には人間と同じような、あるいは人間より優れた知的生物の住む世界があるに違いないと提案した。ブルーノはある意味では最初の近代的な宇宙論者で、現代宇宙論の広大で**均質**かつ**等方的**な宇宙——中心とかとくに好まれる方向とかが現実に存在しない広大な宇宙——を予見していた。邪悪で不敬な言動を行ったという理由で、ブルーノは他の宗教上の反対者と同じように異端審問にかけられ、結局は一六〇〇年に火刑に処せられた。

次にヨハネス・ケプラーが登場する。ケプラーは、コペルニクスの理論が太陽系の正しい配置を示しているに違いないと確信していた。ブルーノは自分の信念のために命を犠牲にしたが、まさにその頃ケプラーは、コペルニクスの理論と惑星運動のデータとの食い違いを改める問題に取り組んでいた。もしコペルニクスの模型による予言が正しくない理由を明らかにすることができ、模型を修正することができるなら、宇宙の壮大な新しい対称的な構造の発見になるとケプラーは信じていた。したがってケプラーは強い先入観をもっていたとも言えるが、しかし彼は学問的に誠実であることを立証した。ケプラーがこの時代の最も正確な天文学的測定に接することができたのは、彼が研究助手をつとめた気むずかしいが社交的な天文学者ティコ・ブラーエとの親交のおかげだった。われわれがケプラーにとくに恩恵をこうむっているのは、彼の科学的な誠実さと粘り強さである。というのは、ケプラーは科学的真実の本当の擁護者だったからである。ケプラーが求めたのは、コペルニクスの理論に基づく惑星運動のきわめて正確な説明、つまり観測データと正確に一致する説明であって、その説明が自分の哲学的好みに合うかどうかは問題でなかった。

ケプラーは最初に、地球の軌道の幾何学的中心が太陽ではなく、太陽からいくらか離れた空間の一点であることに気づいた。ついでケプラーは、火星のわかりにくい運動に注意を集中し、火星の運動が地球の運動面から二度ほど傾いた面にあることを初めて確認した。ティコ・ブラーエの詳細で正確な測定によって、火星の運動は明らかに太陽を中心とする円軌道からずれていることが明らかにされていた。しかしケプラーは、軌道の正確な幾何学的な形が円ではなくて楕円であることを発見し、ついにコペルニクスの理論における惑星運動のすべてが楕円であることを証明した。そして最後に、軌道運動をしている惑星の速さは一定でなく、変化することが認められた――アリストテレスのもう一つの教えが間違っていることが証明された。ケプラーは、惑星の速さと軌道における惑星の位置との間の正確な関係を見いだした。論理と探求の偉業とも言うべきこれらの発見は、コペルニクスの太陽系からもたらされた観測上の明白な事実ではあったが、惑星の運動法則のなかに神聖な対称性とピタゴラスの数学的完全さを求めたケプラーにとって満足できる結果ではなかった。しかしこれらの事実は、**太陽系において惑星が太陽の周囲をまわるようにするためには円の対称性をあきらめねばならないことを示していた**。

ここで注意すべき点は、この当時、プトレマイオスの理論がティコ・ブラーエの正確な観測データと完全には一致していなかったことである。ケプラーは最終的に、軌道上の惑星の運動を完璧に定義する三つの法則を導き出し、その発見に至る考察の道筋を一六〇九年と一六一九年に出版した。法則の一つとしてケプラーは、惑星の軌道は右に述べたように円ではなくて楕円であり、その楕円の一つの焦点に太陽があると推断した（図11参照）。またケプラーは、軌道のある部分を通過するときの軌道運動の時間を支配している正確な数学的法則を導いた――この「ケプラーの第二法則」は、実は（前章で述べた）角運動量保存の発見を表している。そして三番目としてケプラーは、軌道周期Tと

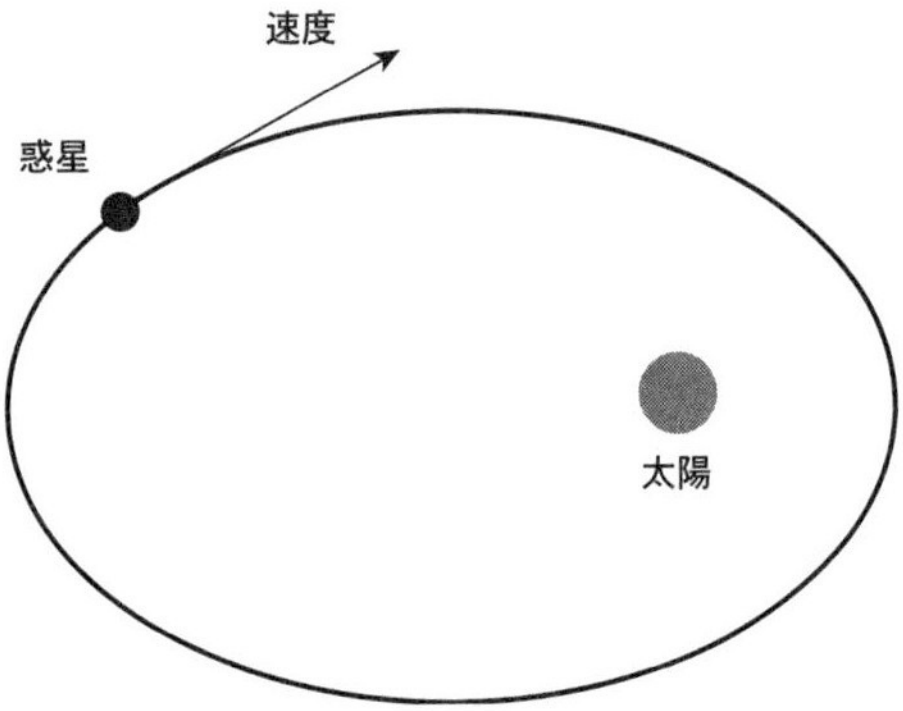

図11　楕円の１つの焦点に太陽がある楕円惑星軌道。惑星の瞬間速度は楕円に対する接線方向にある。

軌道の大きさRとの間にT^2がR^3に比例するという数学的関係があり、比例定数はどの惑星軌道に対しても同じであることを発見した。[10] こうして今や、惑星運動の詳細かつ完璧な図式が明らかになった。コペルニクスの理論にケプラーが加えた修正と軌道の特性によって、この図式と正確な天文学的観測との完全な一致が見られるようになり、プトレマイオスの理論では不完全だった予測が正確に行われるようになった。天体暦の出版者たちは、プトレマイオスの体系よりはるかに信頼性の高いコペルニクス-ケプラーの太陽系を利用することができた。科学的な見地からすれば、プトレマイオスの理論は消え去ったのだ。

　楕円は明確に定義された数学的な形で、ある種の「押しつぶされた」円またはいくらか不完全な円の形をしている。宇宙を正しく理解するためには、円によって表現されるアリストテレスの対称性に関する基本概念を捨て去る必要があることは明白だった。ケプラーは、惑星運動を正確に記述する一組の完全で正しい規則を発見した。だが、対称性についてはどうなったのか?　今や対称性は無視され、あるいはせいぜい近似的に扱われるだけのように見えた。完全な円は押しつぶされて不完全な楕円になった。しかしケプラーの法則は正確かつ完全であり、次に研究されるべき一連の問題のための舞台を用意したのである。ケプラーの運動法則のなかに隠れていたのは、自然のもっと奥深いレベルに存在する新しい形態の対称性であった。

太陽系についてのケプラーの記述は**現象論的**理論であった、という点に触れておこう。現象論的理論は科学ではよく見られる。これらの理論はある特定の現象や研究対象を記述する一組の規則であるが、科学の他の部門と深く結びついていないことが多い。それにもかかわらず、現象論的理論は科学の進歩を助けることができる。なぜなら、これらの理論によって、多数の観測で得られたデータが一組のごく少数の規則に整理されるからである。次の段階では、この一組の現象論的規則を説明するだけでよい。しかしケプラーの理論を受け入れることは、この時代にはむずかしい問題をともない、政治的、宗教的な立場を分裂させ、教会の律法と衝突した。すでに述べたようにカトリック教会は、古代のプトレマイオスの理論に反する見解は異端であり、拷問や死刑の厳しい処罰に値すると考えていた。教会は本気だった——気の毒なブルーノその他の人々の運命が、一七世紀初期に活動した科学者たちの念頭を去ることはなかった。

慣性の発見

太陽系についてのコペルニクスの理論は、ケプラーによって精緻なものに磨き上げられ、広く知られるようになったが、何が惑星をその軌道にそって動かしているのかという、さらに深いむずかしい科学的疑問が残っていた。惑星にはたらく力が惑星をその運動方向に**押しつづけて**いるはずだと考えられ、その方向は**軌道に対して接線方向**だとされた。これはギリシア人から受け継がれた思想で、オリーブ油の壺をつんだ荷車を押すときの労苦に裏付けられた、ギリシア人たちの摩擦に支配された体験から引き継がれていた。ラバが荷車を引っ張るときや石を建築現場へ運ぶときと同じように、何かが惑星を「押して」いなければ、惑星は静止してしまうはずである。ものには静止に向かう「自然の傾向」がある――アリストテレスはこう言った。何が惑星を動かしているかという問いに対して、ケプラーは満足できる答えをもっていなかった。「天使が翼を動かして惑星を押しているから」というのがケプラーの答えだったとよく言われる。しかしケプラーは実際には、太陽から発している渦という複雑で不自然な理論を導き出し、この渦が箒のように惑星を押し動かし、なおかつ楕円軌道を維持させるのだと考えた。(11)

科学の将来にとっての重要な手がかりが、この問題に関係していた。そして、ギリシアの哲学者たちの摩擦に支配された世界から人類の思想を最終的に解放したのがガリレイである。ガリレイは、おそらくこれまでで最も偉大な注目に値する科学者であり、われわれの宇宙観を根底から変える多くの発見を成し遂げた。何よりもまず、倍率二〇倍の望遠鏡を、ヴェネツィア共和国（現イタリア）のパドヴァ大学の研究室で一六〇九年に徹底した綿密さで組み立てた。ガリレイはきわめて腕のよい実験家で、精密な科学器具をつくり、それらを用いて骨の折れる観察を念入りに行った。また同時にガリレイは理論家でもあり、論理的な考えによって自分の観察を普遍的な原理と関連づけた。ガリレイは、月に山やクレーターがあり木星に衛星があること、太陽は自転していて黒点があること、金星は密雲で表面を覆われ、コペルニクスの理論が予言したように月と同様な相変化を示すことを発見した。強力な新しい科学器具をたずさえた新参者に自然が差し出したものは、まさに驚嘆に値する。

しかし、運動に関する多数の観察からガリレイが抽出したもの以上に重要なものはない。滑らかな摩擦のない表面を動く物体、振り子、高いところから落下する物体、あるいは斜面を転がる物体などを用いた一連の実験が行われた。すでに述べたようにガリレイは、慣性に気づいて、それを研究した最初の人だった。ガリレイは運動に関する観察から摩擦を切り離し、慣性が残ることを発見した。ガリレイは運動の観察からその本質を抽出し、慣性の原理を発見したのだ。

われわれは慣性の原理から、軌道を描いてまわる惑星を「押している」ものは**ない**ことを理解する――惑星は慣性のおかげで永遠に運動をつづける。真空の空間には摩擦は**ない**。物体が空間を一定の方向に一定の速さで永遠に動いていこうとする傾向を隠しているのは摩擦である。オリーブ油の樽をのせた重い荷車の運動状態を変えて静止させる非常に一般的な力が摩擦である。摩擦を取り除けば、荷車は一直線上をいつまでも一様に動きつづける。

しかし慣性の原理は、もしある力が運動の方向を変えなければ、惑星は直線上を動きつづけると予言している。この場合には、その力が、惑星がまわっている軌道の中心の方向へ惑星を引っ張っている。たとえば、ひもの端に結びつけられて円を描いてまわっている石は、石にはたらくひもの力によって円運動をするように引っ張られる。この力が石の「軌道運動」の中心に向かってはたらいている。もしひもが切れれば、石は慣性の原理にしたがって、もとの円の接線方向の一直線上を飛んでいってしまう。惑星についても同じである。しかし、惑星をその軌道の中心方向へ引っ張っているのは、どのような力なのか？　摩擦に支配されていたギリシア人たちの壺を運ぶときの経験によれば、**力**は、運動を生じさせるために必要だったが、実際には運動を**変える**ためにだけ必要である。つまり力は、運動を**停止**させたり**開始**させたりするために、あるいは運動の状態、その方向、その速さを変えるために必要とされる。速度の変化の時間的割合は**加速度**と呼ばれる。摩擦の力はわれわれの日常世界には常に存在して運動を停止させるが、惑星が運動している真空の空間には存在しない。したがって摩擦は、われわれを取り巻く世界の複雑さの結果である。そのことを考えれば、われわれの周囲のどこにでも、また全宇宙にわたって常にはたらいているのは慣性の法則である。

ところで、ガリレイは一六三三年に異端審問所へ召喚された。ガリレイは拷問と死刑で脅かされ、拘束され、コペルニクスの理論と望遠鏡——審問者たちは自分たち自身で覗いてみることを拒否した——による観察結果に対する信念を放棄するように強要された。審問の結果、ガリレイは終身禁固刑（実際には自宅監禁）に処せられた。

このような時代は永遠に過ぎ去っていることを願うが、本当に過ぎ去っているとは言い切れない。

対称性と慣性と物理法則を結合する

慣性の原理は対称性である。すでに見たように対称性というのは、ことがらの間の同等なことである。慣性の原理に関する同等とは、等速度運動（一様運動）のすべての状態が同等ということである。つまり、ある物体の等速度運動のどの状態でも、もし何かが介入して運動のこの状態を変化させなければ、言い換えると、もし物体に力がはたらかなければ、同じ状態をそのままつづける。

このことをもっと深みのある表現に言い換えることができる。等速度運動のすべての状態は実際に互いに同等であり、これが自然の対称性である。これを**ガリレイ不変性**（または**ガリレイの相対性原理**あるいは**ガリレイの対称性**）と呼び、次のように言い表す。**等速度運動のすべての状態は物理現象**

の記述に対して同等である。「運動のすべての状態が互いに同等」という表現はどういうことを意味するのだろうか？　もし私が動かずにじっと立っていて、あなたが動いているとすると、われわれが運動の同等な状態にあるようには見えないではないか？　しかし、これは右の表現が意味することではない。

ここで意味しているのは、それぞれの運動状態にある異なる観測者から見たとき物理法則が**正確に同じ**である、ということである。したがって、等速度運動は物理法則の対称性である。もしある研究所の女性観測者が空間を一様に運動しているとすると、彼女が体験する物理法則は、静止している別の研究所の男性観測者が体験する物理法則と同じはずである。実際、「じっと静止している」という概念と「空間を一様に運動している」という概念に対する絶対的な意味はない。私には一様に運動しているように見える観測者は、自分自身が静止していると考え、その人には私が一様に運動しているように見える。どちらの観測者が空間を絶対的に動いているかを明らかにする方法はなく、両者の**相対運動**だけを決めることができる。われわれは二人とも、それぞれの研究所で物理法則が同じであることを見いだすはずである。仮想的な研究所の一様な運動状態には名前がつけられていて、**慣性系**と呼ばれる。

慣性の法則がこの対称性にどのように暗号化されているかを見ることができる。私の慣性系である物体が力の作用を受けていないために静止しているとすると、スーザンの慣性系で力の作用を受けていない物体はやはり静止しているはずである。しかし、スーザンは私に対して相対的に等速運動の状態にある。したがって、論理的に次の慣性の原理が出てくる。等速度運動をしている物体（つまり一定の速度で運動しているか、あるいはスーザンの慣性系でのように静止している物体）は、力が加えられない限り等速運動をつづけなければならない。

右の段落で述べた「相対的に」という言葉に気がついたかもしれない。確かにガリレイ不変性は、実際に**相対性原理**として知られているものである。後にアインシュタインがこの研究に加わって、相対性原理はもっと深みのある内容をもつようになった。物理法則についてさらに一般的に語ろうとするなら、「等速運動」を強く主張する必要はないことがわかった。これはアインシュタインの一般相対性理論の領域である。

したがって、われわれは、すべての慣性系における物理法則の同等性の帰結として慣性の原理を考える。このように、慣性の原理は物理法則の対称性である――これが慣性の原理の本質である。

ニュートンの運動法則

すでに述べたように、ガリレイ以前には、力は運動を**生じさせる**――力がなければ運動はない――と考えられていた。ところがこれは間違っていることがわかった。慣性運動、つまり一定速度での運動も、静止している状態と同じように、物体に力がはたらいていない状態である。「力」は明らかに物体の運動状態を変えるために必要なのだ。しかし、力とは何だろうか？　もっと正確に言うなら、力は何をするのだろうか？

ガリレイから何十年もたってアイザック・ニュートンが、力とは何かということを正確に述べた。力は質量と加速度の積で、$\vec{F}=m\vec{a}$と書かれるが、これはあらゆる時代を通して広く知られた方程式の一つである。この方程式が意味しているのは、ギリシア人が考えたような、運動は速度だから力は運動を生じさせる、ということではない。そうではなくて、力は**加速度**を生じさせる。加速度は、（単位時間あたりの）**速度の変化の割合**である。加速度は、ある慣性系から別の慣性系への変化の連続的割合である。速度の変化の時間的割合である加速度は、大きさと方向をもつベクトル量でなければならないことに注意しよう。したがってニュートンの運動法則は、力$\vec{F}$も方向と大きさをもつベクトル量であることを要求する。

ニュートンは古典物理学を規定する自然法則を定式化し、運動と力の三つの法則を初めて次のように述べた。

1　静止しているかまたは等速運動を行う物体は、これに力が作用しない限り静止または等速運動の状態をそのままつづける。

2　質量mの物体に作用する力$\vec{F}$は、方程式$\vec{F}=m\vec{a}$によって定められる加速度$\vec{a}$を生じさせる。

3　物体Aに物体Bから力$\vec{F}_{AB}$がはたらくなら、物体Aから物体Bに力$\vec{F}_{BA}=-\vec{F}_{AB}$がはたらく（つまり$\vec{F}_{BA}$は$\vec{F}_{AB}$と方向が反対で、同じ大きさをもつ。これを「反作用」の力という）。

第一法則は慣性の原理を言い換えたものである。慣性の原理の内容は、ガリレイからニュートンに至る間に進化した。慣性の原理をだれが最初にこのような形に正確にまとめ上げたのか、確かなことはわからない。ガリレイ（イタリア人）か、ニュートン（イギリス人）か、あるいはルネ・デカルト（フランス人）か、それ以外の人であったかもしれない。[12] しかしニュートンの時代までに、慣性、運動、力の相互関係が完全に理解され、その理解がその時代に実験されたすべての現象を記述できる基本的なレベルに達していたことは明らかである。これはまさに、いくつかの単純ないわゆる物理法則への、あらゆる現象の壮大な還元である。

ニュートンの第二法則は「運動方程式」と呼ばれることが多い。もし粒子の質量とそれに作用する力が与えられれば、運動についてのニュートンの第二法則から、その粒子の等速度運動（または静止）における変化を計算したり、またその後の運動を正確に決定したりすることができるのだ。これが物理学の本当の偉力、事象の結果を確実に予言する能力である。物理学には明確な関係式で表現されるいろいろな力があるが、これらの力が生み出す運動はこの単独な法則で決定される。

ニュートンの第三法則は実は物理法則の並進不変性の結果であり、前に述べたように、運動量保存則と関係する。そしてまた後で触れるように、ネーターの定理と直接結びついている。

加速度

加速度についてもう少し詳しく考えてみよう。加速度も仕事率と同じように、多くの人にとってややわかりにくい概念である。力について述べずに加速度について語ることができる。簡単に言うと、加速度は**速度の時間的変化**である。いうまでもなく、速度は、進んだ距離の時間的変化の割合である。したがって加速度は、進んだ距離の時間的変化の割合の時間的変化の割合である。ニュートンの運動法則は、力のベクトルの方向と大きさを物体が受ける加速度と考える。物体にはたらく力がゼロ、すなわち $\vec{F}=0$ ならば、加速度はゼロ、すなわち $\vec{a}=0$ で、物体は加速されない。このことは物体の速度が時間とともに変化しない、つまり一定速度$\vec{v}$であることを意味する。これは慣性運動と定義される。

第2章で障害物のない幹線道路を毎秒三〇メートルの速さ（簡単に 30 m/s と表す）で走る自動車のことを論じた。アクセルから足を離して、自動車を惰性で走らせた。自動車の速さが 25 m/s に落ちるのに何秒かかるかを測定した。速度がこれだけ変化するのに一〇秒かかることがわかった。この間に自動車は加速しつづけていたわけだが、もちろんこの加速度は自動車の速度の反対方向を向いていた。つまり**減速**していた（減速はマイナスの加速である）。この加速度は、**後の**速度（25 m/s）から**前の**速度（30 m/s）を引き、それを時間（一〇秒）で割ったものに等しい。すなわち（25 − 30）/10 = −0.5 m/s² で、これは加速度の単位が**長さの尺度を時間の尺度の二乗で割ったもの**であることを表している。速度と同じように加速度もベクトルであり、このベクトルは今の例でわかるように、プラス（加速しているとき）なら速度と同じ方向を向き、マイナス（減速しているとき）なら速度と反対の方向を向く。

ティーンエージャーが興味をもちそうな別の実験をすることもできる。静止している自動車を 30 m/s までどれだけ早く加速できるかを計ってみるのだ。ただしこの実験は、経験をつんだ運転者が安全な障害物のない環境で注意深く行う必要がある。「アクセルを目一杯に」踏み込むと、自動車が 30 m/s の速度に達するのに何秒かかるかを測定する。普通の四気筒小型車なら約八秒かかるから、この自動車は 3.8 m/s² で加速していることがわかる（秒速三〇メートルを八秒で割る）。

今度は物体を高いところから落として、落下を観測しよう。その物体は地面に向かって一「g」で加速することがわかる。「g」は約 10 m/s² の加速度の割合を表す。（gを測定する簡単な実験を工夫してみると面白い。いろいろな例がインターネットで見つかる。）したがって、われわれの実験例の自動車は、gのほぼ三八パーセントで加速していることになる。多くの自動車はこれよりもっと早く加速することができる（たとえばパトカー）。しかし、われわれの加速度は「不快感なく受け入れられる加速度」であって、（他の自動車と衝突しない限り）大部分の人には時間がたってから深刻な副作用を引き起こすことはない。

さて、興味をそそる問題がある。シカゴを出発してニューヨークへ行く中間点まで、たとえば〇・五g、つまり5 m/s²という不快感のない変化率で連続的に加速するスーパー列車をつくると仮定しよう。オハイオ州とペンシルベニア州の境界線あたりで、この列車は加速をやめて減速に移り、最終的にニューヨークで停車する。シカゴからニューヨークまでこの列車でどのくらいの時間がかかるだろうか？　その答えはなんと約一六・三分なのだ[13]。これならシカゴのビジネスマンが急に思い立って、一時間後にニューヨークの事務所で人に会う予定を立てることもできる。着替えの下着や歯ブラシを鞄に詰め込まずに、シカゴのラサール街にある「スーパー駅」へ行き、クレジットカードを示し、一両仕立てのスーパー列車へ乗ればよい。スーパー列車はボーイング737のような小型ジェット旅客機の胴体によく似た形で、座席は一〇〇席くらいである。一〇分ごとに列車はほぼ満席になり、ドアが自動的にしまる。列車はエアロックを通って、〇・〇一気圧の真空に保ったトンネルに入る。列車は超伝導磁石システムで空中浮揚し、気持ちよく受け入れられるように加速し、磁気誘導で進む。四九〇秒後、つまり約八分後に、列車はオハイオ-ペンシルベニア境界線の地下の真空トンネルを速さ$v=at$、つまり時速八八〇〇キロメートルで通過するのだ。ここから静かに減速し、約八分後にニューヨークはマンハッタン南端部のビジネス地区の真新しい地下ターミナルに停車する。こういうことのすべては実は一九五〇年代の技術で可能であり、アメリカの二〇〇五年の軍事予算の一部でまかなうことができる。

これらの例では、加速度したがって力は、粒子（「粒子」とは自動車やリニアモーターカー）の速度の方向にそっていた。しかし別の例では、力が速度の方向に対して垂直にはたらくこともあり、ニュートンの法則によって速度に対して垂直な加速度を生じさせる。このような場合には、運動が直線からそれる。加速度の大きさが常に一定で、速度に対して常に垂直だとすれば、運動は円を描くことになる。

したがって、コペルニクスの理論で惑星の運動が円に近いということは、力が惑星の速度に対して垂直にはたらいていることを意味する。もちろん天使が惑星を軌道にそって「押している」のではない。惑星が動いているのは、はるか昔に何かが惑星を動かしたからであり（ティタンの超新星爆発が原始惑星になる残骸に回転運動を起こさせた）、慣性が惑星を動かしつづけているからである。力が惑星を一直線上の運動から引っ張りつづけている。この力のベクトルは軌道の中心を向いている。軌道の中心を見れば、「わかった！」と声を上げるはずだ。力のベクトルは太陽の方を向いているのがわかる。したがって、惑星を軌道にそって加速している力は太陽によって生じるのである（図12参照）。

コペルニクス、ケプラー、ガリレイ、ニュートン、その他の人々の偉業は、人類史に壮観な新時代を画した。ニュートンの時代は**啓蒙思想**のはじまりと呼ばれることが多い（通常は一八世紀と考えられている）。その理由は、政治哲学、新発見と貿易、技術、世界地理の理解、とりわけ物理的運動と力の新しい理解、そしてこれらのすべてをもたらした科学的方法と理性の面で、きわめて大きな変化

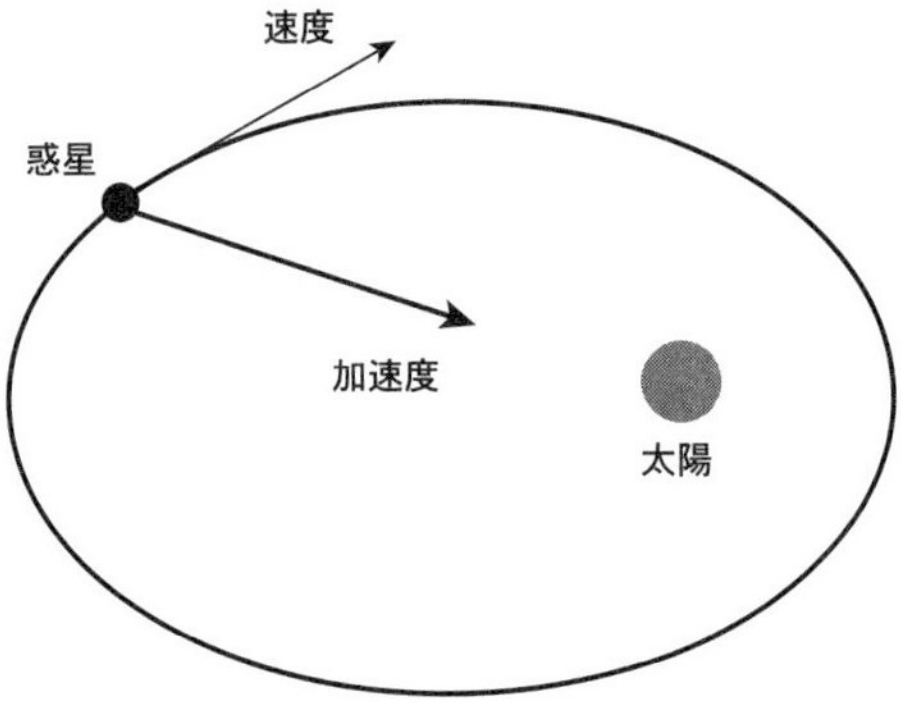

図12　ケプラーの法則による楕円惑星軌道について、ニュートンは惑星の加速度ベクトルが太陽の方向を向いていることを発見した。

が起こったからである。物理学の古典的法則が解明されたことによって、産業化された「先進国」の時代が到来し、その結果、一般の人々も先例のない繁栄を享受することができるようになり、同時に政治的権利や政府の新しい基準が主張された。こうして結局は、いくつかの例を挙げるだけでも、蒸気機関、鉄鋼生産、発電機、電動機、電信、無線通信、電気照明などが出現した。啓蒙思想によって、純粋に学問的な、選ばれた少数者だけの研究活動が人類の大きな能力に姿を変える時代を迎えた。

万有引力

力についてのわれわれの検討はまだ終わっていない。右に述べたように、太陽から惑星にはたらいている力があって、この力が太陽のまわりの円軌道に惑星を保持している。この至るところに存在する力は何だろうか？　それは**万有引力**と呼ばれる。

ニュートンの厳密な運動法則について、次のような科学的な疑問を出すことができる。惑星と太陽の間にはたらいて、惑星の運動を直線から楕円軌道にそらしている万有引力の性質はどのようなものか？　なぜ楕円なのか？　万有引力の厳密な数式はどういうものか？

ニュートンはこれらの問題を解いた。ニュートンはケプラーの惑星運動の法則を使って、惑星の加速度ベクトルは常に太陽の方向へ向いていることを明らかにした（木星や土星など他の惑星のためにごくわずかの補正を加える）。惑星の加速度の大きさは、**太陽から惑星までの距離の二乗に反比例する**ことが見いだされた。加速度の大きさは、考察している惑星の質量には関係がなかったのだ。このことからニュートンは、太陽系を一つにまとめている力は太陽そのものに起因するはずであり、この力が本来なら慣性によって一直線に運動する惑星を引っ張って直線からそらしていると推論した。さらにニュートンは、地球が同じように月に弱い力を及ぼし、月を地球に向けて引っ張り、慣性運動をそらして閉じた軌道を描かせていると考えた。そして最後にニュートンは、この同じ力があらゆるもの——岩石、水、空気、人間——を地球の中心に向けて引っ張り、地表に保持していることを理解した。たとえばリンゴが木から地面に落ちるのは、これによって説明される。太陽系の至るところで作用して惑星の軌道を作り出している力が、この地球で山や海や草木を形づくっている力と同じだということは注目に値する。こうして、ニュートンは**万有引力の法則**を発見した。

ニュートンの万有引力の法則を調べてみよう。これは数式を読む練習になる。フランス語の読み方（そうむずかしいわけではないが）を習うよりも簡単で、少し辛抱が必要なだけだ。

ニュートンによると、物体Aに物体Bからはたらく万有引力の大きさはF_{AB}と表され、次の関係式で与えられる。

$$F_{AB}=\frac{G_N m_A m_B}{R^2}$$

ここでRはAとBの間の距離である。このような数式を見ると「目のかすみ」と呼ばれる症状を呈する読者がいるが、二回ほど瞬きをして読みつづけてもらえば、すぐ意味がわかるはずである。

万有引力は、物理学では**逆二乗則の力**として知られるものの例である。つまり、大きさ（強さ）が距離とともに$1/R^2$のように減少する力である。二つの静止している電荷の間の電気力も逆二乗則の力である。

力はベクトルだから、方向をもつはずである。このことを説明するもっとよい式を書くこともできるが、言葉で足りる。物体Aは右に示したような大きさの引力を受け、その力はベクトルとして物体Bの方向を向いている。そして対称性によって、物体Bも同じ大きさの力を受けるが、その力は正反対の方向である物体Aに向いている。

先ほどの関係式でm_Aは物体Aの質量、m_Bは物体Bの質量である。このことは、質量の小さい二つの物体間よりも、質量の大きい二つの物体間の方が万有引力は大きいということを意味する。たとえば、もしAが地球なら$m_A=m_{Earth}$と置きかえ、Bが太陽なら$m_B=m_{Sun}$と置きかえる。したがって、もしすべてのものを引きつける太陽の質量を二倍にすることができたとしたら、地球が太陽から受ける万有引力は二倍になるはずである。そうなったら、地球の軌道も変わるはずで、太陽からの距離のもっと短い「引き締まった」楕円になるだろう。

この関係式は物体Aと物体Bの間で完全に対称であることに注意しよう。つまり物体Aと物体Bを交換しても、二つの物体の間にはたらく力の大きさに対して同じ結果が得られる（その方向も同じように交換される)。すべての物体が同じように引力を及ぼし、同じように引力を受ける。これが「万有」引力の法則と呼ばれる理由である。

この関係式の分子にある G_N という量は**基礎定数**である。ニュートンは万有引力の**強さ**を特定するために、この係数を導入しなければならなかった。この定数はニュートンの万有引力定数あるいは簡単にニュートンの定数と呼ばれる。G_N の測定実験の歴史はきわめて興味深いが、さしあたりその正確な数値をあげておこう。万有引力のこの「魔法数」は実験から求められ、$G_N=6.673\times10^{-11}\ m^3/kg\ s^2$ である。

ここで注意しておきたいのは、G_N は 3.1415 のような純粋に数学的な数ではなく、**物理的な数**だということである。なぜなら、ある単位系に対して与えられるべきもので、別の単位系なら違う値になる。右に述べた G_N はメートル-キログラム-秒という単位系での値である。もちろん科学分野以外での表記法を使って、$G_N=0.00000000006673\ m^3/kg\ s^2$ と書くこともできる。このように書くと、一見して G_N が実は非常に小さい数であることがわかる。自然界に普遍的に存在するにもかかわらず、万有引力は実際にはきわめて弱い力なのだ。[14]

質量 m_{Earth} の地球という大きな球体の表面に立っているとき、われわれは足の下にある全物質の万有引力を受ける。地表のものに対して地球が及ぼす万有引力を計算するために、R として地球の中心までの距離すなわち地球の半径 R_{Earth} を用いる。地球の質量がすべて中心に集中しているわけではないが、こう考えて正しい。(このことはニュートンの時代に数学的に証明しようとすると実際にかなりむずかしく、ニュートンが積分学を考案するきっかけになったのかもしれない。積分は今日では大学の教科書に見られる最も一般的な証明に用いられている。)

次に、リンゴ（物体Aと考える）から地球（物体Bと考える）に向かう加速度を考えよう。ニュートンの二つの法則を利用する。地球**によって**リンゴが受ける力の大きさとして $F_{\mathrm{apple}}=G_{\mathrm{N}}\,m_{\mathrm{apple}}m_{\mathrm{Earth}}/(R_{\mathrm{Earth}})^2$ が得られる。この力はベクトルで、リンゴを地球の中心に向けて引っ張る。他方、ニュートンの第二法則、つまり運動方程式によれば、力はリンゴの加速度を生み出していて $F_{\mathrm{apple}}=m_{\mathrm{apple}}\times a_{\mathrm{apple}}$ である。したがって、$m_{\mathrm{apple}}\times a_{\mathrm{apple}}=G_{\mathrm{N}}\,m_{\mathrm{apple}}m_{\mathrm{Earth}}/(R_{\mathrm{Earth}})^2$ となる。リンゴが茎で木の枝にくっついているときは、枝からリンゴにはたらく力が万有引力とちょうど釣り合っていて、リンゴは動かない。茎が切れてリンゴが枝から離れると、リンゴにはたらく力は万有引力だけとなり、リンゴは地球に向かって加速する。

このリンゴと地球の問題から注目すべきことがわかる。リンゴが万有引力によって実際に受ける加速度を計算してみよう。そのためには、右の方程式の両辺をリンゴの質量で割ればよい。$a_{\mathrm{apple}}=G_{\mathrm{N}}\,m_{\mathrm{Earth}}/(R_{\mathrm{Earth}})^2=g$ が得られる。この式によると、地球に向かうリンゴの加速度は、リンゴの質量に依存**しない**のだ。実際、リンゴが受ける加速度は、地球の表面近くにあるすべての物体が受ける加速度と同じである。この加速度は、物体の大きさ、質量、形に対して不変である。この加速度の大きさは、前にアクメ電力会社のことを述べたときに出会ったもの――g――である。gは、地表のすべての物体が万有引力（重力）によって受ける加速度に対する標準的な記号である。この関係式に地球の質量、地球の半径（エラトステネスの有名な結果がある）、ニュートンの万有引力定数の値を入れて計算すれば、およそ $g=10\ \mathrm{m/s^2}$ という値が得られる。もちろん、実験室における万有引力定数、地球の半径、gをそれぞれ独立に測定することによって、地球の質量を求めることができる。実際にそういうことが行われたこともある。

もし空気抵抗を無視できるなら、すべての物体は同じ加速度 gで落下するはずである。一見したところ、これは驚くべきことである。これは明らかに、一〇ポンドのおもりは一ポンドのおもりより一〇倍速く落下する、というアリストテレスの主張とも対立する。加速度は重さに依存しないという事実を公開実験して見せたのは、ピサの斜塔から二つの異なるおもりを落としたガリレイだと信じられている。この時代に可能だった実験精度なら、二つのおもりはおそらく同じ瞬間に着地したと思われる。ガリレイが本当にこの実験を行ったかどうかはわからないが、今でも多くの人々は、重たい物体の方が軽い物体より速く落下すると直感的に信じている。

標準的な物理の授業では、なかの空気を抜いた長いガラス管の最上部から銅貨と鳥の羽を落として、落下速度を比べる実験が行われる。ガラス管の空気を抜く前は、銅貨は一秒足らずで落下するが、羽は空中をただよって一〇秒後に落下する。ガラス管の空気を抜いてから実験を繰り返すと、銅貨と羽の両方が同時に底へ落ちる。「アポロ15号」の宇宙飛行士デーヴィッド・スコットは、大気のない月でこの実験を行い、羽とハンマーを落としたが、二つの物体は正確に同じ速度で落下した。(もっとも同じ式に m_{Moon} と R_{Moon} を入れればわかるように、月面での加速度は地球上の六分の一である。)

対称性によって、地球もやはりリンゴに向かって加速するが、この加速度の大きさは、係数 m_{apple}/m_{Earth} がきわめて小さいから、リンゴの加速度 gよりはるかに小さい。そのため、リンゴに向かう地球の加速度は無視できる。しかし一言加えると、地球とリンゴの**全運動量**はニュートンの第三法則の結果として保存される。実際にニュートンの万有引力の法則は宇宙のどこでも成り立ち、リンゴと地球の相対位置(および方向)だけに関係することがわかっている。そのため、アンドロメダ銀河のように遠く離れたところでも、太陽系と同じ式を使うことができるのだ。この関係式は並進運動に対して不変であり、したがって運動量は、ネーターの定理によって保存されなければならない。

ニュートンの万有引力の法則とほんの少しの解析学を使うと、「重力ポテンシャルエネルギー」の概念に出会う。塔の先端に静止している物体は、塔の最下部に置かれているときよりも大きな重力ポテンシャルエネルギーをもっている。このことは、物体が最初に塔の先端に静止しているときは運動エネルギーをもたないが、大きなポテンシャルエネルギーをもっていることを意味する。物体の全エネルギーは、この二つのエネルギーの和である。物体が落とされると、物体が下方へ加速するにつれてポテンシャルエネルギーは減少する。しかしポテンシャルエネルギーは運動エネルギーに変換され、物体の運動エネルギーが増加していく。ポテンシャルエネルギーと運動エネルギーを加えた全エネルギーは常に同じである——全エネルギーは保存される。

ニュートンは、彼の数学的法則の予言どおり、惑星の軌道運動が実際に楕円であることを発見した。万有引力の法則と古典物理学の奥深い法則を用いて、ニュートンはケプラーの現象論的な運動法則を完全に説明した。これはニュートンの数学的手腕を示しているが、ニュートンはそのために数学の新しい体系である微積分学を考案しなければならなかった。惑星の閉じた楕円軌道に加えて、数学の分野でニュートンは、(彗星のように) 遠方からやってきて太陽によって向きを変える、つまり「散乱」される物体に対応する、**開いた双曲線と放物線**の軌跡もあることを発見した。[15] 太陽系については、全惑星間の重力相互作用のために、純粋な楕円運動への複雑な補正も加えられる。正確なデータとニュートンの法則を使って惑星軌道に見られる揺れを綿密に解析すれば、最近発見された小惑星セドナのような、冥王星よりも遠くにある新しい惑星を発見することも可能である。[16] アメリカ航空宇宙局（NASA）は一九六九年に宇宙飛行士を月面へ着陸させることに成功したが、このとき宇宙船は他ならぬニュートンの運動法則を利用して航行したのである。

しかしニュートンの法則といえども、いかなる場合にも成り立つわけではなく、光速度に近い運動が関係する現象を記述することはできない。実際、重力（万有引力）の正確な理論は、ニュートンの見解に根本的な驚くべき修正を加えた。アインシュタインはニュートンの理論を一般相対性理論で置きかえ、なぜ重力が普遍的なのか、重力は空間と時間の幾何学にどのように密接に関係しているかを明らかにした。しかしニュートン物理学は、その有効性の範囲内では自然の正確な記述であり、利用されつづけている。

ニュートン物理学の有効性の範囲は、われわれの日常生活を取り囲んでいる。しかし、非常に微小な物体や、光速度に近い速さで運動している物体に対しては、ニュートン物理学は成立しない。何がそれに取って代わるのだろうか？　もちろん、対称性はますます重要になり、効果を発揮する。

第7章　相対性理論

今後は、空間それ自体、時間それ自体はまったくの夕闇のなかに姿を消す運命にあり、両者のある種の統合だけが独立した実在性を保つことになろう。
――ヘルマン・ミンコフスキー『空間と時間』

光の速度

アリストテレスやデカルトのような初期の哲学者や科学者は、光速度は限りなく大きいと考えていた。そのため、光は空間を通って瞬間的に伝わるとされた。

しかしガリレイは、光が有限の速度で進むのではないかと考え、光速度を測定するための素朴な方法を工夫した。ガリレイが遠く離れたところにいる助手の観測者に光信号を送り、助手は素早く第二の光信号を送り返すという方法だった。これは助手の側に超高速の反射行動が必要で、最初の光を見て直ちに信号を送り返すまでの反応時間を最小限度に抑えなければならなかった。ガリレイは、信号灯の最初の光と戻ってくる光との間に、二つの地点間の距離に応じて長くなるような感知できる時間差があるかどうかを確かめようとした。距離に比例して時間差が大きくなれば、それは光速度が有限なことを示している。ガリレイは、その時間差を検出することができなかった。人間の反応時間が、二つの地点間の距離を光が進むのに要する時間に比べてずっと遅かったからである。それにもかかわらずガリレイは、光速度が時速一万キロメートル以上でなければならないことを実証することができた（光速度は実際にはこの約一〇万倍である）[1]。

光速度が有限なことは天文学で最初に見いだされた。天文学は海洋強国の時代にはきわめて重要な科学で、フランスとイギリスでは公的な威厳のある機能を担っていた。とりわけ地球的規模の航海と計時に必要だった。大洋で緯度と経度を知ることは、航海にとって、さらに言えば生存のために必須のことだった。日周運動で子午線を通過するときの太陽の角高度を六分儀で測定すれば、航海者は自分のいる緯度を比較的容易に決定することができる。太陽の子午線通過の瞬間は「地方時の正午」として知られ、太陽が天空で最大高度に達したときである。

これに対して経度の決定は、本質的には時間の測定なので、はるかにむずかしい。経度を決定するためには、大洋で地方時の正午を観測したときの正確なグリニッジ時間を知る必要がある。たとえば、太陽が地方時の正午の位置にあることを私が観測したとき、グリニッジではちょうど午後一時であるということがわかれば、私のいる経度はグリニッジの西一五度だと推定することができる（地球が一回自転する、つまり三六〇度回転するのに二四時間かかるから、三六〇度の二四分の一、すなわち一時間は一五度に相当する）。残念ながら、信頼できる機械仕掛けの航海用時計が利用できるようになったのは、もっとずっと後のことである[2]。

一七〇七年、あるイギリスの提督が経度の測定でとりわけ評判の悪い誤りをおかし、軍艦四隻が座礁し、乗組員二〇〇〇人が犠牲になった（このなかには趣味で正しい経度を計算していたが、提督の計算に疑問を呈したため軍紀違反により桁端で絞首刑に処せられた不運な船員も含まれていた）[3]。多くの科学者は、航海用時計の製作は手に負えない問題だと考えており、「天文学的時計」つまり規則的に予言された時刻に夜空に現れる自然現象を利用することを主張した。これらの自然現象は海上を含めて地球上どこででも観測されるから、計時の絶対的な手段になるはずである。しかし、この方法による正確な時間の測定はうまくいかないことも多い。天候に左右され、上下に揺れる船のデッキで観測するのは容易でなかったからである。

一六七六年、デンマークの天文学者オーレ・レーマーは、パリ天文台で木星の衛星の運動を詳しく研究していた。木星のよく見える衛星は後に「ガリレイ衛星」と呼ばれるイオ、エウロパ、カリスト、ガニメデの四つで、これらは一六一〇年一月七日にガリレイによって彼の手作りの倍率二〇倍の望遠鏡で発見された(4)。ガリレイ衛星の軌道周期は、木星が見える天気のよい夜には原則として地球上のどこからでも望遠鏡で観測でき、規則的な時計の振り子に似ている。そのため、時間の恒常的な世界標準として役立つ可能性があった。

三番目に大きいガリレイ衛星のイオは約一・八地球日の軌道周期をもち、このような普遍的な時計にふさわしい候補だった。イオは木星の背後にまわるとき規則的な間隔で食を生じた。イオはほとんど完全な円軌道を動き、そのため申し分のない「チックタック」の間隔を提供した。「チック」に相当するのはイオが木星の平円形（表面）の背後に見えなくなった瞬間で、「タック」に当たるのはイオが再び現れた瞬間である。ところがレーマーは、微妙な効果を発見した。最初レーマーは、地球が木星に一番近い公転軌道にあるときに、食——チックタック——の期待時間を研究室の時計で測定した。地球がその公転軌道をまわって木星から離れると、チックタックの食の実際の時間が期待時間より遅れることが観測された。約六ヶ月後、地球が木星から最も遠い位置に来ると、食は期待時間より一六分も遅れた。地球がその公転軌道をさらにまわって六ヶ月後に再び木星に近づくと、時間の遅れはなくなり、食のチックタックは再び期待時間に正確に起こった。この循環現象は地球年を通して繰り返された。

レーマーの発見は、何かを精密に測定しようとしている観測者が思いがけないことに出会う科学史上の喜ばしい事件の一つだった。レーマーは、チックタックのこの年周期の遅れが地球と木星–イオ系との距離の変化に対応していることに気づいた。実際、レーマーが理解したとおり、この効果の正しい解釈はイオからの光が**有限速度**で進むということだった。つまり光は、地球がイオに最も近づいたときよりイオから最も遠ざかったときの方が、それだけ大きな距離を通過しなければならないから、地球が遠ざかっていればそれだけ時間の遅れが生じる。レーマーが測定した時間の遅れは一六分だから、地球の公転軌道の直径を光が進むのに一六分かかることになる。したがって、**軌道半径**つまり太陽から地球まで光が進むのに八分を必要とする。光速度 c を求めるためには、地球と太陽との間の距離（地球の軌道半径）を確定して、この距離を八分という時間間隔で割らなければならない。

地球と太陽の間の距離は**天文単位**（AU）と呼ばれ、天文学の歴史ではきわめて重要な距離尺度である。天文単位は、ごく近くにある星までの距離を決定するために使われる三角形の基線になっている。つまり天文単位は、天文学の基本的な「測量用尺度」である。しかし残念ながら、天文単位を決めるのは容易なことではない。ギリシア人はさまざまな独創的方法を試みたが、現実には正確な値を得ることができず、一〇倍以上違う値を推定していた。

あまり遠く離れていない（五〇光年以内にある）星を近くの星と呼ぶことにして、このような近くの星までの天文学的距離を測定しようとする場合、幾何学を利用することができる。ある日、たとえば二月一日に、ずっと遠くの**背景の星**の位置に対する近くの星の**視位置**（見かけの位置）を測定する。次に、地球がその軌道の円周にそって約一天文単位を動いた二ヶ月後の四月一日に、もう一度その対象の星を観測する。すると、遠くの星に対するその視位置がいくらか変化したことがわかる。この効果はだれでも日常的に経験していることで、たとえば見通しのきく場所でわれわれが少し動くと、遠くの木に対する近くの木の位置が少し変わる。この効果は**視差**と呼ばれる。星の場合は距離が離れているから、この視位置の差はきわめて小さい。そのため視差は、望遠鏡の接眼レンズの視野にある遠くの天体の位置との比較によってのみ測定できる。二度の測定での視差と、それらの測定をへだてる基線の長さがわかれば、その対象の星までの距離が計算できる。したがって、視差の観測にとって重要なのは、ずっと遠くの星が一年を通じて天空の相対的視位置をほとんど変えないということである。そうすれば、ずっと遠くの星が、対象とする星の位置のわずかな変化を測定するための固定された「座標系」になる。

地球と太陽の間の距離を測定する上での主要な問題は、天空に描かれた座標系が存在**しない**ことである。そのような座標系があれば、地球上の既知の基線距離だけ離れたところで太陽の位置の（角）変化を測定するために利用することができる。遠くの「固定された」星が提供してくれる座標系は、夜の暗い空でしか見えない。率直に言うと、昼間は星が見えないから、視差によって太陽までの距離を測定することはできないのだ。天文単位を決める妙案は、太陽までの距離を測定するのではなく、遠くの固定された星が視差の座標系として役立つ火星までの距離を測定することである。そうすればケプラーの惑星運動の法則と視差を組み合わせて、天文単位を算出できる。

一六八五年、パリ天文台長ジョヴァンニ・カッシーニが指揮する実験によって、天文単位が一パーセントの精度まで初めて測定された。この測定には地球の既知の直径くらいの長い基線が必要だった。そのためには、遠くの固定された星に対する火星の位置を、地球の直径だけ離れた場所から同時に測定しなければならなかった。

南太平洋を航海中の軍艦に火星の視位置を測定せよ、という指令が出された。同時に、パリ天文台で火星の位置が測定された。軍艦が寄港すると直ちに二つの場所での測定結果が比較され、二つの観測地点間の既知の基線距離を利用して、地球から火星までの正確な距離を求めることができた。次に、①既知の地球軌道周期（一年）、②既知の火星軌道周期（一・八八年）、③最接近したときの地球と火星間の測定された距離、④軌道半径と軌道周期を関係づけるケプラーの運動法則、⑤いくらかの代数学、という五項目から、地球から太陽までの距離が得られる。(5) 光が太陽から地球までの距離を進むのに要する約八分というレーマーの観測した時間を使って、最終的に光速度は毎秒三〇万キロメートルと決定された。

この光速度がどれほど速いかを考えてみるのは有益である。この速さは普通の日常的な見たり聞いたりする経験をはるかに超えており、物理の新しい世界へわれわれを連れて行く。地球そのものの直径は約一万二七二〇キロメートルだから、光がこの距離を進むのに要する時間は一秒の約1/24で、これは人間が知覚できる時間の限界に近い。光が地球の円周を一回りするには一秒の約1/8を必要とする。このくらいの時間スケールになると、注意すれば気づくことができ、地球の反対側から人工衛星で送られてくるニュースレポーターの会話をテレビで見ているときに感じる小さい時間のずれである。しかし有人宇宙船アポロが月へ行ったとき、宇宙飛行士がヒューストンの管制センターと交わした会話では時間のずれをはっきり聞くことができた。地球と月は約三八万四〇〇〇キロメートル離れているから（月の軌道は楕円で月までの距離は一ヶ月に約一〇パーセント変化する）、光の信号が月まで行って戻ってくるには二秒半以上もかかる。レーマーが発見したように、われわれが見る太陽の光は約八分前に太陽表面を発した光であるが、最も近い星であるケンタウルス座のプロキシマ星からの光は、約三・八年かけてわれわれのところへ到着する。したがって、ケンタウルス座のプロキシマ星は地球から三・八光年離れているといわれる。夜空の代表的な明るい星からの光は、地球に達するまでに約一〇年かかっている。これに対して、宇宙に見られる最も遠い天体の光は、到達するまでに約一二〇億年もかかる。これは宇宙の**地平線**までの距離である。なぜなら、最も初期の星の時代、そして銀河の形成そのもの、さらには宇宙のはじまりまでさかのぼって見ていることになるからである。

運動している観測者が見る光の速度

光速度の初期の測定は論争を引き起こし、この論争は二〇〇年後にアインシュタインの特殊相対性理論で最終的にその頂点に達した。問題になったのは、何を測定しているのか、ということだった。レーマーが測定していたのは、木星の衛星イオから放射される光の速度なのか？　あるいは太陽から放射され、運動しているイオで反射される光の速度なのか？　光の速度は、イオに対して動いている地球の運動によって影響を受けなかったのか？

当時の大多数の科学者は、音が空気中を進むように光は宇宙の全空間を満たしている絶対的なもの、つまり「エーテル」という目に見えない媒質中を伝わり、レーマーが測定していたのはエーテル中を進む光の速度であると考えていた。光の伝搬を担う媒質のエーテルが存在するという考えはギリシア人に由来するが、ガリレイの時代に復活した重要な概念だった。しかし有限な光速度の測定が可能になったために、新しい科学的な疑問の詰まったパンドラの箱が開けられたのだ。もし光が全空間を満たしている静止エーテル中を実際に進んでいるのなら、またもし地球上にいるわれわれがエーテルを通り抜けているのなら、空間の異なる方向における、あるいは年間の異なる時期における光速度のわずかな変化を観測することによって、地球の運動を検出することができるのではないだろうか？

科学者は、物理的な測定をよりよく制御するために、その測定を文字どおり地球にもってきたい、つまり**地球上**の実験室で測定したいと考えることがよくある。光速度を地球上の実験室で測定する場合には、光源と検出器を既知の固定した基準座標系に置くことができる。惑星軌道には運動の不確かさやさまざまな影響がある――光源の速度あるいは運動している光源に対する観測者の速度の影響があり、暦年を通じて絶えず正確な測定を行う上でのさまざまな困難がある。地球上の実験室なら、これらの問題を取り除くことができる。しかし、地球上では距離のスケールが小さくなり、きわめて短い時間を精密に測定することが重要になってくるから、それだけ工夫をこらさなければならない。

一八五〇年、巧みな実験技術を持ち、競争心も旺盛な二人のフランス人科学者アルマン・フィゾーとジャン・フーコーが、地球上で初めて光速度の正確な非天文学的測定に成功した。フィゾーは、観測者自身の運動状態、あるいは光源や反射鏡の運動状態によって、光速度が変わるかどうかという問題にとくに関心を寄せていた。フィゾーは、もし光が音波のように媒質――エーテル――中を一定の速度で進むとすれば、地球がこの媒質に対して運動しているときは光速度の異なる値が測定できるのではないかと考えた。したがって、この二人の科学者は、本質的にはエーテルを追求していたわけである。

フィゾーは**ストロボスコープ**と呼ばれる機械式のタイミング装置を開発し、この装置で既知の距離を光が進む短い時間を測定した。フーコーの方法は物理の学生が実験を繰り返しているもので、回転する鏡で反射された光を利用する。この光は離れたところに固定された第二の鏡で反射され、再び回転する鏡に戻って反射され、スクリーンに像をつくる。回転鏡から固定鏡へ光が進み、もとの道をたどって戻ってくる有限の時間に、回転鏡はいくらか向きを変える。鏡の回転が速いと、スクリーン上の光の像はその位置をいくらか変えるはずである。回転鏡から固定鏡までの距離と鏡の回転速度がわかっていれば、スクリーン上の像の位置のずれを測定することによって光速度を決定することができる（図13参照）。この方法によって、プラスマイナス約〇・五パーセントの精度で光速度が求められた。

しかしフィゾーとフーコーの方法は、エーテル中を通過する地球の運動によって光速度に生じる差を検出するにはまだ不十分だった。

アルバート・A・マイケルソンは勤勉な若い科学者で、一八七七年にはメリーランド州アナポリスの海軍兵学校で物理と化学を教えていた。マイケルソンは、光速度のさらに正確な測定を行うためにストロボスコープ技法に改良を加え、洗練された方法を工夫した。マイケルソンが二十歳代前半のときに行った最初の実験はみごとな成功をおさめ、毎秒二九万九九〇九キロメートルという値を得た。これは精度がプラスマイナス〇・〇二パーセントで、フーコーの値より二五倍も正確だったが、それでも地球がエーテル中を運動するときの影響をとらえるには不十分だった。当時のすべての大新聞が伝えたこの高精度の実験によって、マイケルソンはたいへん有名になった。マイケルソンは光速度の超精密な測定に生涯をささげることを決意し、ますます精巧な装置の考案に取り組んだ。その後、マイケルソンはE・W・モーリーと協力して、地球がエーテル中を運動することによる光速度への影響

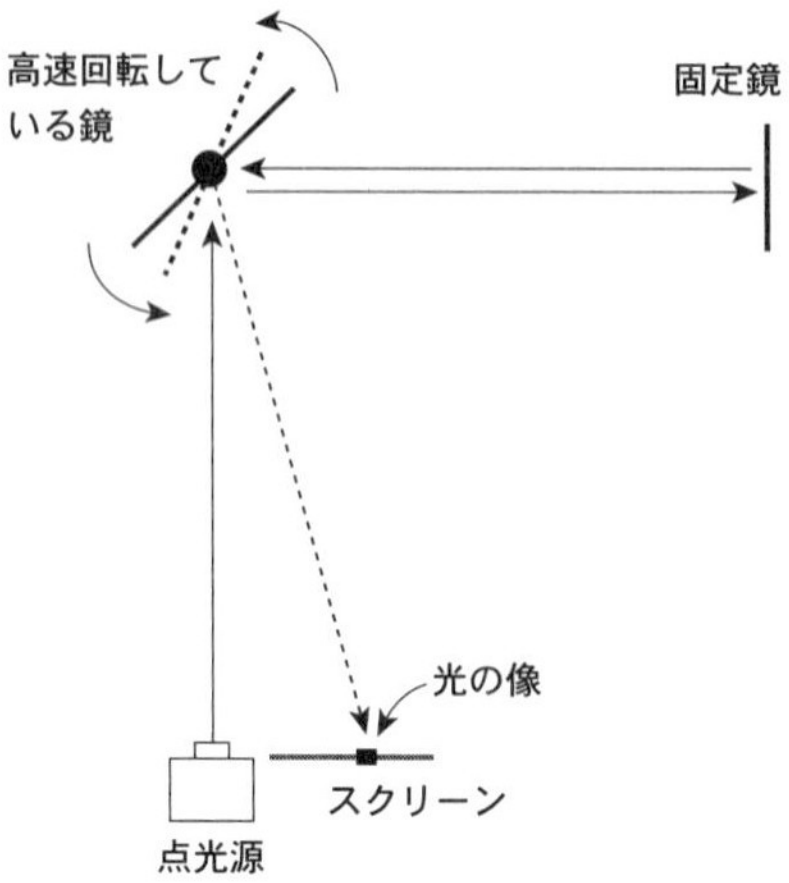

図13　フーコーの回転鏡の実験。鏡の回転速度と固定鏡までの距離がわかっていれば、スクリーンに戻ってきた光の像の右へのずれから光速度が求められる。

を原理的に検出できるような光学装置を開発した。一八八一年にベルリンで行われた初期の実験の後、一八八七年、精密な実験がアメリカで行われた。

その実験は、今では**マイケルソン干渉計**と呼ばれる装置で行われた。この巧妙な装置は、二つの直角方向に進む光の通過時間を同時に比較する。光ビームは二つに分かれ、それぞれが互いに直角の方向に進み、鏡で反射され、戻ってきて接眼レンズで再び一緒になる。光の波動性によって、もし通過時間が半波長だけ違っていれば、光波が互いに打ち消し合うのが見られるはずである。またもし通過時間が完全に一波長だけ違っていれば、光波が互いに強め合うのが見られるだろう。通過時間の差は、二つの光が別の経路を進むときの光速度の差によって決まる。したがって、再び一緒になった光の**干渉縞**を接眼レンズで観測する。次に、エーテル中の地球の仮想運動に対して装置の位置を回転させ、干渉縞の変化を観測する。この時代には、観測環境の振動の影響を除くために、装置全体を（毒性の強い）液体水銀入りの容器内に浮かべなければならなかった。このような実験は、今では環境保護局の基準に触れるから、アメリカの大学で行うことはできない。

このマイケルソン-モーリーの実験で何が検出されたのだろうか？　何も検出されなかった。この実験では何の結果も得られなかったのだ。地球の運動方向へ進む光とそれに直角の方向へ進む光との間に速度の**差は**見いだされ**なかった**。差がなかったという結果は、エーテルを考えていた物理学者を大いに悩ませた。この実験からとんでもない難問が現れた。光はどのようにして伝わるのか？　なぜガリレイやニュートンが抱いた常識的な予想通りにならなかったのか？　一体どういうことなのか？

マイケルソン-モーリーの実験から生じた衝撃がどれほど大きいかを理解するために、最新式の装置をたずさえた二人の若い未来の物理学者ジャッキーとヒラリーに登場してもらおう。彼女たちは新型のアクメ携帯用シリコンマトリックス光速度検出器をもっているとしよう。この検出器はナノ秒以下の精度をもち、ヘリウム原子時計を内蔵したイリジウムレーザーを備えている。ジャッキーは磁気浮上列車の駅のホームに立ち、ヒラリーは光速度の二分の一の速度で進む特急列車に乗っている。

列車に乗ったヒラリーの座席の窓がホームに立ったジャッキーのそばを通過した瞬間に、ホームのフラッシュバルブが閃光を発するようにしてある。ジャッキーは閃光の光子の速度を彼女の検出器で測定し、ヒラリーは列車上で同じ閃光の光速度を測定する。その後、二人は落ち合ってコーヒーを飲みに出かける。「ねえジャッキー、先日、あなたがホームに立っていたとき、私が特急列車で通り過ぎたわね。あのとき、あなたが計った光速度はどれだけだったの？」とヒラリーが聞く。

「もちろん、普通の光速度よ、まさしく秒速 $c=299{,}792{,}458$ メートル。あなたはどうだった？」とジャッキー。「あら、おかしいわね。私のアクメ検出器が正確に作動していたのは間違いないけど、あなたの測定と同じ秒速 c＝299,792,458 メートルで、普通の光速度なの。精度は毎秒プラスマイナス一メートル以内ね。」ヒラリーはつづけて言う。「だけど私はあなたに対して光速度の二分の一で進む列車に乗っていたのよ。私が計った光速度があなたの計った光速度と同じとは驚くわね。どうしてこういうことになるのかしら？」

確かに二人の観測者は、同じ閃光の正確に同じ速度を測定している。観測者の一人が乗っている列車の速度はガリレイが考えたようには加算されない。二人の検出器はきわめて正確だったから（マイケルソン-モーリーの装置よりはるかに正確）、動いている高速列車の相対速度ではかなりの違いが現れるはずである。どういうことが起こっているのだろうか？

相対性原理

すでに述べたようにガリレイは、**慣性系と呼ばれる等速運動のすべての状態は物理現象の記述に対して同等である**、という相対性原理を発見した。われわれの運動状態が変わって別の運動状態になるとき、物理法則はわれわれには同じであるように見える。この相対性原理は物理法則の連続的対称性である――われわれの運動状態をある状態から別の状態へ連続的に変えることができる。

はるか遠くの宇宙空間にいる宇宙飛行士を想像しよう。その不運な宇宙飛行士はコースからそれて、恒星や銀河のような目に見える基準点からはるか遠く離れてしまったと仮定する。重力も宇宙線も、ビッグバンの名残の放射もない――宇宙飛行士が彼の運動状態を決定するために測定するものが何もない――と考えよう。宇宙飛行士は完全に空虚な暗黒の空間に孤立している。

宇宙飛行士が空間をただよっているとき、飲食物チューブ、宇宙ヘルメット、記念品といったような宇宙船内のあらゆるものは、**宇宙飛行士に対して**静止している。相対性原理によれば、**無重力状態の宇宙飛行士が**彼の運動状態を検出するために**行うことのできる実験はない**。もし宇宙飛行士が小型ロケットエンジンを稼働させて加速すれば、座席の背に押しつけられるのを感じる。ロケットエンジンを停止すれば、再び慣性状態、無重力状態になる。**もとの運動状態と新しい運動状態**における物理法則の差異を検出するために**宇宙飛行士が行うことのできる実験はない**。行うことができるのは**相対運動**、つまり地球、太陽、またはオリオン座のアルファ星のような遠くの星などの基準系に対する運動、簡単に言えば何か目印になるものに対する運動を検出することだけである。**相対性**という名はここからきているが、完全に空虚な暗黒の空間には、このような目印になるようなものは存在しない。

この状況は回転対称性の状況に似ている。宇宙には絶対的な上下、左右、前後は存在しない。あるものが**他のものに対して**どのように回転するかということは伝えることができるが、宇宙には何か絶対的な方位はない。物体をある方位から別の方位へ回転させる回転という変換を行うことができるのと同じように、宇宙船のロケットエンジンを稼働させるような、物体をある運動状態から別の運動状態に変える変換も行うことができる。

系の速度をある値から他の値に変える変換を**ブースト**と呼ぶ。空間内である方位を向いた物体をガリレイにしたがって望みの速度にブーストすることができる――要するにその物体にブーストを与えることができる。宇宙飛行士がロケットエンジンに点火するとき、彼は自分自身と宇宙船にブースト変換を行っている。したがって、ブーストに対する物理系または物理法則の不変性は対称操作であり、球を回転させることが対称操作であるのとよく似ている。

しかしガリレイは、「絶対時間の原理」というもう一つの基本概念も考えていた。**空間でどのような運動をしているかに関係なく、すべての観測者は二つの事象の間の時間間隔が同じだと結論するはずである**、という原理である。この原理は時間の対称性を述べている――この原理によれば時間はブーストに対して不変である。絶対時間の概念は、ガリレイからアインシュタインに至る物理学全体にとって基本的な概念だった。ところが、これから述べるように、この概念はアインシュタインが捨て去った重要な邪魔物なのである――絶対時間の原理は**間違っている**のだ。

ガリレイの相対性原理の打破

物理的な世界は一連の事象から組み立てられている。事象とは、空間と時間のなかで明確な位置と時刻に起こることがらである。二つの事象があったとして、それらの座標がわかれば、その二つの事象の間の距離Lと、それらの間の時間間隔Tを計算することができる。たとえば、二つの事象が想像上のx軸上で起こったとする。一つの事象がx_1で、もう一つの事象がx_2で起こったとすると、その距離は$L=x_2-x_1$である。同じように事象1が時刻t_1に、事象2がt_2に起こったとすれば、その時間間隔は$T=t_2-t_1$と表される。ところで、もう一人の観測者が同じ事象を見ているが、その観測者はわれわれに対して速度vで動いていると考えよう。この観測者は事象1から事象2へ向かって動いているとする。この動いている観測者が測定する二つの事象の間の距離と時間間隔はどうなるだろうか?[6] ガリレイによれば、その答えはガリレイブースト

$$L = L' - vT, \quad T' = T$$

である。[7] これは**ガリレイ変換**と呼ばれる。二番目の方程式はまさに**時間の絶対性**の数学的表現である。最初の方程式は、二つの事象の距離測定が相対運動によってどのような影響を受けるかを示している。ブーストする速度 v は連続的に変わることができるから、ガリレイ変換は連続的対称性である。ガリレイ変換が意味しているのは、**光を含めて**ものの速度はそれを追いかけているときには変化する、ということである。このことを示すのはむずかしくない。またガリレイブーストは、どのような速度 v に対しても行うことができる。古典物理学では二人の観測者の相対速度に対する上限はなく、光速度より何倍大きくてもよい。

我が家の飼い猫オリーがある慣性系にいて、このオリーが私のペットのハムスターのアーローを口にくわえて猛スピードで私から逃げているとする。私はアーローを取り戻すためにオリーに追いつけるように、自分をある慣性系にブーストしようとするだろう。もしオリーが速度 v で逃げていて、私がオリーの方向へ向かって速度 v' に私自身をブーストすれば、私はオリーが速度 $v-v'$ で逃げていると観測するはずである。十分大きい v' を選べば、私はオリーに追いつき、かわいそうなアーローを無事に救い出すことができる。ガリレイとニュートンの物理学ではこのことは理論的に可能であるし、われわれの日常の体験と一致している。

マイケルソン-モーリーの実験の革命的意義はきわめて大きかった。しかし、この実験が明らかにしたのは、われわれがどんなに速く光を追いかけても $c = c'$ であるということだった。この結果は実際にあまりに衝撃的だったから、ガリレイがこれを知ったら卒倒したに違いない。確かに、二つの慣性系の間でのガリレイ変換とマイケルソン-モーリーの実験結果とを両立させることは不可能である。マイケルソン-モーリーの実験結果はなんとも奇妙に見える。

アーローを口にくわえて猛スピードで逃げているオリーの場合をもう一度考えてみよう。オリーが私から逃げるとき、なんらかの方法で光速度に等しい速度を出すことができたとすると、私がどんなに速くオリーを追いかけても、私はオリーをつかまえることができない。言い換えると、オリーが逃げる速度は変わらないのだ。したがって、かわいそうなアーローを助けてやる望みはない。実に不思議なことだが、どのような v に対しても $c-v=c$ なのだ。しかし、どうしてこれが正しいと言えるのか？　自然の法則は数学的に矛盾がないはずなのに、この結果は $4-3=4$ と言っているようなもので、道理に合わないように見える。

一部の物理学者は、エーテルは実際に存在するのだが、エーテル中の運動と関係する微妙な力学的効果がはたらき、マイケルソン-モーリーの実験と一致するように結果を修正するのだ、と主張しようとした。ヘンドリック・ローレンツとジョージ・フィッツジェラルドは、すべての物理的物体はエーテルによって引きずられ、その長さが運動方向に収縮する、つまり短くなるという考えを提唱した。この考えは時計の動きを遅らせることにもなり、また運動している観測者はその速度がどうであっても常に c という同じ値を観測するはずだという「謀議」へ導いた。このような主張は誤った理由付けであり、その根底にある論理は実際にはエーテルを救出するための企てだったが、それは現代的な特殊相対性理論のはじまりであった。

アインシュタインの相対性理論

二〇世紀初頭にアルバート・アインシュタインがこの難問を解決した。一九〇五年、ベビーカーを押しながら考えるのが習慣だったスイスはベルンの二六歳の特許局技師が、ちょっと見た目には単純だが実は広範囲に及ぶ打撃を加えて、ガリレイとニュートンの古典物理学という建物全体を打ちこわした。空間と時間に関するアインシュタインの新しい概念は、自然についてのわれわれの理解を徹底的に点検し、現代物理学へと導いた。この概念は、人間の知性が成し遂げた最も驚嘆すべき成果の一つであったし、今でもそうである。この概念の立脚点は、対称性の視点から自然を考えるということだった。

アインシュタインは、一九世紀後半に理解されていた、光を定義する対称性原理の観点から考察することによって特殊相対性理論に至った。実際、これはある意味でアインシュタインの洞察力の素晴らしさである。一九世紀の力学的視点から離れて、二〇世紀には物理法則の基本的対称性原理を的確に熟慮する方向へ進むように、自然についての人々の**考え方**を根底から変えたのがアインシュタインだった。

アインシュタインが基本的な前提としたのは、われわれがどれほど速く光を追いかけようとしても、われわれは常に一定の速度で進む光を観測するだろう、ということだった[8]。対称性の言葉で言えば、**光速度はどの観測者にとっても不変である**と表現される。対称性とは変換に対して不変なことである、ということを思いだそう。アインシュタインは、ブーストという変換に対して光速度が不変であることを要求している（これに対してガリレイはどの観測者にとっても時間間隔は同じであることを要求していた）。したがってアインシュタインの特殊相対性理論は、次の二つの原理によって定義される。

・相対性原理　**慣性系と呼ばれる等速度運動のすべての状態は、物理現象の記述に対して同等である。**

・光速度不変の原理　**すべての観測者にとって、いかなる慣性系においても光速度は一定である。**

第一の原理はガリレイからのたんなる借用である。しかし第二の原理はマイケルソン－モーリーの実験の結果であり、今や自然に関する**新しい**対称性原理になっている。われわれは現在では、時間の絶対性というガリレイの暗黙の概念を退けている。アインシュタインは、これらの二つの結果が正しくなければならないこと、そして断固として共存しなければならないことを要求した。ところで、電気力学の数学的理論に本来備わっている対称性に注意を集中していたアインシュタインが、特殊相対性理論をつくりあげた当時、マイケルソン－モーリーの実験の影響を受けず、またこの実験に気づいていなかったかもしれない可能性がある。

特殊相対性理論のこれら二つの原理を簡潔に眺めることができる。特殊相対性理論の対称性は、二つの事象の間の「距離」に関するまったく新しい幾何学的概念を含んでいる。この新しい距離は**不変インターバル**と呼ばれる。不変インターバルは、二つの事象の間の**空間**における隔たりだけでなく、二つの事象の間の**時間**における隔たりを含んでいる。

二つの事象1と2を考えよう。われわれが任意に「静止系」と呼ぶある特定の基準座標で、これらの二つの事象には長さの隔たりLと時間の隔たりTがある。二つの事象の間の不変インターバルはギリシア文字のτ（タウ）で表され、$\tau^2=T^2-(L/c)^2$という簡潔な関係式で定義される。この関係式は幾何学のピタゴラスの定理によく似ている。**二辺**の長さがxとyの直角三角形が与えられたとすると、その三角形の**斜辺**の長さzは$z^2=x^2+y^2$である（言い換えると「直角三角形の斜辺の二乗は他の二辺の二乗の和に等しい」）。映画ファンなら思いだすに違いないが、これはオズの魔法使いがかかしに脳みそではなく証明書を与えた場面で出てきた言葉だ）。アインシュタインの特殊相対性理論は、実際に、今では時空と呼ばれる空間と時間の新しい種類の幾何学を提案している。この幾何学では直角三角形の斜辺が不変インターバルτで、斜辺以外の二辺が、事象間の時間の隔たりTと、光速度cで割った空間の隔たりLである。しかし、アインシュタインの幾何学には、一つの新しい非常に重要な工夫が加えられている。この新しいピタゴラスの公式では、時間の部分T^2には通常のプラスの符号がついているが、空間の部分$(L/c)^2$にはマイナスの符号がついている。こうなったのは、われわれが経験から知っているように、時間は空間と違うからである。

さて、静止系に対して速度vで動いている別の観測者は、二つの事象の間の異なる時間の隔たりT'と異なる空間の隔たりL'を測定するはずである。しかし、アインシュタインの新しい対称性によると、二つの事象間の不変インターバルτ^2は、観測者がどのように動いていても、すべての観測者に対して**同一**である。言い換えると、LとTを用いてτ^2を計算しても、L'とT'を用いて計算しても、完全に同じ結果が得られる。実際、相対性理論の定義に用いられるアインシュタインの二つの新しい原理を、次のような一つの強力な対称性原理に合体することができる。**二つの事象間の不変インターバルは、観測者が互いにどのように運動していても、すべての観測者にとって同一でなければならない。**

二つの事象が空間の同じ点で起こるとすれば、静止系におけるこれらの事象間の空間の隔たりは $L=0$ である。それゆえ、不変インターバルはたんに $\tau=T$ となる。したがって不変インターバルは、静止系において二つの事象の発生を測定する**時計で経過した実際の時間**である。この不変インターバルを二つの事象間の**固有時インターバル**という別の名で呼ぶことが多い。

一方、時空における二つの事象が発光事象から受光事象への閃光のような光信号で結びついているとすれば、二つの事象間の不変インターバルつまり固有時インターバル τ はゼロ、すなわち $\tau=0$ である。このことはすべての観測者に対して同じだから、すべての観測者はどのような速度で動いていても光速度は同じだと結論するはずである。

したがってアインシュタインは「どのような形態のブーストなら不変インターバルがすべての観測者に対して同じまま（不変）に保たれるか？」と問いかけた。アインシュタインが見いだしたのは次のことである。事象1から離れて事象2の方向へ速度 v で動いている観測者の立場に当てはめると、その観測者が観測する時間の隔たり T' と空間の隔たり L' は、静止系における L と T に対して、われわれが「アインシュタインブースト」と呼ぶ式

$$L'=\gamma\cdot(L-vT),\quad T'=\gamma\cdot(T-vL/c^2)$$

で関係づけられる。(9) ここで

はガンマまたは**ローレンツ因子**と呼ばれる新しい数学的因子で、特殊相対性理論ではどこにでも入り込んでいる。

$$\gamma = \frac{1}{\sqrt{1 - v^2/c^2}}$$

数式は見るのもいや、まして数式を扱うなんてとんでもないという人がいる。しかし、右の数式と高校の代数をちょっと使えば、$T'^2 - (L'/c)^2 = T^2 - (L/c)^2$ を導くのはむずかしいことではない(10)。したがって、この数式が裏付けているように、不変インターバルつまり固有時はアインシュタインブーストに対して**二組の観測者**のどちらにとっても同じである。アインシュタインはこの目標を達成するために、彼のブースト関係式を巧みに処理した。アインシュタインブーストは、互いに運動している異なる観測者間における時間と空間の隔たりの正しい対称変換であり、したがってガリレイ変換に取って代わる。

アインシュタインブーストは、二つの非常に重要な点でガリレイブーストと異なる。第一に、どこにでも出てくるγ、つまり「ガンマ」または「ローレンツ因子」がある。これは二つの事象の間の隔たりを不変にするために必要である。このγによって、観測者の速度vに関係なく、すべての観測者は閃光が常に光速度で空間へ球状に広がっていくのを見ることが保証される。第二に、時間はもはや絶対的なものではない。時間と空間はわれわれが互いに運動しているときには混じり合っており、時間は絶対的ではなくなる。

また、小さい速度に対しては（つまりvがcよりはるかに小さいときには）、アインシュタインブーストはガリレイブースト（$L=L'-vT$ および $T'=T$）の形に近くなることがわかる。小さい速度に対しては、純粋なガリレイブーストとアインシュタインブーストとの不一致がきわめて小さい。したがって特殊相対性理論は、ゆっくり運動している物体に対しては観測できない補正になる。別の見方をすると、もし光速度が無限大だとするなら、アインシュタインブーストでも$T' = T$となり、われわれは再び時間の絶対性を取り戻すのだ。このことは、ゆっくり運動している観測者に対しては、ガリレイの相対性原理がまったく合理的な近似であることを示している。しかし、時間の絶対性とマイケルソン-モーリーの実験が完全に両立することができるのは、光速度が無限大であると仮定したときだけなのだ。

二つの事象間の不変インターバルをアクメ時空事象指示棒の長さだと考えることができる。この事象指示棒は、ある時空事象1で取っ手がはじまり、もう一つの時空事象2で指示棒の「先端」が終わっている。アインシュタインブーストは時空におけるある種の「回転」に似ており、長さ、つまりこの事象指示棒の**不変インターバル**は同一で変化しない。それは空間における普通の回転によって、普通の教師用指示棒の長さが変わらないのとよく似ている。その意味では、運動の異なる状態を生じるブーストは、普通の空間での回転に似ている。

歴史的には、ブーストの数学的形式は、ローレンツがエーテルは物理的物体に抗力を生じるという考えからアインシュタインより何年か前に導いたものである。この歴史的な理由で、アインシュタインブーストは**ローレンツ変換**と呼ばれている。しかし、明らかにエーテルは存在しない。今日ではローレンツ変換（アインシュタインブースト）は、運動に対する物理法則の正しい対称変換――アインシュタインの定義に用いられた二つの原理を守る対称性――であると考えられている。

特殊相対性の奇妙な効果

特殊相対性理論から出てくることは実に奇妙である。

静止系に距離Lだけ離れた二つの物体があるとしよう。動いている観測者が見ると、この二つの物体はどれだけ離れているだろうか？　物体の間の長さを測定して（両端の位置を同時に測定しなければならない）注意深く分析すると、二つの物体の間の観測された距離は $L'=L\sqrt{1-v^2/c^2}$ であることがわかるだろう。[11] 動いている観測者が測定した二つの物体の間の距離は、因子 $\sqrt{1-v^2/c^2}$ だけ**収縮**している、つまり短くなっている。したがって、もし観測者の速度が光速度に近ければ、たとえば $v=0.866c$ だとすれば、その距離は静止系の場合の半分に見える。

相対性理論では、動いている物体はその運動方向に縮むことが観測され、物体が光速度に近づくとパンケーキのように平たくつぶれる。たとえば、その物体が陽子（静止しているとき通常はクォークから成る小球）だと仮定しよう。陽子が光速度の九九・九九九五パーセントで運動するようにフェルミ研究所で加速すると、その陽子は運動方向に一〇〇〇分の一だけパンケーキのようにつぶれる。実際、物体はその運動が速くなればなるほど運動方向にそれだけ短くなり、$v \to c$ では（運動方向に対して）長さがまったくなくなってしまうのだ。静止している観測者から見ると物体は運動方向にパンケーキのようにつぶれるが、もしわれわれがその物体と一緒に動いていれば、その効果には気がつかない。逆説的に言えば、相対論的宇宙船の窓から眺めると、われわれと反対方向に光に近い速度で動いている宇宙を観測するはずである。このときは、宇宙がわれわれにはパンケーキのようにつぶれて見えるのだ。

一秒ごとに（$T=1$）光信号を発する時計があるとしよう。この閃光は、ピアノを習っている生徒が使うメトロノームのように、「チック」と「タック」として利用できる。動いている観測者が測定するチックとタックの間隔はどのくらいになるだろうか？

動いている観測者も一定の間隔で閃光を観測するが、その時間間隔が $T'=T/\sqrt{1-v^2/c^2}$ になることを理解するのはそうむずかしくない（時間間隔に対するローレンツ変換で $L=0$ とおく）。したがって動いている観測者は、閃光と閃光の間の時間間隔 T' が一秒（$T=1$）より長いという結論を下すに違いない。つまり、この時計は進み方が**遅い**ように見えるはずだ。もちろん、その観測者の視点からは、この時計は観測者に対して反対方向に速度 v で動いている時計である。したがって、「静止している観測者」に対して動いているすべての時計は、進み方が遅いように見える。

たとえば、もし動いている観測者が $v=0.866c$ という巨大な速度をもっているなら、T' は二秒に等しいことを観測するはずである。このことは、その時計の進み方が通常の速さの**半分**に観測されることを意味する。光速度に近い速度で運動している系の時計は、われわれからは進み方が遅いように観測される。この現象は**時間の遅れ**（この言葉は前にも出てきた）と呼ばれる。光速度に近づいている系を観測すると、そのチックとタックの間隔は無限大で、時計はまったく止まっているように見える。

確かに光速度に近い速度で運動している素粒子は、静止しているときより実際に寿命が長くなることがわれわれの研究所で観測されている——これらの素粒子の半減期は相対性理論の予言と完全に一致して長くなる。しかし、もしわれわれがその相対論的粒子と一緒に動いているなら、われわれは時間の遅れを観測せず、世界が反対方向に動いていて、われわれから見ると世界中の時計がゆっくり進んでいるはずである。

著者の一人（レーダーマン）は、光速度に近い速度で運動している時計の進み方が遅れて見えるという予言を実証して博士号をもらった。この「時計」はミューオンのビームだった。ミューオンは、静止しているときには約二・二マイクロ秒（一マイクロ秒は一秒の一〇〇万分の一）で崩壊する素粒子である。そのミューオンは、コロンビア大学のシンクロサイクロトロンで加速した陽子が衝突するときの副産物として生じた。光速度の八六パーセントで進むミューオンのビームは、半減期が四・二マイクロ秒と測定されたが、これはミューオンが静止しているときの半減期の約二倍だった。ミューオンの半減期のこの変化は、一九五〇年に約五パーセントの精度で測定された。今日では、光速度にもっと近い速度で運動しているミューオンがフェルミ研究所でつくられており、その半減期は静止寿命より一〇〇〇倍も長いことがある。だが、ミューオンの寿命が長くなるのをうらやむことはない――ミューオンから見れば、あなた方の時間の進み方はゆっくりしていて、あなた方の寿命は延びているのだ。

時間の遅れから、**双子のパラドックス**と呼ばれる有名な謎が出てくる。長いロマンチックなハネムーンを過ごした花嫁が、科学のために彼女の個人生活を一時中断して、勇敢な宇宙飛行の任務につくことを申し出たと考えよう。長い抱擁の後、新妻は夫に別れを告げ、地球から飛び立つ。出発のときの言葉はこうだった。「あなた、私は二週間行ってくるだけなのよ。」彼女は光速度に近い速度で遠くの星へ出かける。この星は一〇光年離れているが、彼女の基準座標系の観点からすると、長さの収縮によって星までの距離はたったの一光週である。星に着くとすぐ写真を撮り、直ちにロケットエンジンを逆進させ、同じように高速度で地球に向かう。実際に彼女は、自分の時計ではわずか二週間だけ出かけたにすぎない。帰宅すると彼女は夫に駆け寄る。

家で彼女の長い宇宙飛行を誠実に見守っていた夫にとっては、この往復旅行は二〇年かかっており、彼は二〇歳も年をとってすっかり待ちくたびれている。高速で宇宙を飛行したため時間の遅れによって、彼女の時計はほとんど**止まって**おり、宇宙旅行の所要時間は、彼女が宇宙船に持ち込んだ時計では二週間に過ぎなかった。彼女が戻って夫に再会したとき、確かに夫には二〇年たっていたが、彼女にはわずか二週間たっただけである。だが、それでも、二人の愛情に変わりはなかった。

妻の視点からこの状況をもっとくわしく考えると、パラドックスが生じる。妻は彼女の基準座標系に静止していて、反対方向に動いている夫を観測する。したがって彼女から見ると、進み方が遅くなるのは夫の時計である。そのため、夫がこれほど多く年をとり、彼女が年をとらなかったということを彼女はどう解釈しただろうか？　このトリックを解くためには、妻の視点からは、**加速度**の効果を考える必要がある。妻は光速度に近い速度に達するために（非常に大きな）加速度を体験したが、この誠実な夫の方は加速度を体験しなかった。この期間の間、彼女は、星までの巨大な距離が長さの収縮によって一〇光年からわずか一光週に縮まり、星が光速度に近い速度で彼女に接近してくるのを観察していた。彼女の視点から夫が盛んに年をとっていたのは、この「ブースト段階」の間である。強い重力場にとらわれたかのように妻が加速していた間、夫は宇宙空間を慣性のままに、つまり自由に、落下していたかのようである。

これはアインシュタインが後に認めた次の事実を先取りしている。すなわち、強い重力場にある慣性時計は自由落下している時計よりも遅れる、ということである。実際このことは、**アインシュタイ**

ンの赤方偏移と呼ばれる一般相対性理論の結果を予想している。重力がきわめて強い巨大な星の表面から放射される光は、実際に赤方偏移していることが観測されている。あたかも星の表面にある原子は、遠く離れて自由落下している観測者の時計よりもゆっくり進む時計をもっているかのようである（赤い光は青い光より低い振動数の波動をもつ）。したがって、妻の宇宙飛行の加速段階の間、彼女は夫が約二〇年分の年をとるのを観測するが、加速している（強い重力場でアインシュタインの赤方偏移を受けている）彼女はほとんど年をとらない。双子のパラドックスは解決される――それは結局のところパラドックスではない。宇宙飛行の間に二週間しか年をとらないという事実がわかって、彼女はよろこぶ。

このような奇妙な効果の本質的な原因は、一方の観測者にとって同時である二つの事象が別の観測者にとっては一般に同時ではないことである。これは特殊相対性理論の特質であり、これらの奇妙な効果すべての基礎となっている。

特殊相対性理論でのエネルギーと運動量

光速度の難問に対するアインシュタインの反応は、すべての観測者にとって光速度は不変ということの有効性を受け入れ、時間の絶対性を捨て去ることだった。さらに、物理学の**すべての**法則がこの対称性をもたねばならないこと、つまりブーストに対して不変でなければならないことだった。ローレンツ変換は、動いている観測者の間でのガリレイ変換に取って代わった。したがって、ニュートンの運動法則や重力理論のような、ガリレイの相対性原理に基づく古い物理学のすべてが修正されなければならなかった。

ニュートンの方程式は（速度が光速度に近いとき）いずれもローレンツ変換に対して不変ではないから、二五〇年以上にわたって問題なく使われてきたとはいえ、これらの方程式は間違っているに違いないとアインシュタインは確信した。そのためアインシュタインは、力、運動量、角運動量、エネルギーのようなニュートンの古い概念を、正しい相対論的な新しい概念によってどのように修正するべきかを考えはじめた。アインシュタインを導いたのは二つの考えだった。一つは、どれほど変えられたとしても低速での物理学に対してはニュートンの運動法則の有効性が回復されなければならないことであり、もう一つは、相対性理論の対称性がすべての新しい物理法則に対して有効でなければならないことであった。この新しい概念が人類の未来を根本から変えるだろうということを、アインシュタインが思考の連鎖のどの点で認識したかは明らかでない。

特殊相対性理論ではすでに述べたように、決定的な対称性原理は、二つの事象間の不変インターバルがすべての観測者にとって同一であるように観測されるということ、すなわち $\tau^2 = T^2 - L^2/c^2$ である。空間と時間が、直角三角形の斜辺に対するピタゴラスの公式のように、この関係式に対称的に入っており、どちらの公式も二乗されている。

エネルギー、運動量、質量についてはどうか？　これらの量はニュートンの古典物理学では関連しているが、特殊相対性理論で成り立つような、エネルギーと運動量の間の新しい関係を見つけ出さなければならない。空間と時間の間の対称性が、エネルギーと運動量の間の対応する対称性を示唆している。実際、われわれはネーターの定理が暗示する対応に頼ることができる。

エネルギーE、運動量p、質量mの粒子を考えよう。ネーターの定理から時間はエネルギーに関係し（$T \leftrightarrow E$）、空間は運動量に関係する（$L \leftrightarrow p$）ことを思いだそう。これによって、特殊相対性理論にはエネルギーと運動量に関して「ピタゴラスの公式」に対応する関係式があるに違いないと予想できる。確かに、不変インターバル $T^2 - L^2/c^2$ によく似た対応量 $E^2 - p^2c^2$ **もまた**、ローレンツ変換に対して不変であると考えることができると推測される。このことが意味しているのは、「静止系」の観測者は粒子のエネルギー E と運動量 p を測定するのに対して、動いている観測者は異なるエネルギー E' と運動量 p' を測定するということである。それにもかかわらず、相対性理論の対称性は $E^2 - p^2c^2 = E'^2 - p'^2c^2$ であることを要求する。[12]（ここではすべての単位のつじつまが合うように光速度 c という因子を正しい場所に入れた。エネルギーは運動量に速度を掛けた pc の単位をもつことを思いだそう。）

もちろん、粒子の慣性質量 m が、粒子のエネルギーと運動量を関係づける新しい式に入らなければならない。その理由は、物体の慣性質量はその物体に固有のもので、やはり不変量であるべきものだからである。こうしてアインシュタインは、運動量とエネルギーを含むこの新しい不変式は**慣性質量 m と等価**、すなわち $E^2 - p^2c^2 = m^2c^4$ であるはずだと考えた。（ここでも単位を合わせるために右辺に c^4 という因子を入れる必要がある。$c = 1$ となる気の利いた単位を使いさえすれば、このことは問題にならないだろう）。この注目すべき結果の重要性を理解しよう。もしその粒子が静止しているとすれば、どういうことになるだろうか？　この場合には、運動量はゼロ、$p = 0$ である。したがって、この公式は $E^2 = m^2c^4$ となる。エネルギーの値を知るには、両辺の平方根を求めなければならない。そうすると $E = mc^2$ という結果が得られる。

ここで「ユーレカ（わかった）！」と叫ぶ前に、もう一つのことを確かめないといけない。この粒子が運動していて、非常に小さい運動量をもっていたら、どうなるか？　アインシュタインは彼の新しい公式から、もし運動量が小さいなら——mcに比べて小さいという意味——エネルギーは次の式で表されることを見いだした。(13)

$$E \approx mc^2 + \frac{p^2}{2m} + \cdots$$

右辺の二番目の付加項は、(光速度に比べて) ゆっくり運動しているニュートンの粒子の運動エネルギー (K.E.) にほかならない。(運動エネルギーは第2章で走っている自動車のエネルギーを計算したとき調べたように

$$\mathrm{K.E.} = \frac{1}{2}mv^2$$

であり、また運動量は$p = mv$であるからpを置きかえればこのことがわかる)。

エネルギーと質量の関係が明らかになったことは、アルキメデスが最初に「ユーレカ」と叫んだとき以来の最も大きな「ユーレカ」を引き出したに違いない。この結果はきわめて意味深い重要なこと、すなわち**静止している粒子もエネルギーをもっている**ことを示しており、

$$E = mc^2$$

という世に知れ渡った方程式で表される。

この公式の意味はまさに世界をゆるがした。慣性質量はある量のエネルギーと同等なのだ。この公式はあまりにも有名で、Tシャツ、ナンバープレート、漫画、ハリウッド作品、地下鉄やレストランの壁、ブロードウェイのミュージカル、アメリカ大統領執務室のインク吸取紙のいたずら書き、その

他いたるところに見られる。質量とエネルギーは異なるものだが、この簡単な公式が示すように、原理的には質量をエネルギーに、そしてエネルギーを質量に変換することができる。この公式は、よかれ悪しかれ、宇宙のエネルギーのすべてを文字どおり解き放つ。

一キログラムの質量をエネルギーに変換できると仮定しよう。アインシュタインの公式によると、$(1\text{kg}) \times c^2 = (1\text{kg}) \times (3 \times 10^8 \text{m/s})^2 = 9 \times 10^{16}$ ジュールのエネルギーが得られる。これは膨大な量のエネルギーで、一万キログラム（一〇トン）の宇宙船を光速度の一パーセントを超える速度で飛行させることができる。またアインシュタインのエネルギーと質量の同等性が示すように、ウラン235の原子核の質量は、この原子核が崩壊して生じる娘核と自由中性子の質量よりも実際に大きい。静止エネルギーの放射エネルギーへの変換を考慮しなければ、崩壊過程におけるエネルギーの全体的な保存は決して理解できない。質量のエネルギーへの変換が起こる過程、すなわち全慣性質量が保存されない過程は、アインシュタインの特殊相対性理論によってのみ説明することができる過程である。[14] アインシュタインの公式こそ、核物理学の時代に最もふさわしい関係式である。しかし、この公式は、あらゆる時代に全宇宙のすべてのものに当てはまる関係式なのだ。

一般相対性理論

特殊相対性理論も、ニュートンの重力理論に取って代わる新しい重力理論を必要とする。いかなる信号も光速度より速く伝わることはできないが、ニュートンの理論では万有引力（重力）が二つの物体の間を瞬間的に伝わるとされているから、ニュートンの重力理論が正しいことはあり得ない。ニュートンの理論は、ゆっくり動く**非相対論的**な粒子や系を記述できるにすぎない。非相対論的な粒子や過程では、静止エネルギーの運動エネルギーへの変換は起こらない。重力の完全な理論はアインシュタインの一般相対性理論であり、この理論はまさに知的傑作である。前にそれとなく述べたが、一般相対性理論には基本的なところで慣性の原理が関係している。[15]

途中を飛ばして先へ進み、アインシュタインの一般相対性理論の主要なそして印象的な結果の一つを先取りする簡単な問題を出そう。ある物体の引力が非常に強いために、粒子がその物体の表面から脱出するにはその粒子の**全静止エネルギー**を運動に変換しなければならないような状況で、粒子が脱出を企てたら何が起こるだろうか？　なんとか脱出したとしても、脱出した粒子には何も残らないから、実際には、この不運な粒子はその物体から脱出できないということになる。

全質量Mが半径 $R=2G_NM/c^2$ 以内に圧縮されていると（ここでG_Nはニュートンの万有引力定数）、この物体からの脱出は不可能であることがわかっている。[16] このような場合、この物体は**ブラックホール**になる。Rはブラックホールの**シュヴァルツシルト半径**と呼ばれる。質量Mの物体があって、その半径がこの関係式で決められるRより小さいと、その物体はブラックホールになる。どんな粒子でも、光でさえも、ブラックホールのシュヴァルツシルト半径以内の距離から脱出することはできない。たとえば地球がその物体だとして、しかるべき数字を入れると、ブラックホールの性質をもつためには、地球は $R=2G_NM_{Earth}/c^2=8.9\times10^{-3}$ メートル、つまり一センチメートル以下のきわめて小さい半径まで圧縮されなければならない。このことは、ここまで小さく圧縮されれば、地球はブラックホールになることを意味する。太陽のシュヴァルツシルト半径は約三キロメートルである。このような大きさになった物体の密度は、原子核の密度をはるかに上回っている。今日、広く信じられているところでは、多くの銀河の中心部には、太陽の質量の何百万倍も大きい質量をもつ途方もないブラックホールが含まれている。

一般相対性理論では、物質の存在によってつくり出される時空の幾何学の曲率、つまり曲がりまたはゆがみとして重力を説明する。地球の周囲の曲がっている空間をまわるスペースシャトル内での自由落下は、無重力状態をつくり出し、その観測者の観点からは、曲率を生じる大きな物体の存在しない空虚な空間における自由運動と同等である。自由落下においては、われわれは曲がった時空の「測地線」に沿って動き、小さい距離についてはは本質的に直線運動である。しかし、大きい距離を眺めるときには、その経路は曲がった軌跡になる。正しく予言され測定されてきたわずかな補正をともなう、惑星の閉じた楕円軌道が、この軌跡である。軌道をまわる惑星は、実際には曲がった時空を自由落下しているのだ。

ニュートンの重力理論は、結局、光速度に比べて小さい運動速度の限界内でのアインシュタイン理論の近似にすぎない。水星の近日点（太陽に最も近づく点）が一世紀に一度ほど移動する現象のような、惑星運動の未解決だった異常は、一般相対性理論によって正しく説明されるが、ニュートンの理論ではこの現象を説明できない。一般相対性理論はまた、星の光が重力作用を及ぼす物体のそばを通過したり光がその物体を出発したりするときに、光の進路が曲がる「重力レンズ効果」や光の波長のずれを正しく予言した。アインシュタインの一般相対性理論は宇宙全体に適用され、宇宙が膨張していること、空間が文字どおり創成されていることを正しく予言している。そしてすでに述べたように、一般相対性理論は、物体が巨大な密度をもてば、あらゆる物質や光をとらえてその表面から脱出させないブラックホール――タルタロスすなわち冥界とはどのようなところかという叙事詩の問いかけに対する自然の答え——になることを予言している。

第8章　鏡　映

さあ、おしゃべりせずによく聞くのよ、キティ。そうしたら、鏡のなかの家について考えたことをみんな話してあげる。まず鏡のなかに見えている部屋があって、そこはうちの応接間とすっかり同じだけど、そのなかのものが反対向きになっているの。椅子の上にのれば、それが見られるけど、暖炉のうしろだけは見えないの。そこのところがどうしても見たいわね。

——ルイス・キャロル『鏡の国のアリス』

アリスが「鏡のなかに見える家」の暖炉の火も燃えているかどうかを確かめるために、もっとよく見ようとして、ビクトリア朝風の応接間の暖炉の上へ登ったとき、彼女は新しい世界に入り込んだ。その世界では、通常の物理法則はそのはたらきを中断している——チェスの駒がつぶやいたり田園地方を歩き回ったり、ハンプティ・ダンプティが勢いよく落ちたり、そしてどういうことか判然としないが、「ボロゴーヴたちは薄っぺらで、迷子のラースは変な声を上げる。」

われわれが鏡のなかに実際に見ているのはどのような物理的世界なのか、という質問をしてみたくなるかもしれない。確かにわれわれが見るのは、文字が裏返しになっている別の世界だが、日光が窓から入ってくる様子は通常の世界とほとんど同じである。鏡に映ったわれわれ自身の顔はいつも見ているとおりだが、他人が見る顔とは違って、そばかすや髪の形が左右逆になっている。しかし、似たような顔である。鏡のなかの世界は、結局のところ、アリスが言ったように「ものが反対向きになっている」――左右が逆になっている。

鏡を通して見るこの左右が逆になった世界は、左右が反対という点を除けば、ほとんど何も変わっていない。われわれがこの世界に起こったすべてのことの明敏な観測者であり、天体の運動法則を理解しようとしたケプラーのように丹念な観測者であるとしたら、どういう結論を下すだろうか？　鏡のなかの世界の自然法則は、われわれの世界の自然法則と異なっているだろうか？　あるいは、鏡のなかの「双対的な」世界は、最も基本的な物理の諸法則に関して、われわれの世界と同等だろうか？

この双対的な世界をわれわれは対称性の一つと見るだろうか？　つまり、鏡のなかの家に入ることは、その世界では右と左という見かけ上最も表面的なことがらだけが反転しているのを見いだすことであるが、それ以外では自然法則は同じままなのだろうか？

すでに述べたように、すべての対称性が連続的とは限らない。ネーターの定理は厳密に言えば連続的対称性に対してだけ当てはまるが、離散的対称性でもある種の保存則と結びつくことがある（とくに量子論の分野で）。離散的対称性は、自然のなかで連続的対称性と同じように基本的な、そして不思議な役割を果たしている。われわれの世界は離散的対称性に満ちている。左右の反転は自然のこのような対称性なのだろうか？

鏡映対称性

図14(a)に掲げたタージマハルのような特別な物理系を調べてみよう。タージマハルの正面と、その姿が映った立派な池の見慣れた光景が見える。この写真を使って、**鏡映変換**として知られる離散的な

対称操作つまり対称変換を説明することができる。

図14(b)の二番目の写真では、タージマハルの正面の中心を通って上下に直線が一本引いてある。この直線はタージマハルの写真の「対称軸」である。われわれはコンピュータグラフィックスのプログラムを使って、最初の写真をこの直線に対して「鏡映」した。このことは、直線の左側の点 x のような点をとり、それを右側の点 y と入れ替えることを意味する。ただし、x と y は対称軸から等距離にある。この写真の鏡映は二次元変換であるが、完全な三次元物体そのものについて鏡映操作を行うことも想像できる。そのときは、対称軸が垂直線を含む面になる。その場合、面の左側のすべての点 x が、面の右側の同等な点 y と交換される。ただし、x と y の各組を結ぶ直線は対称面に対して垂直である。

この変換を行っても、物理的にはタージマハルは同じように見える。これを専門家は、タージマハルの正面は**鏡映変換に対して対称**である、または**鏡映不変性をもつ**と言う。鏡映操作は左と右を入れ替える。タージマハルの対称軸の左にある点が、この変換によって対称軸の右にある同等の点に**写像**されたのであり、逆もまた同様である。

鏡映操作はわれわれが鏡のなかに見るもので、ある物体の鏡映操作の像は、鏡に映った物体を写真に撮ることによって得られる。たとえば、タージマハルに背中を向け、図14(a)の正面の像が映った鏡と向き合えば、図14(b)の鏡映された正面と同じ像が得られる。

鏡映対称性は、タージマハルを設計するときに、完全性、神性、美しさの感覚を引き起こすために建築家たちによって用いられた。芸術は離散的対称性を取り入れることによって自然を模倣しているが、実際に鏡映対称性は自然のいたるところに見いだされる。解剖学的構造を例にとれば、人体や人間の脳そのものが、かなりよい近似で**左右対称**である。そのため、あなたが鏡に映った自分を見るときは、他人があなたを見るときとかなり似たあなたを見ている。言い換えると、垂直面に対する顔または人体全体の鏡映操作は、近似的に同等な顔または人体をつくり出す。頭骨から取り出された脳は、脳の左側と右側を分ける中心溝に対して物理的に対称である。左脳と右脳は人間では一般に異なる機能を果たしているが、形や構造の点では（解剖学者のいう**形態学的**には）同じである。多くの生物には別の種類の鏡映対称性がある。

多くのものは鏡映に対して不変、つまり「それらは同じものに写像される」が、鏡面反射で不変でないものも数多くある。たとえば、われわれの左手は、鏡映によって右手になる。右手と左手は互いに異なっている。この相違が生じるのは、**親指の位置に対して親指以外の指を丸めることのできる方向**があるからだ。親指の位置と親指以外の指を丸める相対的な方向が左手系と右手系を規定している。

図15に示したような、親指が二本ある手をもつ生物種を想像してみよう。一本は普通の親指で、もう一本は小指のところにあり、中指に対して対称になっている。この生物種には左手と右手の違いがない。このような異星人の惑星では、左右の区別がつけにくくなる場合が出てきて、不都合が生じるかもしれない。

しかし人間の場合は、左手と右手に違いがある。表側に模様（手の甲と手のひらの違いを決める何か）のある手袋が入っている箱を取り出したとしよう。われわれはどちらの手袋が左手用で、どちらの手袋が右手用か決めることができる。例の異星人の場合には、右の手袋と左の手袋の違いがない。こうして、鏡映の数学的性質と、物理的世界に対するその結果がわかる。左と右がどちらも同じか、

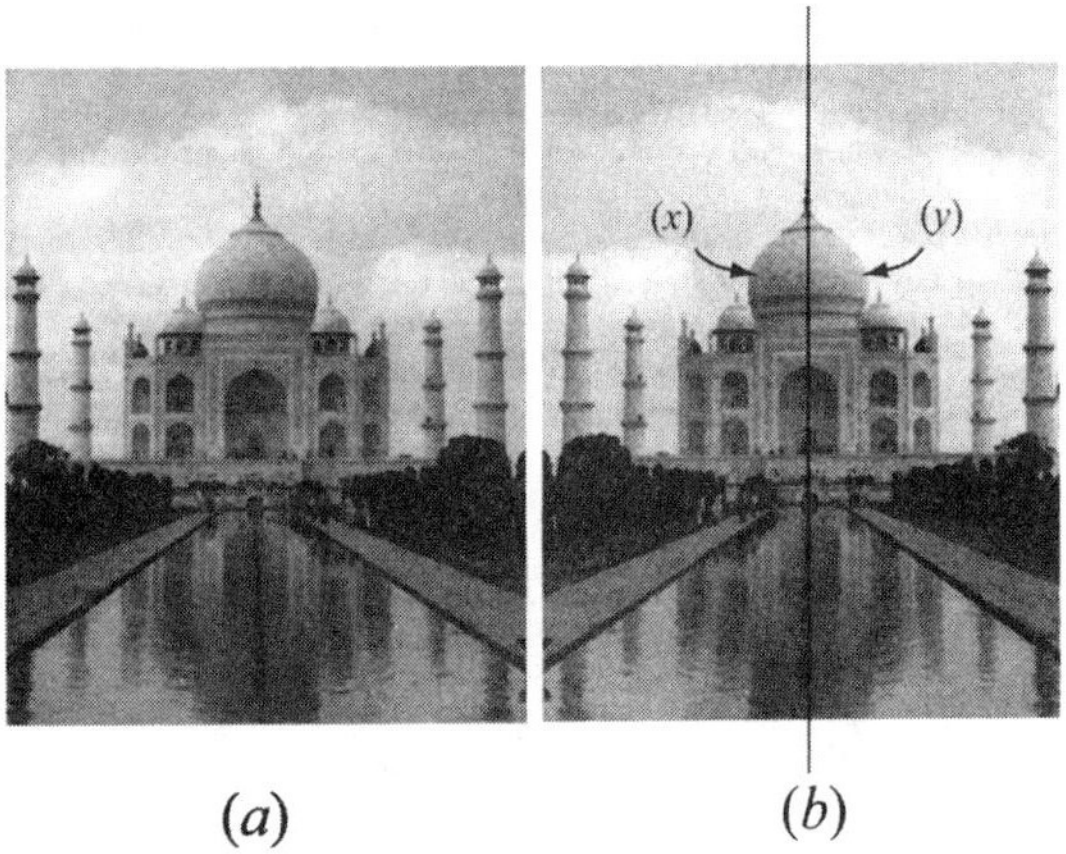

図14　対称軸に対して鏡映の前（a）と後（b）のタージマハル。（図はクリストファー・T・ヒルによる）

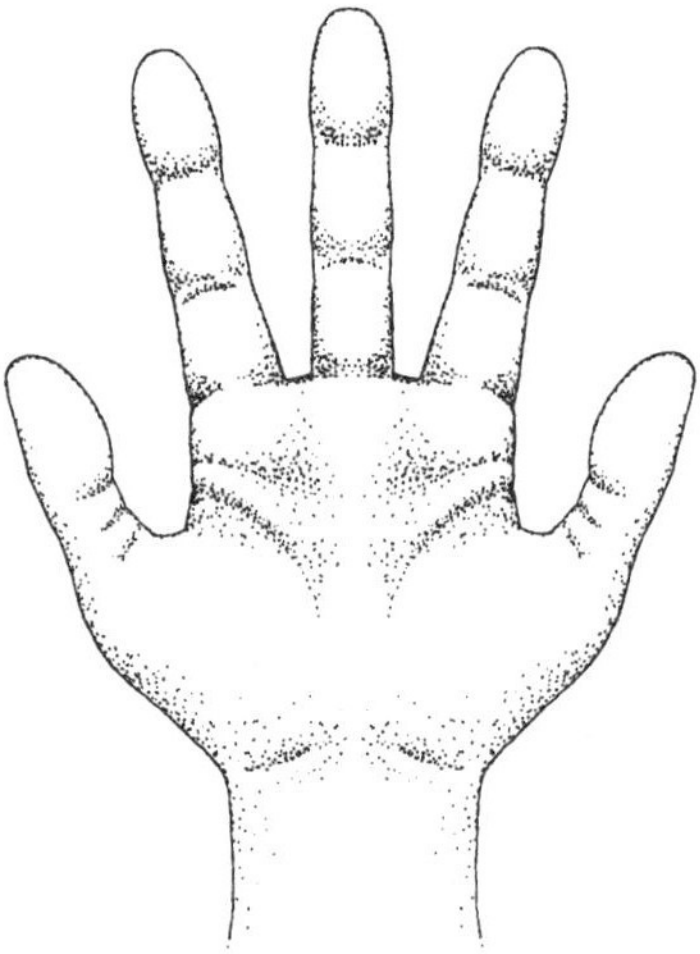

図15　親指が2本ある異星人の手。この手は右手でも左手でもない。（図はシー・フェレルによる）

あるいは左右が違っていて鏡像の相手と対をつくるかである。異星人にとっては、彼の手の鏡像は彼の手そのものと同じである。鏡像に対して異星人の手は**一重状態**であるといい、人間の手は**二重状態**をつくるという。人間の手の場合、鏡映に対して多くても二つの相手があるにすぎない。鏡映操作に対して三番目の相手はない。なぜなら、右手について最初の鏡映操作を行い、その後また鏡映操作を行うと、もとの右手に戻るからである（数学的には「鏡映の二乗」——つまり鏡映掛ける鏡映——はもとのままである）。左手を鏡に映せば右手になり、逆も同じである。鏡映に対して不変でないもの、つまり（右手が左手に変わるように）鏡映で他のものに変わるものは**手型性**をもつという。

手型性をもつ物理的なものをつくるのは、むずかしいことではない。金物店で売っているねじの箱には、普通は「右」ねじが入っている。右ねじは、右手の親指以外の指を丸めるのと同じ方向へドライバーをまわすと、親指の方向へ進む。鏡に映して見ると、右回りは左回りになるが、ねじの鏡像はやはり前に進むから鏡像のねじは「左」ねじである。大切なことは、左ねじは簡単につくることができ、物理法則と何も矛盾しない——左ねじをつくるのに物理法則に反すことは何もない——という点である。「8/32の左ねじを一〇ダースつくってくれ」とメーカーに特別の注文を出せば手にはいる。

もっと基礎的なレベルの例を挙げると、分子には一般に明確な鏡映対称性がある。H_2O のような分子は鏡映に対して不変——一重状態——で、鏡に映ったものも同じに見える。鏡に映すと違うものになる分子もあり、このような分子は鏡像の相手をもつ。ある分子の鏡像になっている別の分子は「立体異性体」と呼ばれる。一対の立体異性体には左旋型と右旋型が含まれ、これらの違いは（われわれの左手と右手のように）鏡映関係にあるという点だけである。右旋性分子は左旋性分子の鏡像であり、逆の場合も同じである。右旋性立体異性体は、他の右旋性立体異性体と混合されて溶液になる場合、**まったく同じ**化学的性質を示す。ところが、右旋性立体異性体が鏡像である左旋性立体異性体と混合されて溶液になると、**異なる**化学的性質を示す。もちろん逆の場合も同じことがいえる。

地球上の複雑な生物は、すべて単純な原始生物から進化した。このことの説得力のある根拠の一つは、われわれをつくっている分子の手型性（旋光性）と関係がある。われわれは他のすべての種と特定の立体異性体を共有している。原始生物が形成されたとき、いくつかの偶然の出来事があって、特定の機能に対して、たとえば左旋性の分子が使われるようなことが起こった。この選択は硬貨投げと同じように偶然的なもので、突然変異によってたまたまある立体異性体が生物に組み入れられた。しかし、いったん選択がなされると、この単一の生物のその後の子孫は、特定の機能に対して同じ立体異性体を受け継いだ。一連の進化がつづき、この原始生物からその後の突然変異を経て進化したすべての生物も、その機能に対しては立体異性体のこの同じ偶然の選択を受け継いだ。この選択は、さらに進んだ種が現れる進化の長い連鎖を伝わった。約三〇億年前に、原始地球の軟泥のなかで最古の生物が形成されたが、われわれはその時代の原始祖先からこのランダムな硬貨投げの結果を引き継いだのである。

たとえば、地球上の生物に見いだされる糖分子のほとんどの型は、右手系つまり右旋性である。もちろん、鏡像である左旋性の糖も、工業的にあるいは実験室でつくることができる。しかし、われわれの胃のなかの消化酵素は、地球上で通常見いだされる右旋性の糖――やはり地球上で進化した他の生物に由来する分子――だけを消化するように進化した。これらの右旋性の酵素は左旋性の糖とは化学的に作用しないから、左旋性の糖は消化されない。しかし、われわれの舌にある味覚器官の味蕾は、左旋性の糖を右旋性の糖であるかのように味わう。このため、左旋性の糖を糖代用品として利用することができる。左旋性の糖は甘く感じられるが代謝されずに排出され、体重の増加や虫歯を引き起こさないからである。もちろん、好ましくない副作用を覚悟しなければならない。

面白い想像をしてみよう。われわれが他の惑星へ行って、新しい生命形態から歓迎を受けたとする。異星人たちは外見上われわれとそっくりだが、実は別の立体化学とともに進化してきたらしい。たとえば、異星人たちは左旋性の糖だけを消化できる。そのため彼らの人参、砂糖大根、チョコレート菓子は、左旋性の糖だけを含んでいる。われわれは異星人たちと一緒に座って、古き良き時代の家庭料理のような素晴らしい異星人料理を楽しむだろうが、しばらくして、われわれは依然として空腹で、異星人の食べ物からなんの栄養物も得ていないことに気づく。われわれは異星人たちの糖代用食品で生き延びなければならないわけだ。

もう一つの興味深いことは、地球上の他のすべての生物を含めて、原理的には、この立体化学によって地球の原始生物へいたる進化の跡をたどることができることである。別の道が選ばれる可能性もあった。全米プロフットボールの優勝決定戦のキックオフのように、一つの小さい原始生物が右旋性の糖の代謝産物を組み入れたとき、すべてがこの「硬貨投げ」によって決められ、その偶然の出来事が今日のあらゆる生物へいたる動植物の全生命の連鎖を伝わってきたのだ。進化は基本的には複雑な物理学の一つの現れであり、さまざまな原理の組合せから成り立っている。進化を理解しなければ、現代生物学のゼミナールやゲノム科学の研究計画を理解することはできない。もちろん、アメリカの一部の学区が主張しているように、子供たちが現代社会を生き抜いていくために身につけるべき進化生物学を教えないように制度を変えることもできる。しかし、そうすることは、自然淘汰を手助けして、将来、もっと賢い種がわれわれに取って代わるのを容易にするだけだろう。

生物学から物理学へ戻って、「物理的世界、つまり物理法則は、離散的鏡映対称性に対して不変か？」ということを問題にしよう。鏡のなかの家の物理法則は、われわれの物理法則と本当に同じだろうか？

パリティ対称性と物理法則

鏡映は、動力学的物理過程や（原子のような）基本的な物理的物体の対称性である。たとえば、鏡のなかに見られる荷電粒子の電気力学の法則や重力の法則は、鏡のこちら側の世界の法則と同じである。このみごとな鏡映対称性は**パリティ（偶奇性）**と呼ばれる。「物理法則」が鏡映に対して不変であるということは、何を意味するのだろうか？

本質的にパリティ対称性は、文字通りに、また数学的に、物理過程のすべてを含む世界を、われわれがアリスの鏡のなかの家にいるかのように鏡のなかに見ることを意味する。鏡のなかに見える物理的物体も動きまわり、衝突し、作用し合い、そして鏡のこちら側ではたらく「物理法則」の体系によく似た「物理法則」の体系にしたがっている。

ミロという名の猫（われわれの世界にいる猫、図16参照）が、ワックスで磨いたばかりの滑りやすいテーブルに飛び乗り、滑って花瓶にぶつかり、その花瓶が床に落ちてこわれたと仮定しよう。運動量、エネルギー、角運動量がすべてこの衝突で保存される（もちろん花瓶が落ちたときの音や熱への散逸エネルギー、花瓶がこわれるときの化学結合の切断に要するエネルギーなどを含めれば、全エネルギーは実際に保存される）。これらの物理量の保存は物理法則であって、ネーターの定理を含めて鏡のこちら側での対称性原理にすべてしたがっている。

鏡のなかに見える家にも、ミロによく似た猫がいる。この猫をロミと呼ぶことにしよう。ロミも滑りやすいテーブルで滑って花瓶にぶつかり、花瓶を床に落とす。われわれは実際にこの衝突を詳細に測定して、鏡のなかに見える家でも運動量、エネルギー、角運動量がわれわれの世界と同じように正確に保存されることを確かめることができる。われわれの見る限り、空間と時間における並進対称性、回転対称性、その他のほとんどの対称性がいずれも、鏡の世界でも同じように成り立っている。そのため、鏡のなかに見える家、つまり鏡のなかの世界も、われわれの世界を支配しているのと同じ物理法則に厳密に支配されているとわれわれは信じはじめる。

鏡映は離散的対称性であることを思いだそう。鏡に映すか映さないかのどちらかであって、〇・一二六単位の鏡映などはない。オール・オア・ナッシングである。この対称性は、すでに述べたように、物理法則の**パリティ**対称性と呼ばれる。言い換えると、もしパリティが完全な対称性であるなら、鏡を通してみる物理過程を記述する法則は、鏡のこちら側の同じ物理過程を記述する法則と同じでなければならない。

このことから、興味深い、もっと的確な疑問が出てくる。鏡のなかに見える家がわれわれの世界と同じ物理法則によって支配されているという考えは仮説である。実際にパリティは物理法則の本当の対称性なのだろうか？　この仮説が正しいかどうか、どうすれば調べることができるだろうか？

動力学的な過程が起こっている物理系を撮影した映画かＤＶＤが与えられたとしよう。それはたとえば、猫のミロが花瓶にぶつかって、その花瓶が床に落ちる過程を撮影したものかもしれない。あるいはもっと簡単な、ビリヤード台の上でビリヤードの玉が衝突する過程かもしれない。だがその映画

ミロ

ロミ

図16　猫のミロとその鏡像のロミ。（図はシー・フェレルによる）

は、図17に示したように、**鏡に映った物理系を見ている**カメラで撮影されたかもしれない。われわれは、高性能のカメラと、並はずれてきれいで滑らかな（傷や汚れのない）鏡をもっていたと仮定する。あなたは、カメラがどのように置かれて、ビリヤード台をどのように撮影するかを見ることができない。後であなたが見る物理過程が、図17(a)のように鏡を通して撮影されたものか、あるいは(b)のように鏡に映さずに直接撮影したものか、判断する方法があるだろうか？

これはむずかしい問題で、その事実を完全に理解するためには、ことがらをもっと簡単な系に単純化しなければならない。もう一度猫と花瓶の衝突を考え、ミロ（複雑系）の顔の右側に白い斑点があるのを私が言い忘れていたと仮定しよう。つまり、ミロには右手系の特徴が「付いて」いる。したがって、猫と花瓶の衝突の映画を見るとき、白い斑点が猫の顔の左右どちら側にあるかを確かめることができる。もし斑点が左側にあれば、ミロの鏡映であるロミを見ていることがわかり、この映像は鏡を通して撮影されたと答えることができる。しかし、これは問題の決着とはならない。前に述べた左ねじのように、原理的には、ミロによく似ているが顔の左側に斑点のあるアンセルという猫を生ませることができる。そうすると、猫と花瓶の衝突は鏡のこちら側でアンセルを撮影したものか、あるいはアリスの世界でロミを撮影したものか、確かなことは言えなくなってしまうのだ。斑点は意味をもたなくなる。

そこで、単純さの度合いをもっと進めて、ビリヤードの玉の衝突を調べてみよう。鏡を通して撮影したものか直接撮影したものか、今度は答えることができるだろうか？　イエスか、ノーか？　物理学者は最終的には、最も単純なレベルまで進めて、衝突過程での個々の素粒子を調べたいと考える。物理学者は過去一世紀にわたって、物理学者はこのような実験を行ってきた。われわれの顕微鏡——強力な粒子

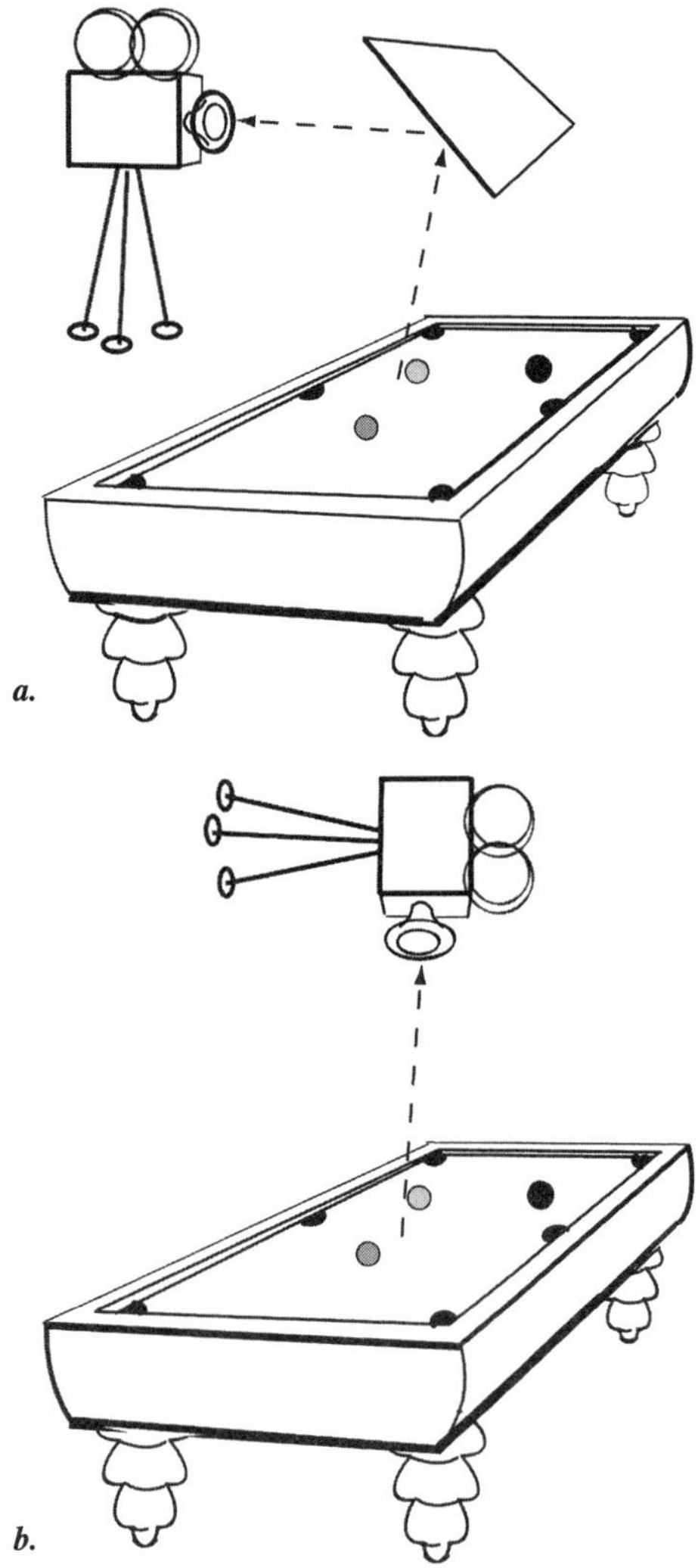

図17　(a) 鏡のなかの家を見るように鏡を通して場面を撮影する。(b) 鏡を通さずに同じ場面を直接撮影する。(図はクリストファー・T・ヒルによる)

加速器——の最も高い解像度では、原子、原子核、さらに素粒子の衝突を見ることができ、与えられた系とその鏡像との間に、ほとんど常にいかなる相違も見いだすことができなかった。実際、一九五〇年代までに、物理学者はこのような観察から、（自然淘汰が関係し、手型性が刻み込まれる多くの進化の段階を経てきた）猫のような複雑な規則から構成された系ではなく、本当に基本的な系まで単純さのレベルを進めるなら、純粋に左右対称な自然法則が常に示されるだろう、という考えをもつようになった。このようなレベルでは、映像が鏡を通して撮影され、鏡のなかの家の物理学を見せているのか、あるいは直接撮影されて、われわれの世界を見せているのか、われわれは判断できないはずである。したがって、パリティは自然の厳密な対称性であると考えられていた。

それにもかかわらず、科学者たちは自然という海のさらに深いところまで探査を進め、パリティ対称性の検証をつづけた。アリスの鏡のなかの家とわれわれの世界とで相違を示すような、素粒子の微妙な性質は存在するだろうか？　原子または素粒子の過程についての映画が、鏡を通して撮影されたものか、直接撮影されたものか、見分けることはできるだろうか？

パリティ対称性の破れ

パイマイナス中間子、あるいは「パイオン」と呼ばれる粒子があり、π^-と表記される。今日では、パイオンは素粒子ではなく、実際には一つの「ダウンクォーク」と一つの「反アップクォーク」から構成された複合物であることがわかっているが、当面の目的のためには素粒子と考えてよい。このπ^-は約一億分の一秒以内に崩壊し、**ミューオン**（μ^-）および電気的に中性な**反ニュートリノ**（$\bar{\nu}^0$）の二つの素粒子になる。この過程を$\pi^- \to \mu^- + \bar{\nu}^0$と書く。$\pi^-$は「スピン0」の粒子である。このことは$\pi^-$の固有スピン角運動量がゼロであることを意味する。$\pi^-$はごく小さいビリヤードの玉のような球対称の微小な塊と考えることができ、それを回転させても変化するようには見えない。一方、ミューオンμ^-と反ニュートリノ$\bar{\nu}^0$はごく小型の回転しているジャイロスコープに似ており、固有スピン角運動量をもつ微小な粒子のようにふるまう（これは「スピン$\frac{1}{2}$」の粒子と呼ばれるが、ここでは詳しく知る必要はない。素粒子のスピンについては10章で説明する）。

ネーターの定理と回転対称性によれば、われわれの知っているとおり、角運動量保存則が成り立たなければならない。回転対称性はあらゆる距離スケールで成り立つから、角運動量保存則は**微細な素粒子**に対しても成り立つはずであり、このことはわれわれの世界でも鏡の世界でも正しい。したがってπ^-が崩壊すると、最初の角運動量はゼロだから、μ^-と$\bar{\nu}^0$の最終の角運動量の合計はゼロでなければならない。そのため、生じたミューオンと反ニュートリノの小さいジャイロスコープは、合計した角運動量がゼロになるように正反対の方向に回転していなければならない。

きわめて重要な実験上の要点は（またこの実験をわれわれがなんとか行うことができる理由は）、高速で運動しているミューオンの速度を落として停止させることができ、しかもそのスピンを測定することさえできることである。厳密に言うと、ミューオンそのものが（一〇〇万分の一秒後に）崩壊して他の粒子になり、その崩壊生成物が見せるふるまいからミューオンのスピンがわかるのだ。ミューオンの減速と停止によってもそのスピンの方向は変わらないから、パイオンの崩壊でミューオンが生成した瞬間におけるミューオンの角運動量（スピン）の正確な方向がわかる。

こういうわけで、π^-の正確な崩壊事象をくわしく調べる実験を行うことができる。スピンがミューオンの**運動方向**に向いているようなミューオンが出現する事象を探す。ミューオンのスピンがミューオンの**運動方向と逆方向に**向いているような事象を探すこともできる。スピンが粒子の運動方向を向いているとき、その粒子の**ヘリシティ**は正（＋）であるという。スピンが運動方向と逆方向を向いているときは、ヘリシティは負（−）であるという。ヘリシティとは要するに手型性の尺度である。

ヘリシティは右巻きまたは左巻きのような手型性であるから、鏡に映したとき粒子のヘリシティは常に**逆向き**になる（図18参照）。これを理解するために、回転しているものに対しては右手の法則を使って角運動量ベクトルをいつも定義したことを思いだそう。もう一度、小型のジャイロスコープを考える。ジャイロスコープについては、軸が回転している方向に右手の親指以外の指を丸めると、親指が角運動量ベクトルの方向を示す（図9参照）。これはわれわれ人間が利用している約束事で、**あらゆるものに対して常に用いなければならない**。つまり、ミューオンに対しても、またニュートリノに対しても右手の法則を用いる。もしわれわれが思考のどこかで約束事を取り替えたら、間違った答えを得ることになる。（たとえばミューオンとニュートリノを取り替えるとき、「左手の法則」に取り替えるようなことはしない。また、鏡を通して撮影された映画を見ているのか、直接撮影された映画を見ているのかはアプリオリにはわからないから、回転している系を見る場合には、**たとえ鏡を通して見ているかもしれない系に対しても、常に**右手の法則を用いる。言い換えると、鏡を通してその系を見ているのかどうかを前もって知る方法はないから、鏡像に対して左手の法則に取り替えない。）

さて、回転しながらある方向へ運動しているジャイロスコープがあり、そのスピンは運動方向を向いているとしよう。（もしそのジャイロスコープが鏡に向かって動いているとすれば）その鏡像は逆

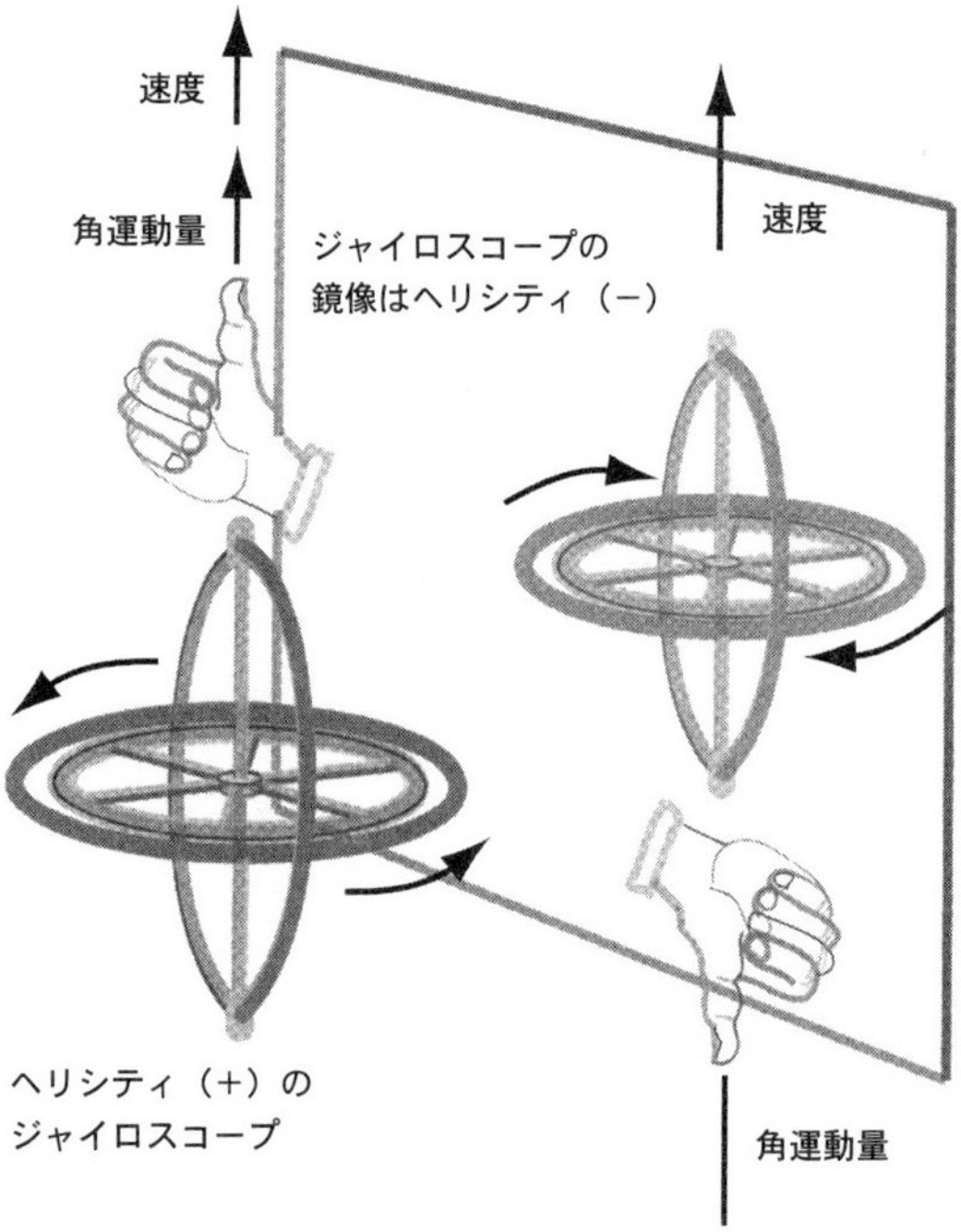

図18　ヘリシティは鏡のなかでは必ず逆向きになっている。この図のヘリシティ（＋）のジャイロスコープ（右手の法則で決められる角運動量は速度と同じ方向を向く）は、ヘリシティ（－）の鏡像（右手の法則で決められる角運動量は逆向きになるが速度は逆向きにならない）をもつ。もし速度とジャイロスコープの軸が鏡の方向を向いていれば、角運動量は逆向きにならないが速度が逆向きになり、したがって当然のことだがヘリシティはやはり逆向きになる。（図はクリストファー・T・ヒルによる）

向きの運動方向をもつが、そのときスピンは逆向きにならない（鏡像に対しても右手の法則を使う）。あるいは、運動方向が鏡のなかで同じであってもよいが、そのときには図18のように、鏡のなかではスピンの方向が逆向きである。したがって、ヘリシティは鏡のなかでは常に逆向きという結論になる。すでに述べたように、ヘリシティは手型性の一形態であり、左手が鏡のなかでは右手になるように、手型性は鏡のなかでは常に逆方向を向く。また、らせん階段やねじの鏡像を考えてもよい。これらの場合も同じように、ヘリシティは反対向きになることがわかる（ねじについて言えば、ヘリシティは軸が先端に向かって細くなる方向に対する回転の向きである）。

一九五〇年代の半ばに著者の一人（レーダーマン）は、（負に荷電した）パイオンの崩壊 $\pi^- \to \mu^- + \bar{\nu}^0$ で生じた（負に荷電した）ミューオンのヘリシティを測定した。この実験の結果に対する答えがどうなるかを推測してみよう。もしパリティが物理法則の完全な対称性だとするなら、ヘリシティ（＋）とヘリシティ（－）のミューオンが同じ確率で生じるはずである（後で見るように量子論では多くの事象に対して何かが起こる確率だけが与えられ、ある事象で何が起こるかを正確に知ることはできないのだ）。つまり、多くの崩壊事象に対して、正確に五〇対五〇でヘリシティ（＋）とヘリシティ（－）のミューオンが生じるはずである。パリティ対称性によって当然そうなるに違いない。なぜなら、パイオンのある崩壊はミューオンにある決まったヘリシティをもたせるはずであり、ある特定の事象の鏡像は反対の値のヘリシティをもつはずだからである。したがって、パイオンのどれか特定の崩壊はその鏡像とは異なっており、きわめて多数の崩壊ではヘリシティは釣り合わなくてはならない。これが昔ながらのアリストテレスの答えの見つけ方である。

実際には、実験を行って得られた結果は衝撃的なものだった。π^- の崩壊で生じたミューオンのヘリ

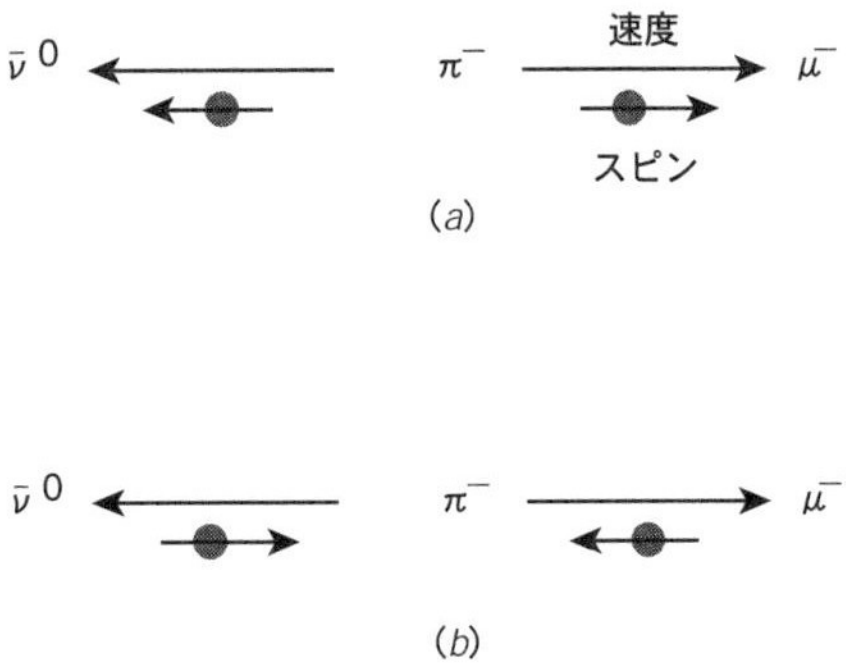

図19　$\pi^- \to \mu^- + \bar{\nu}^0$という過程で（負に荷電した）パイオンの崩壊から生じた粒子のヘリシティ。(a) ではミューオンのヘリシティは正、(b) ではミューオンのヘリシティは負である。実験室では常に (b) が観測され、(a) は観測されない。

シティは**常に**負である。つまり、図19(b)のような事象が常に観測され、図19(a)のような事象は観測されないのだ。

　では、なぜこれがそれほど衝撃的なのか？　このことは、もしわれわれがヘリシティ（＋）のミューオンを生じるπ^-の崩壊を記録した映画またはDVDを「見る」としたら、大声で次のように宣言することができるということを明快に意味している。「われわれは鏡に映った過程の映像を見ているのだ。このような過程はアリスの鏡のなかの家でだけ起こり得る。こういうことは鏡のこちら側では決して起こらないのだ。」したがって鏡の世界は、素粒子のレベルや自然における力のレベルでは、われわれの住んでいる世界と基本的な点で異なっている。

　もちろん、パイオンの崩壊からヘリシティ（＋）のミューオンが生じるような鏡の世界は、実は理論的な想像の産物で、存在しない。われわれの世界では、パイオンの崩壊を起こしている特定の「弱い相互作用」に見られるように、物理法則はパリティに関して対称的でない力と相互作用を含んでいる。実際には、このことは弱い相互作用のどこでも起こるパリティ対称性の破れの一例である。弱い相互作用はまた、自然における多くの他の効果も生み出す。実は、巨星を粉々に吹き飛ばして超新星をつくる過程、すなわちベータ崩壊の過程 $p^+ + e^- \rightarrow n^0 + \nu^0$（陽子と電子が中性子とニュートリノに変わる）は、弱い相互作用の主要な例である。すでに述べたように、われわれをつくりあげている物質、したがってわれわれの存在そのものが、自然におけるこれらの微弱な力に依存している。そして現在、われわれが知っているように、これらの力はわれわれの世界を鏡像から区別することができるのだ。

歴史的には、先に述べたように一九五〇年代の半ばまで、物理学者はパリティが物理学の厳密な対称性であると信じていた。弱い相互作用におけるパリティ（Pと表される）非保存の問題は、一九五六年に二人の若い理論物理学者T・D・リー（李政道）とC・N・ヤン（楊振寧）によって初めて提起された。パリティ対称性は実際には自然における平凡な確立された事実と考えられており、核物理学や原子物理学に関するデータをまとめるときに何十年も利用されてきた。リーとヤンが概念的に突き破ったのは、原子核を結びつけている強い力、電磁力、重力のような、物理学者が出会うほとんどの相互作用において、鏡映対称性――パリティ――は完全に守られているという考えだった。ところがリーとヤンは、ベータ崩壊を引き起こす弱い力はこの鏡映対称性をもたないかもしれないと提案した。[1]

一九五七年に本書の著者の一人（レーダーマン）とその共同研究者たちが、今述べたパイオンの崩壊を用いて実験的にパリティの破れを発見した。[2] これとは別にC・S・ウー（呉健雄）が、他のもっと複雑な技術を用いてパリティの破れを観測した。この発見は驚くべきニュースだった――弱い相互作用はパリティ（P）操作に対して不変ではない。パリティという王様が打倒されたのだ。これは新しい革命的な考えだった――自然の力はそれぞれ独自の対称性の度合いをもつのかもしれない。

ウーは、強い磁場のなかで極低温に冷却されたコバルト六〇の放射性崩壊を観測した。この実験はたいへん挑戦的な企てで、異なる分野の専門技術をもつ多くのグループの英雄的な努力を必要とした。コバルト六〇という金属は、原子核のベータ崩壊によって、通常の電子を放出する。ウーが発見したのは、強い磁場のなかでは電子が磁場の**方向に**放出されることだった（こういうことが起こるのは、低温では磁場によってコバルト原子核のスピンが整列し、崩壊の型が核のスピンによって決まるからである）。しかしウーの観測によって、パリティ対称性の破れが存在するという結論を下すことができた。放出される電子の速度が磁場の方向を向いていることはヘリシティと同じであることがわかり、その向きは鏡のなかでは逆向きになるはずである。[3] もしわれわれがコバルト六〇の崩壊で放出される電子が磁場に対して反対方向を向いている映画やＤＶＤを見たら、この場合もやはり「これは現実の過程の鏡像であって、われわれの世界のことではない」と宣言してよい。

時間反転対称性

もう一度、映画を見ることによって物理法則がどうなるかを考えてみよう。しかし今度は、鏡を通して映画を見るのではなく、フィルムを逆回しして映写するのだ。これは今日では、巻き戻しや逆転のボタンを押せば、ＶＨＳやＤＶＤのプレーヤーで簡単にできる。われわれはだれでも、主人公の顔からパイが飛び去ったり、くずれた煉瓦が舞い上がって塔の元通りの位置に戻ったりする映画を面白がって見たことがある。鏡を通して見る世界と違って、逆回しされている映画を見ていることは簡単にわかるように思われる。

しかし、これが本当に自然の基本的な姿なのか、あるいはミロの顔にある白い斑点のような自然に標識をつけているものなのか、もう一度慎重に確かめる必要がある。つまり、煉瓦の山が自発的にきれいに整った煉瓦の塔をつくるのを見たら、この映画は逆回しされていると高い確率で言うことができるだろう。しかし、台の上で二つのビリヤードの玉が衝突するような、もっと簡単な系が取り上げられた場合には、その映画がどちらの方向に進んでいるかを断言するのはむずかしくなる。台の上で二つのビリヤードの玉が接近し、互いにぶつかって跳ね返り、違う方向へ戻っていくような場合、映画が逆回しされていても、正常に映写されていても、大きな変化はないように見える。時間が前向きに進むときの衝突は、時間が逆向きに進むときの衝突と同じ運動法則を守っているように思われる。単純な系の運動法則は、時間が前向きに進んでいても後ろ向きに進んでいても明らかに同じである。しかし、この仮説を検証するために、どうすれば実際に物理法則を時間の流れと逆にはたらかせることができるだろうか？

物理学では常に、**もしこうだったら**という問題を出して、それを解く。次のような素粒子物理学の問題（Q1と呼ぶ）を考えよう。もし速度Vで運動している粒子が時刻t_1に位置x_1にあるとすれば、時刻t_2にこの粒子はどこにあるだろうか？　この答えは$x_2 = x_1 + V(t_2 - t_1)$である。

今度は次の**時間反転問題**（Q2）を考えよう。「もし時刻t_1にその粒子が位置x_2にあって、速度$-V$で進んでいるとすると（DVDを逆に回したり、幹線道路を反対方向に走っている自動車を見たりするとわかるように、時間の方向を逆にするときは速度の符号が変わる）、時刻t_2にその粒子はどこにあるだろうか？」常識から言って、今度の答えはx_1となるはずである。確かに、前の関係式を少し整

理し直すと $x_1=x_2-V(t_2-t_1)$ となるのがわかる。

これは実際に時間反転問題に対する正しい答えであるが、数式を少し整理し直すと最初の問題の解から出てくる。前向きの時間の問題に対する答えが、後ろ向きの時間の問題に対する答えを明らかに含んでいる——一つの同じ物理の方程式から両方の答えが得られるのだ。この系についての物理的記述は、時間が前に流れていても、時間が後へ流れていても同じである。Q2においては、初期条件がQ1の初期条件と**反対**になっていた。つまり、Q2では、Q1での到達点であった x_2 に粒子を置き、運動の方向を逆にして V を $-V$ に変えた。等しい時間間隔後にQ2の粒子は位置 x_1 に達するが、これはQ1では出発点である。このことからわかるように、実際に時間の流れを逆にしなくても、時間反転を物理的に行うことができる。運動の方向を反対にして、最初の出発点と最後の到達点を取り替えるだけでよい。最も簡単な例を挙げると、ニューヨークからフィラデルフィアへの列車での移動は、フィラデルフィアからニューヨークへの移動の時間反転に相当する。

われわれがしばしば不思議に思うのは、複雑な系は時間の流れの優先される方向、つまり**時間の矢**を示すように見えるのに対して、単純な系はそう見えないことである。たとえば、煉瓦でつくられた塔は崩れ落ちて煉瓦の山とほこりになるのに、なぜ煉瓦の山とほこりは整然とまとまった塔にならないのか？　ところが、ビリヤードの玉の衝突を時間反転しても、時間反転されていない衝突とほとんど同じに見える。

これは物理の問題の「もしこうだったら」の性質に関係がある。われわれが観測することがらは、運動法則の他に特定の初期条件にも関係している。最初に気体の入った容器があったとして、その容器の弁を開けると、気体が流れ出して部屋に広がる。この場合の初期条件は、圧縮された気体の入っている容器から出発するという事実であり、これは圧縮機を使って容易に実現できる。気体の流出に対する運動法則は完全に時間反転不変であるが、そのような時間反転の状況をわれわれが観測することは決してない。つまり、部屋に広がっている気体が自発的に容器に集まるようなことは決して見られない。何兆億もの気体分子が、容器に集まるような速度と位置をもつことはとうてい実現しそうにない。このような初期条件は物理法則を破るわけではないが、まったく起こりそうにない。一群のビリヤードの玉が衝突して、「ラックに並んだ」配置になることも同じように奇妙な状況に見えるが、ラックに並んだ配置から玉がばらばらになるブレークショットについては奇妙なことは何もない。時間が逆転されるとき、これらの初期条件は奇妙な状況をつくり出す。

複雑な系の物理学では、**エントロピー**と呼ばれる統計的な概念、すなわち乱雑さの尺度を導入することができる。熱が逃げ出さないように魔法瓶に入れた熱いオニオンスープのような、静かな平衡過程では、エントロピーは時間がたっても変化しない。しかし、ガラスを打ち砕いたり爆発を起こしたりという激しい非平衡過程では、エントロピーは常に増加する。秩序のある初期状態から通常の物理法則によって無秩序な最終状態へ移るとき、本質的に乱雑さの尺度としてのエントロピーは常に増加する。エントロピーは平衡過程では変化しないが、それ以外のすべての過程で増加する。この事実は、**熱力学の第二法則**と呼ばれる。

しかし、このことは、複雑な秩序のある系が進化できずに、そのまま「第二法則」を守っているということを意味しない。実際、観察によれば、秩序のある系は確かに進化することができ、そして進化している。冷えつつある水蒸気のような系では、水蒸気が凝縮して水滴になるが、水滴の方がもとの水蒸気より統計的な秩序が高い（乱雑度が小さい）。さらに冷やされると、水滴はさらに秩序の整った、乱雑さの小さい氷の結晶になる。この冷却の過程では、エネルギーが（おそらく放射つまり光子として）水蒸気から出ていくことが許されていた。出ていったエネルギーは空間に散乱し、いっそう無秩序に分布する（エントロピーは増加する）。これに対して、冷却された水滴の小さいサブシステムが後に残る（エントロピーは減少）。全体としてのエントロピーは増加するが、エントロピーの小さいサブシステムが生じる。このサブシステムが核酸（ＤＮＡの構成要素）のような分子の一定の配列を含んでいれば、エネルギーを空間に放出しながら複雑な化学反応によって自分自身の複製をつくるかもしれない。この場合もやはり全体としてのエントロピーは増加するが、いっそう複雑なサブシステムが形成される。そして最終的には、われわれのような人類が誕生し、複雑な系の場合、なぜ時間は特定の方向に流れるように見えるのか、ということに思いをめぐらす（そして悩む）。複雑なサブシステムが形成されても、それが自分自身のエントロピーを増加させるように進化することもある。そのようなサブシステムは崩壊し、消滅する。

しかし、時間反転は本当に自然の基本的な対称性で、素粒子に対してミクロに成り立つのだろうか？　すべての物理過程が、時間反転過程を同じように完全に記述する方程式によって記述されるのだろうか？　パリティのときのように、この質問を投げかけて実験によって答えを確定することはできるのだろうか？　もちろん、できる。答えはまたしても衝撃的で、パリティを破る弱い相互作用がやはり時間反転不変性を破るのだ。だが、このことを理解するためには、**反物質**を導入しなければならない。

時間反転不変性と反物質

アインシュタインの特殊相対性理論の最も注目すべき結果の一つは、量子論と組み合わせると、反物質の存在が予言されることである。一九二六年のポール・ディラックによる反物質の理論的予言と、その後の実験的確認は、二〇世紀の最も感銘深い科学的結果の一つである。なぜ反物質が存在しなければならないのかということや、反物質のくわしい説明は第10章で述べるが、反物質は本質的に空間と時間の離散的対称性から出てくる。したがって反物質は、時空のパリティ対称性と時間反転の対称性に密接な関係がある。実際、リチャード・ファインマンは一九四九年に、反粒子は「時間を後ろ向きに」運動する粒子であるという奇抜な解釈を提出している。

したがって、自然界のあらゆる種類の素粒子に対して、対応する種類の反粒子が存在する。たとえば負の電荷をもつ電子には、対応する正の電荷をもつ**陽電子**と呼ばれる反粒子がある。陽電子は電子とまったく同じ質量をもち、陽電子が電子と衝突すると、この二つの粒子は消滅し、衝突のエネルギーと運動量を保存するために光子が後に残る。フェルミ研究所でわれわれは反物質を当然のことと考え、テバトロンで陽子をある方向に加速し、反対方向に加速した反陽子と衝突させる。このような衝突によって、物質と反物質の新しい形態の一対、すなわちトップクォークと反トップクォークをつくることができる。

反物質の存在から、もう一つの離散的対称性が導かれる。つまり、何かある反応において、すべての粒子を反粒子と取り替える対称性である。これは「電荷共役変換」と呼ばれ、Cと表される。この対称性は、反粒子の世界でも物理法則が通常の粒子の世界とまったく同じであることを暗示している。たとえば、反陽子と反電子（陽電子）でつくられた反水素は、通常の水素原子と同じ性質――エネルギー準位、電子（陽電子）軌道関数の大きさ、崩壊率、スペクトルなど――をもつはずである。すでに述べたように、パリティをPで表す鏡映対称性は、弱い力が関係する過程については有効な対称性ではない。またこれもすでに述べたが、時間の流れを逆にする「T」と呼ばれるもう一つの離散的対称性を定義することができる。つまり、すべての方程式でtを$-t$と入れ替え、初期条件を最終状態と交換すれば、矛盾しない同じ結果が得られる。

もしCが物理学の対称性であるなら、ある過程ですべての粒子をそれらの反粒子と入れ替えると、反粒子はあらゆる点でそれに対応する通常の粒子と同じようにふるまうに違いない。しかし、この操作は粒子のスピンと運動量には関係しない。スピンと運動量は、空間変換と鏡映変換（P）に関係する。パイオンの崩壊 $\pi^- \rightarrow \mu^- + \bar{\nu}^0$ において、生じたミューオンは常に負のヘリシティをもつ。もしこの過程にC操作を行えば、反粒子の過程 $\pi^+ \rightarrow \mu^+ + \nu^0$ が得られ、ここではすべての粒子が反粒子と入れ替えられるが、スピンと運動量は最初の過程と同じままである。したがって、反粒子の過程での反ミューオンのヘリシティはやはり負のはずである。

一九五七年、Pの破れが明らかになった直後、反ミューオンのヘリシティが実験によって調べられた。実験によると、反ミューオンのヘリシティは負では**なかった**。はっきり言えば、正であることが見いだされた。したがって、パイオンとミューオンの崩壊のような弱い相互作用では、CもPとともに破れている。言い換えると、ある与えられた過程ですべての粒子を反粒子に入れ替えることは、その過程の対称性ではない。反粒子への入れ替えは、この過程の粒子のすべてのヘリシティに対して反対の結果（鏡像）を生じるからである。

そこで当然のこととして、鏡映操作を行って（P）すべてのヘリシティを逆転させ、同時に粒子を反粒子に変えれば（C）、この組み合わされた対称性は完全に成り立つのではないか、という興味をそそる推測が出てくる。この組み合わされた対称操作はCPと呼ばれる。負に荷電した**左巻き**（ヘリシティ負）のミューオンにCPを行うと、正に荷電した**右巻き**（ヘリシティ正）の反ミューオンが得られる。パイオンの崩壊 $\pi^+ \to \mu^+ + \nu_\mu$ では、実験で観測されるミューオンは実際に正のヘリシティをもつ（右巻き）から、これはパイオンの崩壊の対称性であることがわかる。この実験結果を聞いて、物理学者たちは大いに喜んだ。空間鏡映を粒子と反粒子の同一性と結びつけた、さらに深い対称性があるように思われたのだ。

しかし、その喜びは長くつづかなかった。一九六四年、「フィッチ-クローニンの実験」として知られる素晴らしい実験によって、CPは保存され**ない**ことが示された。この実験では中性K中間子と呼ばれる別の興味深い粒子が用いられた（中性K中間子はストレンジクォークと反ダウンクォークの対またはダウンクォークと反ストレンジクォークの対を含む複合粒子である）。CPが保存されないということは、弱い力の物理学がCとPの組み合わされた操作に対して不変ではないことを意味する。このCP対称性の破れの原因を詳細に調べることが、過去三〇年にわたる物理学の研究の最前線であった。それがどういう展開になるかまだわからないが、もしCPが実際に自然の完全な対称性であったとすれば、われわれの宇宙はまったく異なるものになっていたに違いなく、太陽系、星、銀河、そしてわれわれ自身がおそらく存在しなかっただろうということがわかってきた。読者がこの本を読んでいることもないはずだ。したがって、自然の対称性としてのCPが破れていることは、われわれには

結構なことである。(4)

ＣＰ対称性の破れは、粒子と反粒子がいくらか違うふるまいをすることを示している。実際、ＣＰの破れは宇宙では願ってもないことで、「宇宙には物質だけが存在して反物質が存在しないように見えるのはなぜか」というもう一つの難問に答えるための必要条件である。宇宙がきわめて熱かった（実験室でこれまで調べられたいかなるエネルギースケールよりも熱い）ビッグバンの最初の瞬間にさかのぼれば、理論が予言するところでは、物質と反物質の存在比は等しかった。しかし宇宙が冷え、ＣＰが破れると、名残の重い物質粒子が対応する反粒子とはいくらか異なる崩壊をした。この非対称性が有利にはたらいて、相次いで起こった崩壊の最後では通常の物質（たとえば水素）が反物質（反水素）よりいくらか多く生成した。こうして、宇宙がさらに冷え、残った物質の大部分とすべての反物質が互いに消滅すると、いくらか過剰な物質が残った。それ以後、この不釣り合いの過剰が、われわれ人類に、そして宇宙のすべてのものに発展した。未解決の研究課題は、宇宙に物質は含まれているのに反物質は含まれていない事実を説明するためにＣＰの破れが必要であるが、今のところまだこの効果を生じる際だった相互作用が発見されていないと考えられることである。最初に中性Ｋ中間子で見いだされ、今では他の粒子の崩壊においても見いだされているＣＰの破れは、興味をそそる多くの手がかりを残している。ＣＰの破れは世界中で盛んに研究されているが、ものごとは詳細に知ろうとするほどやっかいになる。

すべてをまとめたＣＰＴ対称性

「細工をしていない」硬貨を投げると、表または裏が出る確率は等しい。表または裏の確率の合計は一である。あることが起こるすべての確率を合計すると一になるはずで、もし一にならなければ確率について意味のある議論はできない。硬貨投げで表の出る確率が三分の二で、裏の出る確率も三分の二だとしたら、それは何を意味するだろうか？　ナンセンスだ。

後で述べるように、ニュートンとガリレイの物理学に最終的に取って代わった量子力学は、自然界で起こる事象の結果に対して確率的な予言だけを行う。もしある過程に対するすべての可能な結果の全確率が保存されることを望むなら（すなわち、すべての可能な結果に対する全確率が一になるはずだとすれば）、ある物理過程に対するＣＰＴの組み合わされた離散的操作は実際に厳密な対称性でなければならないことが、量子力学での必要条件であることがわかっている。言い換えると、すべての粒子を反粒子で入れ替え（Ｃ）、それらの粒子を鏡に映し（Ｐ）、カメラを時間に対して逆にまわすと（Ｔ）、どの過程に対しても、われわれの予言する結果は、自然が物理法則によって定める結果と一致するはずである。Ｃ、Ｐ、Ｔを組み合わせれば、少なくとも現在の実験感度のレベルでは、ＣＰＴと呼ばれる厳密な対称性があるように見え、量子力学の確率的解釈が成り立つことがわかっている。ＣＰＴの破れの実験的証拠はこれまでになく、多くの人がＣＰＴの破れはありそうにないと考えている。もしＣＰＴの対称性が破れれば、確率が保存されなくなり、そうすれば量子論における確率の概念はくずれ、われわれはこの概念を放棄しなければならないだろう。それにもかかわらず、ＣＰＴの破れがきわめて微小だとしたら、われわれはそれに気づくだろうか、と問わなければならない。結局は実験上の問題である。

硬貨投げをしているとき、小さいブラックホールがそばを通り、その硬貨を飲み込んだと仮定しよう。われわれがその硬貨を見ている限り、表の出る確率と裏の出る確率を加えると一になるが、硬貨がブラックホールに姿を消す可能性を考えに入れなければならない。硬貨がブラックホールの事象の地平線をいったん越えると、その硬貨はもはやわれわれの宇宙で意味をもつ存在ではなくなる。われわれの確率解釈を変えて、この結果に適合させることができるだろうか？　われわれは果たして負の確率に出会うのだろうか？　量子論では、真空自体のなかでブラックホールが瞬間的に形成され消滅することが可能となるが、ブラックホールは量子論の確率を飲み込んでしまうのだろうか？　CPT対称性は、あるいはことによるとその破れは（もしあるとしたら）、宇宙の起源そのもののような他の不可解な宇宙の問題と関連しているのだろうか？　われわれは研究の最前線に到達した。これらの問題に対する答えは得られていない――今のところ。

第9章　破れた対称性

醜悪な形をした者よ、お前はだれで、どこから来たのか？
——ジョン・ミルトン『失楽園』第二巻、六八一行

対称性は自然界にしばしば存在するが、隠れて見えないこともある。このことは、系の特有の配置、ある状態の物質の構造、あるいは全宇宙の状態によって、対称性が外見上は**破れている**ことを意味する。対称性は、同じ程度の可能性をもつ、系の異なる配置を認める。たとえば、太陽が近くにあるために、われわれの宇宙の並進対称性は理解しにくい。太陽の特定の位置が宇宙の好ましい中心を暗示しているように見え、実際にアリストテレス学説の信奉者たちはそう考えていた。しかし、太陽の位置が決まったのは宇宙の偶然の出来事で、その位置は、並進的に不変な宇宙のなかで一つの恒星が存在できる無数の同等な場所の一つの自発的選択である。

確かに、物理学には、見たところ対称性を示さないものがたくさんある。最も基本的な荷電粒子である電子についてはすでに述べたが、ミューオンと呼ばれる粒子が存在することにも触れた。ミューオンはいろいろな点で電子に似ているが、電子より二〇〇倍重い（しかも弱い相互作用によって一〇〇万分の一秒という短時間で崩壊して電子とニュートリノになる）。ミューオンと電子の間には対称性があるはずで、電子をミューオンに、またミューオンを電子に関連づける対応する変換があるはず

だと言いたい誘惑に駆られる。しかし、この二つの粒子間の質量の大きな相違が妨げになっているように思われる――この二つの粒子は実際に質量の点から見ればまったく異なる。基本的な対称性が現実にあるのだが、どういうわけか隠されている、ということがあり得るだろうか？　あるいは、この二つの素粒子の間に意味のある対称性はまったくないということだろうか？　ものごとを確実に知るのは非常にむずかしい。

しかし、対称性があるようには見えない系で、隠されてはいるが明らかに対称性が存在することがあり得る。科学者たちは、対称性が存在したことを示す明確な名残を見て、対称性の破れがどのように起こるかを理解することさえできる。この現象は**自発的対称性の破れ**と呼ばれる。実際、数学的で対称的なエデンの園のように、宇宙そのものがある壮大な方法で対称的にはじまったということは大いにあり得る。ビッグバンの大爆発は、それにつづく瞬間に起こった大規模な**対称性の破れの事象**であったのかもしれない。この壮大な対称性の破れが、「インフレーション」と呼ばれる過程を通して、空虚をほぼなくして空間と時間の膨大な広がりを生み出したのかもしれない。エデンに戻るということは、その優雅な最初の対称的状態を再現するという理論的な課題である。

芯をとがらせて鉛筆を立てると…

男の子が円の中心におかれたテーブルのところに座っている。円周上には大勢の女の子が座っていて、男の子はその女の子たちとダンスをしたいと思っている。どのように相手を選べばよいか？　一人を選ぶということは、多数の同じように魅力的な選択の対称性を破ることである。選択は公平に民主的に行わなければならない。びん回しをしてびんの口が向いた人を選ぶという方法があるが、ここにびんはない。幸いテーブルの上にとがった鉛筆がおいてある。

男の子は鉛筆のとがった先端を下にして、うまく釣り合いをとって鉛筆を垂直に立てる。普通なら鉛筆を倒す重力が、正確に垂直の位置にあり、完全に釣り合ってゼロになっている。男の子は慎重に鉛筆から手を離す。重力はまっすぐ下へ引っぱるから、正確に垂直に立っている鉛筆にはとくに傾きやすい方向はない。鉛筆は一秒か二秒そのまま立ちつづけ、室内には緊張感がみなぎる。鉛筆は少しの間だけ、自然の道理に逆らうかのように、とがった先端で不安定に立っている。

しかし結局は、ホンコンの地震によるテーブルの小さい振動か、あるいはシカゴでだれかがくしゃみをしたり、遠く離れたコスタリカの熱帯雨林で蝶が羽を動かしたりしたことによる微弱な気流の変化か、もしかすると遙かかなたの銀河系の惑星間戦争で使われた光子爆弾による重力の震動か、いずれにしても何かの原因で、鉛筆は予測できない無作為な方向にかすかに傾き、倒れてしまう。鉛筆は一、二回軽くはずんで静止する。鉛筆の頭についた緑色の消しゴムが、「運命によって」——無作為に——選ばれた方向を指し示す。男の子は鉛筆の消しゴムの方向で選び出された特定の女の子を見つめ、彼女に近づいて、踊ってくれるように頼む。決定が下され

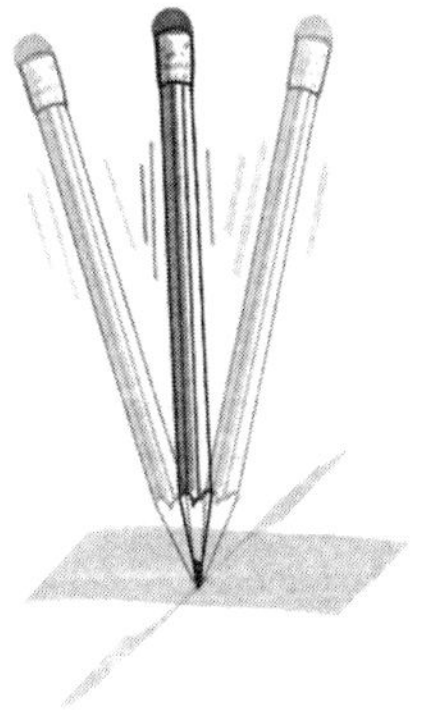

図20　とがった先端で立つ鉛筆。鉛筆がその先端で釣り合っているとき、（重力を含む）系は、垂直軸に対して回転対称性をもつが、この配置は不安定である。鉛筆は無作為な方向に倒れて、対称性が自発的に破れる。（図はシー・フェレルによる）

た。鉛筆が**対称性を破った**のだ。この場合の対称性は、男の子のダンスの相手として円周上に座った大勢の美しい女の子たちの対称性である。選択はきわめて自発的に無作為に行われた。したがって、これは**自発的対称性の破れ**と呼ばれる。

鉛筆が垂直の位置に立っていると、確かに対称性がある。ダンスの相手に選ばれる可能性は、どの女の子にとっても同じである。したがって、鉛筆の垂直軸に対する回転対称性が存在する。女の子の人数が有限の整数なら、これは離散的対称性である。[1] しかし物理的には、鉛筆が完全に垂直のとき重力は完全に釣り合ってゼロになっていて、鉛筆の軸に対する連続的対称性がある——垂直軸に対してどのように回転してもこの系は不変であり、系の重力ポテンシャルエネルギーは不変である。

しかし、この系は不安定である。とがった先端で立っている鉛筆の対称状態は、きわめて不自然な「高エネルギーの」配置である。鉛筆は最終的には倒れることによって、低いポテンシャルエネルギーの配置になる道を見つけ出す。その結果、鉛筆は空間の他の方向を指し示す。これはどの方向でもよい——回転対称性は、鉛筆が指し示すことのできるあらゆる方向が同等であることを意味する。しかし、ある方向が無作為に選ばれた。鉛筆の垂直軸に対する回転対称性は、鉛筆が選んだ無作為な方向によって破られる。それぞれの女の子がダンスに誘われる等しい可能性をもっていたが、一人の女の子だけが選ばれる。

物理法則には、失われた対称性が**ある**らしい。なぜ弱い力は弱く、電磁気力は強く、強い力はさらに強いのか？　花瓶を回転したり、旅行をしたりする空間は、なぜわずか三次元で、それ以上の次元ではないのか？　どの対称性が保存され、どの対称性が破れるかを決めているのは何か？　すべての（あり得る）対称性はどこへ行ってしまったのか？

あるいは、もっと的確な解決法はあるのだろうか？　宇宙を統御している物理法則、素粒子の法則、そして最終的に巨大な超新星爆発を引き起こして炭素や窒素をつくり、人類への究極の進化をもたらした素粒子の力は、無作為に自発的に破れる完全に対称的な規則によって支配されているのだろうか？　これらは素晴らしい質問であり、答えは少なくとも部分的にはイエスであるように思われる。そして、対称性の破れが宇宙全体に及ぼす影響力は劇的であるように見える。

磁石の謎

磁石は自然に反抗するように見える現象を示すので、直観に反していて、その上たいへん面白い。古代の人々は、磁石は神秘的な起源をもつものか、あるいは悪魔のつくったものだと考えた。自然界に産出するごく普通の永久磁石は磁鉄鉱と呼ばれる鉱物からなり、この鉱物は黒色酸化鉄 Fe_3O_4 でできている。光沢のある金属磁石は、アルミニウム、ニッケル、コバルトを含むアルニコと呼ばれる合金でできていることが多い。もっと強力な磁石は、サマリウムやネオジムのような希土類元素を含んでいる。

伝説によると、磁鉄鉱を発見したのはギリシアのマグネスという名の羊飼いの少年で、彼は岩石のなかのある種の鉱物が鉄の釘を引きつけることに気づいたという。その後、ローマの哲学者ルクレティウスが、このような石は独特の力をもち、互いに引き合ったり反発したりすると書き残した。中国人はそれより以前に、磁鉄鉱を使って最初の羅針盤を組み立てたらしい(2)。

一三世紀にヨーロッパで、磁石には必ず二つの先端つまり**極**のあることがわかった。ある磁石の

「北極」と呼ばれる一方の極は、別の磁石の「南極」に引きつけられ、また別の磁石の「北極」によって反発される。ヨーロッパの人々は、慎重に扱えば、磁石の一方の極は自然に北極星の方向を見つけて指し示すことに気づいた。磁石の北極は昼間でも曇りの日でも常に北極星の方向を示すから、彼らは航海に羅針盤を利用した。コロンブスは大西洋を横断したとき羅針盤を用いたが、磁石の針が(恒星によって定められる)正確な北からいくらかずれていて、そのずれは航海中にずっと変化することに気づいた。一六世紀になって科学者たちは、地球そのものが巨大な磁石であるため、羅針盤の磁石が「北」を指すことを理解した。[3]

コロンブスの観測が示すように、地球の北磁極と自転軸の北極とは同じではない。地球の歴史とともに、北磁極は移動した。ときには地球の磁場全体が逆転して、北磁極と南磁極が位置を交換することもある。意外なことに、なぜ地球が大きな磁石なのか、なぜ地球は何世紀にもわたって周期的に地磁気の方向を変え、ときには劇的に逆転させるのかということについて、人々を納得させる理論はまだない。

冷蔵庫の扉や側面にくっつける磁石は安価で、いろいろな大きさや形のものが買えるから、遊んだり実験したりするのに理想的な磁石である。近所の店で「販売促進用」としてこの冷蔵庫磁石が無料で配られることもある。平らで曲げやすいものもあり、普通は表側に不動産業者やピザ屋の名前とか電話番号とかが印刷されている。磁石の外側にプラスチックの彫像や装飾的な広告をつけたものもある。いろいろな味のアイスクリームで囲まれたピエロの顔や、プラスチックの歯についた歯科医の電話番号のような、プラスチックの装飾的な広告を取り除くと、通常は黒い環状の磁石が入っていて、これが金属の冷蔵庫やファイルキャビネットの扉にくっつく。こういう磁石で遊んでみたくなる人も多いだろう。二つの磁石が置き方によって、引き合ってくっついたり、反発して離れたりするが、二つの磁石の間にはたらくこの力を自分で感じるのは面白いものだ。磁石はまるで生きているように見える。**磁気浮上**、もしかすると高速の磁気浮上列車（リニアモーターカー）のような応用さえ考えた人もいるだろう。

われわれの友人である高校生のシャーマンが、科学の自主研究に取り組むことになった。彼は冷蔵庫磁石を二つ手に入れ、それらを一緒にくっつけて一つの大きな磁石にした。次にシャーマンは注意深くブンゼンバーナーに点火し、一対の磁石をかなりの高温まで加熱した。磁石が熱くなると、引力が弱まり、最後には二つの磁石が離れてしまう。ペンチで熱い磁石をはさんでいたシャーマンは、磁石を互いに引きつけていた力が完全になくなるのを観察した。冷蔵庫磁石の磁気は**熱によって失われた**。

しばらくすると磁石は冷えて室温に戻る。磁力は依然として失われたままである。しかしシャーマンは、完全に磁化された別のもっと強力な磁石をもっていた。彼は冷えて磁力を失ったままの冷蔵庫磁石を別の強い磁石に近づけ、接触させた。やったぞ！　冷蔵庫磁石が再び磁化されたのだ。よく調べてみると、冷蔵庫磁石は「再充電」され、接触した大きな磁石と同じ方向を向く磁場をもっていた。二つの冷蔵庫磁石は、もし一緒にすれば、再びくっついて対をつくるだろう。

シャーマンが冷蔵庫磁石をもう一度加熱すると、磁石の磁力はまた失われた。そこで熱い磁石を大きな磁石の近くにおいてみたが、磁力は戻らなかった。次に、冷蔵庫磁石を大きな強い磁石の近くにおいたまま冷却させた。冷蔵庫磁石が冷えると、再び「再充電」されることがわかった。磁力が再び戻ってきたのだ。

この消えたり再び現れたりする磁気は、ハリー・ポッターの本に出てくる魔法のように実に不思議に思われる。冷蔵庫磁石には、熱によって消え失せるが再び戻ってくることのできる「エッセンス」があるように見える。このエッセンスが、大きな磁石から冷えた磁石に流れ込むのだろうか？　磁石が加熱されると、そのエッセンスが、危険な細菌や有毒ガスのように追い出されるのだろうか？　ことによると、この磁気エッセンスには病気を治す特別な力があるのではないだろうか？

実際、現代のような科学的に啓発された時代でも、磁石のこの見たところ不思議なふるまいは、ある種の新しい呪術への信仰を引き起こしている。「磁気療法」は世界中で一〇億ドルの商売になっている。具体的に言うと、磁力の弱い冷蔵庫磁石が、慢性の痛みをやわらげ、恐ろしい病気さえ治すという謳い文句で売られている。[4]（懐疑的であるように訓練されている）われわれ科学者は、この種の磁気療法の物理学的または生物学的な根拠を知らない。現在のところ、偽薬（プラシーボ）効果を生じる以上に弱い磁場療法が有効だという科学的な結論は得られていない。磁気療法が有害な可能性もある――何の作用もない可能性がいちばん高い。

ロバート・L・パークは、「治療用磁石」が販売促進用に使われる平らで曲げやすい冷蔵庫磁石と基本的には同じものであることを確かめた。彼が調べたのは、約五〇ドルの「磁力療法キット」の一対の磁石だった。この治療用磁石は磁力がとても弱く、スチール製のファイルキャビネットに紙を一〇枚はさむこともできなかった。これは、この磁石の磁場が人間の皮膚を通して広がることはほとんどないことを意味する。パークによれば、「これらの磁石は治療する力がないだけでなく、その磁力は損傷のある部位へ達することもできない。磁石は医者にかかるより安あがりだし、確かに害がない。しかし、もし人々が必要な治療を受けずにすますようなことになれば、磁気療法は害がないどころか危険でさえある。[5]」

ところが、磁場に敏感らしい生物もいる。ある種の細菌（嫌気性細菌）は酸素のないところを好み、方向を感知するのに地球の磁場を利用する。このような細菌の体内には黒色酸化鉄の粒子が含まれている。この小さい細菌は重力を感じないほど軽く、水中に浮かんでいるが、「下」の方向を感知するのに磁場を利用しており、酸素の多い表面を離れたり、底の方にいる他の生物に向かって動いたりする。帰巣性の鳩、そして蜜蜂すらも、飛行用羅針盤として中枢神経系内の黒色酸化鉄を利用しているかもしれない。

磁場は、磁石をつくっている個々の原子から生じている。原子核の周囲をまわっている電子は固有の**スピン角運動量**と**軌道角運動量**をもち、それらは量子力学の規則によって支配されている。電子の軌道運動とスピン運動の組合せがその電子の**全角運動量**である。電子の軌道運動とスピン運動は小さな電流をつくり出し、その電流が小さな磁場を生じさせる。こうして、原子そのものが小さい磁石のようにふるまう。電子の軌道角運動量とスピン角運動量の方向が合わさって、その原子の磁場の方向を決める。原子はそれ自身の「北」極と「南」極をもつことになる。異なる原子ではその軌道にある電子の配列も異なるから、それらの原子は異なる磁気的性質をもつ。

非常に高い温度では、鉄（Fe）を含む磁鉄鉱のような強磁性体は、その内部の原子磁石の並び方が不揃いになっている。小さい原子は結晶振動の「熱浴」や高温の光子放射のなかで動きまわり、その並び方を変える。磁性材料が冷えると、原子は落ち着き、近くの原子との相互的な力によって整列しはじめる。強磁性体は**磁区**と呼ばれる多数の微細な領域を発達させる。それぞれの磁区は何十億という原子を含み、それらの原子がみな北極を整列させて同じ方向を指している。

磁性材料が冷えるとき周囲に他の磁場がなければ、異なる磁区が指す方向はまったく不揃いである。これはまさに回転対称性の結果である。しかし、それぞれの磁区の内部では、とがった先端で立っている鉛筆がテーブルに倒れるのと同じように、**自発的**に形成された特定の方向がある。冷えていく環境におかれた一つの原子の小さい磁石は、となりの原子磁石に影響を及ぼして同じ方向を向かせ、今度はその二つの原子磁石が他の原子磁石に影響を与えて方向をそろえさせる。原子磁石のこのような整列は、他の磁区との境界に達するまで一定の距離だけ広がる。これは、最初は何百、次に何千、そしてさらに何百万の意見をまとめ上げていく政党の成立過程に似ている。政党は、意見が別の方向にそろっている他の政党と衝突する。

強磁性体に強い磁場を加えると（あるいは背景磁場があるところで強磁性体を冷却すると）、すべての磁区を整列させることができる。これは強磁性体の**磁化**を引き起こす。加えた磁場や背景磁場を取り除いても、磁区の整列はそのまま残る。個々の磁区がすべて一つの方向に整列していれば、その磁性材料は強い磁場を生み出し、磁石になる。

磁極という観点から考えると、強磁性体についてある疑問が生じたかもしれない。整列が起こるためには、一つの原子の**北極**がその側面（左側または右側）の隣接する原子の**北極**と並ばなければならない。しかし、すでに述べたように、また冷蔵庫磁石で簡単な実験をすればわかるように、これは磁場の一般的なふるまいではない。北極は互いに反発し、南極に引っぱられる（あるいは南極どうしは反発して北極に引かれる）。したがって強磁性体であるためには、原子間の整列の力は垂直方向の原子間で最も強くなければならない。そうすれば、ある原子の北極はその北にある原子の南極と端と端を接して並ぶ。こういうことが起こるのは特別の複雑な現象で、結局は量子力学と関連する。強磁性体は例外的な場合であって、自然界ではごくわずかな物質だけが強磁性体である。一部の物質は**常磁性体**である。常磁性体では、個々の原子は強磁性体の場合の磁石のようにふるまうが、隣接する原子との相互作用が弱いか、あるいは隣接する原子と北極・南極のように逆向きに整列する傾向があり、全体として磁場を生じない。これらの原子は外部の磁場に合わせて自分たち自身を整列させることができるが、その整列は外部磁場を除くと失われる。一方、ほとんどすべての物質は**反磁性体**の性質をもっている。これは、原子（または分子）それ自体は小さい磁石でないかもしれないが、十分強い外部磁場を加えると磁石になり、自分たち自身を整列させることを意味する。反磁性と常磁性は、外部磁場を除くと通常は非常に小さくなって失われてしまう効果である。

強磁性体はある温度以上に加熱されると、その磁気的整列を完全に失う。この温度は、一九世紀フランスのすぐれた物理学者ピエール・キュリーにちなんで、**キュリー温度**または**キュリー点**と呼ばれる。磁石のなかの磁区は、その磁性材料がキュリー点以下に冷えているときだけ再生される。このような現象は**相転移**と呼ばれる。高温では、熱放射や振動のために、隣接する原子間の微妙な磁気相互作用は関連性を失う。磁性材料が知っていることは対称性についてだけである。つまり、回転対称性が要求しているのは空間には磁石が指す特別の好ましい方向はないということであり、したがって磁場は消失する。磁石の回転対称性は高温で取り戻されるのだ。

自然界に見られる自発的対称性の破れ

強磁性は物理学における自発的対称性の破れの典型的な形態である。高温では原子のスピンが無作為に空間のいろいろな方向を向いていて、系は統計的に回転対称である。系が低温で磁化されると、スピンは無数にある可能な方向のどれかに整列する。実際、磁区のなかでは、鉛筆が無作為な方向に倒れるのと同じように、スピンが自発的にその方向を選んで整列する。高温での回転不変性という対称性が物理系によって破られるとき、その物理系は空間における好ましい方向を知っているかのように見える。しかし、その方向はまったく偶然に選ばれる。一対の原子が空間における方向を無作為に選び、それが系の冷却とともに増幅され、低温での大きな効果をもたらす。

自発的対称性の破れは自然界のいたるところで見られる一般的な現象である。物理系では、系の対称的な配置は非対称的な配置よりも高いエネルギーをもつので、自発的対称性の破れはほとんど常に起こる。鉛筆の場合、とがった先端で立っているとき、その鉛筆は最大量のエネルギーをもつ。この配置は鉛筆を倒すようにはたらく正味の重力をもたないが、不安定である。ほんのわずかな擾乱でも鉛筆を倒すのに十分で、重力が鉛筆をその平衡から引き離しはじめる。鉛筆はいずれかの方向に倒れはじめ、その間に鉛筆のポテンシャルエネルギーが減少する。同じように、強磁性体のすべての原子を完全に**無秩序**にすれば、つまりそれぞれのスピンが無作為に異なる方向を向くようにすれば、その系のエネルギーは増加する。系が非常に熱くなると、エネルギーが増加し、系は再び完全に対称的となり、磁気が失われる。低温では、系は磁石のスピンを整列させることによって、その全体のエネルギーを減少させる。整列は最初に小数の磁区ではじまるが、個々の磁区は強い磁場が加えられるまで整列しない。これはカーペットのしわを伸ばすのに似ていて、強磁性体は最終的には本来のエネルギー最低の配置を取る。

実際、ほとんどの物質は高温では原子の配置が無秩序、無作為で、気相か液相になっている。冷えて固体になると、一般的には結晶格子をもつ固体を形成する。結晶格子というのは、原子の規則正しい周期的な配列である。塩化ナトリウム（普通の食卓塩）はきわめて規則的な立方格子をつくり、このことは顕微鏡で観察される食塩の粒の結晶形に現れている。ダイヤモンドや水晶のような結晶は、多数の原子の二つの隣接面で割れたり裂けたりすることが多く、しばしば素晴らしい透明さを示す。固体の水、つまり普通の氷も結晶である。物質が気体や液体から固体の状態に凝縮するとき、物質の結晶状態は、その結晶特有の面や軸を規定する方向を自発的に選ぶ。結晶の回転対称性は離散的対称性であって、高温で系が液体や気体になっているときの対称性を規定する空間内での完全な連続的回転より実際には対称性が**低い**。したがって、空間の回転対称性は自発的に破れて、結晶格子のより低い対称性に移る。

よく知られた「メキシコ帽子のポテンシャル」によって、多くの系の自発的対称性の破れを説明することができる。平らなテーブルの上にのっている大きなメキシコ帽子（ソンブレロ）を考えよう。メキシコ帽子には滑らかな形の山が中央にあって、山は周囲の幅の広いつばに向かって下降している。つばのいちばん低いところに円形のくぼみがある。帽子のてっぺんにビー玉を置くとしよう。そこに置かれたビー玉は大きな重力ポテンシャルエネルギーをもっている。帽子のちょうど頂点では重力は釣り合っていて作用しないが、これはビー玉にとっては不安定な位置である。熱運動の小さい乱れや量子力学的な効果でさえも、ビー玉を動かすことができる。少しでも動けば、ビー玉は帽子の側面を転がり落ちて、最後には重力ポテンシャルエネルギーが最低のつばのくぼみに落ち着く。

帽子のくぼみへビー玉が転がり落ちるときにエネルギーは保存されるが、エネルギーの多くは通常のエネルギー損失として散逸すると考えよう。くぼみに達したビー玉は最低ポテンシャルエネルギー

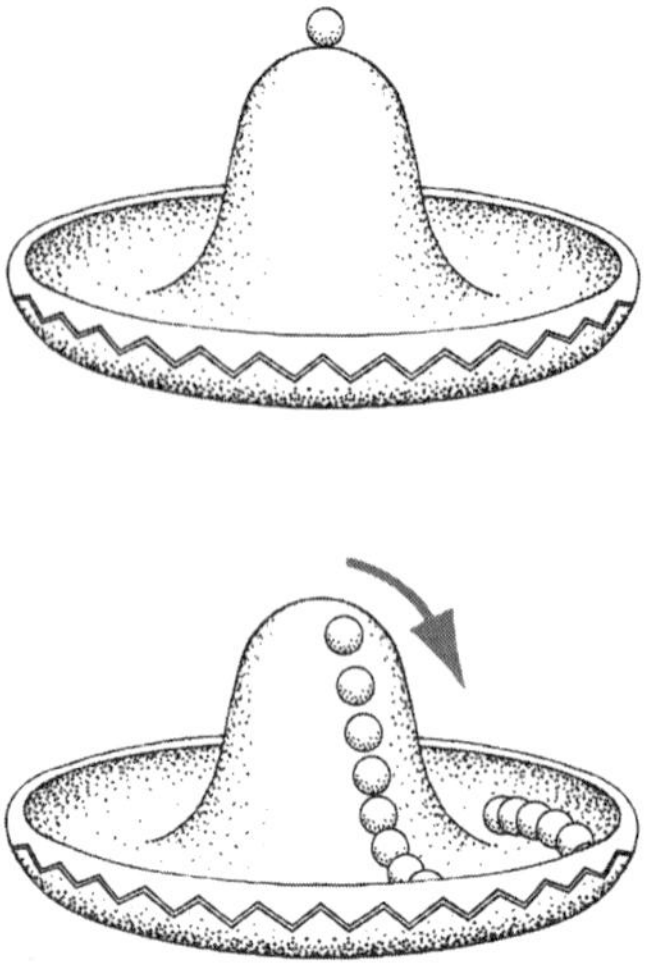

図21　「メキシコ帽子のポテンシャル」。
（図はシー・フェレルによる）

の安定な場所を見つけたわけで、その場所にとどまる。図21はこのことを示すが、転がり落ちるときにビー玉が「選んだ」任意の方向が描かれている。実際には、ビー玉はポテンシャルのくぼみのどの点にでも落ち着くことができる。これらの場所のすべてが**同じ**ポテンシャルエネルギーをもっている。なぜなら、最初の帽子が軸に対して回転対称だからである。

　したがって、回転対称性の自発的破れの注目すべき結果がある。系はその配列の方向を自発的に選んだから——ビー玉はつばのくぼみの無数の同等な点からその一つを選んだのだから——この全体的配列を変えるために**エネルギーは必要でない**。言い換えると、（完全に摩擦のないテーブルの表面で）われわれは帽子を回転させることができる。同じように、エネルギーの正味の消費なしに、強磁性体を回転させることができる。つまり運動エネルギーが関係しないように、きわめてゆっくり回転させると想像することができ、ある位置から別の位置へのポテンシャルエネルギー変化はゼロである。倒れた鉛筆の場合も、鉛筆がまったく摩擦のないテーブルに横たわっていると考えれば、鉛筆をゆっくり回転させることができる。男の子は、鉛筆の先端が次の女の子を指すまで賢明に待って、その女の子と踊ることができる。我慢強く待てば鉛筆の回転につれて、男の子はすべての女の子と踊ることができ、すべての参加者が我慢強くてこのやり方に賛成ならば、この過程を際限なく繰り返すことができる。

強磁性体のすべてのスピンが整列すると、振動の起こることがある。海藻が海流で波打つように、整列した原子の塊全体が静かに揺れ動く。このような振動は**スピン波**と呼ばれる。自発的対称性の破れの主要な結果は、最長波長のスピン波が**系全体**の回転に対応していることである。すなわち、基本的にエネルギーの消費なしに系をただ回転させれば（系が完全に摩擦のない表面にあるか空間に自由に浮かんでいると考え、ゆっくり回転させる）、すべてのスピンの運動は無限に長い波の静かな波動に似ている。確かにこれは、最低エネルギーのスピン波が実際にエネルギーをもたず、空間内で磁場全体を回転させるすべての原子の一様な回転に対応していることを意味する。**ゼロモード**と呼ばれるこの長波長でゼロエネルギーのスピン波は、自然界で対称性が自発的に破れたことを示す重要なしるしの一つであり、また対称性が隠されていれば、与えられたある状況で物理学者が決定を下すために求める手がかりの一つである。

宇宙のインフレーション

この章のはじめで触れたように、宇宙の巨大な大きさ自体が、自発的対称性の破れに似た現象の結果であるらしいと信じられている。宇宙の初期の対称状態はとがった先端で立っている鉛筆のように不安定で、そのために自発的対称性の破れが起こった、と考えるのがこの問題を解く上での鍵である。最高の対称性は最大のエネルギーをもつ。ある意味では、対称状態にある系は不安定な爆弾に似ていて、爆発を起こしてエネルギーのずっと低い非対称状態へ移りやすい。

自然界には「インフラトン」場と呼ばれる場が存在し、この場が宇宙空間全体に充満していると想像しよう。インフラトン場は、電場や磁場と同じように、原則として空間と時間のなかで物理的な値をもつことができる。しかし、インフラトン場がゼロという値をもつときは、メキシコ帽子のてっぺんに不安定に置かれたビー玉のように、インフラトン場のエネルギー含有量は大きいと仮定する。このエネルギーは真空自体のエネルギーとして現れ、重力に影響を及ぼし、宇宙の膨張を引き起こす。インフラトン場がゼロでない値をもつのは、「対称性の破れた相」つまりビー玉がメキシコ帽子のつばのくぼみに位置する状態に対応し、このときには真空のエネルギーはゼロである（あるいは現在のようにきわめてゼロに近い）。そのため、自発的に対称性が破れた相では宇宙の膨張速度はいちじるしく小さく、これはインフラトン場がメキシコ帽子のポテンシャルのつばに落ち着いた状態である。したがって宇宙の膨張に関して、次のように考える。宇宙がはじまったときインフラトン場は値がゼロで、メキシコ帽子のてっぺんにある状態で、巨大なエネルギーをもっている（真空の圧力は負になる）と考えるわけである。真空のエネルギーと圧力は宇宙を急速に膨張させ、この異常膨張の爆発はインフラトン場が最後にメキシコ帽子のポテンシャルのくぼみに落ち着いたときに終わり、ここで真空のエネルギー（および圧力）は消失する。これが**インフレーション**と呼ばれる異常膨張である。真空のエネルギーと圧力はインフレーションの過程で空間と時間に変換されたのである。

これは常軌を逸した理論家のたくらみのように見えるかもしれないが、われわれが知っているとおり、これに似たことが起こって、自然界に観察される力、とくに電磁気力と弱い力の対称性を破ったに違いなく、そしてこのことが素粒子の質量も生み出すのである。この仕組みは「ヒッグス機構」と呼ばれるが、くわしくは第12章で述べる。宇宙のインフレーションはヒッグス機構の適用であり、一九七〇年代末に素粒子の理論家アラン・グースによって提唱された。この理論は、宇宙の初期の劇的膨張を引き起こした（現実的で未知の）物理学の数学的描写である。

もちろん、宇宙の初期の真空に非常に大きなエネルギー（および負の圧力）を与えることのできるような理論が他にもいろいろ考えられる。インフレーション理論は、インフラトン場がとがった先端で立っている鉛筆のように不安定な「停留」状態にとどまる時間をいくらか長く必要とし、このことが現実的な理論を構築するのをむずかしくしている。もしインフラトン場が、真空のエネルギーが小さいかゼロの最低エネルギー状態へ急速に転がり落ちるとすると、空間の正味のインフレーションは小さくなり、その場合には宇宙はごく小さなものになってしまうだろう。また、先端を糊で貼りつけて倒れないようにした鉛筆のような悲惨な状況を想像することもできる。このような場合のインフラトン場は、メキシコ帽子のポテンシャルの頂点の小さなくぼみにくっついて、つばへ転がり落ちない。その場合には、宇宙は永遠にインフレーションをつづけ、すべての物質は空虚な空間と永遠の時間の陰鬱な無の状態へと薄まっていくだろう。永遠が必ずしもよいことだとは限らない。

意外なことに、インフレーションのようなことが実際に起こったことを示す説得力のある天文学的な証拠がある。インフレーションは、なぜ宇宙がこれほど大きいかを説明するだけでなく、宇宙にはなぜ大きなスケールでの回転および並進不変性という大局的対称性があるように見えるのかを説明する。実際、宇宙はあらゆる方向で同じであるように見え、あらゆる場所で同じであるように見える。われわれは宇宙が**等方的**で**均質**であるという。こういったことはいずれも、インフレーション過程のない宇宙のビッグバン模型によっては実際に説明が困難であり、通常は空間の異なる方向に異なる様相を示すでこぼこの宇宙が残ってしまう。

インフレーションが明確に予言しているように、今日の宇宙に残っている物質の全エネルギー密度は、アインシュタイン方程式による、ほぼ無限な、つまり平坦な宇宙に対応するある正確な「臨界」値にきわめて近くなければならない。このことは、宇宙の爆発的膨張によって宇宙がほとんど無限に大きい状態になったという事実の結果である。同じ理由で、宇宙マイクロ波背景放射（ビッグバンの熱い初期段階からの名残の放射）の詳細な観測から確認されたように、宇宙はほとんど等方的で均質と考えられる。最後に、宇宙マイクロ波背景放射に観測されたゆらぎは、メキシコ帽子のポテンシャルの頂点から転がり落ちる間のインフラトン場の一種の量子ゆらぎの効果から期待されるものと一致している。

このように、宇宙の巨大さは自発的対称性の破れと関係しているように見える。しかし意外にも、この宇宙の誕生は、鉛筆や高い塔が倒れるときのように、大いに偶然的な出来事であったと考えられる。われわれは出発したときより対称性のはるかに低い残骸に行き着いているわけで、そのことが、宇宙創成の最も初期における基礎物理学の化石記録を復元することを非常にむずかしくしている。時間の最も初期の瞬間における物理学を探究する決定的な手段は強力な加速器で、われわれはそのような加速器を考案し建設することができる。これらの手段を用いることによって初めて、誕生したばかりの破れていない状態の自然本来の対称性を明らかにすることができるのだ。

第10章　量子力学

正しい命題の逆は誤った命題である。しかし、深遠な真実の逆がもう一つの深遠な真実であることは十分あり得る。

――ニールス・ボーア

二〇世紀初頭に蓄積されていた物理的世界に関するわれわれの理解は、**古典物理学**と呼ばれる。古典物理学は基本的にはアイザック・ニュートンの定式化に基づくもので、二〇〇年にわたる多くの実験によって繰り返し検証され、常に正しいことが確認された。一八〇〇年代にニュートンの法則に電気と磁気の法則が付け加えられた。これらの法則は何十年かにわたって立証され、ジェームズ・クラーク・マクスウェルの数学的定式化によって美しく簡潔にまとめられた。

それにもかかわらず、光のエネルギー含量に関するデータと原子についての概念は、古典的描像に適合しなかった。多くの問題が積み上げられていった。一九〇〇年頃、ドイツの物理学者マックス・プランクは、高温の鉄片から放射される光の色のことで悩んでいた。それほど高くない温度では鉄は赤い光を発するが、非常に高い温度に加熱されると青白い光を発するようになる。しかし、プランクがマクスウェル＝ニュートンの物理学を使って計算したところでは、どのような温度でも青く光るはずで、低温では暗い青、高温では明るい青になると予想された。プランクは、マクスウェルの光の理論には深刻な問題があると考えた――この理論では光のビームの正しいエネルギー含量がどうしても得られなかった。この問題の解決が革命のはじまりとなり、**量子力学**と呼ばれる新しい物理学を誕生させた。

量子力学は、およそ一九〇〇年から一九三〇年にかけての約三〇年間に発展した。当時、この新しい理論は驚くほどの成功をおさめ、物理的世界についての考え方に徹底的な再検討をせまった。このことは実存哲学におけるたんなる学問的課題ではなかった。今日では、量子力学と、電子、原子、光について量子力学がもたらす理解の成果が、アメリカの国内総生産の大きな部分を占めている。量子力学は物理学に関する既知のあらゆる法則の基礎であり、物質や宇宙についてのさらに深い謎を解き明かす重要な手段である。

量子力学的効果は、**並はずれて小さい**物理系で現れる。**小さい系**とは、きわめて小量のエネルギーをもち、きわめて短い時間だけ運動する非常に小さい物体を意味する。原子の大きさ、つまり一〇〇億分の一（10^{-10}）メートルほどの長さのスケールになると、量子力学の効果が劇的に現れる。実際、量子力学を使わずに原子を理解することは到底できない。

このことは、この新しい超顕微鏡的な領域に入ると、自然そのものが突然、古典力学から量子力学へ「切り替わる」ということではない。量子力学は常に成り立ち、自然のあらゆるスケールで常に正しい。もっと正確に言えば、われわれが原子の世界へ降りていくにつれて、量子効果が次第に強く現れてくる。量子力学はわれわれの知る限り、自然のふるまいを統御する究極の法則の集まりである。また量子力学は、たいへん奇妙でもある。量子力学を本当に「理解している」人はいないと言われたこともある——科学者はその奇妙な法則を扱い慣れているにすぎない。

量子効果を次のように説明しようとすることがよくある。惑星や人間のような、またゾウのように動きの遅い大きな物体は、膨大な数の原子でできている。このような膨大な数の原子が関わる**マクロの世界**では、量子力学の効果は微小なためにほとんど感知できなくなる。ニュートンに由来する古典的記述は、ある種の「平均」効果を取り入れている。たとえ話として、一家庭あたりの子供の数を示すアメリカの国勢調査を考えよう。平均して一家庭あたりの子供の数は二・二七人となっている。この調査は正確で、統計誤差はプラスマイナス〇・〇一程度である。調査結果は古典物理学の法則で記述される系と類似性をもっている。つまり、ニュートンの法則が予言するのは、平均的な家庭は**連続数**のどれかの値の子供をもつはずだということであり、実験によってその数は2.27±0.01であることが明らかにされる。しかし、個々の家庭のレベル――ミクロのレベル――では、二・二七人の子供をもつような**家庭はない**。どの家庭も現実には**量子化**されていて、〇や一、あるいは二、あるいは三などの**離散数**の子供をもつ。多くの家庭の**平均**として、二・二七という「古典的な」非整数の結果が得られるにすぎない。

物理系が大きくなるほど、その系は一般にその構成要素の平均としてふるまうように見える――大きいほどそれだけ古典的になる。しかし、この簡単な例では、量子力学の奇妙な本質をとてもとらえるところまでいかない。われわれが示したいと思っている量子力学の効果は、たんなる統計的平均よりはるかにとらえどころのない幽霊のようなものである。

量子効果は、きわめて大きい距離スケールのマクロの系においても、劇的に現れることがある。中性子星、超新星、レーザーを利用した家庭用の現代的な装置（たとえばＣＤやＤＶＤのプレーヤー）のようなもの、さらにまた注目すべき超伝導現象（電気抵抗ゼロで流れる電流）は、直接的な量子効果である。ついでに言えば、化学のすべて、したがって生物学も、量子力学によって形づくられている。宇宙の構造そのものや宇宙における物質の分布は、量子力学の結果であるように見える。われわれは量子力学的な世界に住んでいるのだ。

光は粒子か波か

アイザック・ニュートンとロバート・フックの論争にはじまって、何世紀もの間、科学者たちは光が**波**か**粒子**かという問題を論じてきた。光は影をつくり、一直線に進み、物体にぶつかって止まる――小さい弾丸の動きから予想されることに似ている。

しかし光はまた、鋭いへりを通ったり細い隙間を通り抜けたりするとき**回折**と**干渉**を受け、波状の模様を生じる。これらの模様は波に特有のもので、たとえば水の波が水面にある障害物のそばを通るときに見られる。光は粒子か波かという問題は、二〇世紀初頭まで持ち越された。

一九世紀に、ジェームズ・クラーク・マクスウェルと彼の電磁気の理論によって、光は電場と磁場の進行波であることが明らかにされた。したがって多くの物理学者は、この難問は解決されたと考えた。つまり光は、光速度cで進み、**光源**から**受光体**までエネルギーを運ぶ波であると最終的に考えられた。マクスウェルの理論から、光は電荷の急速な加速によって生じ、離れたところにある電荷に吸収されてその電荷を加速させることが示された。これらのことは実験的に検証され、この成功した理論を使って一九世紀末には最初の無線電信さえ確立された。電子を十分に揺り動かして加速させるものなら何でも光源になりうる。

光の現象を理解するために、キャンプファイアの例が利用できる。熱いキャンプファイアのなかの原子の電子は「熱によって激しく動かされ」ていて、互いに、あるいはまたキャンプファイア自体の光と衝突し、衝突で跳ね返るときに加速されながら光波を放出したり吸収したりする。光は光源から発して、その一部はやがてわれわれの眼球に入り、そこで目の網膜内の受容器細胞の電荷を揺り動かす。ここで光波は吸収され、そのエネルギーを失う。この電子の揺れ動きのおかげで、一連の化学反応がはじまり神経インパルスを生じ、そのインパルスがわれわれの脳の視覚系へ伝わる。すると、われわれの意識では、夏の夜の和やかなキャンプファイアの光景を感知する。

電波も光の一形態であるが、われわれの目の感度の範囲外にあるために見えない。実際、電波を送るアンテナは、交流の電気――加速電子――がつくられる長い電線で、これが電波を発する。無線受信機にも同じようにアンテナがあり、入ってきた電波がアンテナのなかの電子を加速して電流を生み出し、その電流が受信機の回路で増幅され、歌手でピアニストのノラ・ジョーンズの落ち着いたバラードやポーランドの作曲家ヘンリク・ミコワイ・グレツキの忘れがたい交響曲を生み出す。マクスウェルの理論は今日でも、アンテナの設計に用いられている。なおその上、マクスウェルの理論は二〇世紀中頃の大部分のエレクトロニクスの基礎となった。

波とはどういうものだろうか？　空間を進む長い進行波を考えよう。進行波は**波連**（**波列**）と呼ばれることもあり、空間を通過するとき多くの連続した山と谷をもつ波である。このような波は三つの量、すなわち**振動数**、**波長**、**振幅**によって記述される。波長は波の二つの隣り合った谷と谷または山と山の間の距離である。振動数は、空間のある固定点で波が一秒間に完全な周期で上下に揺れ動く回数である。

波を長い貨物列車だと考えると、波長はその貨車一台分の長さである。振動数は、われわれが辛抱

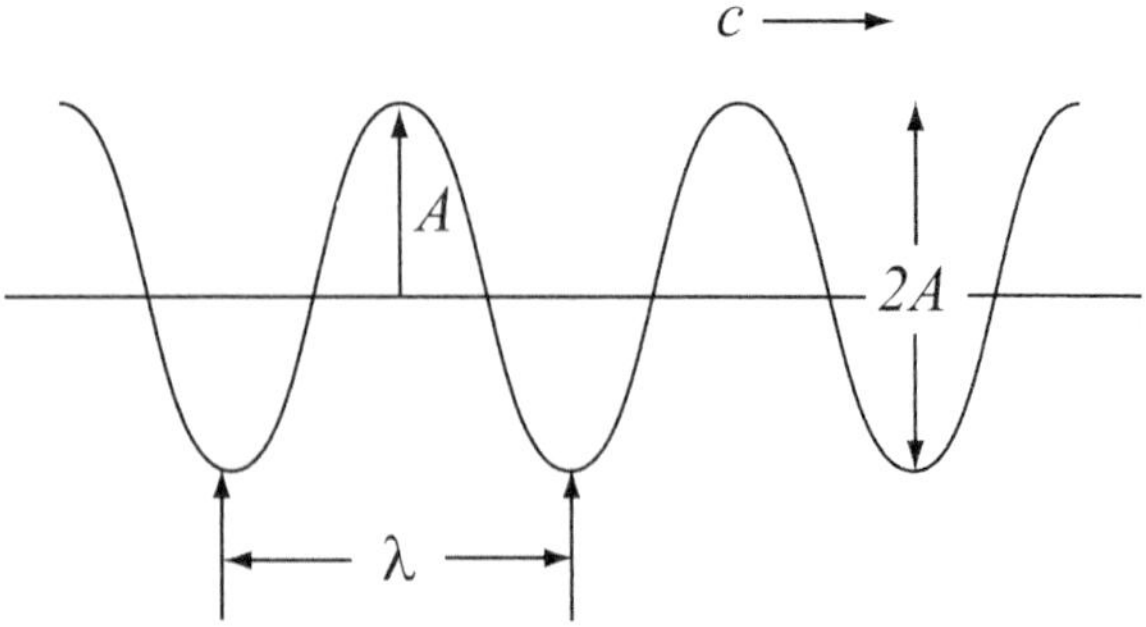

図22　波連（進行波）。この波は速度 c で右へ向かって動いており、波長 λ（谷から谷まで、または山から山までの完全な1周期の長さ）をもつ。通過する波を見ている静止している観測者には、1秒間に通過する山または谷の数、つまり振動数 c/λ が観測できる。振幅 A は中間（つまり平均の位置）より上の山の高さである。

強く列車が通過するのを待っているとき、われわれの前を一秒間に通り過ぎる貨車の台数ということになる。したがって進行波の速さは、一台の貨車の長さをそれが通過するのに要する時間で割ったもので、数学的に表現すると、波の速さは波長に振動数を掛けたものに等しい。したがって速さがわかっていれば、波長と振動数は**反比例の関係**にある。つまり、波長は波の速さを振動数で割ったものに等しく、振動数は波の速さを波長で割ったものに等しい。

波の**振幅**は、平均の位置から測った山の高さ、または谷の深さである。つまり、山の頂上から谷の底までの距離は波の振幅の二倍で、これは貨車の高さと考えることができる。電磁波の場合、振幅は波における電場の強さである。水の波の場合、振幅の二倍は、波が通過するときボートが谷から山へ持ち上げられる距離である。図22にこれらのことが示されている。[1]

一九世紀のマクスウェルの電磁理論によって、可視光線の**色**は波長（振動数に反比例）によって決まることが理解されていた。振動数が小さくなれば、それに応じて波長は長くなる。波長の長い可視光線は赤、波長の短い可視光線は青である。

赤い可視光線の波長は約 6.5×10^{-5}=0.000065 センチメートルである。波長がこれより長くなると赤い色が次第に暗くなり、波長が約 7×10^{-5}=0.00007 センチメートルのところでわれわれの目の感度の範囲外になって、光は見えなくなる。波長がさらに長くなったものが**赤外線**で、おだやかな熱として感じることはできるが、われわれの目で見ることはできない。波長がもっと長くなるとマイクロ波の領域に入り、これより長ければ電波である。

他方、波長が約 4.5×10^{-5}=0.000045 センチメートルより短くなると、光は青になる。さらに短い波長（つまりより高い周波数）では光は濃い青紫色となり、波長がこれより短くなると、約 4×10^{-5}=0.00004 センチメートルのところで見えなくなる。さらに短い波長では光は**紫外線**となり、さらにもっと短い波長ではX線となり、結局はガンマ線になる。

光の古典論での重要な問題は、光のエネルギー含量に関係していた。光の古典電磁理論では、波のエネルギーはその**振幅**だけで決まるとされていた。そのため、電磁波のエネルギーは**波長と無関係**、つまり色とは関係がないと考えられていた。したがって同じ振幅、つまり同じ強さの赤い光と青い光は、まったく同じエネルギー含量をもつとされた。

この問題を理解するのに高温の鉄の塊を観察する必要はない。電磁波のエネルギーに関するこの考えは、われわれの目で容易に確かめることのできる身近な問題を投げかける。たとえば、夏のキャンプファイアの盛んに燃えている薪の火勢が衰えてくると、薪は赤い光を発する。薪の温度は、熱い薪のミクロの部分全体の**平均エネルギー**の尺度である。ほぼ同じエネルギー（温度の特定の値に等しい）をもつ原子（および電子）の運動と振動のいろいろな状態が、等しい確率で引き起こされるはずである。そのため、非常に高温の火は高いエネルギー状態の運動を引き起こすことができ、原子はより大きい運動エネルギーで動きまわるようになり、それに応じてより高いエネルギーの光波が放射されるはずである。これに対して氷の塊は低い温度をもつから、原子の運動と振動の非常に低いエネルギー状態だけが引き起こされる。氷の塊は小量の非常に低いエネルギーの光を放射できるにすぎない。

それでは、火勢の衰えているキャンプファイアの薪からなぜ青い光が放射されないのだろうか？古典電磁理論によれば、青い光も赤い光と同じエネルギーをもつはずである。薪の火勢が衰えると、放出される光はだんだん弱くなり、ますます赤くなり、最後には暖かい目に見えない赤外線になって見えなくなる。古典論が正しいとすれば、火勢の衰えていく薪は、**あらゆる温度**で赤い光と同じ量の青い光を放出するはずである（また多くのX線やガンマ線も発するはずだ）。マックス・プランクが計算してみると、消えつつあるキャンプファイアは実際に青い光を出すように見えるはずだという結果が出た。なぜなら、理論的にいうと、長い波長の赤い光よりも短い波長の青い光の方が熱い薪の周囲の空間に多く入り込むからである。しかし、これは現実と一致しなかった。古典電磁理論に何か誤りがある、とプランクが考えたのは正しかった。[2]

プランクはこの難問に過激な救済策を提出した。プランクは、光はどういうわけか波のようにふるまう構成要素、つまり粒子を含むと提案した。光波のこの小さい要素は、今日われわれが呼んでいるように、**量子**、すなわち**光子**と名付けられた。プランクの提案によると、それぞれの光子は光波の振動数に比例して増加するエネルギーをもち、そのエネルギーは$E=hf$という方程式で表される。ここでEは光子のエネルギー、hは基礎定数、fは振動数である。光の強さは光波中の**光子の総数**の尺度である。光波はある数の光子を含んでいるはずで、全エネルギー $E_{total}=Nhf$ をもつ。すなわち、波の全エネルギーは、光子の数(N)に定数 h を掛け、それに各光子の振動数(f)を掛けたものに等しい。光波が強くなればなるほど、光子の数も多くなる。しかし、それぞれの光子のエネルギーはその**振動数**によって決まる。青い光子は赤い光子よりも大きい振動数、したがって大きいエネルギーをもつ。この仮説によって、消えようとしているキャンプファイアの薪では、なぜ青い光が赤い光より生じにくいかが「説明」できる。低エネルギーの赤い光子は低温でも容易に生じるのに対して、エネルギーのより高い青い光子は低温では生じにくい。

初めのうち多くの人々は、プランクの着想は熱に関係することだけに当てはまると考えた。だが他の分野で多くの実験が行われるにつれて、光のエネルギー含量に関する問題はいっそう重要になった。いちばん厄介な問題の一つは**光電効果**だった。金属に光を照射するだけで、その金属から電子を容易にたたき出せることが物理学者によって見いだされた。この光電効果は、光を電気信号に変える現代のテレビカメラやデジタルカメラの基礎になった。しかし、電磁放射の古典論では、光電効果の説明がつかなかった。

金属に光を照射するとき、赤い光は電子を飛び出させないが、青い光は電子を飛び出させることが見いだされた。実際、光が青みを帯びているほど、飛び出した電子にはそれだけ多くのエネルギーが含まれていることがわかった。古典論によれば、光のエネルギーは光の波長、つまり色とは関係がないから、光の色によってこのような差が出るはずはなかった。金属にどれほど明るい赤い光を照射しても、電子は飛び出してこなかった。しかし暗い青い光を照射すると、金属の表面から少数の電子がたたき出される。明るい青い光なら、金属から多数の電子が飛び出す。

アインシュタインは彼の「驚異の年」である一九〇五年に（この年にアインシュタインは特殊相対性理論の発表を含む五編のノーベル賞級の論文を提出した）、プランクの新しい概念が光電効果をみごとに説明することに気づいた。金属中の電子は個々の光子と衝突する。もし一個の光子が金属から電子をたたき出すのに十分なエネルギーをもっていなければ、どれほど多くの光子があっても電子は飛び出さない。したがって、非常に強い赤い光を照射しても、つまり光子の数は非常に多くても各光子のエネルギーが小さいと、電子をたたき出すことはできないのだ。

これに対して、光が青く、したがって各光子が大きいエネルギーをもっていれば、電子にぶつかる各光子は金属から電子を飛び出させる。光子をほとんど含まない暗い青い光はわずかな電子を飛び出させるだけだが、多くの光子を含む強い青い光を使えば、多くの電子をたたき出すことができる。われわれは実際に、飛び出した電子を数えることによって、光子を数えることができるのだ。後にアインシュタインはノーベル賞を受賞したが、それは特殊相対性理論あるいは一般相対性理論に対してではなく、光電効果の解釈に対してだった。

すでに述べたように、マックス・プランクは熱で生じる光の色の解析から、量子力学を定義する「魔法の」定数を生み出した。この定数は**プランク定数**と呼ばれ、hで表される。[3] プランク定数は、ある振動数に対する光子のエネルギーを示している。実際、プランク定数と光速度は、今日でもおそらく自然における最も重要な物理定数である（ひも理論で質量の基礎スケールを定めるニュートンの重力定数が多くの理論家によって同じように基本的な重要性をもつと考えられている）。定数hは、われわれが物理学で「小さい」という表現で意味する世界への境界、つまり量子的ふるまいのはじまりを定めている。（特殊相対論の効果がニュートン力学の効果に取って代わるときの光速度によく似ている）。もしある物理系の運動が、それに関わるエネルギーと時間のスケール（あるいは運動量と距離のスケール）を掛け合わせたとき、hくらいかhより小さい結果を生じるなら、われわれは**量子の世界**に踏み込んでいることになる。

hの物理的な値は6.626068×10^{-34} kg・m²・s⁻¹と正確に測定されている。これはきわめて小さい数で、量子の世界を規定する微小な距離、時間、エネルギー、あるいは運動量のスケールを特徴づけている。

ますます奇妙になる量子論

こうして初期の量子論が姿を現しはじめた。これまでのところ、量子論は光のふるまいだけに関係があると思われていた。光の場合に、波と粒子のふるまいのパラドックスが最も目立っていたからである。しかし、「周期的な」つまり振動するふるまいをともなう他の状況でも、このパラドックスが起こっているに違いなかった。

今日われわれは、すべてのものが原子から構成されていることを知っている。蚊のまつげにもおそらく一〇億個ほどの原子が含まれている。原子の構造についての新しい描像が形成されはじめていた。プランクやアインシュタインの時代までに、原子構造のいくつかの特徴が実験からおおよそ明らかになっていた。一九〇六年から一九一一年にかけてケンブリッジ大学のアーネスト・ラザフォードが行った一連の重要な実験によって、原子の中心には**原子核**と呼ばれる微小な中心核があり、そこに原子の質量の九九・九八パーセントが集中していることがわかっていた。[4] 原子核は大きな正電荷をもっており、一八九八年にJ・J・トムソンによって発見された負電荷をもつ電子が原子核の周囲をまわっていることも、おおよそ理解されていた。原子は太陽系に似ていて、中心に太陽のような原子核があり、その周囲を惑星のように電子がまわっていることが明らかになりつつあった。しかし、電磁気とエネルギーに関するマクスウェルの理論から得られる描像には、やはり深刻な理論的問題があった。

軌道をまわっている電子は、加速しなければならない。すでに述べたように、あらゆる円運動は、速度が時間とともに連続的に方向を変えるから、加速運動である。そしてマクスウェルの電磁理論によれば、加速電荷は電磁波、つまり光を放出するはずである。計算すると、**電子の軌道エネルギーのすべて**が電磁波としてすぐに放出されてしまう。そのためマクスウェルの電磁理論によって、電子の軌道、そして原子自体が、崩壊するはずである。このような崩壊した原子は、化学的には死んで、使いものにならない。電子、原子あるいは原子核のエネルギーについては、古典論ではやはり何も理解できないように思われた。

さらに一九世紀の科学者には、原子は一定の色をもつ独特のスペクトル線だけからなる光、つまり独特の（**量子化された**）値の波長（または振動数）の光だけを放出することが知られていた。原子には特別の電子軌道だけが存在し、原子が光を放出したり吸収したりすると、電子はこれらの軌道の間を飛び移るように見えた。ケプラー流の軌道のイメージでは軌道が連続的に存在できるから、放出される光の連続スペクトルが予想される。しかし原子の世界は「デジタル」であって、ニュートン物理学の連続的に変化する世界とはまったく違っているかのようだった。

一九一一年、若い研究者だったニールス・ボーアはケンブリッジ大学へ移り、その後アーネスト・

ラザフォードのもとで研究をつづけた。ボーアは、光電効果や熱い鉄の色の難問を量子論が解決したように、原子の問題も量子論が解決するだろうと確信していた。ボーアの考えは、電子の軌道は実際に粒子――太陽の周囲をまわる惑星――の軌道に似ているが、逆説的だが同時に波にも似ているというものだった。それでは、新しい量子論の概念をどのように適用すればよいのだろうか？　ボーアは、原子核である一個の陽子とその周囲をまわる一個の電子からできている最も簡単な原子――水素原子――に焦点を合わせた。

一九一一年にボーアは、もし電子の運動が波の運動に似ているとすれば、電子がその軌道の完全な一周期（軌道の円周）を進む距離は、波として眺めた電子の運動の**量子波長**の独特な数でなければならないことに気づいた。ボーアの主張によると、この波長は、軌道上の電子の運動量とプランク定数で結びついている。つまり、電子の運動量は、プランク定数hを量子波長で割ったものに等しい。原子の謎を解く鍵は、電子の運動量が波長の整数倍に等しい軌道円周と一致しなければならないことである。したがって電子の運動量は、軌道の大きさに関係する特別の値だけを取ることができる。楽器が音を出す場合もこれと同じで、ある大きさの金管楽器、ある直径のドラムの皮、あるいはある長さの弦からは、ある特別な波長の音だけが出る。

このような考察からボーアは、固有のエネルギーをもつ特定の不連続な軌道だけが原子内の電子の運動に対して許されることをすぐに発見した。電子は一度にこれらの軌道の一つだけしか占めることができない。しかし、電子は軌道から軌道へ飛び移ることができ、そのとき光を放出したり吸収したりする。ボーアは放出される光子のエネルギーを予測したが、その値は、高温に加熱された水素ガスから放出された光の観測値と正確に一致した（水素ガスの加熱には通常、ガスを含む管内で電気火花を起こす）。こうして水素原子の基本的な性質が明らかになったが、細部についてはまだ多くのことが謎として残されていた。量子力学が本当はどういうものかということは不明のままだった。量子力学の普遍的な真の法則はどのようなものか？　量子力学は軌道内の電子と光だけに当てはまるのか？　あるいは、もっと一般的なものなのか？

最終的に、**自然界のあらゆる粒子はどのような状況の下でも**、常に量子論的な粒子–波動としてふるまうことが明らかになった。一九二四年、若い大学院生ルイ・ド・ブロイが、電子は光のようにどのような状況の下でも量子論的な粒子–波動であり、したがって束縛されていない電子の波に似た運動では、光で見られるような回折と干渉の模様を観察することができるはずだと提案した。ド・ブロイは、パリのソルボンヌ大学へ提出したわずか三ページの博士論文のなかで、関係する方程式を述べた。解決の手がかりは、粒子の運動量は h をその波長で割ったものに等しいというボーアの着想のなかにすでに含まれていた。したがって粒子の運動量が与えられれば、波長を計算できるわけである。しかしその考えは、今や限定されるものではなくなった――円軌道を運動している粒子だけでなく、いつでも、どこでも、どのような粒子に対しても、この考えが適用できるようになったのだ。

ソルボンヌ大学の高名な教授陣はド・ブロイの博士論文をよく理解することができず、論文をそのまま退けて不合格にしようとした。幸いにも、だれかが論文の写しをアルバート・アインシュタインに送り、セカンドオピニオンを求めた。アインシュタインからの返事は、この青年は博士号よりノーベル賞を受けるに値するというものだった。おかげで、ド・ブロイは不合格にならずにすんだ。

自由に運動している粒子の波動性は、一九二七年、ベル電話研究所のジョゼフ・デーヴィソンとレスター・ガーマーの有名な実験で実際に観察された。電子が金属単結晶の表面から跳ね返されるとき、光波のように回折現象を生じることが見いだされたのだ。これは驚くべき結果だった。電子が粒子以外のものであるとは、これまでだれも問題にしなかったが、電子もまた波のようにふるまった。その後一九二九年に、ド・ブロイは実際にノーベル賞を受賞した。量子の謎のいくつかが解かれて、自然のまったく新しい現実が姿を現そうとしていた。

不確定性原理

ここで、量子力学の世界にもう一つの奇妙な現象が現れる。エミー・ネーターが彼女の定理を証明し、抽象代数学の分野で研究を進めていたゲッティンゲン大学で、量子力学の法則が定式化されつつあった。ヴェルナー・ハイゼンベルクという名の素晴らしい理論家も、ゲッティンゲン大学で量子力学を明確に定義する数学の体系を発展させていた。ハイゼンベルクは新しい量子力学の法則から、否定しがたい不確定性が物理学に生じることを見いだした。

この不確定性を理解するために、思考実験（すなわち「ゲダンケンエクスペリメント」）を行ってみよう。プランク定数がすでに述べたような微小な量ではなく、大きな量であると仮定する。プランク定数の値を一単位と仮定するが、その単位系では質量の単位は自動車の質量、長さの単位はネブラスカ州の距離、時間の単位は一時間としよう。われわれがイリノイ州北東部のシカゴからコロラド州中部のアスペンへ自動車旅行をするとして、ネブラスカ州を横断するとき、どのようなことを経験するだろうか？

ネブラスカ州中部のどこかで州間高速自動車道80号線のマイル標識を通り過ぎるとき、自動車の速度を測るとしよう。自動車の速度計はちょうど時速六〇マイルを示していたとする。何回も速度計を確認してから、クルーズ・コントロール（車速設定装置）を時速六〇マイルに設定する。われわれの自動車はドイツ製のすぐれた輸入車で、速度計に狂いはない。購入するために大きなローンを組んだのだ。この速度計は正確である。

さて、窓から近くの道路標識を見ると「一八六マイル地点」と書いてあるから、われわれはネブラスカ州東部のオマハから西へいくらか進んだところにいる。つまり、高速自動車道80号線上のわれわれの位置を正確に測定したわけだ。同じ瞬間に速度計の表示を見ると、驚いたことに、われわれは時速二五〇マイルで走っている。

速度計を再確認して、クルーズ・コントロールを再設定する。また窓の外を見て、もう一度次の道路標識でわれわれの位置を確認すると、「三〇マイル地点」と書いてある。われわれは西へ進んでいて、二時間前にオマハを通過したにもかかわらず、実際には逆戻りして、今はオマハの近くにいるというのだ。速度計を見ると、今度は時速一二マイルを指している。これは不可解である。止まってガソリンを補給し、われわれはアスピリンでも飲んだ方が良さそうだ。ところが、高速自動車道の出口に近づいてマイル標識を見ると、「三二〇マイル地点」となっており、今やわれわれはネブラスカ州の西の端、オガララの近くにいるのだ。

ガソリンスタンドで正しい位置に自動車を完全に止めようとすると、止めることができないことがわかる――われわれも、速度計も様子がおかしくなっていて、時速五〇マイル、次に四〇〇マイル、そして一三六マイルで進んでいる。ブレーキを強く踏んで、ようやく速度が完全にゼロになるが、窓の外を見ると、ぼんやりとしか見えない――オマハかと思うとカーニーで、コロラド州のロッキー山脈が見えたかと思うと、ここはシカゴなのだ。われわれは静止していて速度は完全にゼロになっているが、しかし同時に空間のどこにでもいる。もう一度最終的にガソリンスタンドで正確にわれわれの位置を確認すると、同時にいろいろランダムな速度になってしまう。われわれは、**正確な速度**（または運動量、運動量は速度と質量の積であることを思いだそう）で**正確な位置**にいることはできないようである。

速度計に一定の速度が表示されていることを確かめて、速度（または運動量）を正確に測定するたびに、空間のわれわれの位置にランダムな変化が起こってしまう。また近くのマイル標識を見て空間におけるわれわれの位置を正確に知るたびに、われわれの運動量（速度）がランダムに変わってしまう。

これはとても奇妙な恐ろしい状態で、評判になったロッド・サーリングのSFドラマシリーズ『未知の世界／ミステリーゾーン』に出てくるような状景であるが、もしプランク定数がこのような大きい数だったとすれば、これは嘘偽りのない現実のはずである。そのときには、われわれ自身が量子論的な粒子‐波動になるに違いない。ありがたいことにプランク定数はきわめて小さい数であり、電子のような微小な粒子だけがこの運命に耐えなければならない。

量子力学では、これは**現実**である。電子の運動量を正確に知ることはできるかもしれないが、そのときには電子が同時にあらゆる場所に存在する。あるいは、電子がどこに存在するか正確に知ることはできるかもしれないが、そのときには電子の運動量（速度）が同時にあらゆる可能な大きさになる。われわれは二つの量の不確定さを同時に釣り合わせながら、電子を空間のある範囲に「ある程度」局在化することができ、その運動量を「ある程度」知ることができる。しかし、電子を閉じこめる範囲が小さくなれば、その運動量の不確定さはそれだけ大きくなる。したがって、小さい体積に電子を閉じこめようとすると、運動量の不確定な揺れはそれだけ大きくなるから、電子を小さい体積に閉じこめるには巨大な力が必要になることがわかる。

実際、原子は電磁気力によってうまくバランスを取って、電子を**軌道**空間に局在化させ、その運動量がランダムに変動するとき十分な力で電子をそこに保持する。これが量子力学では原子が崩壊しない理由である（これに対してニュートン力学ではプランク定数がゼロで、原子は崩壊する）。したがって、原子のなかの電子の軌道は、太陽の周囲をまわるケプラーの惑星軌道のようなものではない。電子の軌道はぼやけたもので、とらわれた波であり、電子が明確な位置と運動量を同時にもつことはない。このため、原子核のまわりの電子の運動を「電子雲」と呼ぶことが多い。

もっと正確に言うと、運動量の不確定さと位置の不確定さとの積は、プランク定数を2で割ったものより常に大きい。この効果は**ハイゼンベルクの不確定性原理**として知られている。[5] 強調しておくが、この効果は現実のもので、よりよい計器を使ったり装置をうまく調整したりすることによって、取り除くとか減少させるとかすることはできない。物体の運動量（速度）をより正確に決定すれば、その位置はその分だけ不正確にしかわからず、逆の場合も同じである。運動量の不確定さと位置の不確定さのとの積、それがプランク定数である。

運動量と波長（あるいは運動量の不確定さと位置の不確定さ）の間の逆相関には実用的意義がある。非常に小さいものを調べるためには、調べようとするものより小さいプローブ（探針）をつくる必要がある。そのため顕微鏡の場合でも、用いるプローブの波長は、調べようとする対象より小さくなければならない。[6] 可視光線の波長は約 $5\times10^{-5}=0.00005$ センチメートルなので、光学顕微鏡はこの距離スケールより小さい対象を解像することは**できない**。生物学の研究室で顕微鏡を使って細胞核の一部を調べようとすると、それらはこの距離スケールと同じくらいになるので、ぼんやりとしか見えない。対象がさらに小さくなれば、まったく解像されない。最も高価な光学顕微鏡を使ったとしても、この不鮮明さはなくならない。これは光の波動性と、見ようとするものより大きい波長のせいである。

しかしド・ブロイが示したように、電子は波のような性質をもっており、細胞核よりずっと小さいきわめて短い波長の電子をつくることはむずかしくない。電子を**加速**して、テレビのブラウン管でつくられる電子くらいの運動量をもたせればよい。こうして電子顕微鏡は、光学顕微鏡よりはるかに明瞭にごく微小なものを解像することができる。さらに小さい対象をさらに短い距離で観察するには、より大きい運動量のプローブ、したがってより高いエネルギーが必要になる。そのため、原子核のなかの物質の構造を研究するには——きわめて微小な量子論的波長のプローブをつくるためには——強力な大きい粒子加速器が必要である。粒子加速器と検出器は、まさに巨大な顕微鏡である。

波動関数

それでは、もし粒子が波のようにふるまうことができるとすると、いったい何が振動しているのだろうか？

空間の非常に大きい領域に電子が一個だけあると仮定する。これは**近似**であって、一個の粒子が他のものから孤立しているかのように扱う。実際、これはすべての自由に運動している粒子に対するかなりよい近似である。ここでいう粒子とは、空間（近似の度合いが低くなるが金属や気体のような物質中でもよい）を自由に動きまわっている電子、光の粒子（光子）、中性子、陽子、（粒子と見なした）原子などである。

このような孤立した粒子はどのように記述されるのだろうか？　古典物理学のニュートンや特殊相対論のアインシュタインなら、時刻 t にその粒子は空間の位置 x にある、と簡単に言うだろう。そうすれば「運動方程式」によって、しばらく後の時刻 t' における粒子の位置 x' が決まる。この記述は物体の粒子的な面を強調しているが、波動的な面をまったく見逃している。このような記述は量子力学では捨て去らなければならない。

しかし物理学者は、量子力学の誕生以前の長い間、（きわめて多数の粒子を含む）空気中の音波のような、連続媒質中の（古典的な）波を記述してきた。たとえば、海洋の水の波を考えよう。この波は、波の振幅を表す数学的な量 $\Psi(x, t)$ で記述される（ギリシア文字 Ψ はプサイと読む）。数学的には $\Psi(x, t)$ は関数で、空間の点 x と時刻 t における海水面に対する水の波の高さを示している。進行波の波形は自然に生じる——それは実際には運動が妨げられときの水の運動を記述する方程式の解である。砕ける波、津波、またはいろいろな形の水の波も同じで、いずれも水の「波動関数」$\Psi(x, t)$ を定める微分方程式によって記述されるが、これは点 x と時刻 t における水の高さまたは振幅である。$\Psi(x, t)$ のような波の概念を盗用して、この概念を量子力学で利用できれば好都合である。しかし、盗用を行うときに、最初は考え方の上で混乱が生じた。

数学の才能に恵まれた物理学者エルヴィン・シュレーディンガーはド・ブロイの主張に興味をそそられ、一九二四年、教授を務めていたチューリヒ大学でこの問題について専門家会議を開いた。参加者の一人が、もし電子が波のようにふるまうのなら、水の波を記述する波動方程式のような、電子の波を記述する**波動方程式**があるはずだと提案した。

シュレーディンガーはすぐにその関連性を理解し、ハイゼンベルクの近づきがたい数学的形式が実は波動擾乱を記述するおなじみの方程式によく似た形で表されることに気づいた。したがって少なくとも形式的には、量子論的粒子の正しい記述は、シュレーディンガーが「波動関数」と呼んだ新しい関数 $\Psi(x, t)$ を必要とすると言ってもよい。シュレーディンガーによって解釈されたように量子力学の道具立てを使って――つまり「シュレーディンガー方程式」を解くことによって――、粒子に対する波動関数を計算することができる。[7] しかし、この段階では、量子論の波動関数が何を表しているかということは、まだだれにもわかっていなかった。

したがって量子力学では、時刻 t に粒子が位置 $\vec{x}$ にあるとはもはや言えない。正しくは粒子の運動の量子状態は波動関数 $\Psi(x, t)$ であると言うべきで、これは時刻 t での位置 $\vec{x}$ における**量子振幅** Ψ である。粒子の正確な位置はもはやわからない。波の振幅がある特定の位置 $\vec{x}$ で大きく、他のどこでもゼロに近いとすれば、その場合に限って粒子はその位置に局在していると言うことができる。一般的には、波動関数は図22の進行波のように空間に広がっていて、原理的に粒子がどこにあるか正確にはわからない。量子力学の発展のこの段階では、シュレーディンガーをはじめとする物理学者たちは、波動関数が現実には何であるのかまだよくわかっていなかった。

しかし、ここで、進んでいく道の前方に量子力学の特徴とも言うべき予想外の展開が現れる。シュレーディンガーが見いだしたように、粒子を記述する波動関数は波の場合のように空間と時間の連続関数であるが、普通の実数では**ない**数値を取る。このことは、水の波や電磁波と大いに**異なる**。これらの波は、空間と時間の各点で常に**実数**である。たとえば水の波の場合には、谷から山までの波の高さが三メートル、したがって振幅は一・五メートルと言うことができ、小型船への注意報が出されるだろう。またわれわれは、接近する津波の海辺での振幅は一五メートルで、巨大な波であると言う。これらの振幅はさまざまな器具で測ることのできる実数であり、われわれはその数値が意味することを理解する。

ところが、量子波動関数は、その振幅に対して**複素数**と呼ばれる値を取る。(8) 量子波に対しては、空間の特定の点におけるその量子波の振幅は $3+5i$ である、などと言わなければならない。ここで $i=\sqrt{-1}$ で、つまり i は二乗したとき -1 になる数である。(実数)+(実数×i) という数が複素数である。ピタゴラスでも複素数には悩むに違いない。実際にはシュレーディンガーの波動方程式そのものが基本的に必ず $i=\sqrt{-1}$ を含み、そのために波動関数が複素数になる。量子力学の前途に現れたこの予想外の数学的展開は、避けて通ることができない。(9)

このことは、量子力学的な粒子の波動関数を直接測定することは決して**できない**、ということを強く示唆している。実験でわれわれが測定できるのは、常に実数に限られているからだ。こうして、波動関数の解釈がこれまで以上に重要な問題になった。熟達したドイツの物理学者マックス・ボルンがこの問題に答えた。一九二〇年代にゲッティンゲン大学でヴォルフガング・パウリやヴェルナー・ハイゼンベルクとともに研究していたボルンは、これまで量子力学に力を与えると同時に量子力学を悩ませてきた波動関数に物理的解釈を与えた(同じ頃エミー・ネーターもゲッティンゲンで研究生活を送っていた)。ハイゼンベルクの不確定性原理に強い影響を受けたボルンは、波動関数の(絶対値の)二乗――常に正の実数――が、特定の時間に空間の与えられた点に**粒子を見いだす**確率であると提案

した。すなわち

$|\Psi(\vec{x}, t)|^2$＝時刻 t に位置 $\vec{x}$ に粒子を見いだす確率

ということである。

シュレーディンガーの波動関数に対するボルンの解釈は、粒子の概念と波の概念をしっかりと組み合わせている。またその解釈は、物理学者のものの見かたによっては、恐ろしいことでもあり屈辱的なことでもある——物理学は今や**物理理論の基本要素**として確率を扱わなければならないのである。粒子のありふれた位置と運動について、もはや正確に述べることはできない。物理法則そのものによって、物理実験の結果について限定された情報で満足しなければならない。ニュートンやアインシュタインの言い方とは違って、時刻 t における粒子の正確な位置 $\vec{x}$ について語ることはできないのだ。もっと正確に言うと、今や得られるすべての情報は $\Psi(\vec{x}, t)$ ——時刻 t での位置 $\vec{x}$ における量子波動関数の値——に記号化されており、その絶対値の二乗だけが測定可能である。実は**量子力学**という用語をつくり出したのはマックス・ボルンだった——ボルンはポピュラーミュージック歌手オリヴィア・ニュートン＝ジョンの祖父でもあった。[10]

量子力学は本質的に確率的な理論である。物理学は原子レベルでは確率だけを予言できるという考えは、古典物理学からの哲学的逸脱があまりに大きかったために、新しい考え方が物理学者に受け入れられるまでに何年かの期間（と悲嘆）を要した。

例を挙げよう。ある晴れた日に、あなたが繁華街を歩いているとしよう。たまたまデンマーク人のケーキ屋の前を通り、ショーウインドー越しにおいしそうなデーニッシュペストリーが並んでいるの

を見る。またショーウインドーにあなた自身の姿がかすかに、しかし識別できる程度に映っているのも目にはいる。何が起こっているのだろうか？　太陽の光、つまり光子の流れがあなたの顔に当たり、その一部が反射してショーウインドーへ向かう。ショーウインドーでは、多くの光子がガラスを通って進み、店内のラズベリーチーズスワールを照らすが、光子の一部はガラスで反射してあなたの目に戻り、あなたは自分自身の姿を見ることになる（「うーむ、太りすぎだな――やはりペストリーはやめておこう」）。一個の光子を問題にしない限り、これはみな妥当な古典物理学である。しかし特定の一個の光子に注目すると、その光子がガラスで反射されるのか、あるいはガラスを通り抜けるのかということは、何によって決まるのだろうか？

シュレーディンガーの波動方程式を解いた後の答えは衝撃的である。**一個の光子の波動関数の一部はガラスを通り抜け、一部は反射される。**したがって、その光子がガラスを通り抜ける確率を言うことができるだけなのだ。ガラスを通り抜ける波動関数の部分の二乗が九八パーセント、反射される波動関数の部分の二乗が二パーセントとしよう。光子そのものは二つの部分に分裂しない――片方が通り抜けて、もう片方が反射されるということは起こらない。しかし、波動関数は二つに分かれるのだ。光子は明確にガラスを通り抜けるか、明確に通り抜けないかのどちらかであるが、われわれが計算できるのは、その結果の確率だけであって、明確な結果ではない。量子力学の答えは次のようになる。ガラスと光子、さらにデーニッシュペストリーについて、知るべきことがすべてわかったとしても、ガラスで反射される光子あるいは通り抜ける光子の確率を計算すること以上のことは決してできない。

物理的現実のこの確率的性質のために、アインシュタインは決して量子論を受け入れなかった。

「どんな場合でも、私は神がサイコロ遊びはしないと確信している」とアインシュタインは宣言した。しかし、ケーキ屋のショーウインドーに当たる光子の場合には、反射するか通過するかを決めるのは実際には投げられたサイコロであることがわかっている。量子論は一九二〇年代に大発展を遂げたが、アインシュタインの「驚異の時代」、彼の世界をゆるがす洞察の時代は本質的にはすでに終わっていた。今日、すべての物理学者は（ごく一部の非主流派を除いて）量子論の圧倒的な有効性を認めている。

束縛状態

古典力学での粒子は、力によって**束縛状態**に閉じこめられる。このことは太陽の周囲をまわる惑星の軌道についてすでに述べたが、この場合、惑星は重力によって太陽に引き寄せられている。あるいは、惑星は太陽のまわりの重力ポテンシャルのなかを運動していると言ってもよい。原子についても同じようなことが起こっているが、この場合にはボーアの離散的運動状態になる。粒子の波のようなふるまいという観点からすると、束縛状態はどのようにして起こるのだろうか？

このことを理解するためには、細長い分子に束縛された一個の電子という非常に簡単な例を考えるのがいちばんよい。細長い分子に閉じこめられた電子の波動関数の形は、はじかれたギターの弦の運動の形とまったく同じであることがわかる。実際、ギターの弦の振動について考えることによって、閉じこめられた電子のエネルギー準位を簡単に求めることができる。

量子粒子、たとえば電子が、**一次元ポテンシャル井戸**と呼ばれる幅の狭い細長い溝に落ちると仮定しよう。つまり、電磁気力と細長い分子中の原子の配置のさまざまな力によって、電子の許された位置が制限され、電子はこの限定された領域内しか運動できないと考える。

溝の制限された長さをLとし、当面はこの溝に（古典的な）テニスボールが落ちたと考えよう。テニスボールははずんで、溝の一方の端からもう一方の端へ転がり、端の壁にぶつかって方向を変え、逆方向へ転がって反対側の端の壁にぶつかる。もしこれらの衝突が完全な**弾性衝突**で、ボールの運動エネルギーが保存されるとすれば、ボールは片方の端で跳ね返されて方向を変えて転がり、またもう片方の端で跳ね返されて、溝のなかを行ったり来たりいつまでも転がりつづけるだろう。エネルギーがゼロになるとテニスボールは自然に止まり、溝のどこかに静止する。しかし、このテニスボールを、小さいが深い溝に閉じこめられた電子と概念的に置きかえてみると、量子効果が重要な意味をもってくる。

クロゼットからほこりをかぶった古いギターを取り出してこよう。少なくとも一本の弦が切れずに残っていれば役に立つ。ギターの弦は二箇所で固定されている。つまり一箇所はブリッジで、もう一箇所はネックの端のナットである。弦をはじくと振動して音を出す。ギターの弦の振動は**閉じこめられて**おり、**定在波**である。実際、もし弦の長さが無限大であれば、弦をはじいて進行波を無限遠まで弦に沿って送ることができ、これは量子力学で何もない空間を自由に進行する粒子を表している。しかしギターの弦は、ナットからブリッジまで張られて一定の長さをもつ。この長さをLとしよう――平均的なギターなら普通は約一メートルである。

ギターの弦の中間点を、とがったピックでなく、なるべく親指で軽くはじく。はじかれたことによって、弦の**最低振動モード**が生じる。これは、溝に閉じこめられた電子の運動の最低量子エネルギー状態に相当する。この振動モードは、図23からわかるように、$\lambda=2L$ の波長をもつ（ギリシア文字の λ はラムダと読む）。このことは長さ L が波長全体のちょうど**半分**であることを意味する（つまり L には山または谷が一つだけしかないが、完全な波長には山と谷の両方がある）。このモードは系の**最低モード**、または**最低エネルギー準位**、または**基底状態**であって、ギターのはじかれた弦のいちばん低い音に相当する。この波の形が図23に示されている。

今度はギターの弦の振動の第二のモードを考えよう。このモードは $\lambda=L$ という波長をもつ。つまり図23からわかるように、長さ $\lambda=L$ のなかに山と谷の両方がある。多少の根気を要するが、実際にギターの弦に第二のモードを起こすことができる。弦の中間点に指を軽く当て、指とブリッジの中間をはじき、素早く指を離す。指で弦の中心が振動しないようにするわけで、これが振動の第二のモードの特徴であることがわかる（このような静止した点を波動関数の**節**（ふし）という）。弦のこの振動によって、最低モードより一オクターブ上の、気持ちのよい、いくらかハープに似た清らかな音が生じる。この振動は波長がより短いから、量子粒子の第二のモードは最低モードより大きい運動量をもち、したがってより高いエネルギーをもっている。もし適切な量のエネルギーをもつ光子をわれわれの電子に当てれば、電子を加速して第二のモード、つまり系の**第一励起量子状態**へ飛び移らせることができる。同じように、電子は光子を放出して、この励起状態から基底状態へ移ることができる。

次の高いエネルギー準位は、ギターの弦の振動の第三のモードである。これは完全な波の一・五倍で、$\lambda=2L/3$ を意味する。ギターでこの波を起こすためには、ナットの下の弦の三分の一のところを指で押さえ、ブリッジと指との中間点をはじき、素早く指を離せばよい。そうすると、非常に弱い清らかな五番目の音（弦がハ音にチューニングされていれば、この音はハ音の上の第二オクターブのト

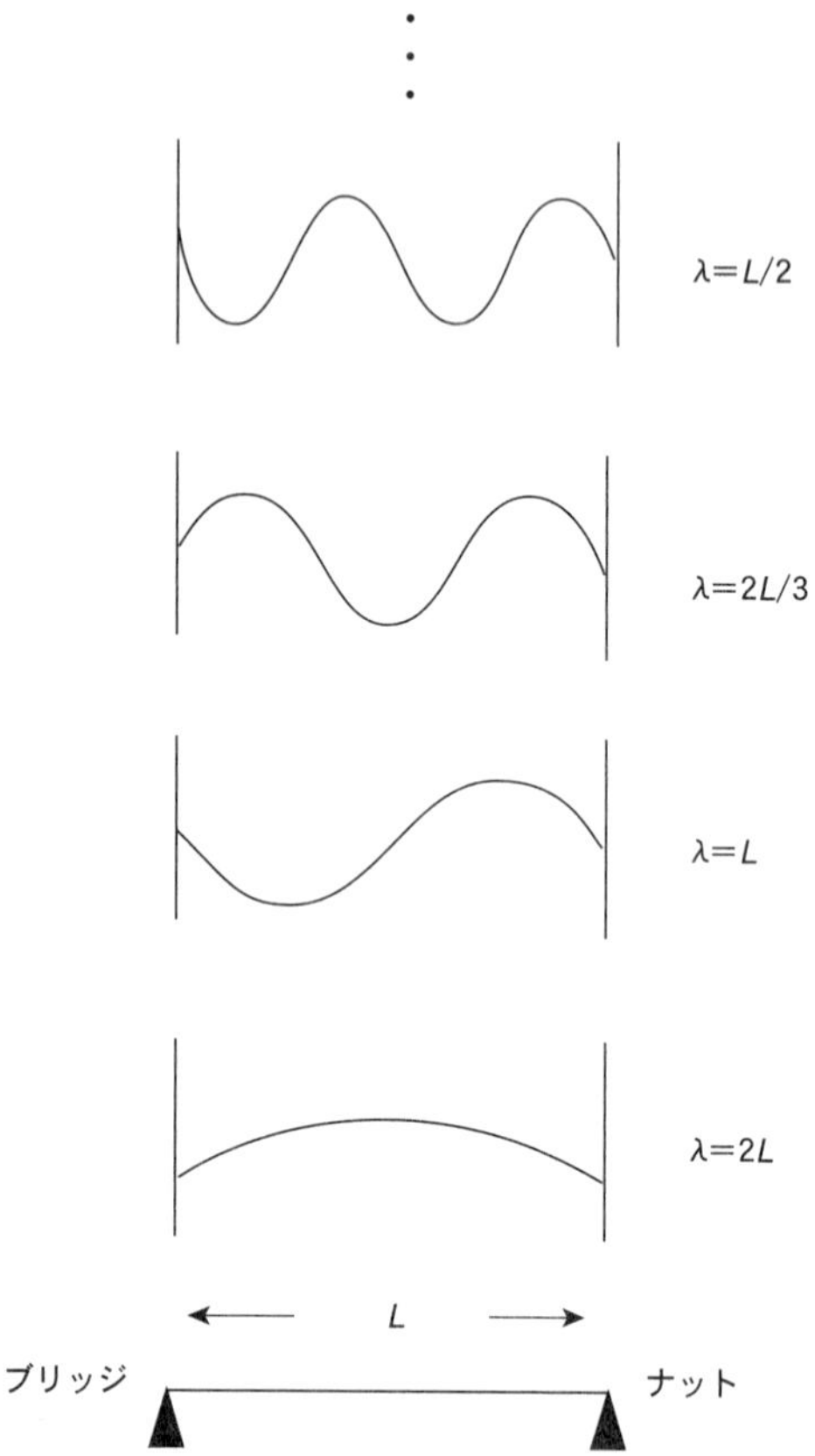

図23　ベーターカロテンのような細長い有機分子のポテンシャル井戸に閉じこめられた電子を表すギターの弦。ギターで出せるそれぞれの音に対応する弦の振動の形は、電子の波動関数の形と同じである。電子のエネルギーは、波長が短くなるとそれだけ増加する。電子は一定のエネルギー（2つのエネルギー準位間の差）の光を放出して、異なる運動状態の間を遷移する、つまり飛び移ることができる。

音）が聞こえるはずである。したがって、この振動はさらに短い波長、それに応じてより大きい運動量に対応しており、そのためエネルギーもそれだけ大きい[11]。適切な量のエネルギーをもつ光子をわれわれの電子に当てれば、光子は電子をやはり他の励起状態からこの状態に移行させる。またこの電子は、光子を放出して、この励起状態からより低いエネルギー状態へ飛び移ることができる。

さらに大きいエネルギーを用いれば、電子を第四、第五、第六、そしてさらに高いエネルギー準位に移らせることができる。これらの準位はそれぞれギターの弦の振動のより高いモードに相当する。最終的に電子は十分なエネルギーを獲得してポテンシャルを脱出し、自由粒子になる（その波動関数はこの場所から離れていく）。この場合、その系は**電離**したという。

一次元の溝に閉じこめられた電子というこの例とまったく同じようにふるまう現実の物理系がある。ニンジンのオレンジ色をつくりだしているる分子はベータカロテンと呼ばれる細長い有機分子であるが、このような分子ではいくつかの炭素原子の外側の軌道にある電子が離れていて、細長い溝に閉じこめられた電子のように、分子の長さ全体にわたって運動する。この分子の長さは原子の直径の何十倍もの広がりをもつが、幅は原子一個の直径しかない。これは一次元ポテンシャル——電子が運動する深い溝のようなもの——によく似ている。電子が一つの量子状態からもう一つの量子状態へ飛び移るとき、この分子から放出される光子は、二つのエネルギー準位の差に相当する離散エネルギーをもっている。Lの値が大きい細長い分子の場合、これらの光子は赤い光および赤外線に相当する。似たような有機分子から放射される光子のスペクトルを測定すれば、長さのスケールLを決定することができ、その分子の構造を推定することさえ可能である。

一般に、原子のなかの電子のような束縛粒子は、離散的な量子化された運動状態の間だけを飛び移ることができる。したがって原子は、一定の離散エネルギーの光子を放出したり吸収したりすることができる。これらの離散スペクトル線は、簡単な手作りの**分光計**で観察できる。[12] また電子は、古典力学的なテニスボールと違って、基底状態でも静止していない。基底状態にある電子は、ある限定された波長、したがって限定された運動量、したがってまた運動エネルギーをもっている。この基底状態の運動は**零点運動**と呼ばれ、すべての量子系で起こっている。最低エネルギー状態にある水素原子の電子は運動しており、静止していない。われわれが**絶対零度**と言うとき、実はすべてのものがその基底状態にあるような温度を意味し、運動がゼロの状態のことではない。量子力学では基底状態においても、すべてのものが永久運動をしているからである。このことは永久機関をつくろうとした多くの人のおびただしい努力を弁護しているかもしれない――量子力学のおかげで自然は永久機関**である**。それにもかかわらず、エネルギー保存則とネーターの定理はやはり有効である――アクメ電力会社は量子の世界でもニュートン力学の世界と同じようにうまくいかない。

局在化された、つまりポテンシャルに閉じこめられたいかなる粒子も、ギターの弦の閉じこめられた波のようにふるまい、対応する量子化されたエネルギー準位をもち、特定の離散的な許された値だけを取る。これと同じことは、原子のなかに束縛された電子、原子核のなかに束縛された陽子や中性子、そしてまた陽子や中性子のなかに束縛されたクォークにも起こっている。粒子のなかに束縛されたクォークの場合には、クォークの運動の励起状態を表すエネルギー準位は、なんと実際には新しい粒子のように見えるのだ。そして**ひも理論**も結局は、ギターの弦の相対論的に理想化されたものである。クォークそのもの（および自然界のその他の本当の基本粒子）をひもの量子振動として説明できるのではないかと期待されている。練習さえすれば、あの古いギターからこのような素晴らしい音楽を聴くことができるのだ。

量子論でのスピンと軌道角運動量

角運動量は系または物体の回転運動の物理的尺度である。角運動量は物理学における保存量で、ネーターの定理によれば回転対称性から生じる。ニュートン物理学では連続的に変化する量である角運動量は、量子力学ではやはりその性格を根本的に変えて「デジタル」になる、つまり量子化される。

大きな古典力学的なジャイロスコープを考えよう。自転しているジャイロスコープは角運動量をもっている。古典物理学では、言うまでもなくジャイロスコープはわれわれが望むどんな連続的な値のスピン角運動量でももつことができる。しかしジャイロスコープがどんどん小さくなると、角運動量は最終的に、一家庭あたりの子供の平均数のような任意の値ではなく、一家庭ごとの現実の子供の数のような離散的な値をとる。量子力学では、角運動量は**常に量子化されている**。観測されたすべての角運動量は、プランク定数hを2πで割った$\hbar$（エイチバー、$\hbar=h/2\pi$）の離散的な倍数になっている。自然界に見られるすべての粒子のスピンと軌道の運動状態は、

$$0, \frac{\hbar}{2}, \hbar, \frac{3\hbar}{2}, 2\hbar, \frac{5\hbar}{2}, 3\hbar, \cdots$$

という離散的な値だけをとることのできる角運動量をもつ。角運動量は実際いつでも$\hbar$の**整数倍**かまたは**半整数倍**かのどちらかである。

ところで、このことは自転している地球の角運動量については何を語っているのだろうか？　本質

的には何も語っていない。地球の角運動量はプランク定数に比べて非常に大きいから、プランク定数に意味をもたせるような正確さでこの問いに答えることはできない。地球の全スピン角運動量は量子スピンの正確な値ではないので、問題は複雑でもある。地球は、周囲の環境と絶えず相互作用をする多数の原子からなる巨大な系である。地球の角運動量は、量子レベルで見られるような精密さでは測定されない。地球の角運動量は、一個の電子の永久につづく安定な角運動量とはまったく異なっている。きわめて微小な系、原子、あるいは素粒子そのもののレベルにおいてのみ、角運動量の量子化が観察されるのだ。

ある意味では、角運動量の量子化が起こるのは回転運動が限定されているからである——長いポテンシャル井戸に閉じこめられた電子によく似ている。われわれは系を三六〇度（2πラジアン）だけ回転することができ、そのとき系は出発点に戻る。これはまさに空間の対称性である。粒子は角度が〇から三六〇度（2πラジアン）だけ動く限定された角度間隔のなかで「生きて」いかなければならない。したがって限界のあるポテンシャル井戸のなかの電子の運動量が量子化されるのと同じように（運動量と直接結びついているエネルギーも同じ）、類似の量である角運動量は、回転の限界性によって量子化される。

角運動量は素粒子や原子の固有特性でもある。すべての素粒子は小型のジャイロスコープで、スピン角運動量をもっている。われわれは電子の回転を遅くすることも止めることもできない。電子は常に一定の値のスピン角運動量をもち、その大きさは正確に $\hbar/2$ であることがわかっている。われわれは電子をひっくり返すことができ、そのときにはスピンは反対の方向を指す、つまり $-\hbar/2$ になる。観測される電子のスピンの値はこれらの二つだけである。電子のスピン角運動量は $\hbar/2$ という特定の

量だけなので、電子はスピン½の粒子であるという。$\hbar$の**半整数倍**、つまり

$$\frac{\hbar}{2}, \frac{3\hbar}{2}, \frac{5\hbar}{2}, \cdots$$

の角運動量をもつ粒子は、これらの概念をつくりあげる上で貢献のあった優れた物理学者エンリコ・フェルミにちなんで、**フェルミオン**と呼ばれる。当面われわれに関係のあるフェルミオンは、電子、陽子、中性子（および陽子や中性子などをつくっているクォークのような後で出てくるいくつかの粒子）で、それぞれ $\hbar/2$ の角運動量をもつ。これらの粒子はいずれも、**スピン½のフェルミオン**と呼ばれる。

これに対して、$0, \hbar, 2\hbar, 3\hbar, \ldots$のような $\hbar$の**整数倍**の角運動量をもつ粒子は、著名なインドの物理学者サティエンドラ・ナス・ボースにちなんで**ボソン**と呼ばれる。ボースはアインシュタインの友人で、アインシュタインもやはりこれらの概念の一部を発展させた。後で述べるが、フェルミオンとボソンの間には大きな相違がある。代表的なボソンで、今われわれに関係のある粒子を挙げると、「スピン1」つまり $\hbar$の一単位の角運動量をもつ光子のような粒子（「ゲージボソン」と呼ばれる）がある。他に、まだ実験では検出されていないが、「スピン2」つまり$2\hbar$単位の角運動量をもつ重力の粒子グラビトン、そして「スピン0」つまりゼロ単位の角運動量をもつ中間子と呼ばれる粒子がある。量子論におけるすべての軌道は $\hbar$の整数単位、したがって$0, \hbar, 2\hbar, 3\hbar, \ldots$の角運動量をもっている。

同種粒子の対称性

宇宙、実験室、そして各家庭においてさえも、明らかに量子力学に支配されているとわかる大きな物理系が存在する。これらの特別な系では、微妙な量子効果が「平均化されてゼロ」にならずに姿を現している。

これらの巨視的に奇妙な現象のうちで最も興味をそそるのは、**超流体**と呼ばれるものである。超流体の例として、超低温の液体ヘリウムを挙げることができる(実際には質量数四の同位体 ^{4}He でないといけないし、また絶対零度近くに冷却されている必要がある)。テーブルの上のコップに超流体が入っていると、何か他の液体、たとえば水のように見える。しかし水と違って、液体ヘリウムの入ったコップを揺り動かすと、液体全体がコップの壁をはい上がり、縁を乗りこえ、外側の壁を伝わって下へ流れ出し、テーブルの表面で気化して見えなくなる。超流体を使えば、ポンプがなくてもひとりでにはたらく噴水をつくることができる。超流体は管をよじ登り、ビーカーに落ち戻り、いつまでも循環する。だが正味のエネルギー損失はないから、この現象はネーターの定理とエネルギー保存則にそむいていない——エネルギーは保存されている。この方法で余分のエネルギーをつくり出すことはできないので、アクメ電力会社の復活はあり得ない。液体ヘリウムは、液体として**流れ抵抗がまったくない**という意味で「超」流体である。液体ヘリウムは、液体全体が一つの共通する摩擦のない運動状態の集団にまとまったかのように見える。液体の原子が飛んでいるガンの大群のように、一斉にまとまって、まったく同じように運動するかのようである。実際、まさにその通りのことが起こっていて、すべての原子が単一の運動状態のなかで一緒に動いている――これは一般に**コヒーレント状態**として知られる気味の悪い量子力学的効果である。

超流体の市場価値のある用途はまだだれも見つけていないが、コヒーレント状態を利用する多くの関連する量子系が今では日常的に使われ、家庭でも見られる。たとえばレーザーは光のコヒーレント状態をつくり出す。レーザー光は強力な光線で、そのビーム中ではすべての光子がいわば光子超流体のように、完全にまとまって密集行進をしている。光子は粒子であり、そして波である。光子はそのどちらでもあり、どちらでもない――量子力学が命じるままにふるまう量子力学的粒子-波動である。レーザーはＤＶＤまたはＣＤプレーヤーのような装置の重要部分であり、これらの装置ではレーザー光によって大量のデータが高密度の光媒体に記録され、読み取られる。レーザーは、光ファイバーで光信号を伝えることによって、データ通信においてますます中心的な役割を果たしている。このことは「量子光学」が一人前になったことを意味し、量子光学はアメリカの国内総生産や生活水準の重要な要素になっている。

注目に値する大規模量子効果のもう一つの例は**超伝導体**である。超伝導体は、鉛やニッケルの合金のような、室温ではごく普通の金属の電気伝導体である。しかし、すべての量子論的粒子が最低エネルギー状態になる絶対零度近く（達成可能な最低温度）まで超伝導体が冷却されると、電流が量子コヒーレント状態になって流れる。超流体のように、電気の流れに対する抵抗がまったくなくなる。実際に、超伝導線を用いた磁石が医学画像装置で広く利用されている。このような超伝導磁石は、最初は大型の粒子加速器、とくにフェルミ研究所のテバトロンのために考案された。物理学者はその後「高温」超伝導体を発見したが、これらは絶対温度より何十度も高い温度でも超伝導を示す。高温超伝導体は将来の日常生活に大きな影響をもたらすに違いない。あの目障りな高圧送電線がいつの日かすっかり取り除かれて、地中の小さい高温超伝導ケーブルに取り替えられるだろう。将来、そういうことが実現すれば、発電所から消費者へ送電するときの損失はなくなるだろう。

これらの奇妙なマクロの効果は、物理的世界を形成する上できわめて重要な対称性――**量子力学における同種粒子の対称性**――の結果である。これは、量子力学が粒子を扱うときの扱い方の奇妙さである。量子論的粒子は非常に基本的なので、粒子に斑点、こぶ、その他の識別する目印がなく、粒子を互いに区別することは絶対にできない。超流動や超伝導のような独特なマクロ効果は、**ボソン**（整数のスピンをもつ粒子）に分類される粒子に付随する。同種ボソンは、本質的に、運動の同じ量子状態に何個でも入ることができる。光子とヘリウム4原子はボソンである。

これらの効果の起源を、シュレーディンガーの波動関数の言葉で対称性として理解することができる。二個の粒子を含む物理系を考えよう。たとえば二個の軌道電子をもつヘリウム原子でもよいし、二個の同種粒子を含むポテンシャルの溝でもよい。異なる位置にある二個の同種粒子に対する量子力学的波動関数 $\Psi(\vec{x}_1, \vec{x}_2, t)$ によって二粒子系を表す。マックス・ボルンによれば（そしてアインシュタインを悩ませたが）、ここでも波動関数の（絶対値の）二乗が空間のそれらの点に粒子を見いだす確率である。すなわち、時間 t に $\vec{x}^1$ および $\vec{x}^2$ に粒子を見いだす確率は $|\Psi(\vec{x}_1, \vec{x}_2, t)|^2$ である。

今度は一方の粒子を別の粒子と**交換**することを考えてみよう。言い換えると、二つの位置の交換 $\vec{x}_1 \leftrightarrow \vec{x}_2$ によって系の配置換えを行うわけである。したがって、新しい「交換された」系は、二つの粒子の位置を入れ替えただけの波動関数 $\Psi(\vec{x}_2, \vec{x}_1, t)$ で記述される。しかし、これは本当に新しい系なのか、あるいは最初の系そのものなのか？　つまり、これは新しい交換された系を記述する波動関数なのか、あるいは最初と同じ系を記述する波動関数なのか？

日常生活では、たとえば「犬」と呼ばれる生物種はその範囲が広く、二匹がたまたま同じ下位区分（品種）たとえばプードル種に属するとしても、その二匹が同一ということはない。プードルを犬小屋1に入れ、テリアを犬小屋2に入れるとすれば、テリアを犬小屋1に、プードルを犬小屋2に入れたときとは異なる系になる。ところが、すべての電子は互いにまったく同一である。電子はごく限られた情報量だけをもっている。電子発生装置から出てきたばかりの電子も、他の電子と**完全に**同一である。同じことが他の素粒子についても言える。したがってどの物理系も、このような粒子相互の交換に対して対称、つまり不変でなければならない。波動関数における同種粒子の交換は、**自然の基本的対称性**である。自然は全宇宙において二個の（またはもっと多くの）電子を区別しないのだから、ある意味で自然は電子の扱い方がたいへん単純である。

粒子が同一であるために、波動関数のこの「交換対称性」は物理法則を**不変**にしておくに違いない。このことは量子レベルでは、交換された波動関数が最初の波動関数と同じ観測確率を与えるに違いないということを意味する。すなわち$|\Psi(\vec{x}_1, \vec{x}_2, t)|^2 = |\Psi(\vec{x}_2, \vec{x}_1, t)|^2$である。しかしこの条件は、波動関数での交換効果にたいして、次の二つの数学的な解があり得ることを意味している。

$$\Psi(\vec{x}_1, \vec{x}_2, t) = \Psi(\vec{x}_2, \vec{x}_1, t) \quad \text{または} \quad \Psi(\vec{x}_1, \vec{x}_2, t) = -\Psi(\vec{x}_2, \vec{x}_1, t)$$

言い換えると、交換された波動関数は原理的に、**対称**つまりもとの関数の$+1$倍か、さもなければ**反対称**つまりもとの波動関数の-1倍かのどちらかであり得る。われわれが測定できるのは確率（波動関数の二乗）だけだから、どちらの場合も原理的に許される。

それでは、交換された波動関数はどちらなのか、$+1$か、あるいは-1か？　現実に量子力学は数学的に二つの可能性を許しているのだから、自然はこれら二つの可能性を提示する方法を知っているのだ。その結果はまったく意外である。

ボソンについて語る場合には、波動関数で二個の粒子を交換すると、規則では次のように正の符号になる。

同種ボソンの交換対称性　$\Psi(\vec{x}_1, \vec{x}_2, t) = \Psi(\vec{x}_2, \vec{x}_1, t)$

この結果から直ちに重要な物理的効果を予測することができる――二つの同一ボソンは空間の同じ点を占めることができる、つまり $\vec{x}_1 = \vec{x}_2$ である。したがって、$\Psi(\vec{x}, \vec{x}, t)$ はゼロではないのだ。事実、同じ空間領域に位置する多数のボソン（二つの大きな波動関数で記述される）を考えることによって、系のなかのすべてのボソンが占める可能性の最も大きい状態は**互いの上に積み重なる**状態であることを実際に証明できる。言い換えると、確率的な観点からすれば、空間の同じ小領域に、実際には空間のほとんど一点に、多数の同種ボソンを入れることができるのだ。あるいは同じように、それぞれのボソンが正確に同じ値の運動量をもつような一つの量子状態に、多数の同種ボソンを入れることが可能である。したがってボソンは、ぎっしり詰まった、つまりコヒーレントな状態に「凝縮する」ことを好むと言える。この現象を**ボース–アインシュタイン凝縮**と呼ぶ。

先ほど述べたように、ボース–アインシュタイン凝縮には多くのバリエーションがあり、さまざまな種類の現象があるが、いずれも運動の一つの量子状態を多数のボソンが占めるという共通点をもっている。レーザーは多数の光子のコヒーレント状態を生み出すが、これは多数の光子を運動量の同じ状態に詰め込んで、同時にまったく同じように一緒に運動させる現象である。超伝導体は、結晶振動（量子論的な音）によって束縛された電子対がスピン０のボソンの粒子になることと関係している。超伝導体では、運動量のまったく同一な状態を共有した多数の束縛電子対のコヒーレントな運動にともなって電流が生じる。超流体は（前に述べた液体ヘリウム４ ^{4}He の場合のように）きわめて低温のボソンの量子状態であって、この状態では液体全部が共通の運動状態に凝縮し、そのため摩擦の影響を完全に受けなくなる。超流体は ^{4}He でなければ起こらないが、その理由は同位体の ^{3}He はボソンでないからである（^{3}He はこの後で述べるフェルミオン）。ボース-アインシュタイン凝縮が起こり得るのは、多くのボソンの原子が空間で互いに積み重なり、密集してきわめて高密度の液滴に凝縮する場合である。ボース-アインシュタイン凝縮は、冬の日曜日の午後、ウィスコンシン州東部のグリーンベイで見るアメリカンフットボールのタックルを連想させる。

他方、量子状態で二個の同一な電子（フェルミオン）を交換するなら、法則によって波動関数の頭に負の符号がつく。このことは、スピン½の電子のような、半整数のスピンをもつどの粒子にも当てはまる。すなわち

同種フェルミオンの交換対称性　$\Psi(\vec{x}_1, \vec{x}_2, t) = -\Psi(\vec{x}_2, \vec{x}_1, t)$

したがって、同種フェルミオンについて、単純ではあるが深みのある事実を理解することができる——二個の同種フェルミオン（いずれも「整列した」スピン、クォークのカラーなどをもつ）は、空間の同じ点を占めることはできない、すなわち $\Psi(\vec{x}, \vec{x}, t) = 0$ である。このことは、もし位置 $\vec{x}$ をそれ自身と交換すれば $\Psi(\vec{x}, \vec{x}, t) = -\Psi(\vec{x}, \vec{x}, t)$ となり、したがって $\Psi(\vec{x}, \vec{x}, t) = 0$ という事実から出て

くる。なぜなら自分自身に負の符号をつけたものと等しいのはゼロしかないからだ。

もっと一般的には、二個の同種フェルミオンは、運動量の同じ量子状態を占めることはできない。このことは、オーストリア–スイスの卓越した理論家ヴォルフガング・パウリにちなんで、**パウリの排他律**と呼ばれる。パウリは実際に、スピン½の粒子に対する彼の排他律が物理法則の基本的な回対称性とローレンツ対称性から得られることを証明した。スピン½の粒子を回転させるときの粒子のふるまいの数学的説明がこれに関係している。ある量子状態の二個の同種粒子を交換することは、ある配置のなかで系を一八〇度回転させることと同等であり、その場合、スピン½の波動関数のふるまいが負の符号を与えるのである。

交換対称性、物質の安定性、すべての化学現象

フェルミオンの排他性は物質の安定性の主要な理由を説明している。スピン½の粒子には、「上向き」と「下向き」（空間のどの方向を上にしてもよい）と呼ぶ二つの許されたスピン状態がある。そのためヘリウム原子では、同じ最低エネルギー軌道運動状態に二個の電子を入れることができる。この最低エネルギー軌道は、はじかれたギターの弦の最低モード（ポテンシャル井戸のなかの束縛電子の基底状態）に似ている。二個の電子を一つの軌道に入れるためには、片方の電子は「上向き」のスピンをもち、もう一方の電子は「下向き」のスピンをもたなければならない。しかし、この同じ軌道に三番目の電子を入れることは**できない**。三番目の電子のスピンは上向きか下向きかのどちらかで、すでに存在する二個の電子のどちらかのスピンと同じになってしまうからである。交換反対称性によ

って、その波動関数はゼロになってしまう。つまり同じスピンをもつ二個の電子を交換しようとすれば、その波動関数は、それ自身に負の符号をつけたものと等しくならねばならないから、ゼロでなければならない。したがって、周期表の次の原子であるリチウムでは、三番目の電子は新しい運動状態、つまり新しい軌道に入らなければならない。そのためリチウムは、**閉じた内側の軌道**、すなわち「閉殻」（ヘリウムの軌道状態）と一個の外側の電子をもつ。この外側の電子は水素の一個の電子とよく似たふるまいをする。このため、リチウムと水素は同じような化学的性質をもっている。

こうして、元素の周期表の由来がわかる。もし電子がフェルミオンでなく、このようなふるまいをしないとすれば、原子のなかのすべての電子はすぐに基底状態に落ち、すべての原子は水素ガスのようにふるまうだろう。有機分子（炭素を含む分子）の繊細な化学現象はあり得ないだろう。バッハのカンタータは存在しないだろうし、それを聴く人もいないだろう。

フェルミオンのもう一つの極端な例は、中性子星に見られる。中性子星は、巨大な超新星の中心核が爆発し、星の残骸が粉々に吹き飛ばされるときに形成される。中性子星は全体が重力的に束縛された中性子でできている。中性子はスピン½のフェルミオンで、やはり排他律が適用される。中性子星の状態は、二個（それぞれが反対方向を向いたスピンをもつ）以上の中性子が同じ運動状態に入ることはできないという事実によって、重力崩壊をしないように支えられている。中性子星を押しつぶそうとしても、中性子は共通の低エネルギー状態に凝縮することができないから、中性子はそのエネルギーを増しはじめる。このように、フェルミオンは同じ量子状態に入ることを許されないという事実からもたらされる、一種の圧力、つまり崩壊に対する抵抗力が存在する。

中性子星が、超新星爆発で自分を生み出した親の巨星の磁場をとらえることが実際によくある。そのときにはこの強力な磁場が、毎秒数百回という高い回転数で中性子星とともに回転する。この磁場は中性子星の周囲をまわる物質に作用して電磁的に励起させ、そのために中性子星から短周期で電磁波が放射される現象が生じる。これが**パルサー**である。

意外なことに、中性子星の質量が太陽質量の約一・四倍を超えると、重力がフェルミオンのこの排他性に打ち勝つ。重力が勝てば、中性子星は崩壊し――あなたの推測どおり――ブラックホールになる。また、太陽に似た星が巨大な超新星よりはるかに平穏に最後を迎えるときには、星は冷えて、キャンプファイアの消えていく薪のように、次第に赤くなる。これらの星は、初めのうちは放射圧によって重力に逆らって自分自身を支えることができないので、収縮する。しかし最後には、星のなかの電子が重力崩壊に逆らって星を支える。星を圧縮しようとすると、電子が次第に高いエネルギー準位に押し上げられ、これらの星の質量では電子の「排他圧」に打ち勝つだけの重力は得られない。太陽質量の一・四倍より小さい質量の星では物質の量子力学が重力に打ち勝つから、これらの星は**白色矮星**と呼ばれる不活発な冷たい死んだ星になって生涯を終える。太陽質量の一・四倍より重い星では重力が勝つ――このような星は圧縮されて崩壊し、宇宙旅行に危険をもたらすブラックホールになる。太陽質量の一・四倍というこのきわめて重要な数字は**チャンドラセカール限界**として知られ、死んでいく星の最終的な運命を決める戦いで排他律が勝つか重力が勝つかの分岐点を示している。

これらの奇妙なマクロな現象はいずれも素粒子の量子波動関数の**交換対称性**から生じている。プードルや人間やその他日常的なマクロな物体の場合には、この交換対称性は観察されない。このことは「たんに」これらの物体の複雑性の結果である。複雑性は個々の粒子が互いに離れて存在しなければならないことを要求するので、多くの異なる物理的状態が可能であり、それらの粒子が同時に同じ量子状態になるほど接近することは決してない。あるプードルが別のプードルと異なっているのは、その量子的構成要素が複雑な配置をとっているからである。したがって同一性の効果は、量子的基底状態からはるかに離れた複雑な広がった系では見られないのだ。[13]

反物質――量子論と特殊相対性理論との出会い

量子論が特殊相対性理論と出会うと、どういうことが起こるだろうか？　かなり信じられないことが起こる。

相対性理論の章で述べたように、粒子のエネルギー、運動量、そして質量は、$E^2-p^2c^2=m^2c^4$ という関係式で結びついている。これは基本的には、特殊相対性理論の時空対称性とネーターの定理の結果である。粒子のエネルギーを計算するためには、まずこの式を $E^2=m^2c^4+p^2c^2$ と書きかえ、次にエネルギーを求めるために E についてこの関係式の平方根をとらなければならない。ところが、あらゆる数には二つの平方根がある。たとえば1という数には $\sqrt{1}=1$ と $\sqrt{1}=-1$ がある。つまり $1\times1=1$ であり、また $-1\times-1=1$ である。正の数の「もう一方の」平方根は負になる。アインシュタインの公式から導かれるエネルギーが正になるべきだとなぜわかるのか？　自然は承知しているのだろうか？　負エネルギーの解の運命はどうなるのだろうか？

常識的にはエネルギー、とくに質量のある粒子の静止エネルギー mc^2 は常に正でなければならない。そのため特殊相対性理論が誕生してしばらくの間、物理学者たちは負の平方根は「誤りである」に違いなく、物理的な粒子を表すものではないと言って、負の平方根の可能性について語るのを拒んだ。

しかし、このような**負エネルギー**の粒子、負の平方根 $E=-\sqrt{m^2c^4+p^2c^2}$ をとる粒子は果たして存在できるのだろうか？　運動量ゼロのこのような粒子は $-mc^2$ という負の静止エネルギーをもつことになる。もし運動量が増大するなら、これらの粒子のエネルギーは実際に減少するだろう。これらの粒子は他の粒子との衝突によって、また光子の放出によって、絶えずエネルギーを失い、実際に**速度を増す**と考えられる。負エネルギーの粒子はますます多くの負エネルギーをもつようになり、最後には無限に負になるだろう。このような粒子は連続的に加速し、無限大の負エネルギーの深みに落ち込むだろう。宇宙はこのような無限大の負エネルギーをもつ型破りの粒子で満たされているはずである。

この問題は特殊相対性理論の構造のなかに深く埋め込まれていて、無視するわけにはいかない。電子の量子論をつくろうとすると、この問題はいっそう重要になってくる。平方根の負の符号を避けることはできないのだ。量子論によって、電子は、ある値の運動量に対して正と負の両方のエネルギーをもたなければならない。負エネルギーの電子は、まさに電子のもう一つの許された量子状態であると言わざるを得ない。しかし、負エネルギーの電子を認めることはさらなる災厄をもたらす。なぜなら、このような電子を認めることは、普通の原子、簡単な水素原子でさえも、安定に存在できないことを意味するからである。正エネルギーの電子は合計してエネルギー $2mc^2$ までの光子を放出して、負エネルギーの電子になることができ、無限大の負エネルギーの深みに落ちはじめる。もし負エネルギー状態が本当に存在するなら、全宇宙は安定に存在することができないだろう。電子の負エネルギー状態という問題は、アインシュタインの特殊相対性理論と矛盾しない光と電子の相互作用の量子論を建設しようとする初期の企てにとって、大きな悩みの種だった。

一九二六年のある日、卓越した理論物理学者ポール・ディラックがある考えを思いついた。すでに述べたようにパウリの排他律によれば、二個の電子は運動のまったく同じ量子状態に同時に入ることはできない。つまり、一個の電子がある運動状態――量子状態――を占めれば、その状態は**満たされ**ている。電子はそれ以上そこへ入ることはできない。

ディラックの考えによると、**真空そのもの**が、負エネルギー状態のすべてを占める電子によって完全に満たされている。これらの負エネルギー状態がすべて満たされているなら、原子のなかに見いだされるような正エネルギーの電子は光子を放出することができず、したがってこれらの負エネルギー状態に落ちることはできない。排他律によって落ちることが**許されない**からである。事実上、真空は一つの巨大な不活性原子になっていて、負エネルギーの可能な運動量状態のすべてがすでに満たされている。このように考えれば、負エネルギー準位の問題は最終的に解決するように見える。

しかしディラックは、物語がそこで終わりではないことに気づいた。理論的には、真空を「励起する」ことが可能なはずである。言い換えると、漁師が深海魚を船に引っ張り上げるように、真空から負エネルギー粒子を引っ張り出すような衝突を起こすことができるということである。たとえば、真空中の負エネルギー状態を占めている電子に強いガンマ線を当てるとしよう。運動量、エネルギー、角運動量を保存するために、すぐ近くの重い原子核のような、この衝突に関与する別の粒子も用意する。ガンマ線は負エネルギー状態から正エネルギー状態へ電子をたたき出し、重い原子核を反跳させる。こうすると、真空中には**空孔**が一つ残るだろう。

ディラックはこの空孔を負エネルギー電子の欠落と理解した。このことは、空孔が実際に**正の**エネルギーをもっていることを意味する。しかし空孔は負に荷電した電子の欠落でもあるから、**正に荷電した**粒子でもある。この粒子を**陽電子**と呼ぶ。したがって静止しているとき、空孔は正確に$E=+mc^2$のエネルギーをもっていなければならない（ここでmは電子の質量）。陽電子は電子の反粒子で、もし特殊相対性理論と量子論が両方とも正しいとすれば、存在するに違いない。

事実、陽電子は一九三三年にカール・アンダーソンによって発見された。陽電子は強い磁場をかけた**霧箱**のなかで飛跡として観測された。磁場は、粒子が電荷をもっているとき、粒子の運動を湾曲させるためのものである。霧箱は初期の粒子検出器の一種で、内部には水蒸気またはアルコール蒸気で飽和した空気が封入されている。荷電粒子が霧箱のなかを通過すると、蒸気が凝縮して霧滴の列をつくり、粒子の進路を示す。この飛跡を撮影することができる。ディラックの理論が陽電子の存在を予言した数年後に、アンダーソンは、霧箱中で二本の別々の湾曲した飛跡として電子と陽電子の対を観測した。陽電子の質量は、特殊相対性理論の対称性が要請しているとおり、実際に電子の質量と同じである。

反物質は、物質と衝突すると消滅し、そのとき他の粒子の形で大量のエネルギー（静止質量エネルギーの直接変換）が生じる。電子は「ディラックの海」の空孔に落ち込んで空孔をふさぎ、発生するエネルギーの大部分は光子、それ以外は他の質量の小さい粒子になる。

もしわれわれが宇宙のどこかから反物質を取り出してくることができれば、反物質は素晴らしいエネルギー源になるから、たいへん喜ぶべきことだろう。しかし今日でも解き明かされていない理由によって、宇宙には反物質の豊富な供給源は残っていない。第8章で述べたように、反物質が残っていないのは原理的にはＣＰの破れによって起こったと考えられるが、まだ発見されていない新しい物理学がその正確なメカニズムを明らかにするに違いない。陽電子はいくつかの原子核の放射性崩壊で自然に生じ、医学画像（陽電子放射断層撮影、ＰＥＴ）で利用されている。反物質の応用が銀河系宇宙船のエンジンにまで広がるかどうかはわからないが、いつかはもっと実用的な応用がいくつも見いだされることは間違いなく、将来の経済に大きな影響を与えるだろう。

実現はむずかしいが、アメリカのエネルギー問題を解決するための一つの案は、太陽エネルギーが豊富な太陽のごく近い軌道に粒子加速器を建設することだろう（太陽表面から一〇〇万マイルのところでは一平方メートルあたり一〇メガワットのエネルギーがあるが、残念ながら高温で融解しない材料を見つけるのが難問だ）。この粒子加速器と強烈な太陽エネルギーを利用すれば、年に五〇〇キログラムの反物質をつくることができるから、それをたくわえ、磁気びんに入れて地球へもってくる。地球でこの反物質を物質とともに消滅させると、静止質量の一〇〇〇キログラムに相当するエネルギー――アメリカの現在の年間需要量――が得られるだろう。これを実現するには技術的難関がいろいろあるかもしれないが、経済的に解決できないような問題は一つもないと思われる――これは実生活への素粒子物理学の活用である。

反物質の究極の実際的応用が何であるかはわからないが、いつの日か政府が反物質に課税するようになるだろうと思う。

第11章　光の隠れた対称性

「わかった、それくらいの時間までなら寝ずに起きていられると思う。」
——ジェームズ・クラーク・マクスウェル
ケンブリッジ大学に到着し、午前六時の教会礼拝に出席しなければいけないと告げられて

長い間、いかなる物理的過程においても、電荷は保存されることが知られていた。最初にこの考えを抱いたのは、一七〇〇年代の半ば、ウィリアム・ワトソンやベンジャミン・フランクリンのような人たちだった。電荷の保存則は電磁場の古典論、つまり電磁気学の基礎である。たとえば中性子の崩壊 $n^0 \to p^+ + e^- + \bar{\nu}^0$ を調べると、電荷の保存がわかる。中性子は電気的に中性で、電荷はゼロである。中性子が崩壊すると、正に荷電した陽子、負に荷電した電子、中性の（反）ニュートリノが生じる。陽子の正電荷は電子の負電荷の符号を変えたものに等しく、ニュートリノは電荷をもたないから、中性子が崩壊するとき最終生成物の全電荷はゼロになる。電荷が保存されることは、**すべての**物理的過程における厳密な保存則である——いかなる物理的過程においても電荷の増減は決して見られない。この保存則が存在することを考えると、ネーターの定理によってこの保存則へ導く連続的対称性は何かということを問わなければならない。

電磁気学、すなわち「電気力学」は、電磁場、電荷、電流についての物理的記述であり、一九世紀の全期間にわたって古典的（非量子論的）枠組みのなかで発展した。一般にその最高の成果は、一八六五年にジェームズ・クラーク・マクスウェルが発表したマクスウェル方程式の定式化であると考えられている。マクスウェル方程式は、電気力学の知られていたすべての面をまとめる簡潔で完全な一組の方程式であり、電荷と電流の分布がわかれば時空のどこでもその電磁場の計算を可能にしている[1]。

マクスウェルはスコットランドに生まれ、わずか四八歳で亡くなったが、科学史上抜きんでた人物だった。物理学史におけるマクスウェルの重要性は、アインシュタインやニュートンに匹敵する。マクスウェルは、光が波として伝搬する電磁場の擾乱であり、電磁現象のすべてを記述する方程式、つまりマクスウェル方程式の解であることを理解した最初の人である。特殊相対性理論の法則はマクスウェルの理論にすでに含まれている――アインシュタインは、慣性運動の異なる状態のもとでのこれらの方程式の対称性を熟考することによって、特殊相対性理論の法則を発見したに「すぎない」とも言える。

マクスウェルの古典的な電磁気理論は、電荷の保存則なしには意味をなさない。しかし、この保存則へ導く基本的な連続的対称性は、当初、いくらか謎めいて不明瞭であるように見えた。

質量がニュートンの重力理論における重力場の源であるのと同じように、電荷は**電場**の源である。電場は空間のある点における単位電荷にはたらく電気力である。電荷が運動すると電流になり、**磁場**を生じる。磁場も運動している電子（電流）に対して力を生じる。事実、われわれが通り抜けるだけでも、空間における純粋な電場は組み合わされた電磁場になる。

マクスウェルの理論はその方程式に、湧き出しあるいは吸い込み、つまり電荷が消滅するような解を認めていない。これは物理学に対するきわめて厳格な要請なので、ギリシア神話の冥界タルタロスあるいはブラックホールでさえも、電荷を消滅させることはできない。もし電荷がブラックホールに落ち込めば、ブラックホール自体が飲み込んだのと同じ量の電荷をもつことになる。しかし、この段階で考察をやめるとしたら、まことに中途半端である——ネーターの定理によって電荷の保存をもたらす基本的な連続対称性があるに違いないが、それはどのような対称性だろうか？　その対称性はどこかにあるはずだが、いったいどこにあるのだろうか？

対称性の手がかり

しかしマクスウェルの理論の数学的構造をくわしく調べると、電磁場よりもさらに基本的な何かがあることがわかる。このさらに基本的なものは風変わりな名前を与えられ、**ゲージ場**と呼ばれた。ゲージ場は独特の方法で電磁場と結びついている。時空のある領域にゲージ場があるとすると、その領域の電磁場の値は常に計算することができる。ところが、この過程を逆にすることはできない。つまり時空の同じ領域に電磁場があるとすると、どのようなゲージ場がその電磁場をつくり出すのか正確に決定することはできない。要するに、観測された同じ電磁場を生じる**無数の**ゲージ場が常に見いだされる。

ゲージ場は常に不確定である——もしゲージ場を再現しようとすると、その形には常にあいまいさがある。その上、電磁場は実験室で測定するのが容易なのに対して、ゲージ場は理論によっても実験によっても決定することができない。電磁場に対する値があらゆるところでゼロ——つまり真空——においてさえも、ゲージ場の値は確定しない。電磁場の値をゼロにする無限に多くの異なるゲージ場が存在する。したがってゲージ場は「隠れた場」であり、いかなる測定も受け入れないので、その正確な形を決定することはできない。

ゲージ場の概念は一八〇〇年代の初期から半ばにかけて、最初は電磁場を都合よく表現するための手段として多くの科学者によって考えられた。多くの場合、それぞれの科学者がゲージ場を異なる形で表したが、その人たちがそれぞれ別の現象を記述しているのか、そうでないのか常に不明瞭だった。一八七〇年、電磁気理論への名高い貢献者であるヘルマン・ルートヴィヒ・フェルディナント・フォン・ヘルムホルツが、異なる形のゲージ場から同じ物理的結果、つまり同じ電磁場が導かれることを明らかにした。したがって、あるゲージ場を別のケージ場へ連続的に変換することができ、しかも物理学は変化せずに同じままである。これは本質的に電気力学の新しい対称変換——「ゲージ変換」——の最初の例である。ただし、自然の基本的な対称性としてのその意味合いがこの時代には正しく理解されていなかった。(2)

実際に、もしわれわれが見方を変えて、ゲージ場は常に隠れた場でなければならず、明確に決定することは決してできないことを対称性原理として主張するなら、ゲージ対称性は電荷が保存されなければならないことを暗示しているという素晴らしい発見をすることになる。選ばれたゲージ場を他のゲージ場に電磁場の値を変えずに連続的に**変換**することができ、これはネーターの定理によって電荷の保存へ導く対称性である。この不思議な隠れた対称性は**ゲージ不変性**と呼ばれる。

隠れた場、つまり「隠れた変数理論」は、物理学者を常に悩ませてきた。どの時代でも多くの科学者は、これらの理論に反対する哲学的論拠を主張してきた——自然は直接測定または観測できるものごとによって厳密に記述できなければならない。こうした考えは、見えない手段で世界を操作する隠れた悪魔に対して反対論を唱えたデカルトのような哲学者に由来すると思われる。しかし明らかに、この哲学的論点は自然を困らせない。電子の完全な量子波動関数それ自体が直接観測できない——その絶対値の二乗つまりある場所に電子を見いだす確率だけが実験で観測できる。今度はゲージ場が、自然の観測できない現象として波動関数に加わったのである。

しかし、ちょっと待ってほしい——これら二つの隠れた自然の属性を融合させて、さらに雄大な理論をつくることはできるのだろうか？　実は、ゲージ不変性という新しい対称性は、われわれが量子力学の世界に入ると、その役割がいっそう大きくなり、ある意味では理解がもっと容易になる。それはあたかも古典電気力学が量子力学の存在を求めているかのようである。

局所ゲージ不変性

ゲージ不変性という対称性が何よりも重要なテーマとして現れたのは、二〇世紀になって、量子力学が発展し、電子と電磁現象の両方を一つの完全に調和した理論に包括するための取り組みがなされてからである。実際、ゲージ不変性は、二〇世紀の物理学全体のなかで重要なテーマであった——今ではすべての力がゲージ対称性によって支配されていることがわかっている。そのことを記述するのが**ゲージ理論**である。

量子論では、すべての粒子が波としてその波動関数によって記述されることを思いだそう。粒子のエネルギーは波の振動数によって決まり、運動量についての情報は波の波長によって決まる。式で表すと、$E=hf$（エネルギーはプランク定数に振動数を掛けたものに等しい）および$p=h/\lambda$（運動量はプランク定数を波長で割ったものに等しい）である。すでに見てきたように、このエネルギーと運動量の情報は常に波動関数のなかに存在し、波動関数から抜きだすことができるという事実にもかかわらず、波動関数が物理的観測可能量として意味をなさない複素数を含むために、われわれは波動関数を直接測定することはできない。マックス・ボルンは波動関数の絶対値の二乗だけが**確率**として実際に測定できると主張した。

電子の波動関数のこの隠れた量をもっとくわしく調べてみよう。一個の電子が大きな部屋に閉じこめられていて、この電子の波動関数が部屋全体を満たしていると考えよう。電子の量子波動関数を考える一つの方法として、われわれは「アクメ波動関数検出器」という計器をもっており、その計器で電子の波動関数をそっくりそのまま測定できると仮定しよう。この検出器には、円形の文字盤つまり**ゲージ**と、この文字盤の数字を指す指針がついている。文字盤の数字は時計の数字と同じで、指針は時計の長針に似ている。アクメ検出器には表示灯もついていて、これは明るく輝いたり、かすかに光を発したりする。この検出器をもって空間（および時間）を歩き、文字盤と表示灯を見ながら、部屋を満たしている電子の波動関数、つまり第10章で述べた$\psi(x,t)$を測定できるとする。

アクメ検出器の表示灯の明るさは、時空のある点に電子を見いだす確率である。これはマックス・ボルンが波動関数の絶対値の二乗$|\psi(x,t)|^2$と突き止めたものである。空間のどこかに電子を見いだす確率は実験で物理的に観測できる——そして検出器の表示灯が明るく輝く場所は電子の見いだされる可能性が最も大きいところである。したがって表示灯の明るさは、自然によって隠されていない、

自然のなかの測定可能なものに対応している。

しかしアクメ検出器は、電子を見いだす確率以外の値、つまり指針が指す文字盤の特定の数字も示す。これは波動関数の**位相**と呼ばれ、われわれのアクメ検出器なら測定できるが、他のいかなる手段によっても直接観測することは**できない**。それにもかかわらず、電子のエネルギーと運動量についての観測可能な情報は位相に符号化されている。

たとえば、その部屋のどこかに立ってみる。表示灯が中程度の明るさで発光していれば、電子はある有限の確率でそこに存在する。文字盤の指針を見ると、指針は12から3、6、9と進んで最初の12まで回り、一秒ごとに文字盤を完全に一回転するのがわかったとする。これは電子の波動関数の**振動数**fが毎秒一回であることを意味し、これからマックス・プランクの式$E=hf$によって電子のエネルギーを求めることができる。われわれは小さい検出器をたくさんもっていて、今度はそれらを空間のなかで一直線に並べると仮定する。ある瞬間にこれらの文字盤のすべての指針を読む。最初の指針は文字盤の12を指し、次の指針は3、その次の指針は6、その次の指針は9、次の指針は再び12を指している。この完全な一周期が、たとえば一〇メートルの距離で起こっているとしよう。その場合は、電子の波動関数の測定された波長λは一〇メートルということになり、$p=h/\lambda$によって運動量が決まる（実際には空間内の選ばれた直線に沿った運動量のベクトル成分）。われわれの想像上のアクメ検出器では波動関数の位相を測定できたが、現実の世界では実際にはこの位相はわれわれから隠れている。

前列に座っている頭のいい女子学生がこう質問する。「私にはこれはすべて実に奇妙なことのように思えます。たとえば、もしわたしたちが時空のある点における観測可能な確率を**変えずに**電子の波動関数を何とかして変えたとすると、どういうことになるのですか？　電子の波動関数の観測できない位相を完全に異なるものにし、しかし空間の各点での確率をそのままにしておくとしましょう。電子について異なるものを観測できないのなら、どうしてこれが電子の異なる物理的状態であり得るのですか？　あるいは本当は同じ状態なのですか？　これはわたしたちが考えたことのない電子の対称変換になるのでしょうか？」この女子学生は、ものごとを同じままにしておく変換――本書のテーマである対称性――の観点から考えている。だから彼女はAをもらえる。

それでは、電子の波動関数を変化させて、時空の各点での表示灯の明るさは同じままにしておくことができると仮定しよう。したがって電子を見いだす観測可能な確率は影響を受けないとする。しかし、われわれが時間または空間を移動すると、今度は指針（または位相）が文字盤のどこかの値をランダムに指すように電子の波動関数を変化させるのだ。もしわれわれが静かに立っていれば、今度は指針が時間とともに連続的に動くが、規則正しい振動数はない――指針は滑らかに12から1へ動き、次に反時計回りに9へ戻り、停止して時計回りに6へ進み、次に8へ進む、などである。表示灯の明るさは前とまったく同じであるにもかかわらず、電子は一定の振動数、したがって一定のエネルギーをもっていないようで、われわれは電子の量子状態を大きく変えたように見える。部屋を歩くと、波動関数を変化させる前とまったく同じように、電子を見いだす確率の大きいところで表示灯がやはり明るくなり、電子を見いだしそうもないところで暗くなる。

電子の波動関数におけるこの変化の効果は、われわれの検出器の指針――つまりわれわれの検出器の「ゲージ」部分――のふるまいに影響を及ぼすだけなので、これを**ゲージ変換**と呼ぶ。しかし、この変化を行うと、不変のものは何もないように見える。これは明らかに最初の量子状態の対称性ではなく、異なる観測可能なエネルギーと運動量をもつ新しい量子状態を生じているように見える。[3] このことが図24に示してある。ここでは入ってくる電子の波長だけを変えている。つまり、検出器の指針が文字盤上を一周期進むのに相当する空間距離だけを変えている。これは明らかに入ってくる電子の運動量に物理的な変化を起こさせるから、これがどうして対称性であり得るのだろうか？

しかし今度は、われわれの電子と相互作用をする別の量子論的な粒子が存在すると仮定しよう。そしてさらに、電子の波長または振動数を変えると、それと同時にこの新しい粒子も含む量子状態がつくり出されると仮定しよう。この新しい粒子は、時空における場である波動関数をもっている。電子はその場のなかを運動するが、その場と相互作用を行う。この追加された新しい場の効果はどのようなものだろうか？

アクメ波動関数検出器を注意してみると、小さいスイッチがついていて、そのスイッチを押すと、ゲージ場の効果を検出できるようになっているのがわかる。スイッチを押してオンにし、変更された位相をもつ電子の波動関数をもう一度観測する。確かに指針はやはりランダムに12から1へ動くように見え、次に反時計回りに滑らかに9へ戻り、停止して時計回りに6へ進み、次に8へ進む、などである。ところがよく見ると、今度は文字盤も回転しているのだ。そのため、指針が12時から1時の**位置**へ動く間に、文字盤そのものが二目盛（時計の二時間分）逆方向に回転している。したがって指針は、前とまったく同じように、実際は文字盤の3を指している。文字盤と指針の両方が異なる位置にあるが、計器は3を示しているのだ。電子の観測をつづけると、指針が今度は9時の位置へ動くが、文字盤も時計回りに5目盛進むから、われわれが電子の波動関数を変える前と同じように指針は文字盤の6という数字を指している。回転する文字盤上で指針が指し示す実際の数字を読めば、指針は12

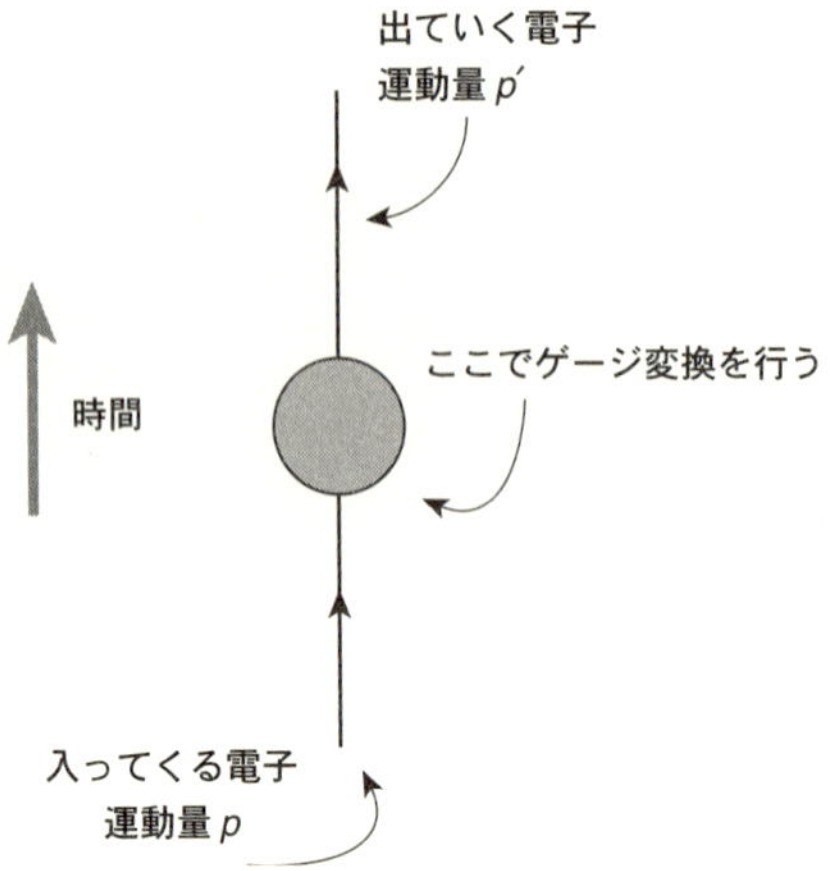

図24　運動量 p をもつ電子の波動関数に対するゲージ変換は波動関数の波長を変え、したがって異なる運動量 p' をもつ電子に変える。ゲージ場がなければ、最後の電子の状態は最初の状態と異なるから、この変換は対称性ではない。

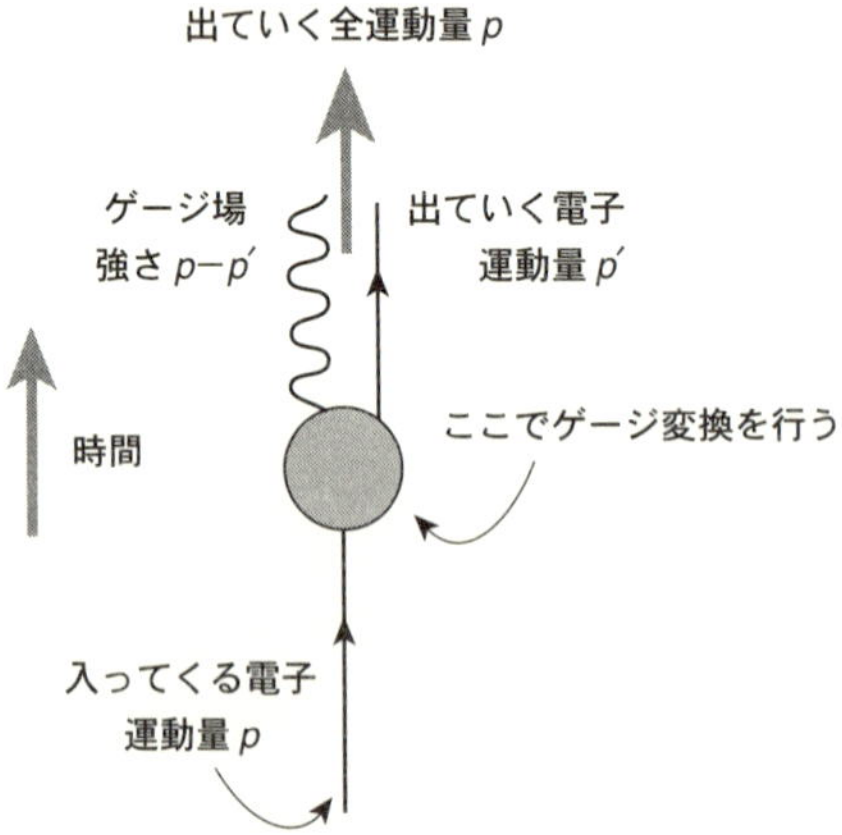

図25　ゲージ場と一緒になった電子の波動関数に対するゲージ変換は、系の全運動量とエネルギーを同じに保つ。これなら対称性である。電子の波動関数は常に純粋な数学的波動関数とゲージ場とが一緒になった「混合物」である。

から3、6、9と進んで、再び12に戻ることがわかる。一秒間で完全に一周期を終えているのだ。ゲージ場を含めるときには、電子の振動数fは前とまったく同じで、毎秒一周期である。したがって、プランクの式$E=hf$で与えられる電子のエネルギーも前とまったく同じである。

このことを図25に示してある。電子の波動関数の観測できない位相を変化させても、新しいゲージ粒子と一緒にすれば、最初に入ってきたエネルギーと運動量の両方が保たれる。このように、**ゲージ**という用語が意味するのは、電子の物理的運動量の実際の決定には目盛を補正するゲージ場の存在が必要とされるということである。ゲージ場と一緒になった電子の波動関数だけが、物理的に意味のある全運動量とエネルギーを生じる。

電子と相互作用をする新しい場の存在が、電子の波動関数の変化を**埋め合わせる**ように設計されている。そして電子とゲージ場の効果を加え合わせた全運動量が、入ってきた最初の電子の最初の運動量と同じになるように元に戻される。[4]

これは確かに気味の悪い考えである。アクメ波動関数検出器は実際には存在しない。強調したように、ゲージ場は観測できないし、電子の波動関数も観測できない。われわれは二つの観測できないものについて観測できない変換を行っているのだ。これらのものがたとえ直接観測できたとしても、電子だけでは電子の意味そのものが絶対的なものではないということである。電子は、ゲージ対称変換によって、ゲージ場と合わせて異なる波長をもつ異なる電子と同等になる。ゲージ場が、全運動量を電子の最初の運動量になるように元に戻す。電子とゲージ場が効果的に一緒に混ぜ合わされて、一つの対称的な実体をつくる。問題は、われわれが現実に何か意味のあることをやっているのか、それともただゲームをしているだけなのかということである。この気味の悪いゲージ場はどういうものなのか？　この不気味な新しい対称性に対する何か物理的に観測可能な内容はあるのだろうか？

実は、あるのだ。神がゲージ場をつくったとき、神はこういった。「光あれ。」

放射の量子過程――QED

隠れた対称性をもつゲージ理論から、次のような意味深い結果が導かれる。もし電子が物理的な「キック（蹴り）」を受ければ、つまり電子が**加速**されれば、ゲージ場そのものが量子論的な粒子として実際に放出される。これがどういうことか想像できるように、われわれの最初の電子に実際に物理的なキックを与えるとしよう。電子が初めに運動量 pをもっていたとして、これをキックして運動量 k の新しい状態に変える。そうすると運動量 $p-k$ の物理的な「ゲージ粒子」が生じる。前には電子に幽霊のように付きまとうだけだった気味の悪いゲージ場が、今や本当の物理的実体となり、加速された電子から分離されて、量子論的な粒子として空間へ放出される。実際に今やゲージ場は、マクスウェルが光について予想したように、それ自身の運動量とエネルギーをもつ（測定可能な）電磁場の進行波であって、現実の光子として遠く離れたところから検出できる。それはまるで加速された電子が、自分を取り囲んでいる幽霊のようなゲージ場を払いのけるかのようである。遠くの観測者の視点からは、加速された電子が物理的に検出可能な新しい粒子を放出したことになる。この新しい粒子は**光子**と呼ばれる（図26参照）。

したがって、光は加速された電荷から放出される。実際、この現象は、電子が原子核、原子、あるいは別の電子から**散乱**されるときなど多くの物理的過程で起こっている。このことは実験で簡単に観

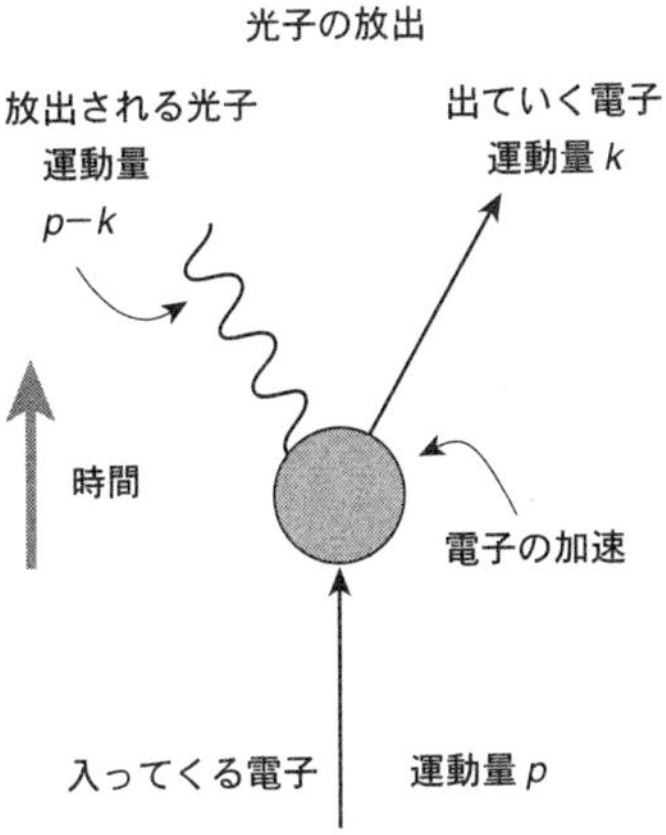

図26　電子が加速され、検出可能な運動量とエネルギーをもつ物理的な光子が空間に放出される。

測できる。非常に低いエネルギーでは、電子がキャンプファイアから光子を放出するような現象がある。加速された電子は、電子レンジのなかのコーヒーを温めるマイクロ波を放射したり、居間にニュースを送り届けたり、太陽を輝かせたりする。

ファインマン図

電磁気学のようなゲージ理論の力学（あるいは詳しく言えば量子力学における相互作用）は、**ファインマン図**によって容易に視覚化される。ファインマン図は物理的過程のたんなる図式ではない。もし相互作用の強さが知られていて、あまり大きくなければ、ファインマン図は量子論的な結果、つまり与えられた過程の確率の計算の仕方を明確に語ってくれる。ファインマン図のはたらきは概念的に説明できる。二個の電子が電磁気力によって互いに散乱されるという典型的な過程を考えよう。この過程が量子論的な粒子のレベルでどのように起こるかをファインマン図は示している。

二つの荷電粒子間にはたらく電磁気力の法則は、一八世紀末にシャルル・オーギュスタン・ド・クーロンによって初めて提案されたが、それはニュートンの万有引力の法則に驚くほどよく似ていた。二つの静止荷電粒子間にはたらく力は、逆二乗則の力である。二つの電荷 q_a と q_b が距離 R 離れて静止していると、これらの電荷の間にはたらく力による**ポテンシャルエネルギー**は $k\, q_a\, q_b/R$（ただし $k = 9.0 \times 10^9$）で、電荷はクーロンで測られる。電子の電荷は負であって、$q_{\mathrm{electron}} = -e = -1.6 \times 10^{-19}$ クーロンと測定されている。

さて、荷電粒子は一般に高速で運動していて、光速度に近いことも多い。そのためクーロンの静的理論は運動する荷電粒子を記述するには不十分である。マクスウェルの完全な古典論は光速度に近い電子の運動に適用することができるが、この理論が扱うのは点状の古典的粒子としての電子と古典的な波としての光であり、量子物理学はこの理論に含まれていない。しかし、われわれの知っているとおり、光子と電子はどちらも量子論的粒子であり、同時に波および粒子としてふるまう。電子と光子の相互作用は、物理学、生物学、化学のいずれにおいてもおそらく最も重要で基本的な相互作用である。したがって、電子と光子の相互作用を完全に記述し、全物理法則を一つの理論に正しく組み入れることがきわめて重要になった。光子と相互作用する電子についての現代的で完全に相対論的な量子論は、量子電磁力学（QED、quantum electrodynamics）と呼ばれるもので、これらの問題を完全にかつ美しく解決した。実際にQEDは、物理学全体のなかで――そしておそらく人類の知識全体のなかで――最も精密にまた徹底的に検証された理論である。

QEDを定式化し役立つようにするという課題は、一九四〇年代末にジュリアン・シュウィンガー、リチャード・P・ファインマン、朝永振一郎によって独立に解決された。一九六三年、この三人はその功績によってノーベル賞を受賞した。シュウィンガーの研究方法は数学的な傾向が強い。シュウィンガーは、今日の場の量子論全体の基礎をなす効果的で洗練された多くの手法を発展させ、古典的な電磁理論についてのわれわれの理解さえ大いに前進させた。シンクロトロン光源のような高度な機器によってつくられる強力な電磁放射の発展の多くは、シュウィンガーの研究に基づいている。これらの機器から発生する強いガンマ線は、化学反応の微妙な過程、金属の構造、珍しい原子核の性質、さらには核融合炉内の物理などの高速時間依存性を解析することができる。またシュウィンガーは、電子の微妙な磁気的性質のいくつかを初めて計算し、回転する電子の磁場（異常磁気モーメントという）に対する量子補正のための最初のめざましい成果をおさめた。

これに対してファインマンは、QEDの問題に対してもっと直感的な方法をとり、量子相互作用の効果を計算するまったく新しい方法をつくり出した。この方法は問題の解明に役立つすぐれた手法となり、今日、物理学の事実上すべての分野で利用されている。本書ではファインマン図を用いることによって、物理的過程を図式的に表すが、その過程は量子力学的な計算も表している。結果を計算することができないときでも、ファインマン図によって過程を視覚化できることがしばしばある。ファインマンがこの手法を発展させたのはコーネル大学時代だったが、コーネル大学のある大学院生の手紙に「コーネル大学では用務員でもファインマン図を使っている」と書かれていた。

二個の電子が衝突し、電磁気力によって互いに散乱する過程を考えよう。この過程は図27にファインマン図で表されている。量子力学的散乱の過程はT行列と呼ばれるもので定められ、Tの絶対値二乗$|T|^2$をとることにより、その過程が起こる確率をT行列から計算できる。先ほど古典論で述べたときのように、このT行列は、二つの電子が最近接点へ達するときの電子対の全ポテンシャルエネル

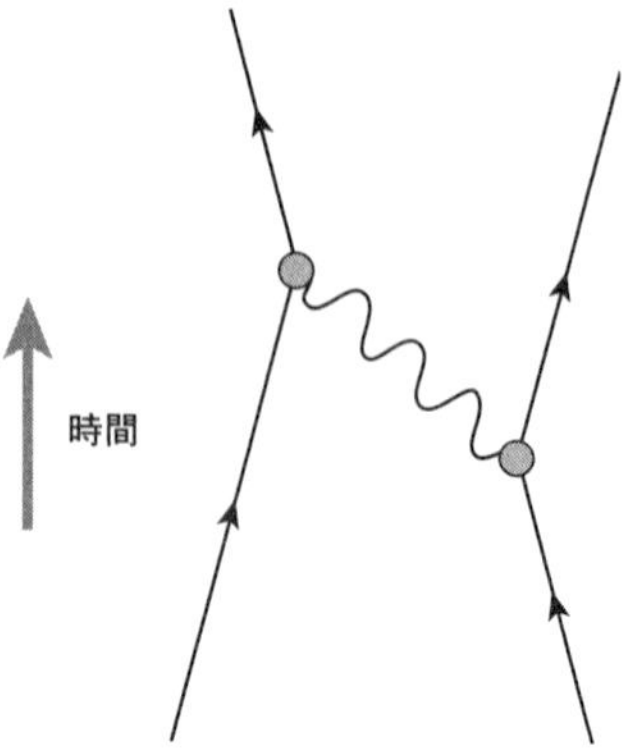

図27　電子-電子散乱のファインマン図。相互作用を生じる2個の電子間の力は、これらの電子の間での光子の**交換**によって生じる。すでに述べたように、電子が加速するとき電子から光子が放出されるが、これは電子と相互作用する光子のゲージ対称性による。

ギーに直接結びついている。

最も簡単なファインマン図は、実は、二個の電子が本質的に静止しているか、あるいはごくゆっくり運動しているときのクーロンの古典的結果の再発見である。もっと一般的に言うと、ファインマン図は運動状態にある量子粒子としての電子と光子を正しく扱う。ファインマン図はおおよそ次のようにはたらく。第一の電子がゲージ不変性で決められているように光子を放出し、その電子は加速するか反跳する。光子の放出は、T行列における電荷q_aの数学的因子を表す。放出された光子はk/Rという因子をもって他の電子へ**伝搬**する。そうすると、第二の電子が放出バーテックス因子q_bでその光子を**吸収**する。これを全部まとめると、この過程に対する全体のT行列は$q_a \times (k/R) \times q_b = kq_aq_b/R$となり、これはクーロンのポテンシャルエネルギーを再現している。クーロンポテンシャル、したがって力は、二個の電子の間での光子の「交換」から生じているわけである。

これはファインマン図が実際にどのようにはたらくかをごく簡単に示した例にすぎない。しかしファインマン図の充実した仕組みを使えば、電子の二つのビームが互いに衝突するときの散乱率を計算することができ、実験家は研究所で測定した結果を計算値と比較することができる。「よし、これらは一致している」と言えるのだ。もちろん、ここでは電子スピンのような専門的な詳しいことはすべて除いたが、信用していただきたい――うまくいく。

前に述べたように、特殊相対性理論と量子論が組み合わされて、反物質の存在が予言された。ポール・ディラックがこの素晴らしい理論的発見をしたのは、相対性理論における負エネルギーをもつ電子の問題を解いたときだった。その数年後にカール・アンダーソンが、電子の反粒子である陽電子を観測した。ところがファインマンは、ファインマン図という新しい言葉で反物質を解釈し直し、反物質とは何かということについて注目すべきもう一つの見解を示した。

これを理解するために、図28を見てみよう。この図は、電子と陽電子が衝突して**消滅**すると光子が発生し、次にその光子が**トップクォーク**と**反トップクォーク**になることを示している。この過程は高エネルギー電子衝突型加速器で生じた。今日ではフェルミ研究所のテバトロンで、これとはいくらか異なる過程、たとえば最初の粒子がクォークと反クォークであるような過程も生じている。

だが別の観点からすると、ここでわれわれが見ているのは、正エネルギーをもつ電子が時空の事象に近づいてきて、そこでエネルギーの大きい光子が放出されるということである。光子が放出されると電子は強く加速するため、実際には負エネルギーを獲得し、向きを変えて**時間を逆方向に**進みはじめるのだ。実際にファインマンは反物質をこのように視覚化した。つまり反物質は時間に逆行する負エネルギーの物質なのである。同じように、放出された光子は未来からやってくる負エネルギーのトップクォークと衝突し、正エネルギーを獲得して加速する。トップクォークが現れ、正エネルギーの粒子として未来へ向かって進む。これが、反物質を負エネルギーの真空に生じた空孔であるとするディラックの考えの過激な再解釈である。

ファインマンの観点に立つと、このことが、特殊相対性理論を含む量子の世界では何であれ光速度を越えられないことを保証するために反物質が必要とされる理由である。時間に逆行する電子、すなわち反電子を含めることを忘れるなら、信号が空間のある点から他の点へ瞬時に伝わることが可能になるだろう。時刻 $t=0$ における粒子波動の放出は、原理上、瞬時に遠方の星であるケンタウルス座のアルファ星で検出されることになる（これは実験的に支持できない）。しかし、時間に逆行する負エネルギーの波を含めるなら、光より速く進むような信号は完全に相殺されることがわかる。もし粒子が反粒子といくらかでも異なる性質をもっていたら、たとえば質量、電荷、スピンなどがわずかでも異なっていたら、この相殺は正確に行われず、信号は光より速く伝わるだろう――そしてＣＰＴ対称性が破られるだろう。

ファインマン図の本当の偉力は、相対論的量子論における物理的過程をきわめて高い精度まで体系的に計算できることである。これは**量子補正**と呼ばれるもの、いわゆる**高次過程**からもたらされる。図29に示したのは、二個の電子の散乱問題に対する二次量子補正である。これらのファインマン図のそれぞれを具体的に計算し、図27に示した前の図を含めて加え合わせなければならない。そうすると T 行列に対する最終的な全結果が得られる。（T 行列は前に述べたように、本質的には二個の電子間のポテンシャルエネルギーの量子版であり、散乱過程を表現する。）これによって全 T 行列の精度が約一万分の一になる。実験とのさらに正確な一致を得るために、量子補正を三次へ進めることができ

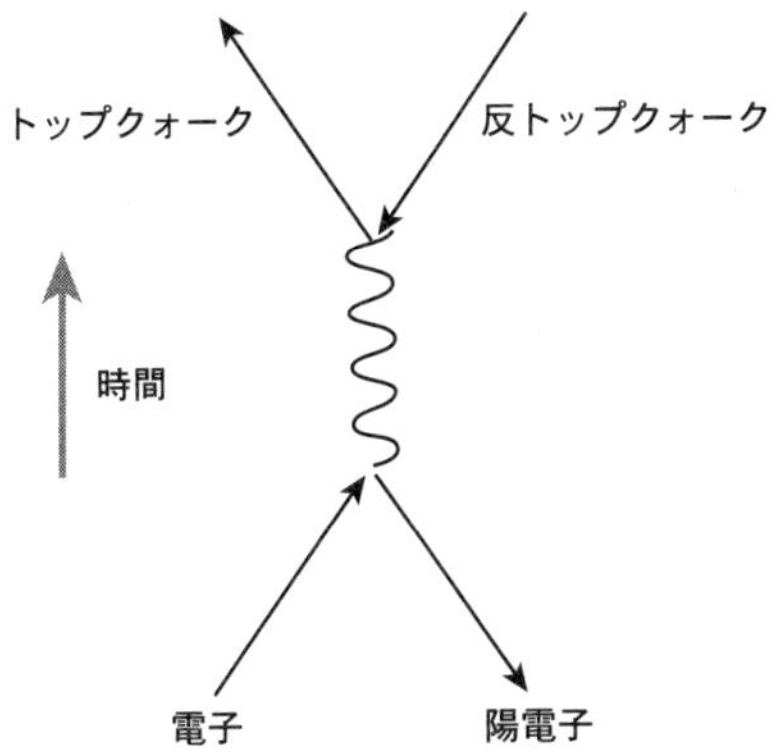

図28　入ってくる正エネルギーの電子（物質）は光子を生じ、向きを変えて負エネルギーをもって**時間に逆行**して進む。これをわれわれは、電子が反電子と衝突して消滅し、光子になる過程と観測する。光子は未来からやってくる負エネルギーのトップクォーク（反トップクォーク）と衝突し、未来へ向かって進む正エネルギーのトップクォークを生じる。われわれは、電子が陽電子と衝突し、それぞれ正エネルギーをもつトップクォークと反トップクォークが生じるのを観測する。

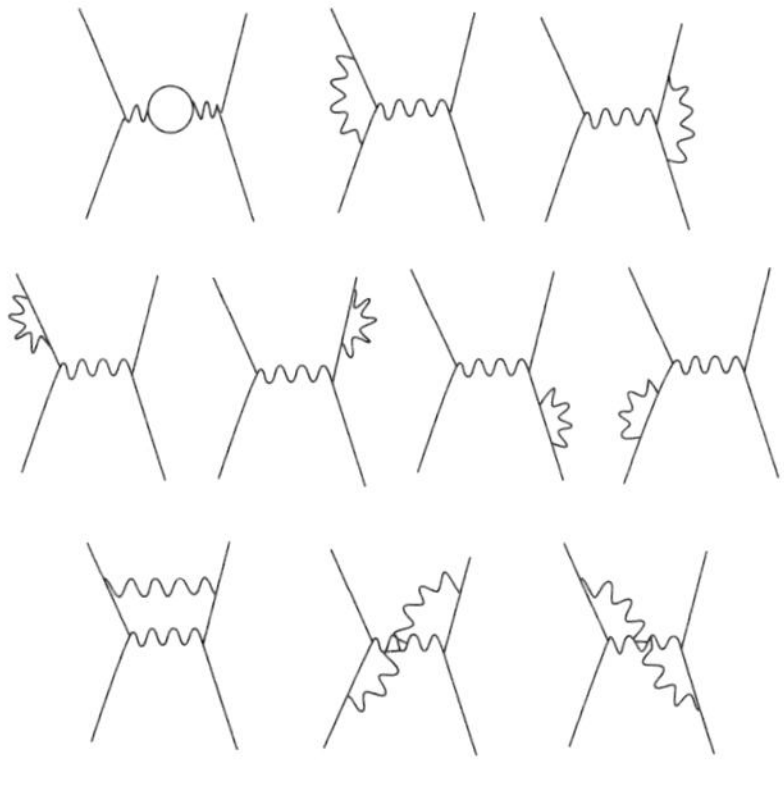

図29　図27の結果に対する１次の量子補正を表すファインマン図。

る。しかし三次の計算は、理論物理学者にとってきわめて難解で、うんざりするものである。勇敢でよほど精力的な人でなければ挑戦しない。

ファインマン図の複雑さの各次数とともに光子の放出が多くなる。つまり光子を放出したり吸収したりする電子が増え、電子と光子の伝搬線が増える。基本的な過程に対する与えられた補正の大きさの度合いは、バーテックス（節点）の数で支配される。各バーテックスは電荷 e の因子を与えるが、各散乱図は少なくとも二つのバーテックスをもつから、その連なりは $\alpha = e^2/4\pi\hbar c$ の累乗で増加する。基礎定数のこの独特の組合せは「無次元数」と呼ばれる——物理単位（メートル、秒、キログラム）がすべて打ち消され、1/137という値の純数学的な数になる。これは（ありがたいことに）小さい数であるから、ファインマン図の追加の各組によって T 行列の計算精度は約1/100の因子だけ改善される。三ループ次数までファインマン図が計算され、ＱＥＤは約 $1/10^{12}$ の精度まで実験で検証された。完全な一致である。これまで他のいかなる物理的理論もこれほど精密に検査されたことはない。

図29の二次過程には「ループ図」が現れている。最初の図に一つのループが含まれているが、これは粒子と反粒子が自発的に発生し消滅したことを示している。ループ図は粒子の運動量とエネルギーのループになった流れを含んでいる。ループのなかで起こり得る運動量とエネルギーの変化を全部加え合わせて、入ってきたときと出ていったときの運動量とエネルギーの全体が保存されていなければならない。ファインマンループは、長年にわたって物理学者をさまざまに悩ませてきた新しい問題を提起している。簡単に言えば、ある種のループ図のループ和を計算すると、無限大になってしまうのだ。われわれが計算する過程は無意味になるように見える。理論が崩れ去るように思われる。

しかし、波長（大きさ）と運動量との間の量子論的逆相関によって、ループの運動量が大きくなればなるほど、ループは物理的に時空のいっそう小さい分量を占める。そのため実際には、われわれはループの運動量を（理論の構造から許される）ある大きなスケールに対して、つまりそれに応じて空間のある小さい距離スケールに対して合計できるにすぎない。より高次のループの運動量とエネルギーでは、われわれはいっそう短い距離で力を調べているのだから、いっそう大きな不確定さが入ってくる。このようなスケールでは、新しい別の種類のまだ理解されていない現象があるかもしれない。

適切に解釈すれば、倍率を変更できる理論的顕微鏡をもっているのと同じで、ループ図から異なる距離スケールで物理をどのように考察するべきかを実際に知ることができる。既知の距離スケールで注意深く電子の質量と電荷を測定すれば、より高いエネルギー、つまりより短い距離でのそれらを確実に予測できる。一定の高エネルギーのスケールまで、つまり一定の短距離のスケールまでなら、あらゆる実験的測定についてこの理論から完全に予測が可能である。そのエネルギーに達すれば、おそらく「ひも理論」のような、別の理論に切り替えなければならないし、またこれらの予測を実験的に検証するためには、さらに大きい顕微鏡、すなわち粒子加速器が必要である。

すべての力の統一に向かって

ゲージ理論の新しい時代は、一九五四年、C・N・ヤン（楊振寧）とロバート・ミルズの注目すべき論文からはじまった。この二人の物理学者は、「電子のゲージ対称性を他の対称性と取り替えたらどういうことになるか？」という率直な疑問を投げかけた。電子のゲージ対称性はまさにアクメ検出器の文字盤の回転であって、つまり $U(1)$ と呼ばれる円の対称性である。ヤンとミルズは、複雑さの順序からいうと次の対称性である$SU(2)$、つまり実三次元における球の対称性（あるいは複素二次元における円の対称性、空間の実三次元における通常の球の対称性と同等、付録参照）に取り組んだ。この対称性から、ヤン＝ミルズ理論と呼ばれる、もっと一般的な形の電気力学が導かれることがわかった。$SU(2)$は三つのゲージ場、したがって三つの光子に似た粒子をもち、光子が電荷を運ばない電気力学の場合と違って、ゲージ場そのものが荷量を運ぶ。さらにヤン＝ミルズ理論は、どのような対称性に対してもはたらく。こうして対称性が、力の量子論の基本構造における重要部分になる。その当時は物理の世界にはまだわからないことが多かったが、自然のすべての力の統一理論に向かって扉が開かれたのである。

現在、自然のすべての力は局所ゲージ対称性の理論に基づいていることが知られている。このことは、物理学における万物の統一的記述に向かっての大きな一歩を表している。しかし、自然にはゲージ不変性のまったく異なる四つの構造つまり**様式**がある。アインシュタインの重力理論には座標系の不変性が含まれる。言い換えると、自然を記述するためには、どのような座標系を選んでも、あるいは空間と時間を動くとき慣性があってもなくても、問題はない。ここから、エネルギー、運動量、物質の存在によって決定される時空のゆがみとして重力が導かれる。粒子は**グラビトン**を放出し吸収しなければならない。グラビトンは重力のゲージ場、すなわち「量子」である。ニュートンの重力理論は低いエネルギー（それほど大きな質量をもたない速度の遅い系）の場合に近似として有効性を取り戻すにすぎない。

自然における残りの非重力的な力の記述は、実際にヤン＝ミルズ理論に基づいている。電気力学がどのようにはたらくかは先ほど述べた。弱い力については前に巨星の爆発のところでも触れたが、この力もゲージ対称性によって記述されることは次章で述べる。この弱いゲージ対称性は、電子のようなある種類の粒子を実際にニュートリノのような別の種類の粒子に変える。弱い力は電磁気力と統一され、また自然に見いだされる全素粒子の質量の起源とも密接に結びついている。

強い力は原子核をまとめている力で、次章で述べるように、クォークと呼ばれる粒子の間のヤン＝ミルズゲージ場相互作用に関係している。電気力学が電子の波動関数を光子と結びつけたのと同じように、弱い力と強い力は素粒子の複雑多岐な様式と性質に深く絡み合っている。事実、「素粒子」と「力」の間の相違は、現代物理学においてはほとんど形だけのものになっている。ところで、素粒子とは何だろうか？ 今度はこの問題に注意を向けなければならない。

第12章　クォークとレプトン

だれがこんな粒子を注文したのだ？
――I・I・ラービ（ミューオンの発見を聞いて）

過去数世紀にわたって化学からもたらされた抵抗しがたい証拠に基づいて、人々は**原子**の存在を信じるようになった。原子は、化学反応によって性質を変えることのない基本的な「元素」であると考えられた。錬金術師たちは、鉛という元素を金という元素に変えることにどうしても成功しなかった。元素を変換しようとする無数の企てのなかで、錬金術師たちは多くの物質の元素の配列を変えただけだったが、その過程で膨大なデータが蓄積され、それが化学という学問の基礎を築いた。

物質を細分していくと、多くの場合、第一段階として**分子**――多数または少数の原子の集まり――が得られる。「元素」は本質的には「原子」の同義語である。たとえば食塩は分子で、ナトリウム原子（元素）と塩素原子（元素）が結合したものである。水は水素二原子と酸素一原子が結合した分子であり、メタンは水素四原子と炭素一原子を含む分子である。したがって原理上、食塩、水、メタンは、化学的に――錬金術師の実験室で十分努力すれば――その構成原子に分解できる。しかし化学としては、そこで終わりになる。ナトリウム、塩素、水素、酸素、炭素などは化学の**基本粒子**である。化学実験室で実現できるよりはるかに高エネルギーの過程を起こさない限り、これらの基本粒子をこれ以上細かく分割することはできない。

一九世紀半ばまでに、ロシアのドミトリー・I・メンデレーエフが、元素をそれらの化学的性質にしたがって分類した。そのおかげで、高等学校のどの化学教室の壁にも掲げられているあの見慣れた**元素の周期表**がつくられた。周期表の縦の列は化学的性質の似ている元素を表している。性質の似ている元素が繰り返し出てくるから「周期」表と呼ばれるが、なぜこのような周期が現れるのか一九世紀の科学者には謎であった。この謎の解明は、量子論が現れるまで待たなければならなかった。それにもかかわらず、元素の周期表は、数百年にわたる錬金術と化学の成果の素晴らしい要約であって、事実上無限の種類がある分子を自然界に見いだされる一〇〇種類あまりの基本原子に縮約していた。(非常に重い原子の多くは最近になってから人工的につくられたもので、寿命がきわめて短く、高校の壁の表に通常は含まれていない。)周期表は原子の性質と形状の複雑さのパターンを表しており、原子それ自身が内部構造をもつに違いないこと、また**原子スケール以下の**物質の深い階層が存在するに違いないことを示唆している[1]。

メンデレーエフ以後の約五〇年の間に、トムソンによる電子の発見、ラザフォードによる原子核の発見があり、また新たに誕生した量子力学に基づくボーアの初期の電子軌道論が加わって、原子の構造が詳しく理解されるようになった。確かに、原子はもっと小さいものから構成されている。このように、メンデレーエフからボーアへ、分子から原子へ、原子内部のいっそう要素的な粒子――原子核と電子、さらに原子核のなかの陽子と中性子――の発見へとわれわれは進んできた。それはまるでロシアの入れ子式の人形マトリョーシカを順に開いていくかのようだった。最後の人形だと思われたもののなかにもう一つのマトリョーシカが見つかった。どこで終わりなのか? おそらく原子の内部にある粒子が、最後の、そして最小のマトリョーシカなのだろう。物質を最も基本的な要素へ切り分けるための道具はととのっていた。その道具とは特殊相対性理論と量子力学である。こうして素粒子物理学という科学——あらゆる科学のなかで最も基本的な科学——がはじまった。

「だれがこんな粒子を注文したのだ?」——二〇世紀半ばの原子の内部

二〇世紀初めまでに、科学者たちは原子が太陽系によく似ていることを理解していた（図30参照）。中心には太陽に相当する原子核がある。原子核それ自体が陽子と中性子を含む複合体である。個々の元素の原子は、原子核のなかの**陽子の数**で特徴づけられている（陽子の数はその原子核の電荷に等しい）。たとえば水素の原子核にはただ一つの陽子が含まれているが、炭素の原子核には常に六個の陽子が含まれている。原子核のなかには陽子の他に、中性子と呼ばれる電気的に中性の（荷電していない）粒子が存在する。ある元素の原子の原子核に含まれる陽子の数は一定なのに対して、中性子の数は変わりうる。そのため、炭素12は六個の陽子と六個の中性子を含むが、炭素13は六個の陽子と七個の中性子を含む、などである。陽子の数は六個だが、中性子の数が異なるこれらの炭素原子は、炭素の**同位体**と呼ばれる。

原子核は非常に強い力——これは実際に**強い力**と呼ばれる——によって一つにまとめられている。陽子は正電荷をもち、そのため電気的に互いに反発するから、この力は強くなければならない。きわめて強い力がこの反発力を打ち消して、陽子と中性子を高密度の小さい核にまとめていなければ原子核は飛び散ってしまうだろう。この強い力は、陽子と中性子の間を飛び移る**パイオン**（パイ中間子）と呼ばれる粒子から生じる（ファインマン図で光子が荷電粒子間を飛び移ることによって電気力が生

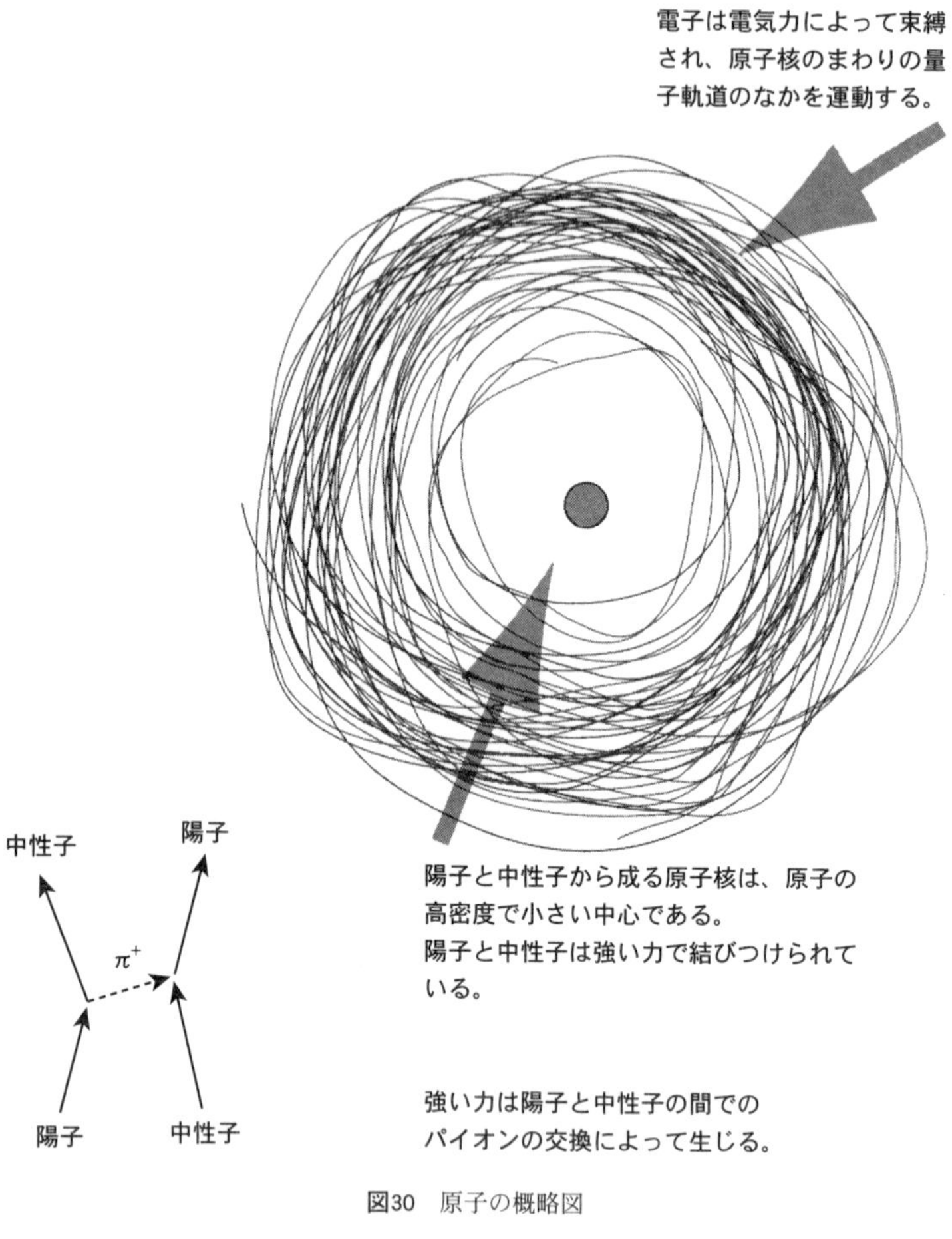
電子は電気力によって束縛
され、原子核のまわりの量
子軌道のなかを運動する。
陽子と中性子から成る原子核は、原子の
高密度で小さい中心である。
陽子と中性子は強い力で結びつけられて
いる。
強い力は陽子と中性子の間での
パイオンの交換によって生じる。
中性子
陽子
π+
陽子
中性子

図30　原子の概略図

じるのと似ている）。原子核は実際に非常に高密度で小さく、一般には10^{-15}メートルという大きさのスケールである。原子の質量の九九・九五パーセントが原子核に存在している。

電子の軌道は原子核よりはるかに大きく、電子は太陽の周囲をまわる惑星に相当する。電子の軌道は一般的には10^{-10}メートルで、電子はその負電荷と陽子の正電荷の引力に基づく電気力によって原子に束縛されている。通常の電気的に中性の状態では、電子の数は原子核の陽子の数と釣り合っている。電子は強い力の作用は受けない。電子の運動は量子力学の法則に支配されていて、電子軌道は雲のような形状をしている。

外殻電子の軌道運動を二個の原子間で共有することから力が生じ、この力が原子を結びつけて分子をつくる。この力の詳細を述べるとかなり複雑であるが、原子が組み合わさって分子をつくることによって多様性が生み出される。原子から分子へいたる連鎖をたどっていくと、この増大する複雑性が世界を豊かにしていることがわかる。油絵の具の箱から世界の美術館に見られる多彩な傑作へ到達するのと似ている。こうして膨大な化学的現象のすべてが、電磁気力をともなう電子の量子運動によって説明される。そしてその電磁気力は、電子間での光子の量子力学的交換から生じる——これはゲージ対称性の結果である。

実際、二〇世紀の意味深い教訓は、ファインマン図とともに前章で見たように、「力」と「粒子」が一緒に混ぜ合わさって共通の統合された実体になるということである。力は、（荷電した電子や陽子のような）粒子間での（光子のような）別の**粒子の交換**によって生じる。これはバッハの音楽に見いだされる逆行と呼ばれる様式に似ており、自然という壮大な音楽的構成物の基礎にあって、それを微妙に規定している。

二〇世紀半ばまでの状況を要約すれば、原子核を構成している既知のすべての粒子である陽子、中性子、パイオンは、いずれも点状で基本的なものと考えられていた。パイオンは一九三五年に湯川秀樹によって理論的に予言されたが、その予言は原子核の当時知られていた性質と、陽子と中性子の間を飛び移ることのできる、つまり強い力を説明する新粒子に対するその時代の理論の要請とに基づいていた。一九三七年、パイオンの予言された質量とほぼ同じ質量をもつ**ミューオン**と呼ばれる粒子が、宇宙線の観測から何の前触れもなく偶然に発見された。このミューオンが当初はパイオンと考えられたために大きな混乱が生じたが、ミューオンは陽子や中性子と強い相互作用をしないので、湯川が予言したような強い力の媒介物にはなり得なかった。ミューオンは電子にそっくりな粒子にすぎないと思われたが、実はその質量は電子の二〇〇倍もあった（そして一〇〇万分の一秒で崩壊する）。しかしその後、パイオンが発見されて、湯川の独創的な理論の正しさが立証され、その業績によって湯川はノーベル賞を受賞した。ミューオンの発見はまぐれ当たりと考えられ、I・I・ラービのよく知られた辛辣な言葉「だれがこんな粒子を注文したのだ？」を引き出した。しかし科学は、まさにもう一つのマトリョーシカを開こうとしていた。

ここで注意しなければならないのは、今やわれわれは普通の日常的な物理の世界を離れて、素粒子の世界へ入るということである。素粒子の世界では、通貨ともいうべき測定単位、とくにキログラムが扱いにくく不便になる。素粒子の質量を表すためにはアインシュタインの有名な関係式 $E=mc^2$ を使って、質量の測定単位としてエネルギーを用いる。エネルギーの便利な単位は**電子ボルト**（eV）である。一電子ボルトとは、一ボルトの電池が電気回路で一個の電子を押し動かすときに費やすエネルギー量である。通常、電気回路には回路を通る電子が何兆個も含まれているから、一電子ボルトはごく小さい量のエネルギーである。しかし電子ボルトは、素粒子の質量を示すためには便利な単位系になる。この単位では電子は 0.511 MeV の質量もつ（MeVはメガ電子ボルト、つまり一〇〇万電子ボルトを表す）。陽子はずっと重く、0.938 GeV の質量をもっている（GeVはギガ電子ボルト、つまり一〇億電子ボルトを表す）[2]。

クォーク

一九五〇年代の初め、発展しつつあった強力な粒子加速器の技術を使って陽子と原子核を衝突させることによって、多数の予期しない新しい粒子がつくられていた。新粒子発見の一覧表は急速に大きくなり、粒子の数はやがて元素の数を上回った。「基本的な」粒子の泥沼が出現した。これらのさまざまな新粒子はいずれも、原子核の構成要素である陽子、中性子、パイオンのいとこに相当し、強い相互作用を示した。これらの新粒子は不安定で、寿命がきわめて短く、そのため地球上に見られる通常の物質をつくることはできなかった。これらの新しい強い相互作用をする粒子が急増したため、それらの意味を理解するのに使える唯一の道具となったのが対称性である。

この時代の物理学者のなかでは、マレー・ゲルマン以上に対称性という道具を自由に駆使した人はいなかった[3]。ゲルマンは若い頃から非凡な才能の持ち主で、二十歳代の初めに物理学への最初の重要な貢献をなしとげた。ゲルマンは早くから対称性が本質的な道具であることを理解し、粒子の分類表、粒子の性質の関連性、さらに粒子の量的性質の成功をおさめた予言が対称性から導かれることを認識していた。ゲルマンは、対称性群の洗練された数学を用いて、一世紀前のメンデレーエフと同じように、強い相互作用をする粒子の新動物園における重要なパターンを明らかにし、量子対称性の難解な言語でどのように考えればよいかを物理学者の世界にいろいろな方法で伝えた。

強い相互作用をする粒子の多彩な集まりに複雑性が現れ、それはこれらの粒子が基本的なものではないことを示していた。これらの粒子の対称性は、原子の繰り返される化学的性質に似て、もう一つの階層の存在を暗示していた。しかし、自然のもう一つの階層というこの考えには深刻な問題があった――強い相互作用をする粒子がどのようなものから構成されているにしても、それらの構成要素は決して単独で姿を現さなかったのだ。猛烈な衝突を引き起こす最も強力な粒子加速器でも内部の構成要素を一つとして解放することができず、むしろますます多くの不安定な強い相互作用をする粒子を生み出すだけだった。それにもかかわらず、現実に存在するのか、あるいは純粋に数学上の存在にすぎないのかは別にして、ゲルマンは、物質の構成要素の仮想的な次の階層に対して、ジェームズ・ジョイスから借用した**クォーク**という用語を導入した。(4) ようやく一九七〇年代の初めに、陽子の内部世界の「高解像度写真」がスタンフォード線形加速器で撮影され、初めてクォークに似た構造が観測された。こうして対称性の概念と実験とによって、強い相互作用をする粒子が解明され、もう一つのマトリョーシカ、つまり強い相互作用をする粒子の構成要素であるクォークが姿を見せたのである。クォークは実際に自然に存在しており、その性質を測定することができる。しかし不思議なことに、クォークは自分たちが組み立てている強い相互作用をする粒子の牢獄から決して解き放されることはない。

クォークの発見は魅力あふれる冒険の物語ではあるが、長い物語でもある。そのため途中を飛ばして、物質の基本的な構成要素について現在わかっていることを概観することにしよう。

粒子と力の標準模型

動物学でも同じだが、素粒子物理学を学びはじめた大学院生は、種と学名の多いことに圧倒される。動物学では多数の種が出てくるが、ありがたいことに進化の過程で現れた種のパターンのおかげで、生物についての包括的な分類体系が存在する。動物学者の卵にとって、鉤頭虫（頭の先端に多くの鉤（かぎ）をもつ寄生虫で約一一五〇種）と呼ばれる寄生虫の門と線虫（約一万二〇〇〇種が知られる環節のない筒状の虫）と呼ばれる門との相違がわかれば、これらを専門に選ばない限り、特別の亜種について知る必要はない。

素粒子物理学の場合は分類表がもっと簡単で、粒子の種類もずっと少ない。しかし初めて見ると、その分類表はやや威圧的である。粒子のこのパターンは物理学の法則からきているが、どうしてこうなるのかまだわかっていない。量子論の出現以前にメンデレーエフの元素周期表がそうであったように、この分類表も謎である。素粒子のパターンもやはり周期的である。クォークとレプトン、そしてゲージボソンの一連の種には、パターンと明白な対称性がある。しかし、その周期性を説明してくれるニールス・ボーアはまだ現れていない。おそらく素粒子物理学へ進む若い大学院生が、熱心な研究と斬新な着想によって成功をおさめるだろう。

今日「素粒子」と呼ばれているものは、現在の知識の限りでは、構造のない、きわめて小さい物質のかけらである。二〇〇四年までのあらゆる実験データが示すところでは、これらの粒子は、性質の点では多様だが、物理的な内部の広がり、つまり大きさはゼロなのだ。アリスのチェシャー猫のように、素粒子は大きさゼロに縮んでいると考えることができ、スピン、荷量、質量などのようなさまざまな性質とともに笑いだけを残している。

素粒子には三つの「門」がある。そのうち二つは物質の基本構成要素である**クォーク**と**レプトン**で（表1参照）、3番目のものは**ゲージボソン**である（表2参照）。ゲージボソンは自然界の力を担っているといわれる粒子である。幸いにも、知られている素粒子の門はかなり単純で、地球上の生物の門よりずっと小さい。

いわゆる「物質粒子」はクォークとレプトンである。これらの粒子はそれぞれが小さいジャイロスコープで、量子力学の規則にしたがって½のスピンをもつ。われわれの世界の通常の物質はすべて、**アップ**および**ダウン**と呼ばれる二種類のクォークと、レプトンの一つである電子から構成されている。

これらの粒子は電荷と質量によって識別される。電子は−1の電荷をもつものと定義される。この電荷を単位にすると、アップクォーク（u）は＋2/3の電荷をもち、ダウンクォーク（d）は−1/3の電荷をもつ。したがって陽子は素粒子ではなく、u＋u＋d（または uud）というパターンで三個のクォークから構成されている複合粒子である。これら三個のクォークの電荷を合計すると、陽子の電荷は＋2/3＋2/3−1/3＝＋1になることがわかる。同じように中性子は u＋d＋d からつくられていて、対応する電荷の組合せは＋2/3−1/3−1/3＝0である。

すでに述べたように、アインシュタインの特殊相対性理論と量子力学を結びつけると、自然界のすべての粒子には対応する反粒子が必要になる。自然の過程で生じた反物質のすべては、よくわからない謎の理由によって、われわれの宇宙から消滅している。しかし反物質は研究所で再現することがで

クォーク							レプトン		
電荷		質量	赤	青	緑			質量	電荷
				第1世代					
+2/3	アップ	0.005 GeV	u	u	u		・電子ニュートリノ		0
−1/3	ダウン	0.01 GeV	d	d	d		・電子	0.0005 GeV	−1
				第2世代					
+2/3	チャーム	1.5 GeV	c	c	c		・ミューニュートリノ		0
−1/3	ストレンジ	0.15 GeV	s	s	s		・ミューオン	0.10 GeV	−1
				第3世代					
+2/3	トップ	178 GeV	t	t	t		・タウニュートリノ		0
−1/3	ボトム	5 GeV	b	b	b		・タウ粒子	1.5GeV	−1

表1　クォークとレプトンの周期表。これ以外に特殊相対性理論の対称性から要請される反粒子がある。反粒子は反対の電荷と反カラーをもつ。したがって青クォークには「反青」の反粒子があり、これは赤と緑の組合せのようにふるまう。ニュートリノは、1電子ボルト程度かそれ以下と予想されるきわめて小さい質量をもつ。ニュートリノの質量とその効果（**ニュートリノ振動**と呼ばれる）は最近の発見であり、現在、素粒子物理学で非常に活発に研究されている領域である。

ゲージボソン				
電荷		質量		質量
電弱力			強い力（グルーオン）	
0	光子	0 GeV	（赤、反青）	0 GeV
+1	W^+	80.4 GeV	（赤、反緑）	0 GeV
−1	W^-	80.4 GeV	（青、反赤）	0 GeV
0	Z^0	90.1 GeV	（青、反緑）	0 GeV
			（緑、反赤）	0 GeV
重　力			（緑、反青）	0 GeV
			（赤、反赤）−（青、反青）	0 GeV
0	グラビトン	0 GeV	（赤、反赤）+（青、反青）−2（緑、反緑）	0 GeV

表2　ゲージボソンの表。ゲージボソンは「力の担い手」として知られ、いずれもゲージ対称性によって定義される。

き、また強い相互作用をする粒子そのもののなかにごく短時間だけ存在する。反クォークは対応するクォークと反対の電荷をもっている。反アップクォークは$\bar{u}$と表されて $-2/3$ の電荷をもち、反ダウンクォークは$\bar{d}$と表されて $+1/3$ の電荷をもつ。陽子と中性子を原子核のなかに保持するパイオンは、クォーク一個と反クォーク一個の組合せからできている。u、d、$\bar{u}$、$\bar{d}$から得られるクォーク一個と反クォーク一個の組合せは、すぐわかるように$\bar{u}d(-1)$, $\bar{u}u(0)$, $\bar{d}u(+1)$, $\bar{d}d(0)$ の四通りである。量子力学では、中性粒子の波動関数は「混合された」（つまり特有の方法で加え合わされた）ものになることが多く、研究所で観測される複合粒子は $\pi^+\leftrightarrow\bar{d}u$, $\pi^0\leftrightarrow\bar{u}u-\bar{d}d$, $\pi^-\leftrightarrow d\bar{u}$, $\eta^0\leftrightarrow\bar{u}u+\bar{d}d$ である。最初の三つはパイオンで、四番目のものは「イータ中間子」と呼ばれる。これらの四つはいずれも実験からよく知られており、そのクォーク構成がパターンを適切に説明している。実際、パイオンその他の中間子の質量から、表1に示したようなクォークそのものの質量を推定することができる。

原子はまた電子も含んでいる。電子も本当の基本粒子で、レプトンとして知られる。素粒子物理学に関する新聞記事に、すべての物質はクォークから構成されていると書かれていることがある。レプトンはクォークまたはその他のものから構成されているわけではないから、これは事実に反する。レプトンはそれ自身が素粒子である。クォークは物質内部の下の階層にあって、原子核の奥深くで陽子、中性子、パイオンをつくっている。化学の観点からすると、原子核はたんなるバラストである。化学はいわば電子の舞踏であって、電子が原子のまわりで軌道を描いて回ったり跳んだりすることによって、化学や生物学の世界の多様性が現れる。

前にも述べたように、巨星の超新星爆発は $p^++e^-\rightarrow n^0+\nu_e$ という過程によって押し進められる。この過程にはレプトン粒子である電子ニュートリノν_eが関係している。実はこのような過程は太陽の奥深くの中心核で今この瞬間にも起こっている（太陽は超新星にならないから心配しなくてもよい）。毎秒、何十億という電子ニュートリノが太陽から噴出し、われわれの体を貫いている。ニュートリノの電荷はゼロで、質量はきわめて小さく、ほとんど無視できる。ニュートリノは電気的な相互作用や強い相互作用をしない（だからレプトンである）。そのためニュートリノは、他の物質との相互作用が非常に弱い。

総合すると、クォークのuとd、レプトンのeとν_eが、**第一世代**と呼ばれる「家族」を構成している。これらの粒子は、質量の点では、最も軽いクォークと（荷電）レプトンである。クォークとレプトンの世代は、表1に示したようなパターンをつくっている。ここで強調しておくが、「第一世代」が何を意味しているかということに関して多くの理論があるものの、詳しくはわかっていない。世代というのは便利な表現であるが、まだ確立された科学的なものではない。つまり、われわれは世界についての知識の最前線に近づいているわけで、戦場と同じようにものごとは流動的で、われわれの理解も変わり得るものなのだ。

それでは、何が世代の構造を決めているのだろうか？　第一世代の四つの粒子はその種類のうちで最も軽いものであり、したがって質量に基づいてこれらの粒子はグループ分けされているが、このグループ分けを詳しく説明する対称性については将来にゆだねられている。もう一つ明らかなことは、クォークのカラー（色）も含めて第一世代のすべての粒子について考えると、電荷の合計がゼロになることである。つまり、三個のアップクォークと三個のダウンクォーク、それに電子とニュートリノの電荷をすべて加えると、(3×2/3)＋(3×－1/3)－1＝0で、ゼロになる。これはパターンのもう一つの事実であり、より深い対称性を示唆している。しかし、このパターンの正確な由来はまだわかっていない。[5]

もし宇宙の設計がわれわれに委ねられたとすれば、われわれはこの第一世代でやめていたかもしれない。自然界のあらゆる物質や物質が関係する日常の過程は、第一世代の四つの粒子だけを必要とするように見える。今のところ、これ以外の粒子の実質的な必要性と利点はほとんどないように思われる。したがって自然が、質量の大きいことを除けば本質的に同じ性質をもつ、まったく同じパターンのクォークとレプトンをさらに二つの世代も用意しているのはなぜか、われわれにはその意図がわからない。[6]

表1に挙げた第二世代は、**チャーム** cと**ストレンジ** sの二種類のクォーク、それにミューオンとミューニュートリノと呼ばれるレプトンを含んでいる。これらが発見されたばかりのときにも、これらの粒子は物理的世界の構成要素のリストへの無意味な追加のように見えた（「だれがこんな粒子を注文したのだ？」というラービのあの名言が再び思いだされる）。もし第二世代が無意味に見えるとしたら、**トップ** tおよび**ボトム** bのクォーク、そしてレプトンとしてタウ粒子とタウニュートリノを含む第三世代はまったく無意味に思われる。このように、クォークとレプトンの世界には三つの完全な世代がある。連続する各世代は、質量が大きくなるというだけで、前の世代のコピーである。世代になぜこのようなパターンがあるのだろうか？　世代は三つだけなのだろうか？　各世代の質量のパターンを決めているのは何だろうか？　これらは未解決の問題である。理論家は今のところこれらの問題に答えてくれていないので、なおいっそうの実験が必要とされている。

しかし、トップクォークは本当に頂上（トップ）で、この連続した世代の最後であることを示す兆候がある。**弱い相互作用**の詳しい研究から、クォークとレプトンのこれ以上の世代はない——少なくともこの独特のパターンでは――ことを間接的に示す実験がある。[7] その上、トップクォークの質量は他のクォークとレプトンに比べて巨大で、さらにもう一つの重いクォークが存在する余地はないことを示唆する間接的な証拠がある。実際、現在の状況は、明確にというわけではないが、「素粒子の質量はどこから来るのか?」という自然の基本的問題の一つに対する答えにわれわれが近づいていることを示している。トップクォークはここで本質的な役割を演じているのかもしれない。あるいは少なくとも、トップクォークは最前列の一番よい席をもつ目撃者である。この問題を理解するためには、自然界の力に注意を向けなければならない。

実際、強い相互作用をする粒子――陽子、中性子、パイオン、それに一九五〇年代と六〇年代に相次いで発見された関連する粒子――の内部で、何かがクォークと反クォークを結びつけているはずである。それは**強い力**と関係があり、結果として生じた陽子、中性子、パイオンなどの複合粒子は強い力によって相互作用を行う。しかし、その何かは、次のさらに基本的な階層ではたらく強い力、つまりクォークそれ自体の間ではたらく強い力でなければならない。クォークの間ではたらく強い力によってクォークそのものの複雑さが出てくる。[8]

特別の組合せのクォーク複合体だけしか生じないことが実験的に観察されている。自然界には三個のクォークを含む**バリオン**(重粒子)と呼ばれる粒子(または三個の反クォークを含む反バリオン)か、あるいはクォーク一個と反クォーク一個を含む**メソン**(中間子)と呼ばれる粒子だけが見いだされる。量子レベルではたらいている強い力が何であるにせよ、その強い力はこのパターンを説明しなければならない。したがって、「ハドロンの内部でクォークを結びつけている強い力の本質は何か?」という疑問が出てくる。実際、前に述べたように、実験でクォークを解放しようとする企てが無数にあったが、クォークは自分自身が構成しているハドロンの内部に常に閉じこめられていることがわかった。このことはクォークの基本的で微妙な性質によるものであり、その性質が今度は自然の新しい対称性を明らかにする。

表1のクォークを細かく眺めると、それぞれが「三個組」になっていることがわかる。つまり、アップクォークが三種類、ダウンクォークが三種類などである。クォークのこの付加的な標識を**クォークのカラー**（色）と呼ぶ。したがって、「赤アップクォーク」、「青アップクォーク」、「緑アップクォーク」があるという言い方をする。このカラーは虹の色とは関係なく、むしろクォークの完全な対称性のやや奇抜な記憶しやすい表し方である。

クォークのカラーを物理的に検出することはむずかしい。なぜなら、クォークから構成されている観測された粒子、つまりハドロンと定義される粒子は、必ず正味のカラーが**ゼロ**になるからである。たとえば、どの瞬間においても陽子は uud を含むが、一つのクォークは赤、もう一つのクォークは青、さらにもう一つのクォークは緑で、全体としてカラー中性（白色）の状態になる。

反クォークは、補色の意味で反カラーをもつと見なさなければならない。そのため、反青アップクォークは実際にはオレンジ色の粒子である。したがって、クォークと反クォークの対を組み合わせてカラーの相殺されたメソンをつくることができる。この簡単な規則が、われわれが見る束縛粒子の形態を説明している。しかしこの規則は、強い相互作用の基本理論への手がかりも与えている。

強い力はゲージ対称性

クォークのカラーを見ることができないのなら、どうしてクォークのカラーがあることがわかるのだろうか？　実は、クォークのカラーは、同種粒子の交換対称性からクォーク理論の初期に予想されていた。ゲルマンが一九六三年に、劇的にしかも正確に予想したような性質をもつ強い相互作用をする複合粒子が存在する。このゲルマンの予想はすぐに実験家によってブルックヘブン国立研究所で確認された。それは「オメガマイナス」粒子Ω^-で、三個のストレンジクォーク（sss）を含む。Ω^-をつくっている三個のクォークは一つの共通の軌道のなかを運動しなければならないことが知られているが、クォークのカラーがなければ、これは交換対称性によって**厳密に禁じられている**。つまり、同一の量子状態に三つの同種粒子フェルミオンが存在することは許されない（10章を参照）。しかしΩ^-は確かに存在している。この難問からの出口はただ一つ、クォークのカラーの存在である。もしΩ^-をつくっている一個のsクォークが「赤」、二番目のsクォークが「青」、そして三番目のsクォークが「緑」だとすれば、これら三個のクォークは同種ではなく、運動の同じ量子状態をこれら三個のクォークが同時に占有しても問題はない。クォークのカラーの数を実験で「数える」方法は他にもいろいろあり、その結果は常に三色で一致している。

ここからクォークのカラー対称性の本当の性質に関する問題が出てくる。クォークは三次元空間に存在し、空間の三つの座標軸には三つの色がついていると考えることができる。クォークはこの空間で、どの方向も指すことのできる矢（ベクトル）と考えてよい。そのクォークが赤なら、その矢は赤い軸に沿った方向を指す。青いクォークなら青い軸に沿った方向を指すという具合である。しかし、矢は回転してどの方向を指すこともできる。カラー対称性は、このようなクォークの矢に対して行うことのできる回転の集まりである（これは対称性群 $SU(3)$ である（付録参照））。

さて今度は、前章で調べたゲージ不変性の考え方を一般化してみよう。ゲージ不変性は、電子について行ったように、クォークの波動関数の観測できない「位相」（アクメ波動関数検出器の指針の指示方向）を変えることができることを意味する。この変化は電子のエネルギーと運動量を変動させた。電子の場合には、われわれが加えたこの変化を「取り消し」（アクメ検出器の文字盤を逆方向に回転し）、最初の電子の運動量とエネルギーを取り戻すために、対称性に対して支払った代価が光子の導入だった。電子はそれ自身の波動関数とゲージ場との混合物になる。電子を揺り動かす、つまり電子を加速させることによって、物理的なゲージ粒子、すなわち光子と呼ばれる**ゲージボソン**の放出を起こさせることができる。

さて今度はクォークについて、対称性の概念を一般化しよう。クォークの**運動量**と**エネルギー**を変化させ、同時にクォークの波動関数にカラー空間における**回転**であるような変化（ゲージ変換）を起こすことができるとしよう。したがって、クォークの運動量とエネルギーを変化させると同時に、たとえば赤ダウンクォークを青ダウンクォークに回転させる変換を行うことができるわけである。われわれはこれが対称性であることを望んでいて、最終的に赤いカラーをもち、最初と同じ運動量とエネルギーをもつような状態になることを望んでいる。そのためには、電子について前章で述べたのとまったく同じように、赤いクォークに加えた変化を「取り消し」、運動量とエネルギーを元に戻し、全体の結果を不変に保つ追加の粒子が必要である。

このようなカラーゲージ対称性が成り立つためには、**グルーオン**と呼ばれる八個の新しいゲージ粒子が必要とされる。グルーオンは光子のようにクォークから放出されるが、クォークの古いカラーを持ち去って、新しいカラーを運び込む。そのためにグルーオンはカラーと反カラーをもっている。したがって、局所的なゲージ回転を行うとき、つまりわれわれの例でいえば、赤クォークから出発して、それを青クォークに変えるとき、われわれは同時に一個の（赤、反青）グルーオンをつくるのである。そうすれば正味のカラーは「赤＋反青＋青＝赤」であるから、クォークの最初のカラーの赤が回復する。またグルーオンは変化した運動量とエネルギーも埋め合わせ、最後のクォークの量子状態は最初と同じ運動量とエネルギーをもつ（図31参照）。こうして新しいゲージ対称性と、クォークのカラーと結びついた自然界の新しい力が得られるのだ[9]。グルーオンの存在を裏付ける実験的証拠は一九八〇年代から蓄積され、今では疑問の余地がない。

クォークが加速すると、物理的なグルーオンが放出される。（赤、反青）グルーオンの放出は赤クォークから生じ、そのクォークは青クォークに変わることに注意しよう。グルーオンがクォークに衝突すると、そのグルーオンは吸収され、クォークは加速される。対称性の簡単な考え、局所ゲージ不変性という考えが光子と量子電気力学をもたらしたが、同じようにその考えがクォークのカラーに用いられて強い相互作用の正しい理論を生み出したことは、おそらく現代科学の最も驚くべき側面であろう。この強い相互作用の理論は、**量子色力学**、略してＱＣＤ（quantum chromodynamics）と呼ばれ、やはり素晴らしい成功をおさめている。

こうして、クォークはグルーオンの交換によってもう一つのクォークと相互作用をする（図32参照）。適切なファインマン図を描くことができて、それらの図をどのように計算すればよいかがわか

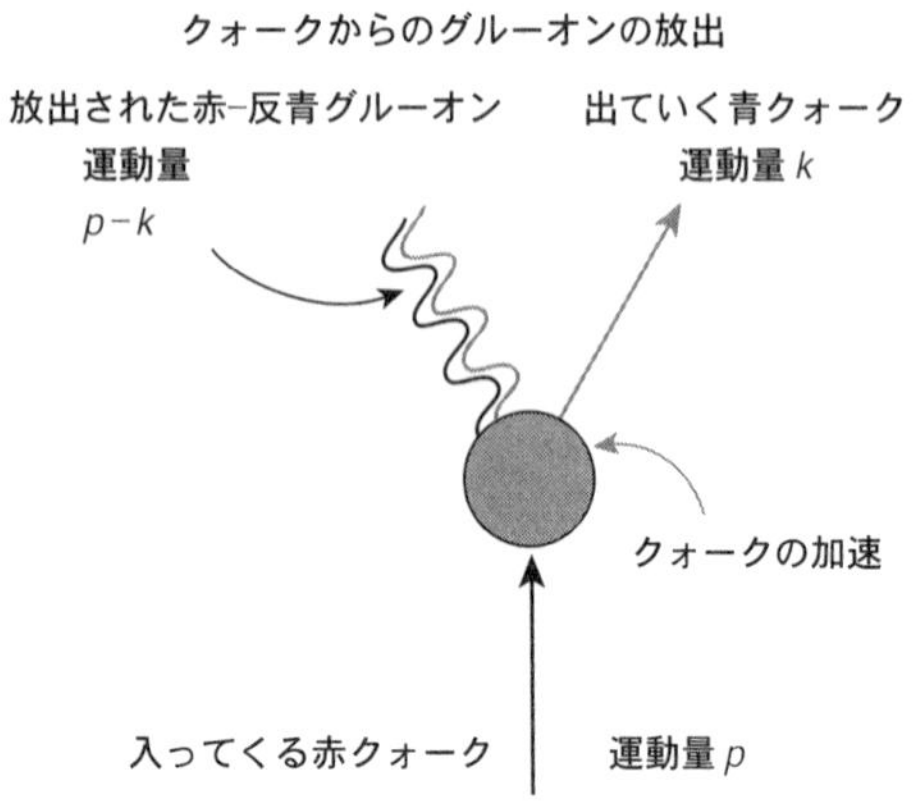

図31　クォークが加速して赤から青へカラーを変え、（赤、反青）グルーオンを放出する。したがって全体のカラーは保存される。運動量とエネルギーも保存される。

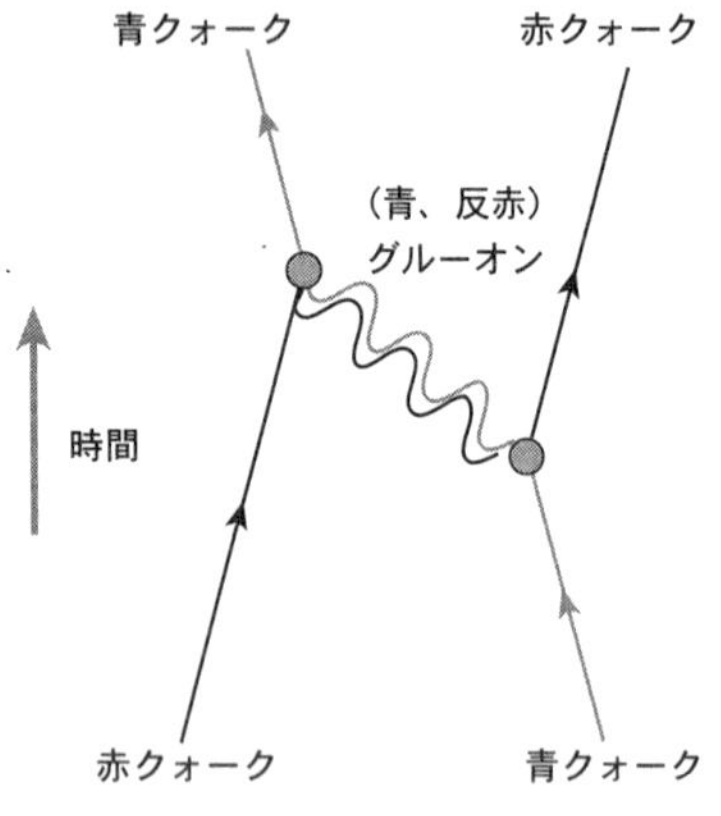

図32　赤クォークと青クォークの散乱。2個のクォークは、クォーク間を飛ぶ（赤、反青）グルーオンによってカラーを交換し、強い力を生じる。陽子はクォーク間のグルーオン交換によって結びついている。ほぼ10^{-24}秒ごとにグルーオンは陽子内のクォーク間を飛ぶ。

る。電荷に似た「カラー荷」が大きいために、この力は強い。

ＱＣＤに関する注目すべき発見の一つは、クォークとグルーオンとの相互作用の結合の強さ（g_3と表され、前に述べた電荷eの類似物）がクォークを極端に近づけると弱くなることである。逆に距離が大きくなると、クォークとグルーオンの結合の強さは非常に大きくなる。そのためクォークに対して強い引力が生じ、研究所でクォークを引き離して取り出すのが妨げられる。この強い結合のために、完全なカラー中性――どの瞬間にもクォークの三つのカラーが完全に釣り合っていること――をもつクォークから構成された量子力学的束縛状態だけが存在できることもわかっている。このことは、バリオンなら rgb の組合せだけ、反バリオンなら $\bar{r}\bar{g}\bar{b}$（$\bar{q}$ は q の反カラーを表す）の組合せだけ、あるいはメソンなら $r\bar{r}+g\bar{g}+b\bar{b}$ のカラー中性の組合せだけがあり得ることを意味している。カラーゲージ理論、つまりＱＣＤは、過去三〇年間に加速器で発見された強い相互作用を行う粒子のパターンをうまく説明する。また、なぜクォークがその牢獄から自由になることができないかを明らかにしている。

g_3が大きいと、この理論の特性を計算することは非常にむずかしいが、近距離でg_3が小さくなるという事実は、ファインマン図を使ってかなり正確な計算ができ、高エネルギーでの個々のクォークの衝突と散乱を明らかにできることを意味する。またそのことは、高エネルギーで、たとえばフェルミ研究所のテバトロンで起こされる衝突で（図33参照）、個々のクォークとグルーオンが衝突して、それらの衝突の痕跡を残すことを意味する。これが**クォークジェット**として知られる見事な現象――自然そのものによる脱獄――を生じさせる（グルーオンジェットが生じることもある）。

テバトロンでは一兆電子ボルト（一ＴｅＶ、テラ電子ボルト）のエネルギーをもつ陽子が、同じエ

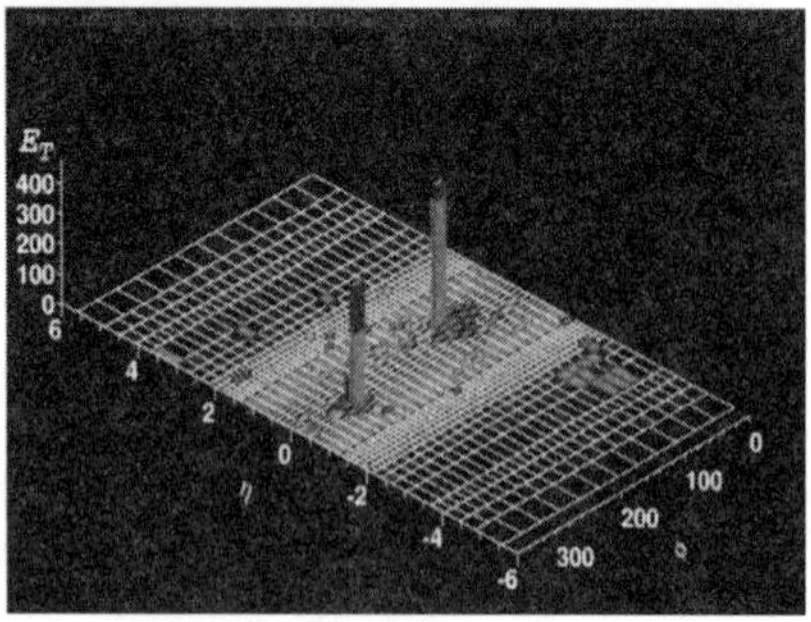

図33　陽子と反陽子の正面衝突を観測するために、フェルミ研究所では２つの大きな検出器（CDFおよびDゼロ）が使用される。陽子ビームと反陽子ビームがCDF検出器の中央を通過する。ここに示したのは改良作業のために部品を取りはずしたときのCDF検出器である。２つのビームは光速度の99.9995パーセントの速度で逆方向へ進む。CDF検出器は巨大な樽のような形をしていて、検出器中央の衝突点の周囲を取り囲んでいる。衝突には陽子のなかのクォークと反陽子のなかの反クォークの消滅がともなう。下の図はこのような衝突の結果を示している。円筒のような検出器を平らなシートに広げたものを想像していただきたい。それぞれの四角いますは「ピクセル」で、検出器のなかのエネルギーの堆積を記録している。積み重ねたレゴ・ブロックのような形の柱の高さは、ピクセルに記録されたエネルギーである。この図は非常に高エネルギーの電子と陽電子を生じる衝突を示している。これはこれまで人類が観測した数少ない最も高いエネルギーの衝突の１つであり、1/10,000,000,000,000,000,000メートルより小さい、これまで調べられた最も短い距離での空間そのものの構造を調べている。（写真はフェルミ研究所提供）

ネルギーの反陽子と正面から衝突する。陽子は三個のクォークuudを含むのに対して、反陽子は三個の反クォーク$\bar{u}\bar{u}\bar{d}$を含んでいる。きわめて高いエネルギーでは、つまりきわめて短い時間では、個々のクォークが分離され、ほとんど自由な粒子であるかのようにふるまう。したがって、一対のクォーク、もしかするとuと$\bar{u}$が正面からぶつかるような衝突が起こる。このクォークと反クォークは大きな角度で散乱され、陽子と反陽子からもぎ取られる。残った破片、つまり最初の陽子と反陽子の他のクォークとグルーオンは最初の運動方向へ向かって進みつづける。ごく短い時間だけ、衝突したクォークと反クォークは自由となり、高エネルギーで、したがって超相対論的に運動し、破壊された陽子と反陽子の破片であるクォークとグルーオンから離れて、普通なら閉じこめられている距離の一〇〇倍くらいを進むことができる。クォークは短い瞬間だけ、閉じこめられていた監獄から脱出する。

しかし、そのとき強い力が優勢になり、真空そのものが衝突の起こった近辺で破れはじめる。クォークと反クォークのペアとグルーオンが衝突の激しいエネルギーによって真空そのものから呼び出され、切り取られる。宇宙創成の最初の瞬間のような物質の激しいプラズマが、捜査の手のように衝突点から素早く動き、脱獄者を逮捕する。自由になったクォークは、新しい物質と反物質のこの突風によって拘束される。すべてのクォークとグルーオンはすぐに捕らえられ、新しいパイオン、陽子、中性子に再び割り当てられる。クォークの解放は終わる。

それにもかかわらず、脱出したクォークの消すことのできない足跡が残る（図34参照）。ほとんどパイオンから成る二つの明瞭な粒子の噴流、つまり先ほど述べたジェットが、最初の脱出者uと$\bar{u}$の方向の空間へ流れ出ている。粒子のこれらのジェットは、脱出したクォークの経路をはっきりと示し、クォークの全エネルギーを運んでいる。これらのジェットはクォークを明白に跡づけている。こ

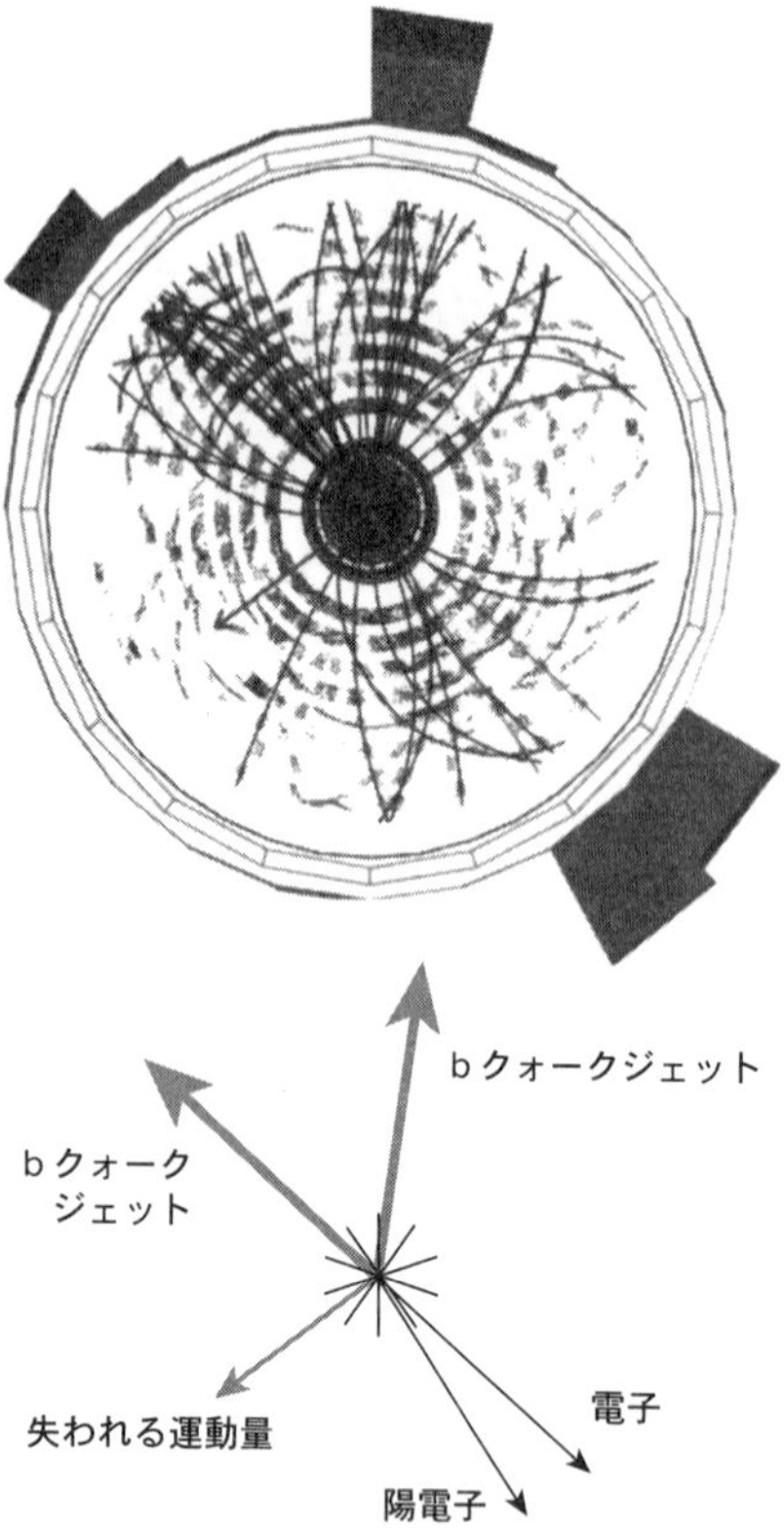

図34　陽子の運動方向に沿って見ている衝突。陽子が反陽子と正面衝突すると、衝突で生じた多数の素粒子の残骸が検出器に向かって外側へ飛び出す。検出器には大きな磁場があって、荷電粒子の飛跡を曲げ、粒子の同定を可能にしている。下の図はこの衝突残骸の主要な高エネルギー部分を示す。2個のレプトン（電子と陽電子）の飛跡と、ボトムクォークと反ボトムクォークに由来する粒子の2つの高度に集束されたジェットが見える。このイベントでは出ていくニュートリノとして多量のエネルギーと運動量も失われる。このイベントは、図35に示したような、トップクォークと反トップクォークの生成と解釈することができる。（写真はフェルミ研究所提供）

うして、最初の衝突が起こるごく小さい空間領域を取り囲んだ巨大な粒子検出器を用いて、最初の衝突イベントの構造と、一瞬間だけ自由を祝うクォークのふるまいを見ることができる。

クォークはすぐに消滅してグルーオンになり、グルーオンは直ちに真空を切り刻んでトップクォークと反トップクォークを生成する（図35参照）。トップクォークの崩壊の痕跡は検出器のなかに復元されている。こうして、自然界で最も重い素粒子――「発見リスト」にいちばん新しく加わった素粒子であるトップクォーク――が、物質を埋め込んだわれわれの周囲の真空の深い海から取り出される。トップクォークは並はずれた獲物で、金の原子核と同じくらいに重い極微の破片である。大質量の怪物というべきトップクォークは、「何がクォークとレプトンの質量を生み出しているのか？」という疑問に対する答えを求めている。

弱い力

電磁気力、QCDの強い「カラー」力、重力という自然の三つの力について、やや詳しく述べてきた。さらに基本的な点で粒子の個性を規定する最後の力がもう一つ残っている。それは**弱い力**で、ゲージ対称性としてこの力を記述すると、電磁気力と統合される。この統合によって、われわれはすべての力の最終的な統一に向かって進みはじめる。クォーク、レプトン、それにこれまでに知られているすべての力を規定するゲージ対称性をまとめると、今日までのほとんどすべての観測された物理学について完全な説明が与えられる。またこのことから**標準模型**と呼ばれる理論が明確に定められる。

六五年以上も前に、エンリコ・フェルミは「弱い相互作用」を説明する最初の量子論を発表した。

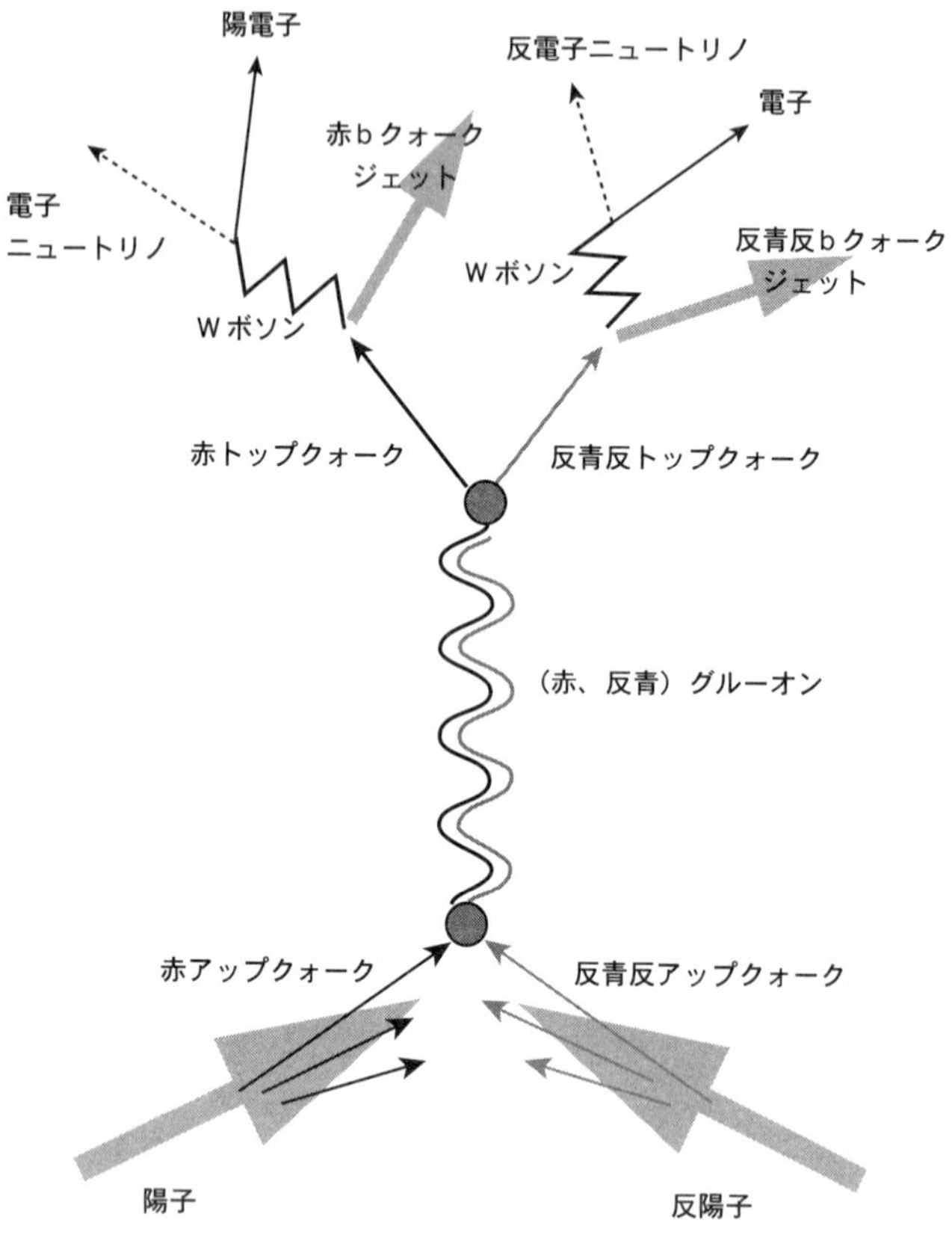

図35　（陽子からの）アップクォークが（反陽子からの）反アップクォークとともに消滅し、中間のグルーオンを経てトップクォークと反トップクォークのペアが生成する。トップクォークは次にWボソンとbクォーク（これがジェットの一つをつくる）に崩壊する。Wボソンはさらに陽電子とニュートリノに崩壊する。同じように反トップクォークは反粒子に崩壊する。ニュートリノは検出できないが、「失われた運動量とエネルギー」として現れる。

その当時、弱い相互作用は、ベータ崩壊放射能のような核過程で見られる微弱な力だった。ベータ崩壊は、前に述べたように、超新星の爆薬と考えることができる。フェルミは、ニュートンが重力定数G_Nを導入しなければならなかったのと同じように、弱い相互作用の全般的な強さを特定するために新しい基礎定数を物理的に導入しなければならなかった。実際にフェルミの定数はG_Fと呼ばれ、この定数は弱い力のスケールを定める質量の基本単位を表していて、約一七五ＧｅＶである。

その後、弱い力は局所ゲージ対称性をともなうことが見いだされた。標準模型の構築には、シェルドン・グラショウ、アブダス・サラム、スティーヴン・ワインバーグが大きな役割を果たし、ゲラルド・トフーフトとマルティヌス・フェルトマンの量子論がその完成に貢献した。標準模型へ導いた理論的な諸発見は、一九七〇年代初期に素粒子物理学での革命を引き起こしたが、同じこの時代にクォークが初めて実験でかすかにその姿を現した。一九七〇年代の一〇年間に、自然界のすべての力は最も重要な対称性原理であるゲージ不変性によって支配されていることが、理論的にも実験的にも明らかになった。強いカラー力と電磁気力に関して、ゲージ不変性がどのように力を発揮しているかはすでに述べた。

それでは、弱い相互作用のゲージ対称性はどういうものだろうか？　それぞれの世代で、クォークとレプトンはペアをもっている。つまり、赤アップクォークは赤ダウンクォークとペアになり、電子ニュートリノは電子と、チャームクォークはストレンジクォークと、トップクォークはボトムクォークとそれぞれペアをつくる、などである。これまで述べてきたことで、「ゲージ対称性」の考え方はなじみ深いように見えるかもしれない。そこで、電子とそのニュートリノは、「電子」と名付けられた軸と「電子ニュートリノ」と名付けられた軸をもつ二次元空間に存在する一つの実体であると考えよう。量子粒子はこの空間における矢で、どの方向も指すことができる。この矢が電子の軸に沿った方向を指すとき、それは電子である。矢を回転すると、ニュートリノになる。矢に対して行うことのできる回転は、(付録で述べるように) $SU(2)$ と呼ばれる対称性群をつくる。

次に、ある運動量とエネルギーをもって入ってくる電子ニュートリノの波動関数を考えよう。これを負電荷のある電子に回転させ、電子の運動量とエネルギーも変えるような**ゲージ変換**を行う。対称性を成り立たせるためには、W^+と呼ばれるゲージ場を導入する必要がある。このW^+によって、全部の運動量とエネルギーを回復させ、同時に量子論的な矢を回転させて最初の電気的に中性な「電子ニュートリノ」の方向へ戻すことができる。ある意味でゲージ場は、矢が座標系に対して最初の方向を指すように座標系を回転するわけで、最初のニュートリノが元通りに得られる。これは、クォークのカラーについて行ったこととよく似ている。クォークのカラーの場合には、あるカラーから他のカラーへのゲージ回転がグルーオン場によって相殺された。

弱い相互作用には、W^+、W^-、Z^0という全部で三つの新しいゲージ粒子が必要で、これらの粒子は光子に近い関係にある。実際に電気力学と弱い相互作用は対称性によってまとめられ、「電弱相互作用」と呼ばれる一つの作用になる。クォークとレプトンのレベルでの中性子の崩壊は、もしきわめて強力な顕微鏡で見るなら、一個のダウンクォークがアップクォークに崩壊し、W^-ボソンを放出する過程になる。しかし、W^-は非常に重いので、ハイゼンベルクの不確定性原理によって、この過程が起こるのは、W^-のエネルギーが非常に不確定なほんの短時間だけである。W^-はすぐに崩壊して、電子とニュートリノになる。弱い相互作用の過程が非常に微弱で、時間とエネルギーにおける不確定性の大きい量子ゆらぎに依存しているのは、W^-のこの極端な質量のためである。簡単に言えば、弱い力が弱い理由は、ウィークゲージボソンが重いからである（図36参照）。

このように、光子とこれら三つの新しいゲージ場との間には非常に大きい相違がある。光子は質量をもたない粒子であるが、W^+、W^-、Z^0はそれぞれたいへん重い粒子である。クォークとレプトンの間でのW粒子の量子論的交換によって生じる力は、まさしく六五年前にフェルミが述べた弱い力である。しかし、質量のない光子と重いW^+、W^-、Z^0との間のこのような食い違いは、何によって引き起こされるのだろうか？　このような異なる質量をもつ粒子の間にどうして対称性があり得るのだろうか？

ヒッグス場へ

弱い力の対称性の破れを説明するために、物理学の他の分野の例にならおう。自由空間の真空においては、電磁気のゲージ場——光子——は完全に質量ゼロである。したがって、光子は常に光速度で進む。しかし実験室では、物質の媒質中にある種の「にせの真空」——**超伝導体**と呼ばれるもの——をつくることができる。これは、磁石の整列や先端で立っている鉛筆の転倒のような、**対称性の自発的な破れ**の一形態である。鉛またはニッケル-ニオブのような一般的な極低温材料の超伝導体においては、光子は事実上重くなって、約一電子ボルトの質量をもっている。光子に対するこの質量の発生が、超伝導体の奇妙な特質を引き起こす。前に述べたように、超伝導体は電流に対する電気抵抗をまったくもたない。超伝導体が存在するのは、光子と相互作用する極低温金属中に「量子スープ」がつくられるからである。この量子スープは電荷をもち、光子はその電荷を感じる。そのために光子はい

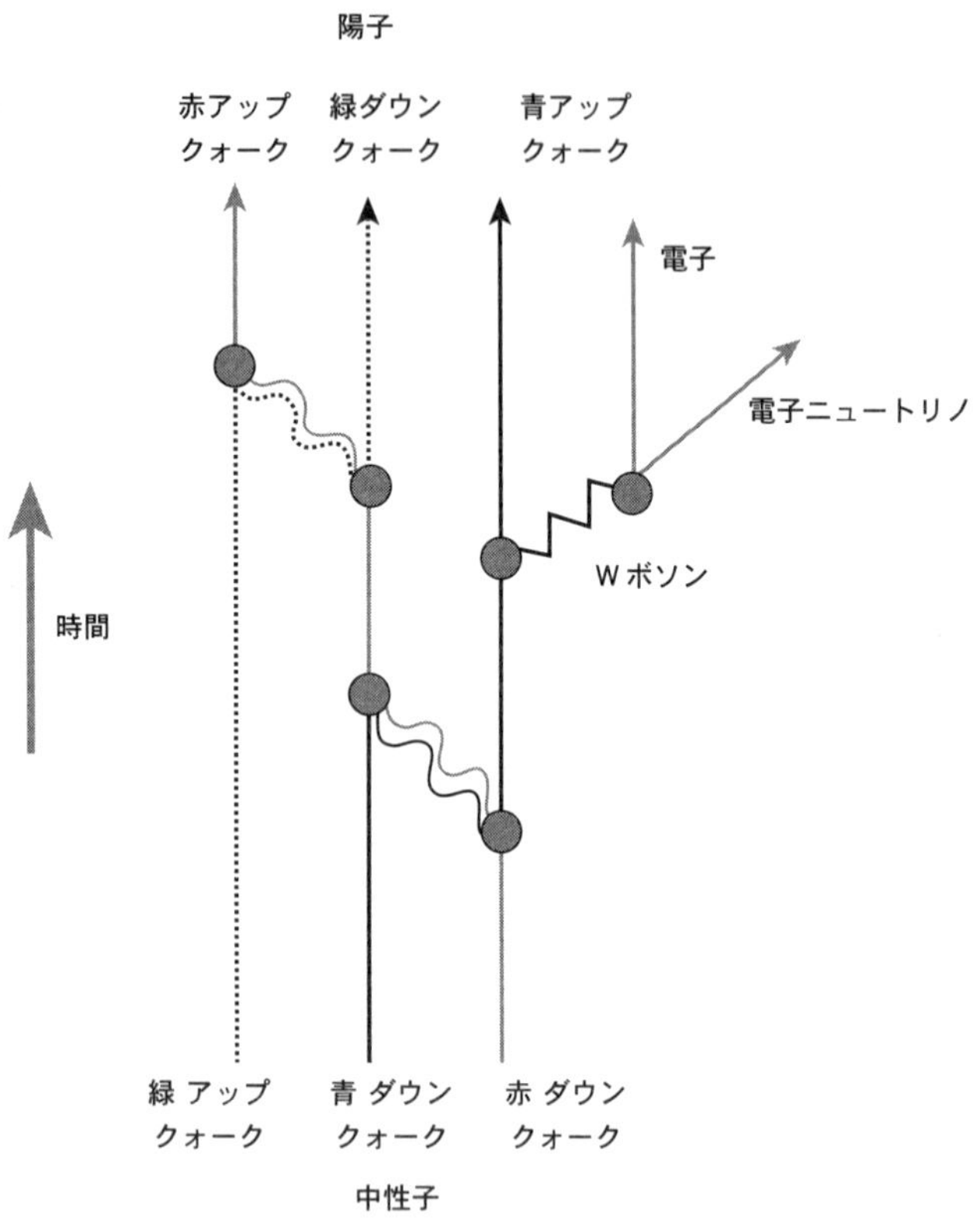

図36　クォークとレプトンのレベルでは、中性子の崩壊過程$n^0 \rightarrow p^+ + e^- + \bar{\nu}^0$は、Wゲージボソンの交換によるクォークの変化$d \rightarrow u + e^- + \bar{\nu}^0$をともなう。Wは非常に重いので、その巨大な質量に等しいエネルギーをたずさえて生成されることはない。そのため、ハイゼンベルクの不確定性原理で許される小さいエネルギーをもって短時間だけ生成される。これは起こりそうもない量子ゆらぎで、弱い力を微弱にしている。自由中性子の半減期は約10分である。

くらか重くなる。

超伝導体からヒントを得て、ウィークゲージボソンに大きな質量を与えるために宇宙全体の真空が何かによって変えられるに違いないと考える。その何かは、新しい場、すなわち空間を満たしている新しい粒子の波動関数によってモデル化することができる。この新しい場は、エディンバラ大学のピーター・ヒッグスにちなんで、**ヒッグス場**と呼ばれる。ヒッグスは、弱い力がなぜ弱いかを説明するために、超伝導の数学的に修正された表現形式がどうはたらくか、また電弱対称性がどのように自発的に破れるかを示した初期の研究者の一人である。真空におけるヒッグス場の強さはすでに測定されており、それは**フェルミスケール**一七五GeVの理論的由来であるから、エネルギーのスケールとして引用されることがある。この段階では、われわれは現象を説明するために新しい粒子、つまりヒッグス粒子を仮定している。もっとも、われわれは、ヒッグス粒子とは何か、どこから来るのか、ということを本当には理解していない。それにもかかわらず、ヒッグス機構がどのようにはたらくか、のぞき見ることはできる。

標準模型では、すべての物質粒子とW^+、W^-、Z^0は、真空を満たしているヒッグス場との相互作用によって質量を得る（しかし超伝導体と違って光子はこの独特の場と作用せず、質量ゼロのままである）。さまざまな粒子がその粒子の**結合の強さ**に応じてヒッグス場を「感じる」。たとえば電子は、ヒッグス場との結合の強さg_eをもつ。したがって、電子の質量は$m_e = g_e \times 175$ GeVと定められる。$m_e = 0.0005$ GeVであるから、$g_e = 0.0005/175 = 0.0000029$となる。これはきわめて弱い結合の強さだから、電子は質量の非常に小さい粒子である。トップクォークは質量が$m_{top} = 175$ GeVで、その結合の強さはほとんど一に等しい。このことは、トップクォークが対称性の破れで特別な役割を演じていることを示唆している。ニュートリノのような粒子は質量がほとんどゼロで、したがって結合の強さはほとんどゼロである。

見事に説明がついているように見えるが、いくらか問題がある――g_eのような結合定数の由来について現在のところ**理論がない**のだ。これらの定数は、標準理論における（理論からは導けない）インプットパラメーターにすぎないように思われる。既知の実験値 0.511 MeV を新しい数 $g_e=0.0000029$ に取り替えても、電子の質量についてほとんど何もわからない。

標準理論は、ヒッグス場に対するW^+、W^-、Z^0粒子の結合の強さを首尾よく正確に予言した。これらの結合の強さは、電荷の既知の値と、ニュートリノ散乱実験で測定される弱い混合角と呼ばれるもう一つの量から決められる。したがって、ＷとＺの質量は理論によって（正しく）予言される（W^+、W^-はお互いの粒子と反粒子だから同じ質量をもつはずであり、Z^0はそれ自身の反粒子であることに注意しよう）。W^+とW^-の質量は約八〇ＧｅＶ、Z^0の質量は約九〇ＧｅＶである。これらの質量は、ヨーロッパ合同原子核研究機構（ＣＥＲＮ）、スタンフォード線形加速器センター（ＳＬＡＣ）、フェルミ研究所できわめて正確に測定された。

したがって、対称性とヒッグス粒子によるその自発的な破れが、宇宙のすべての粒子の質量発生を完全に支配しているのだ。しかし、ちょっと待ってほしい――ヒッグス粒子とは何だろうか？[10]

これは現代の最も重要な科学的問題の一つである。アメリカ政府は深い考えもなしに、一九八〇年代にフェルミ研究所のテバトロンより二〇倍も強力な粒子加速器の建設を決定した。その目的は、ヒッグスボソンを徹底的に探求するため、あるいはもっと一般的に、電弱相互作用の対称性の自発的破れのメカニズムを明らかにし、質量の由来を見いだすためだった。残念ながら、科学とはほとんど関係のないいろいろな理由によって、この計画は一九九三年に中止された。そのため現在のところ、ヒッグス粒子がなんであるかわかっていない。われわれは、どこかの研究所の実験からヒッグス粒子についての最初の手がかりが得られることを待ち望んでいる。

ヒッグス粒子についての手がかりは、おそらくフェルミ研究所のテバトロンか（技術的な難問が解決されて順調に稼働している）、あるいはジュネーブのＣＥＲＮに建設中の大型ハドロン衝突型加速器（ＬＨＣ）で得られる可能性がある。ＬＨＣは二〇〇八年からの稼働が予定されており、それぞれ七ＴｅＶのエネルギーをもつ陽子と陽子を衝突させることが計画されている。この加速器は、テバトロンの七倍の倍率をもつ顕微鏡になると予想される。ガリレイの新しい望遠鏡が裸眼の二〇倍の倍率をもち、多くの革命的な発見を成し遂げたことが思い起こされる。テバトロンで研究しているわれわれの仲間は最初の手がかりを見つけようとしているが、ＣＥＲＮのＬＨＣから少なからぬ革命がもたらされると期待している。ＬＨＣが稼働しはじめると、世界の最も強力な顕微鏡が、ほぼ一世紀を経て北アメリカから離れることになる。

このように、ヒッグス粒子がどういうものか実験からはわかっていないが、それでもその正体について多くの理論がある。

ヒッグスボソンを越えて――超対称性？

これまでは、自然の力を統一的に理解する手段として、対称性、ネーターの定理、ゲージ不変性がもたらす奥深い結果に焦点を合わせてきた。本書ではすでに明らかになったことを中心に述べてきた。もっと複雑、難解で、推測を含む問題については他書にゆずることにしたい。しかし、ヒッグスボソンの発見は、それとともに解明される果実を考えるときわめて重要なので、ヒッグスボソンに関してはもう少し述べておくべきだろう。

標準模型は、これまで知られていたすべての現象をうまく説明する理論として三〇年にわたって支持されてきた。自然についての一つの理論としては、これはかなり画期的なことと言える。この標準模型に、すべての力のうちで最も弱い力である重力を含めなければならない。しかし重力は、素粒子物理学の研究所では、ほとんどその役割を果たしていない。重力は宇宙やリンゴ園では目立っているが、他の力やそれらの対称性が現れる短距離では、長年にわたって詳細な解析を拒んできた。しかし重力は自然の一部であり、幾何学的ゲージ対称性を含んでいるから、より大きい万物の描像におさまるはずである。

今日すべての物理学者は、ヒッグスボソンや最終的には重力と関係づけられる標準模型のより大きい包括的な構造が存在するはずだと信じている。ヒッグスボソンに関して言うと、自然が他のすべての粒子に質量をもたせるために、たった一つの粒子を用意したということは道理に合わない。しかし現在のところ、未発見のヒッグス粒子が一つだけ存在するという仮説と矛盾するデータはない。標準模型のこの新しい包括的な構造が実際にどのようなものになるとしても、物理学での最終的な審判者というべき実験による判定をまだ受けていない。

宇宙論の分野では、標準模型の圏外にある新しい形態の物質――いわゆる**ダークマター**――がわれわれの宇宙に存在している証拠がある。一九五〇年代以後、銀河や銀河団におけるダークマターの存在が重力を手がかりとして示唆されてきた。また、われわれの宇宙が**加速する宇宙**であるという最近の証拠もある。加速は、真空のエネルギーによって行われており、そのエネルギーはインフレーション理論で要求されるものと似ているが、はるかに小さい。その上、真空のエネルギーという問題そのものがはなはだ難解な問題である。なぜなら、量子力学の初期以来、物理学者はそれを計算しようとするとき、一〇の約一二〇乗も間違った答えを出してきたからだ。

確かに現在、標準模型が答えていないことがたくさんある。雨の降る日曜日の午後、われわれは未解決の問題の長いリストを実際につくることができる。それらの解答はまだ得られていないから、問題の一つ一つが「科学にとって最も重要な問題」と言えるかもしれない。ヒッグスボソンの探索は明確な研究計画であるが、他の問題の多くは定義さえはっきりしない。どのように答えるのか、あるいはどのように攻略するのかは、ヒッグス粒子とともに発見されることがらに依存している。確かなことは、ハッブル宇宙望遠鏡のような深宇宙望遠鏡はもちろん、粒子加速器などの観測科学から得られることが多いということである。

ヒッグスボソンの先にあるかもしれないことについて、多くの考察がある。なかでも（数万の学術論文が発表されている）きわめて支配的な理論は、**超対称性**（SUperSYmmetry, SUSY）のアイデアである。このアイデアの基礎には説得力のある根拠があり、この理論は最終的に高エネルギー（短距離）における重力を含むすべての力の統一へ導くかもしれない。また、ＳＵＳＹはヒッグスボソンのエネルギースケール、つまりまもなく実験的に解明されると思われるフェルミスケール一七五ＧｅＶと結びつけられると期待されるが、その根拠もいくつか存在する。ＳＵＳＹはヒッグスボソンを当然の帰結として受け入れることができ、ヒッグスボソンがなぜ数百ＧｅＶのエネルギースケールに存在するかという点についても部分的な説明を与える。ＳＵＳＹがあらゆる力の「大統一」という考えに対して、他のアプローチより矛盾がないことについても間接的な証拠がある。

超対称性は実際には、空間と時間についてのわれわれの理解の仮説的拡張である。それは空間の「フェルミオンのような」付加次元を含み、その次元そのものがスピン1/2の粒子のようにふるまう（スピン1/2の粒子はフェルミオンと呼ばれることを思いだそう）。このことは、新しい次元そのものが風変わりな性質をもっていることを意味する。（たとえば、スピン1のボソンである光子（フォトン）が新しいフェルミオンの次元の方向に押し動かされると、「フォティーノ」と呼ばれるスピン1/2のフェルミオンになる。あるいは、スピン1/2のフェルミオンであるクォークがフェルミオンの次元の方向に押されると、スピン0の「スクォーク」と呼ばれるボソンになる。）その結果、超対称性が予言するところによれば、自然界のすべての基本的な観測されたフェルミオン（またはボソン）に対して、対応する「超対称パートナー（超対称粒子）」のボソン（またはフェルミオン）が存在しなければならない。これらの「超対称パートナー」は自然界にまだ発見されていないから、もし超対称性が確かな対称性だとすれば、われわれが観測を行うような比較的低いエネルギーでは――今日まで建設されたすべての粒子加速器の「低」エネルギーでは――何かが超対称性を隠しているに違いない。したがって、超対称性は破れている対称性である。

もしSUSYが（おそらくCERNのLHCで）最終的に観測されれば、素粒子全体のリストは二倍になるはずである――素粒子物理学者は忙しくなるだろう。すべての素粒子はいわゆる超対称パートナーをもつことになる。SUSYは気をもませる「ダークマター」粒子を約束している。ダークマターによって、星に組み入れられず、輝きもしない（だから「ダークマター」）大量の暗い物質が観測される理由が説明できる。もしダークマターが存在するなら、重力を含むすべての力の究極の大統一としての**超ひも理論**のアイデアにＳＵＳＹはたいへん有利にはたらくことになるだろう。

超ひも理論は、「万物の理論」の最も有力な候補である。一次元のポテンシャルの溝に閉じこめられた一個の電子の量子運動のたとえとして、振動するギターの弦を例に挙げたが、ここでそのことを思いだそう。超ひも理論は、電子や他のすべての素粒子を文字どおり振動する弦と見なす仮説である。物質のこのひも構造を見るためには、現在最も強力な粒子加速器であるテバトロンよりさらに一〇万兆倍も強力な顕微鏡が必要だろう。

あらゆる物質のひも構造を理論家に正しいだろうと信じさせる理由は何だろうか？　それは、自然の全量子構造に重力を組み込む問題を、ひも理論が解決するからである。量子ひもの振動の最低モードは重力である。すべての物質は例外なく重力と作用するが、ひも理論はこの事実から出発する。そしてあらゆるゲージ対称性と自然界の力がこの描像に合致する。

ひも理論はＳＵＳＹを要求している。しかし、テバトロンやＬＨＣで実現可能な範囲では、必ずしもＳＵＳＹは必要とされない。一方、もしＳＵＳＹが研究所で発見されるなら、超ひも理論に強力な信任の票が投じられるだろう。

弱いスケール、つまりヒッグスボソンの質量のスケールでは、考えられる超対称性模型は無数に存在するが、一つの模型が標準となった。それが最小超対称標準模型（Minimal Supersymmetric Standard Model, MSSM）である。ＭＳＳＭが予言するところでは、クォーク、レプトン、ゲージボソンのすべての超対称パートナーが遠からず観測されるはずである。またＭＳＳＭは、五つの観測可能なヒッグスボソンを予言している。ＭＳＳＭは最も軽いヒッグスボソンがどの程度の質量をもつかをかなり明確に示していて、一四〇ＧｅＶ以下の質量範囲にあるとしている。この範囲なら、フェルミ研究所のテバトロンの能力で観測可能であり、その後継装置のＬＨＣなら確実に観測できる。

ＳＵＳＹに関する唯一の問題は、既知の物質粒子（重いトップクォークは除くとしても）の質量の性質に見られるパターンの多くに対してＳＵＳＹでは実質的な説明が得られないことである。これらの性質はひも理論にゆだねられており、しかもその場合、仕組みはわからないが多くの異なる対称性が到達不可能な高エネルギーでは破られるに違いない。このような状況を扱うのは、人間の頭脳だけで到達できる物理学である。というのは、どんなに先の未来の粒子加速器でも、これほど高いエネルギースケールにはとても近づけないからである。

ＳＵＳＹがヒッグス粒子のエネルギースケールで見られないとしても、そのことはＳＵＳＹの一般的な概念にとっての致命的な打撃にはならない。なぜなら、理論的な構造物としてのＳＵＳＹは、かろうじて検出できるような到達可能なエネルギースケールまで後退することができるからである。またＳＵＳＹが現実の世界と関係ないとしても、量子力学の数学について多くのことを教え、将来にわたって思考のための道具となるだろう。今後一〇年間になされるいろいろな発見に支えられる多くの知的資本がある。

もしＳＵＳＹが弱いスケールで発見されなければ、ヒッグスボソンは、おそらく自然界における新しい力と結びついた力学的実体である可能性が高い。たとえば、トップクォークがこのような付加的な新しい力と結びついて、弱い相互作用のスケール、したがってまたすべての素粒子の質量を確立する上で本質的な役割を果たしているかもしれない。このような可能性を多くの理論家が研究してきた。この場合、ヒッグス粒子は、新しいゲージ相互作用で結びついたトップクォークと反トップクォークを含む束縛状態であるかもしれない。それが本当なら、このような力学的体系は、われわれの思考をまったく新しい方向へ変えることになるだろう。いずれにしても実験がやはり最終的な審判者になるだろう。

万物の理論を求めて——哲学的注釈

きわめて短距離での物質のふるまい、構造、力を研究する高エネルギー物理学は、究極の顕微鏡検査法である。その諸法則は全宇宙を支配している。実は現在われわれは、物質そのものの「遺伝コード」や「DNA」を調べ、それらを理解しはじめている。さらに基本的なものとは何だろうか？　電弱対称性の破れの問題と質量の起源は、現在とそれほど違わない実験によって、今後一〇年以内に解決されると考えられ、そのためには、おそらくCERNのLHCのエネルギースケールを必要とする。LHCの次には、いつの日か中国のゴビ砂漠にさらに大型のハドロン衝突型加速器が建設されるかもしれない。

素粒子物理学という学問に大きな革命が起こりつつある、とわれわれは予期している。過去には、このようないくつかの革命が人類の知識に貢献し、また世界中の人々の生活状況の改善に役立ってきた。二〇世紀を通じて、とりわけアメリカは、すぐれた大学やあらゆる科学分野の指導的な研究機関のおかげで、物理学、化学、生物学からもたらされる美しい収穫物を享受してきた。高エネルギー物理学の最前線での将来の発見がどのような影響を及ぼすかを予言することはできない——これは基礎研究の特質である。しかし、基礎研究に向けられた投資が、収穫逓減点に達したと信じる理由はない。いずれにしても、これからの一〇年間は、宇宙の最も深い謎を理解しようとする人類の探求にとって、刺激的な素晴らしい時代になるだろう。

リヒャルト・ワーグナーの『ニーベルングの指輪』は「神々のたそがれ」で終わる。ブリュンヒルデは彼女の信頼する愛馬グラーネを駆って死に向かって進み、一五時間に及ぶオペラを通じて災難の根源であった黄金の指輪をラインの娘たちに戻す。自らを犠牲にするこの感動的な場面で、ワルハラ城は炎上して神々は滅び、神々の遺産は死を免れない人類の苦悩の伝説のなかでのみ生きつづける。人類は生き延び、苦悩の中で完全な理解には達しないが、地上での追求をつづける。

おそらくこれは、「別れの苦悩」、つまり保護者と再び結びつこうという衝動の隠喩か、あるいは滅亡の危険をおかさないように行動せよという警告かであろう。あるいは、ある理由のために禁断の木の実を食べてエデンの園を出ていくようにという知的な命令を反映しているのかもしれない。しかし、われわれは創造のたんなる伝説を越えて、それらの伝説を別の何か——もっと永続的でもっと合理的なもの——に取り替えるように運命づけられている。

一〇年以上前に指揮者ジェームズ・レヴァインがメトロポリタンオペラ劇場で『ニーベルングの指輪』を公演したとき、ワルハラ城の崩壊は超新星として表現されていた。ワルハラ城の猛烈な爆発は夜空を輝かせた後、荘厳な星空へ消えてゆき、地上には人間の混乱が残される。それは視覚的にも音楽的にも素晴らしい場面だった。

本書で対称性の話をはじめたとき、「神々のたそがれ」——ティタンたちの終焉——は、自然の天体物理学的巨大物に対する隠喩でもあると述べた。天体物理学的巨大物とは、光輝を放って燃え、核融合燃料を急速に使い果たし、最後には犠牲的な大爆発の瞬間を経て破壊される太陽質量の一〇〇倍もある巨星、銀河のティタンたちのことである。この超新星爆発は、自然の最も弱い力の一つと最も小さい粒子によってもたらされ、これらの力と粒子、その力学を規定する奥深い対称性によって成し遂げられる。この独特の「神々のたそがれ」のかなたで、意味をもち永続的なものは何だろうか？死を免れない人間にとって、このなかにある教えは何だろうか？

人間の知性に反映されている物理学の永遠の諸法則はつづいていく。同じように、物理学のすべてを理解しようとする探求はつづき、おそらく人類が存在する限り終わることはないだろう。あらゆるものを含む「万物の理論」は存在しそうにない（本当にそうだろうか？）——証明されない定理、加速器が到達できない未知のエネルギースケール、人間の意識の限界などは常に存在し、また宇宙創成の瞬間はそれを覆っている半透明な膜のために影しか見えない。しかし自然はその永遠の諸法則とともにつづき、これまでのところ、われわれには全体の一部だけを見ることが許されている。万物の理論はまだわれわれから逃げおおせているが、その言語は突き止められてきた——宇宙とその数学的構造について、どのような新しい答えが見いだされ、またもっと深いどのような疑問が生じても、その中心には対称性が存在するだろう。

教育に携わる人たちに贈るエピローグ

今日われわれが生きている世界は、恐ろしいほど複雑な世界である。取り組むべき課題はこれまでになく困難で、しかも急を要する。これらの課題は、ときには手に負えないように見える。世界の問題を解決するための役に立つ手段はあるが、それらの手段は先進的な技術と関係しており、大多数の人々の理解を超えることが多い。したがって、科学と技術の専門分野への関心を高め理解を深めるために、ただ急いで何かをする必要があるというだけでなく、いろいろな重要問題について、また科学とは何かについて——その自然哲学が論理に基づくと同時に自然の諸法則を反映してどのように機能するかについて——内容のより豊かな、より優れた展望を提供しなければならない。実際、われわれの将来はこのことに大いにかかっている。

フェルミ研究所を訪れる人は、研究所の正面玄関を入るとき、うっかりすると建物の対称性に気をとられてつまずいてしまう。古代文明諸民族に知られていた対称性の概念は、アルバート・アインシュタインの特殊相対性理論を通じて、その際立った影響力を発揮した。一九〇五年、アインシュタインは、世界を記述する上で対称性——建造物、彫刻、音楽を装飾して魅力を高めている——の美しさと単純さがきわめて重要であることを認識した。

ところで、素晴らしい大食堂のテーブルの中央装飾品として対称性が置かれていて、テーブルには音楽や美術など自然におけるいろいろな形態でわれわれを取り巻く美と調和と一緒に、古典物理学、現代物理学、数学、哲学が席に着いている。また、そのテーブルには、エミー・ネーターがダフィット・ヒルベルト、アインシュタインと並んで座っている。そのような光景が目に浮かぶ。エミー・ネーターは、人間の知識の最も透徹した洞察の一つ――自然の力学法則を理解する上できわめて重要な注目すべき定理――をわれわれに残した。ネーターは歴史上最もすぐれた数学者の一人で、しかも禁欲的で物静かな、心の優しい女性だった。数学と物理の領域以外では、ネーターの名前を知っている人はほとんどいないが、だれにとってもネーターは模範になる人だった。

基礎物理学、素粒子の内部空間と天体物理学や宇宙論の外部空間の物理学は、今日、はなはだしい混乱と息の止まるような興奮が混じり合った状態にある。関連する研究所や大学の空気そのものが、宇宙の歴史と進化を理解する上での劇的な進展と、自然を規定する諸原理の次の階層の発見との期待にうち震えている。物理学の書き上げられた諸法則は、一〇年後には現在と比べてかなり違っているだろうと、われわれは考えている。

本書はもとをたどると、対称性という重要な概念を物理、化学、生物などの中核的な教科に入れてくれるように高校の理科の先生たちを説得しようという計画から発展した。当初、われわれは、対称性を定義するいくつかの構成部分を書こうと考えていた。それによって、対称性が現代物理学の最前線を方向付けていること、また対称性が重要で効果的な概念を物理、化学、生物の教室へもたらすことを――少なくても先生たちに――伝えたいと思った。そこで、資料を広めるために、ウェブサイトhttp://www.emmynoether.com を立ち上げた。しかし最終的にわれわれの企ては、高校や大学の初等教育課程で教えられる物理の授業内容をよくしたいという願いをはるかに超えていく。一般の人々への科学教育は学生への教育と同じように重要で貴重なものだとわれわれは確信しているので、読者の範囲を広げて、二つの望みを果たそうと考えた。したがって、若い学生に限らず、超ひも理論や現代宇宙論をめぐる騒ぎに関心のある多くの年長の友人や同僚の方々も、本書を好きなところから読みはじめることができるし、今ここから読みはじめてもよい。

われわれが本書で述べたことは、学生と教師だけでなく一般読者にとっても、科学がどこへ向かっているかを理解するために不可欠な科学知識であると思う。われわれは経験を通して、年齢に関わりなくあらゆる人々が、反物質、ブラックホール、ニュートリノ、クォークなどの話に夢中になることを知っている。これらの伝統的に関心を呼ぶ話題の他に、本書ではさまざまな対称性、時間と空間、ゲージ対称性、超対称性、CPの破れ、その他多くの現代理論物理学の基本問題も取り上げている。ネーター、アインシュタイン、マクスウェル、ボーア、フェルミのような科学者たちの研究への取り組みの一端を紹介することによって、対称性という主題を通して、科学における進歩が科学者たちの創造力、インスピレーション、献身に依存していることを強調したいと考えた。われわれを本書の執筆に駆り立てたのは、科学者の熱狂を読者と共有したいという思いであり、また冒険と発見の感覚、とりわけ科学的体験が——他人の体験ではあるが——一般読者に提供することのできる思考方法を知ってほしいという願いだった。

科学がわれわれを解放もすれば拘束もするこの思考方法は、幼稚園から高校までの教室で教えられるべきだというのが、われわれの信念である。すべての学生にとって、もし彼らが切れ目なく首尾一貫して科学と数学を学ぶ環境に置かれれば、その科学的な思考方法が、将来、ものごとに対処する力として役立つに違いない。

また、科学のカンバスが広げられる枠組みというべき対称性は、美的価値と貴重な明瞭さのひらめき、そして、うまくすれば、すべての読者に対して、これが世界のあるべき仕組みであるという感覚を付け加えるだろう。

人間であるわれわれがしようとしていることを考えてみよう。われわれは濃霧を通して、対称性がわれわれの思考と方程式をどのように形づくるのかを見ようとするだろう。また霧が晴れるにつれて、対称性の魔法とリズムが——たとえ不完全でも——われわれの住む宇宙の優雅さと美しさを明らかにするに違いないが、われわれのこの確信に、最終的に対称性がどのように形を与えるかを常に見ようとするだろう。

付録——対称性群

対称性の数学

きわめて簡単な図形である正三角形について具体的に考えてみよう。正三角形には長さの等しい三つの辺があり、各辺は**頂点**と呼ばれる三つの点の一つで他の辺と交わる。正三角形は、非常に簡単ではあるが自明ではない対称性の一つの例を示している。ボールペンやクレヨンなど好きな筆記用具を使って、ほとんどどんな表面にも正三角形を描くことができる。大きさも望みどおりにすることができる。また、その三角形を望みどおりに空間のどこにでも、どの方向にも置くことができ、たとえば頂点を上にしても下にしても、どう置いてもよい。

このような正三角形はいずれも、色、大きさ、位置、方向などに関係のない共通した抽象的な特徴である独特の対称性——正三角形であることを特徴づける対称性、つまりこの図形が正三角形であることを意味する特質——を共有している。もしわれわれが火星人に正三角形の対称性の本質を何とか伝えることができたとすると、火星人はわれわれが話したものを再現することができるだろう。しかし火星人は、われわれが伝えた正三角形の大きさや色、あるいは位置についてはわからないだろう。

それは問題ではない――特定の対称性が正三角形であることを意味する本質である。したがって、正三角形を記述する非視覚的な方法を見つけることにしよう。

実験をしながらこの問題に取り組むのがよい（読者が次のいくつかの操作を視覚化できるなら、それは素晴らしいことだが、しかしこの簡単な実験を自分で実際にやってみるか、あるいは教室で説明することをすすめる）。二枚のかなり透明な紙のそれぞれに、二つの同じ大きさの正三角形を描く（図A1参照）。できることなら、オーバーヘッドプロジェクター用の透明なシートのそれぞれに正三角形を描く。あるいは、図形を動かしたり、回転させたり、重ねたりすることのできるグラフィクソフトを使って、パソコンの画面に二つの正三角形を描いてもよい。

二つの正三角形は同じ大きさだから、三つの辺と三つの頂点が正確に一致するように重ね合わせることができる。三つの座標軸のついた「基準三角形」は、不注意に動かしたり、その位置を変えたりできないように、接着テープで固定されているとしよう。この基準三角形は「座標系」と考えるべきで、われわれの実験では「対照」の役目をする。いったん固定したら動かすことはしない。頂点にABCという記号のついた「実験三角形」は、われわれの「変数」である。実験三角形は自由に動かすことができ、頂点と辺がぴったり一致するように基準三角形に重ねることができる。実験三角形の頂点にA、B、C、基準三角形の軸にⅠ、Ⅱ、Ⅲという記号をつけたのは、われわれがどういう対称操作を行うかを明確にするためである。

さて、実験をはじめよう。最初に、実験三角形の時計回りになっている頂点ABCが、Aを上にして基準三角形の上に重なるように実験三角形を動かす。この配置を**初期位置**と呼ぶことにする。われわれの目的は、実験三角形を動かして基準三角形の上に重ねる操作について、**異なるやり方のすべて**

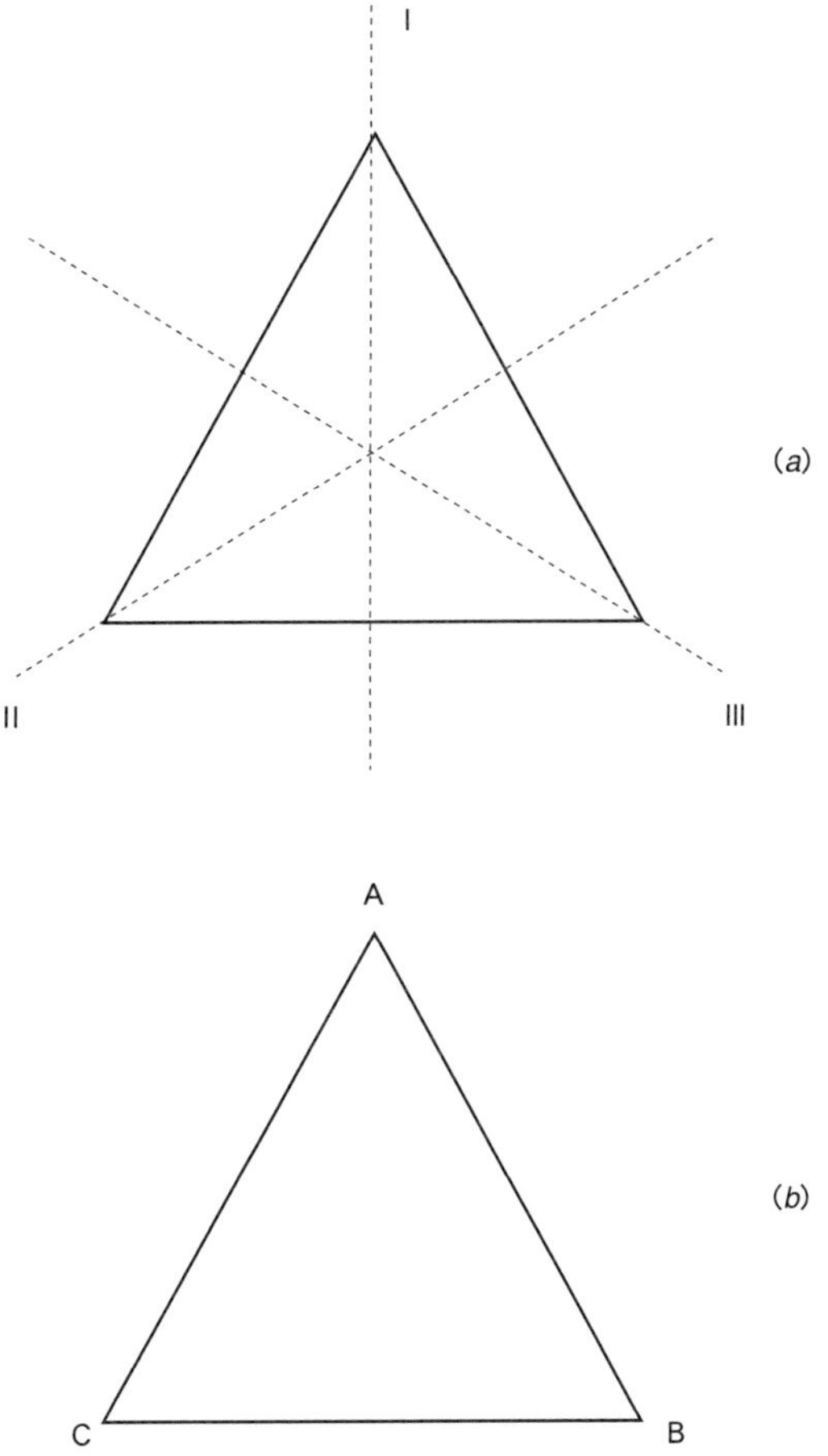

図A1　われわれの実験に使う２つの正三角形。(a) Ⅰ、Ⅱ、Ⅲという記号をつけた３本の軸のある「基準三角形」、(b) 頂点にA、B、Cという記号をつけた「実験三角形」。

を見つけることである。このような操作はそれぞれ**対称操作**または**対称変換**と呼ばれる。

まず頂点が上から時計回りにＣＡＢとなるまで実験三角形を回転する。このようにしても実験三角形を基準三角形に重ねることができ、これは一二〇度（$2\pi/3$ラジアンに等しい）の回転という対称操作に相当する。この最初の対称操作を R_{120} と表す。こうして対称操作の表をつくりはじめることができ、この操作がわれわれの第一の発見である。

われわれの実験の仕組みを一種の電卓のように考えると都合がよい。実験三角形を初期位置ＡＢＣに**リセット**することができる。初期位置に戻すことは、次の計算をはじめるために「クリア」ボタンを押すことに似ている。**区別できる**対称操作を行うためには、他にどういうやり方があるだろうか？　二四〇度（$4\pi/3$ラジアン）回転することがもう一つの対称操作であることは明白で、この操作によってＢＣＡという結果が得られる。こうして二番目の区別できる対称操作が見つかる。この操作を R_{240} と表し、表に加えることができる。

これ以外に対称操作はあるだろうか？　マイナス一二〇度（$-2\pi/3$ラジアン）の回転を考えた人がいるかもしれない（これは R_{-120} と表すことができる）。この操作によって実験三角形はＢＣＡになるが、これは R_{240} に対して得られたのと同じ結果である。この操作を新しい別の対称操作と考えるべきだろうか？　あるいは R_{-120} は R_{240} と同等と考えるべきだろうか？

実際に、もし R_{-120} と R_{240}、あるいは R_{-480} と R_{600} といったような操作を別の操作として区別するなら、したがってこれらの操作をすべてわれわれの表に加えるなら、三角形の**固有の対称性**に焦点が合わなくなる。対称性ではなくて、むしろ対称操作を行うときの**経路**に焦点が合ってしまう。たとえば、実験三角形を持ち上げ、元の位置に戻してから、通常のように二四〇度回転させて頂点をＢＣＡ

にする $\mathbf{R}_{240}$ の操作を行うことができる。あるいは、実験三角形を手に持って外へ出て、裏庭の木を一〇回走ってまわり、家に戻ってドーナツを一つ食べ、それから三角形を頂点がＢＣＡになるように置いて $\mathbf{R}_{240}$ の操作を行うこともできるだろう。これは $\mathbf{R}_{240}$ と同じ対称操作だろうか、あるいは異なる対称操作だろうか？　操作を行うときにとる経路に裏庭を走り回るといったことを加えても、正三角形の対称性の分析に付け加わる内容がないことは明らかである。正三角形の対称性は、木のまわりを一〇回まわったか、七回まわったか、あるいはドーナツの代わりにハムサンドイッチを食べたかどうかということには左右されない。実際、裏庭を走り回ってから $\mathbf{R}_{240}$ あるいは $\mathbf{R}_{-480}$ あるいは $\mathbf{R}_X$（ここで $X=240°+360°N$、N は正または負の整数）を行ったとしてもその経過を追うことはほとんどできない――途中の経路は重要ではない。三角形の初期位置と最終位置だけが問題なのだ。

それゆえ、頂点をＢＣＡという位置にもってくる操作

$$\mathbf{R}_{240}=\mathbf{R}_{-120}=\mathbf{R}_{480}=\mathbf{R}_X,\ \text{ただし}\ X=240°+360°N$$

は、ただ一つの対称操作と考えなければならない。これが対称操作についてあり得る「最大区別可能性」の本質である。したがって、このただ一つの対称操作を $\mathbf{R}_{240}$ と表すことにする。

三六〇度（2πラジアン）の回転はどうだろうか？　第一に、これは三角形を初期位置ＡＢＣから初期位置ＡＢＣへ移し戻すことである。これは今まで考察してきた操作と区別できるから対称操作ではあるが、特殊な操作である。この操作は**まったく何もしない**ことと同等なので、これを**何もしない操作**つまり**恒等操作**と呼び、数字の1で表すことにする。第二に、この恒等操作（単位元）は、非対称に見えるどんなものにもある対称操作であることに注意しよう。下等なアメーバや岩石の堆積にも、

対称操作としての恒等操作がある。最後に、どのような経路でもとることができるから、360°と360°N（Nは正または負の整数）の回転を区別することは不可能だということに注意しよう。これらはみな恒等操作と同等である。

これまでに正三角形の区別できる三つの対称操作が見つかった。対称操作はこれ以外にもあるだろうか？ もう一度、三角形を初期位置ＡＢＣへリセットする。今度は基準三角形の三つの軸の一つに関する**鏡映**を考えよう。初期位置ＡＢＣからはじめることとし、対称軸の一つに沿って実験三角形を串刺しにすると想像する（バーベキュー用の串があると仮定し、三角形は牛肉の大きい厚切りのように考える）。たとえば、軸Ⅰに串を刺し、持ち上げて裏返し、固定されている基準三角形に重ねる。新しい位置ＡＣＢが得られる。この対称操作を軸Ⅰに関する鏡映と呼び、R_{I}という記号で表すことにする。同じように初期位置に戻って、軸Ⅱに関する鏡映を考える。このR_{II}という操作によって位置ＢＡＣが得られる。軸Ⅲに関してもR_{III}によって位置ＣＢＡが得られる。

この段階で、対称操作の次のような表ができあがる。

1	「何もしない」または「恒等」	ABC
R_{120}	一二〇度（$2\pi/3$ラジアン）の回転	CAB
R_{240}	二四〇度（$4\pi/3$ラジアン）の回転	BCA
R_{I}	軸Ⅰに関する鏡映	ACB
R_{II}	軸Ⅱに関する鏡映	BAC
R_{III}	軸Ⅲに関する鏡映	CBA

これ以外の対称操作はあるだろうか？　この段階でわれわれは、三つのものの6通りの置換3!＝6、すなわち三角形の三つの頂点の6通りの並べ換えを発見したことがわかる。頂点は対称操作によって互いの位置に移らなければならないから、それぞれの対称操作は頂点の置換である。われわれが見つけた六通りの操作以外の対称操作がないことは明らかだから、実際にすべての対称操作を発見したと判断できる。しかし、このことから次のような興味ある疑問が生じる。

Q　正方形、正五角形、正六角形、立方体のようなものの対称性はいずれも頂点の置換で与えられるだろうか？

A　答えは**ノー**である。

すべての対称操作は頂点の置換であるが、頂点の置換のすべてが対称操作ではない。このことは正方形の場合ならすぐに理解できる。頂点にＡＢＣＤという記号をつけた正方形を考えよう。正方形の典型的で正しい対称操作は九〇度の回転である。これによって各頂点に新しい位置ＤＡＢＣが与えられ、これは確かに頂点の置換である。しかし、「頂点をＢＡＣＤのように並べることのできる対称操作はあるだろうか？」と尋ねてみよう。たとえば紙で「実験正方形」をつくり、ＡＢＣＤから出発してＢＡＣＤにするためにはどうすればよいかを考えてみよう。頂点をこの位置に移すためには、実験正方形を**ねじって**ＡとＢを交換し、ＣとＤは交換せずにそのままにしておかなければならないが、その場合は正方形の各辺がきちんと重ならない。各辺が重ならないから、これは正方形全体の対称操作ではあり得ない。正方形に対しては八通りの対称操作があるだけで、それは4!/3から得られる。なぜなら三種類のねじり（何もしない、水平のねじり、垂直のねじり）があるから、頂点の置換を三で割るわけである。したがって、すべての対称操作は確かに置換であるが、すべての置換が必ずしも対称操作ではない。正三角形の場合は簡単で、表にまとめたように全部で六通りの対称操作があり、これらの対称操作は三つのものの置換と同等（**同型**）である。

したがって要約すると、われわれの簡単な実験（または遊び）からわかったように、上の三角形を下の三角形に重ねることができるのは、**六通りの異なる方法**だけである。一つの正三角形をもう一つの正三角形の上に重ねるこれらの六通りの異なる位置は、正三角形の六つの対称操作を表している。一つの重ね位置から出発して、上の三角形を持ち上げ、もう一つの完全に重なる位置に移し換えることによって、われわれはその系に**操作を行う**ことができる。このような意味で、これらの異なる位置は**操作**または**変換**なのである。一般に、「われわれのつくった対称操作の表が与えられた対象について完成していることをどうしたら確かめることができるか？」という問題がある。操作の数を数え上げることはむずかしい。他に数え上げる方法はあるのだろうか？

これまでの実験はごく簡単なものだったが、今度は深みのある観察をしよう。「前に行った操作の二つを組み合わせることによって、さらに別の対称操作が得られるだろうか？」と尋ねてみよう。つまり、六通りの操作からどれか二つの操作、たとえば R_{120} と R_{II} を選ぶ。最初に、実験三角形に R_{120} を行い、**初期位置に戻らずに**、第二の操作 R_{II} を行う。まず初期位置で R_{120} を行うと、CABになることがわかる。その後つづけて R_{II} を行うと、位置ACBが得られる。しかし、ACBは三角形の新しい位置ではなく、この位置はわれわれの表から R_{I} に対応していることがわかる。したがって、最初に R_{120} を行い、つづけて R_{II} を行うと、R_{I} が得られるという興味深い結果が見つかった。このこと

に対して

$$R_{120}\times R_{II}=R_{I}$$

という方程式を書くことができる。ここで乗法の記号×を導入したが、この記号は、最初の操作をした後、初期位置へ戻らずに示された順に対称操作を行うという行為を表している。容易にわかるように、対称操作のペアを乗法によって組み合わせると、もう一つの対称操作が生じる。このことを、要素（元）である対称操作の集合は操作について**閉じている**と表現する。したがって、新しい操作を計算するために二つの対称操作を組み合わせることは、数の乗法に似ている。この意味では、「何もしない操作」は $1\times X=X\times 1=X$ であるから、本当の単位元である。

数学者は、正三角形の六通りの抽象的な対称操作というこの集合に対して名前を与えており、この集合を正三角形の**対称性群**（symmetry group）と呼ぶ。正三角形の対称性群は S_3 と表される。

一般に、どのような対称性も、対称性群をつくる対称操作の集まりによって定義される。対称性群の抽象的な性質は数学者の注意を引くもので、数学者はこれらの問題を**同等な代数的問題**に変えることによって幾何学と位相数学の多くの問題を解いている。今度は、これらの抽象的な対称操作は数のように特別な代数的性質をもっているかどうか、を尋ねることができる。

今述べたように、対称性群は自己充足的な代数系をつくる。このことは、二つの対称操作を順に組み合わせることによってわかる。二つの操作の組合せは、常にわれわれの表での第三の対称操作、したがって群の元（要素）を生じる。これは「乗法」の形になり、対称性群は乗法について閉じているという。

	1	$R_{(120)}$	$R_{(240)}$	R_{I}	R_{II}	R_{III}
1	1	$R_{(120)}$	$R_{(240)}$	R_{I}	R_{II}	R_{III}
$R_{(120)}$	$R_{(120)}$	$R_{(240)}$	1	R_{III}	R_{I}	R_{II}
$R_{(240)}$	$R_{(240)}$	1	$R_{(120)}$	R_{II}	R_{III}	R_{I}
R_{I}	R_{I}	R_{II}	R_{III}	1	$R_{(120)}$	$R_{(240)}$
R_{II}	R_{II}	R_{III}	R_{I}	$R_{(240)}$	1	$R_{(120)}$
R_{III}	R_{III}	R_{I}	R_{II}	$R_{(120)}$	$R_{(240)}$	1

図A2　正三角形の対称性群に関する乗算表

したがって、全部で六通りの対称操作をもつこの簡単な集合について、正三角形の対称性群の完全な乗算表をつくることができる（図A2参照）。

この表の見方は、道路地図に出ている表を見るときと同じである。表から $R_{240}\times R_{II}$ を計算しよう。最初の操作 R_{240} は左端の縦の列に示されている元（対称操作）で、二番目の操作 R_{II} は一番上の行にある元である。表で両者の交わるところを見ると R_{III} がある。したがって、$R_{240}\times R_{II}=R_{III}$ であることがわかる。群の六つの元のどれか二つの積は常にその群の他の元になるから、群は乗算について閉じているという。

対称性群の注目すべき特徴の一つは、乗算表が「魔法陣」をつくっていることである。群の六つの元のどの一つをとっても、表の各行と各列に一度だけ現れる。これは**すべて**の対称性群について成り立つ。

また驚くべきことだが、**乗法の交換法則**つまり $3\times4=4\times3$ という法則は、対称性群には**必ずしも適用できない**。言い換えると、$A\times B$ は $B\times A$ と等しくないような二つの対称操作 A と B があり得るのだ。このことは実例に当たってみればわかる。先ほど $R_{240}\times R_{II}=R_{III}$ という積を計算した。今度は順序を逆にして積を計算すると、R_{I} が得られる。この乗法は可換ではない。

対称操作を行う順序を逆にすると、一般にその組み合わせた操作に対して異なる結果が得られる。完全に可換な乗法をもつ群もある。その場合は、その群をとくに**アーベル群**と呼ぶ。正三角形の群のような一般的な対称性群は、非可換群、つまり非アーベル群である。

非可換性は、対称性についての、また普通の回転についての――したがって自然そのものについての――驚くべき事実である。非可換性は本を使うと説明しやすい。どんな本でもよいが、たとえば本書の著者の一人（レーダーマン）が書いた *The God Particle*（高橋健次訳『神がつくった究極の素粒子』草思社）を使うことにする。球についてと同じように本についても対称操作を行うことができる。本は球と違って、操作の結果、初期位置に戻らずに異なる位置にあることがよくわかり、したがって回転の最終結果を確かめることができる（図A3参照）。

図A3に示したように、本と一緒に原点に置かれた想像上の座標系を考えることができる。想像上の *x* 軸のまわりに本を九〇度だけ回転する。回転するときは常に「右手の法則」を用いる。つまり、軸の正の方向に親指を向け、親指以外の指の丸めている方向に回転するわけである（ドライバーを回してねじを締めるのと同じやり方）。この操作をAと呼ぶ。次に想像上の *y* 軸のまわりに、さらに九〇度回転する。この操作をBと呼ぶ。本が最後にどのような位置になるかを見よう。これがA×Bの結果である。さて、本を初期位置に戻し、まず *y* 軸のまわりに九〇度回転し（B）、つづけて *x* 軸のまわりに九〇度回転し（A）、B×Aという操作の後の本の位置に注意しよう。A×BはB×Aに等しいだろうか？　答えは断固として**ノー**である。回転を行う順序が問題なのだ。非可換性は回転そのものの性質で、回転されるものの性質ではない。

したがって、われわれの物理的世界は、対称操作に対応する抽象的な形式の数を含んでいる。これ

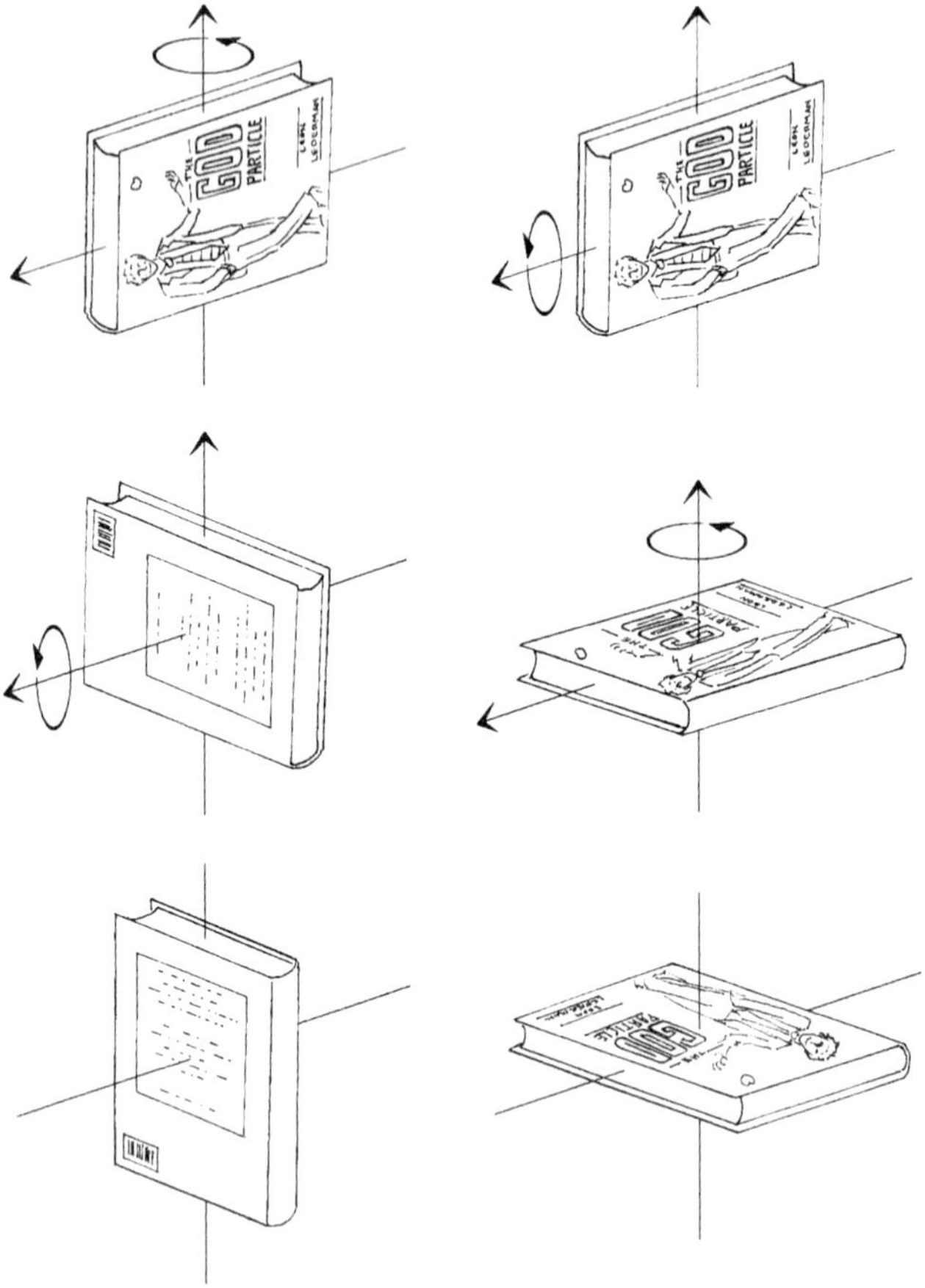

図A3　著書*The God Particle*の回転。順序を逆にして回転を行うと、本は異なる位置になる。われわれの宇宙での回転は可換ではない。(図はシー・フェレルによる)

らの数は、3、4、…などの普通の数には似ていない。普通の数の場合、3と4をこの順に掛けると12が得られる。順序を逆にして4と3を掛けてもやはり12になる。この意味で算数は単純である――掛け算をするときの順序は問題ではない。したがって、算数の乗法は可換である。しかし、われわれがここで出会う抽象的な数は、ある物理系についての連続した対称操作に対応しており、掛け合わすことはできるが、その順序が問題になる。これまでに出てきた S_3 と $SU(2)$ は非可換群の二つの例である。

対称性群であると見なされるために必要な最低限の性質は、無数の対称性を研究してきた数学者によって抽象化された。それらの性質は対称性の本質をとらえており、一組の論理的あるいは代数的表現にまとめられている。それらの性質を列挙すると次のとおりである。

1　群は元 X_i の集合であり、乗法×が定義されていて、二つの任意の元の積もその集合の元である(閉じている)。

2　群には、その群の元 X に対して $1\times X = X\times 1 = X$ を満たす単位元が一つ含まれる。

3　群のすべての元に対して一つの逆元がある、すなわち任意の元 X に対して $X\times X^{-1} = X^{-1}\times X = 1$ となるような元 X^{-1} が一つそしてただ一つだけ存在する。(X と X^{-1} は同じであってもよいことに注意。)

4　群の乗法には結合法則 $X\times(Y\times Z) = (X\times Y)\times Z$ が成り立つ。

これらの表現つまり**公理**から、群について証明することのできる多くの**定理**が得られる。たとえば、すべての群に「魔方陣」をつくる乗算表があるという事実はこれらの公理から導かれる。

結合法則の概念はややわかりにくい。その意味を説明しよう。群の元X、Y、Zが与えられたとする。(言葉で表すと)三角形の初期位置から出発し、最初に操作Yを行い、つづけてZを行い、その結果(これをWとする)をおぼえておく。次に、三角形の初期位置に戻り、最初に操作Xを行い、つづけてWを行う。この連続した操作の結果は、最初に操作Xを行い、次にYを行い、さらにZを行った結果と常に同じである。これは少々こみ入っているように見えるが、操作で示した結合法則の本当の意味である。

算数の普通の演算では$3\times(4\times5)=(3\times4)\times5$のように結合法則が成り立っているから、実際にはしばしば結合性を当然のことと考えてしまう。しかし純粋数学では、結合法則が成り立たない系も存在し、その場合には$X\times(Y\times Z)$は$(X\times Y)\times Z$に等しくない。結合法則が成り立たない系には、×が実際には**除法**を表すような場合が含まれる。つまり、3を4で割って5で割るというとき、それが$(3/4)/5=0.15$の意味か、または$3/(4/5)=3.75$の意味か、どちらを意味するのか注意しなければならない。したがって除法(ある数の**逆数の掛け算**と見なされないとき)では、結合法則は成り立たない。ついでに触れると、結合法則を仮定しない**ノルム多元体**と呼ばれるもっと難解な概念がある。このような概念から**八元数**と呼ばれる風変わりな新しい種類の数が導かれる。非結合的な数学を物理学と結びつけようとした物理学者もいた。八元数は一九七〇年代にはクォークの物理学と結びつくかもしれないと考えられたが、このアイデアは実際にはうまくいかなかった。非結合性は、自然を記述するためにはあまり適切でないように見える。このようなわけで、自然界では常に結合法則が成り立っていると言えると思う。対称性は自然と関係しており、対称性群では**常に**結合法則が成り立っている。

すべての対称性の定義として群の明確な公理が与えられれば、数学者は存在すると考えられるすべての対称性を分類することができる。離散的対称性の完全な分類は長い間むずかしい問題だったが、過去数十年の間にようやく完成された。[1] 抽象的な世界だけに存在する手ごわい離散的対称性がある。たとえば、空間のどんな次元にも存在すると推測することができ、その次元における**球の最密充填**によって定義される結晶格子がある。ボールベアリングで満たされた無限に大きい箱を考えよう。この箱を十分揺り動かすと、ボールベアリングは規則正しい結晶格子の位置をとる。三次元、四次元、またはは任意次元の空間で、ボールベアリングは幾通りの異なる格子を形成することができるだろうか。これらの**格子群**はきわめて多数の対称操作をもつ離散的対称性群である。異なる次元に存在する格子とそれらの対称性の間には多くの類似がある。意外なことに正確に二六次元では、これ以下の次元では生じない特別の種類の格子がある。それは**例外対称性**であって、**モンスター群**と呼ばれる。モンスター群には 8×10^{56} 通りの対称操作がある。

モンスター群のような例外対称性が見つかったことは、あり得るすべての離散的対称性を分類しようとするときの頭痛の種である。あり得るすべての離散的対称性を探し出すという問題の解決には、離散的対称性の分類に関する非常に複雑な定理を証明するためにコンピュータが利用される。一人の人間では証明全体を把握できないといわれる。確かにこれは不安を感じさせることであり、また今日では複雑な定理を証明するためにコンピュータを使う数学の分野がある。コンピュータを使って数学の定理を証明するという新しい状況は、さまざまな理由で多くの人を不安がらせている。コンピュータが正しく証明したかどうかを、原理的にでも人はどうやって知るのだろうか？　コンピュータが最終的に、人間以上に抽象的な世界を理解するということがあり得るのだろうか？　その時には、われわれは進化的に頂上にいるのではないということだろうか？

幸いにも、われわれが正三角形でやったような課題は、他の簡単な幾何学的図形についても行うことができる。読者は正方形についてやってみたいと思うかもしれない。正方形については何通りの対称操作が数えられるだろうか？（答えはすでに述べたとおり八通り。）対称操作の一覧表をつくり、それらの乗算表をつくっていただきたい。さらに立方体（正方形の三次元的な一般化）または超立方体（多次元への立方体の一般化）について、同じ課題をやってみていただきたい。これらの対象にはそれぞれ独自の対称操作の集まりがあり、その集まりが独自の対称性群に対応している。

SATの簡単な問題

物理の問題で対称性がどのような役割を果たすかを調べてみよう。われわれと仲のよい近所の高校生シャーマンが、SAT（大学進学適性試験）の練習問題で物理のある問題に出会ったと考えていただきたい。もちろんシャーマンは、評価の高い大学に入学して弁護士になるための勉強ができるように、SATで高い点数をとりたいと望んでいる。彼は物理と数学の問題にはあまり自信がない。しかし、意外にも、この物理の問題を理解し、シャーマンの考えをたどるためには、実のところ物理や数学について多くのことを知っている必要はない。方程式など使わないが、それでも物理系が細部で実際にどのように機能するか、物理系が対称性にどのように支配されているかがわかるだろう。

三つの物体が正三角形をつくるように置かれていて、四番目の物体がその三角形の中心に置かれている（図A4参照）。三角形に並べられた物体が中心の物体に及ぼす重力はどのくらいだろうか？

図A4の(a)には、三つの重い物体が今ではおなじみの正三角形の形に置かれている。これは、想像上の三角形の各頂点に物体を一つずつ置いたことを意味している。これらの物体はいずれも静止していると考える。その場所に凍り付いているか、糊で接着されていると考える。物体としては、ビリヤードの玉、惑星、ブラックホール、原子、非常に重いクォークなど、ほとんど何でもよい。重要なことは、その物体がほぼ完全な球か点状のもので、設定された正三角形を乱すような、見ることのできない内部構造や隠れた構造をもっていないということだけである。たとえば、その物体が、ランダムな方向を指す見えない北極と南極をもつ磁石であってはいけない（トップクォークのような重いクォークは、**重クォーク対称性**と呼ばれるものとの関係で、ごくわずかな磁性をもつことがわかっている）。また、それらの物体は、三角形の頂点に置かれているときに瞬間的にでも動いていてはいけない。したがって、三つの物体のこの独特な系に関しては、すでに述べた普通の正三角形の対称性がこの物理系の対称性とまったく同じである。この系は正三角形の対称性 S_3 をもっているわけである。

さて図A4の(b)では、これらの物体の三角形の配置の中心に四番目の物体が置かれている。この物体はやはりどんなものでもよいが、対称性を無効にするような内部的性質をもつものではいけない。このように系の中心に四番目の物体が存在している場合も、正三角形の厳密な対称性が成り立つ。

シャーマンが解かなければならない物理の問題は「この三角形の三つの頂点に置かれた三つの物体が中心の物体に及ぼす重力はどのくらいか？」というものである。ちょっと考えて読者自身で答えを出していただきたい。力は、大きさつまり強さと方向の両方をもっていることを思いだそう。大きさと方向をもつ量は**ベクトル**と呼ばれる。普通は方向を示す小さい矢でベクトルを表し、矢の長さでベ

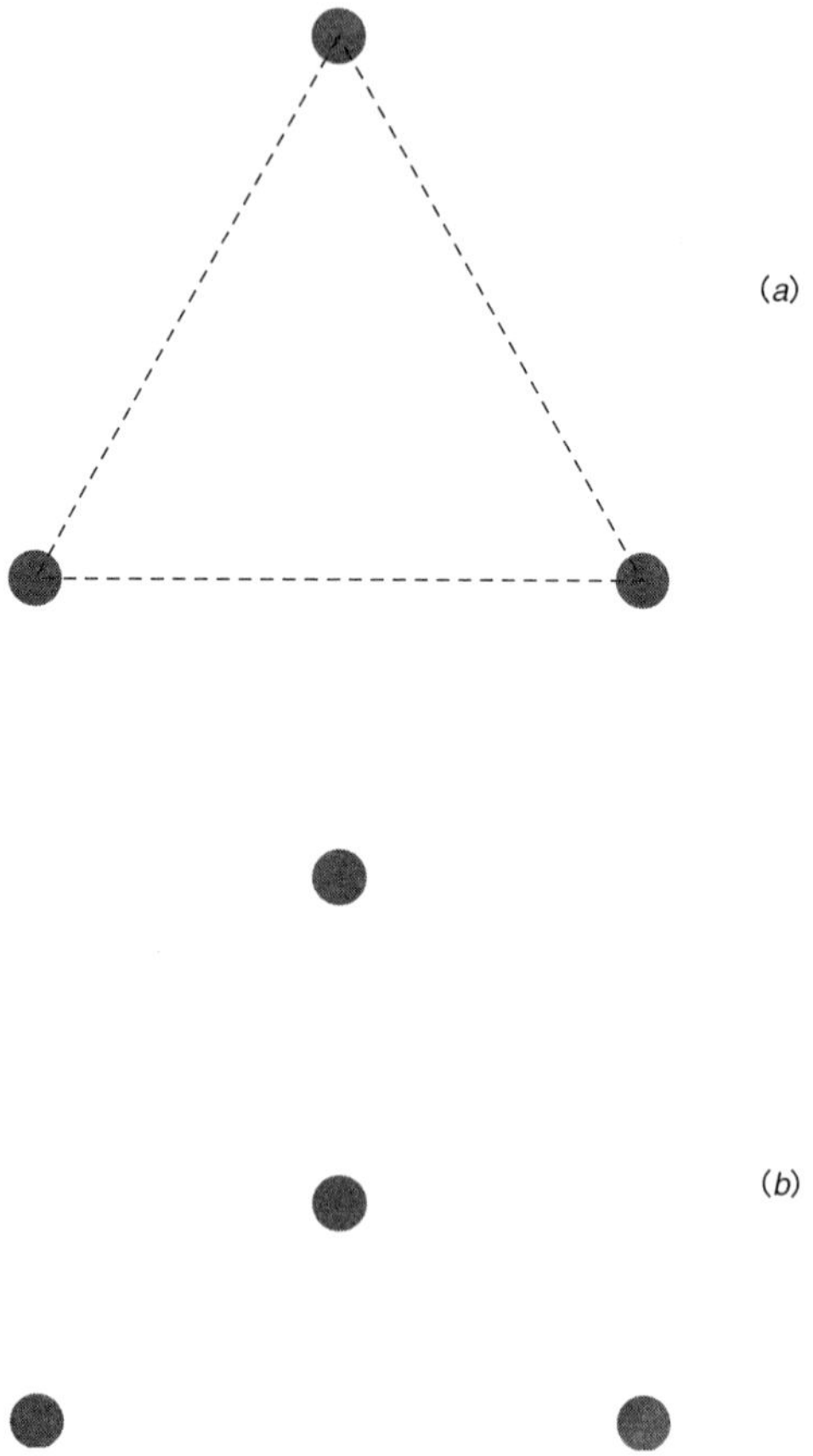

図A4　シャーマンのSATの練習問題。(a) 3つの対称的に並べられた物体。(b) 4番目の物体が中心に置かれている。中心の物体に作用する力はどのくらいだろうか？（図はクリストファー・T・ヒルによる）

クトルの大きさを表す。しかし、今与えられている問題はかなり簡単である。もしベクトルの大きさがゼロなら、ベクトルそのものがゼロであることに注意しよう。もし読者が、シャーマンの練習問題の答えはゼロだろうと考えているとしたら、まさにその通りで正解だ。

ところがシャーマンは、この力を強引に計算して、問題を解こうとした。シャーマンはベクトルの数学を使って、各物体が中心の物体に及ぼす**力のベクトル**を加え合わせようと考えた。これは中心の物体に対する正味の力を計算するまったく正当な方法である。だが残念ながら、この方法はたくさんの計算をしなければならず、シャーマンが得たのは図A5の(a)に示したような結果だった。

対称性を用いて、この問題の答えが正しいかどうかを確かめる簡単な方法がある。図A5の(a)に示したシャーマンの答えを考えてみよう。この答えはここで問題とされている状況の対称性を守っているだろうか？　対称軸Ｉに関して三角形を裏返すと、同じ物理系が得られることを思いだそう。ところがシャーマンの答えを軸Ｉに関して裏返すと、図の(b)に示したような結果になる。これは中心に置かれた物体が受ける力に対する異なる答えになっている。しかし対称性によって、この問題は裏返しにしてもあらゆる点でまったく同じ物理の問題のはずだから、**同じ答え**でなければならないのだ。したがって、シャーマンの答えは間違っているに違いない。

自分の答えが間違っていると言われたシャーマンは、急いで計算をチェックし、誤りがあったことに気づいた。シャーマンは一つの方程式でマイナス記号を付け忘れて、ベクトルの二つのx成分の引き算をするときに足し算をしてしまったのだ。その誤りを訂正したシャーマンは、図A6の(a)に示したような結果を得た。力のベクトルは今度は軸Ｉの上にある。したがって軸Ｉに関して裏返しても、同じ答えが得られる。このチェックにパスしたから、今度の答えは正しいかもしれない。

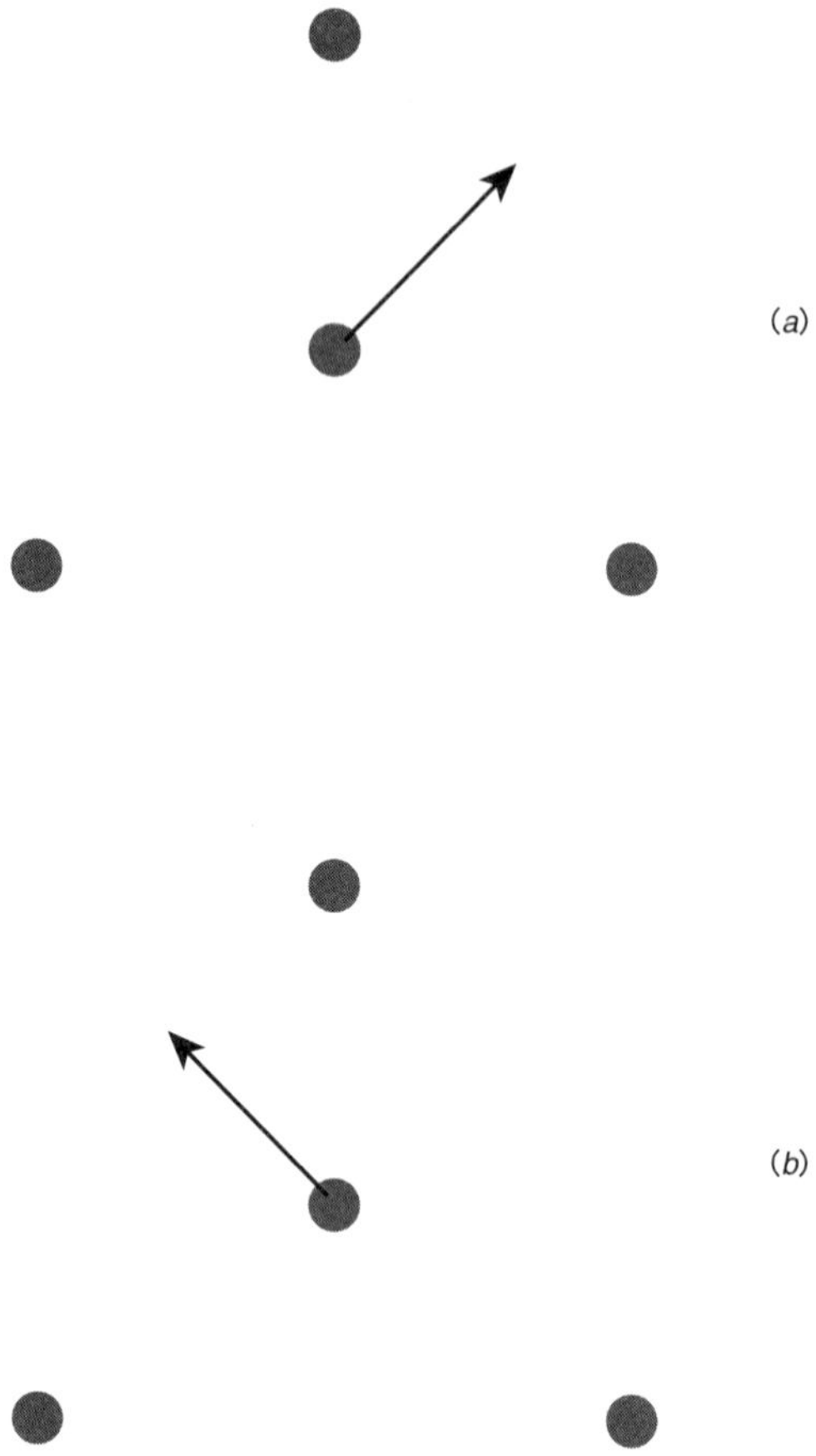

図A5　シャーマンの間違った結果。（a）シャーマンが力のベクトルを計算した結果。（b）シャーマンの間違った結果を軸Ⅰに関して鏡映したときの結果で、異なる結果になっている。同じ物理系だからこれは正しいはずはない。

ところが正三角形には、軸Ⅰに関しての裏返し以外にも対称操作がある。たとえば、空間に中心を固定したまま三角形を一二〇度回転させることができる。シャーマンの答えを一二〇度回転すると、答えが変わって、図A6の(b)に示したような新しい結果が得られることがわかる。したがって、これも正しい答えではあり得ない。なぜなら、物理系に対称操作を行っても、その物理系は同じでなければならないからだ。これを聞いたシャーマンは机に戻って、計算を繰り返した。彼はもう一つの誤りを発見し、訂正した。やったぞ。ついにシャーマンは正しい答え——ゼロ——を得た。

中心に置かれた物体にはたらく力についての答えは、正三角形の対称性に基づいてゼロでなければならない。実際、読者は最初にそう予想したかもしれない。正三角形の対称性は、例に挙げたこの簡単な物理系を支配しており、このような結果を基本的に生じさせるのだ。

しかし、驚くべきことがまだある。われわれの考えている力が重力ではなくて、別の力だとしよう——どんな力でもよい。たとえば、その力が電荷の間にはたらく電気的引力であってもよい。あるいは原子核の内部の陽子と中性子の間にはたらく強い力でもよい。また原子核の構成粒子をつくっているクォークを結びつける力であってもよい。さらにまたその力が、宇宙空間で三角形の配置をした四つのブラックホールによって生じる重力であってもよい。正三角形の対称性が例に挙げた物理系の対称性である限り、力を生じさせるものが何であろうと、中心での力はゼロである。このような結果を生じさせているのは対称性であり、重力、電磁気力、量子色力学的な力といった個別の具体的なものではない。頂点にある三つの粒子がブラックホールであろうと磁気単極子であろうと、結果に変わりはなく、ゼロなのだ。

シャーマンのＳＡＴの二番目の練習問題は、こういう問題である。「球の正確な対称性をもつ惑星

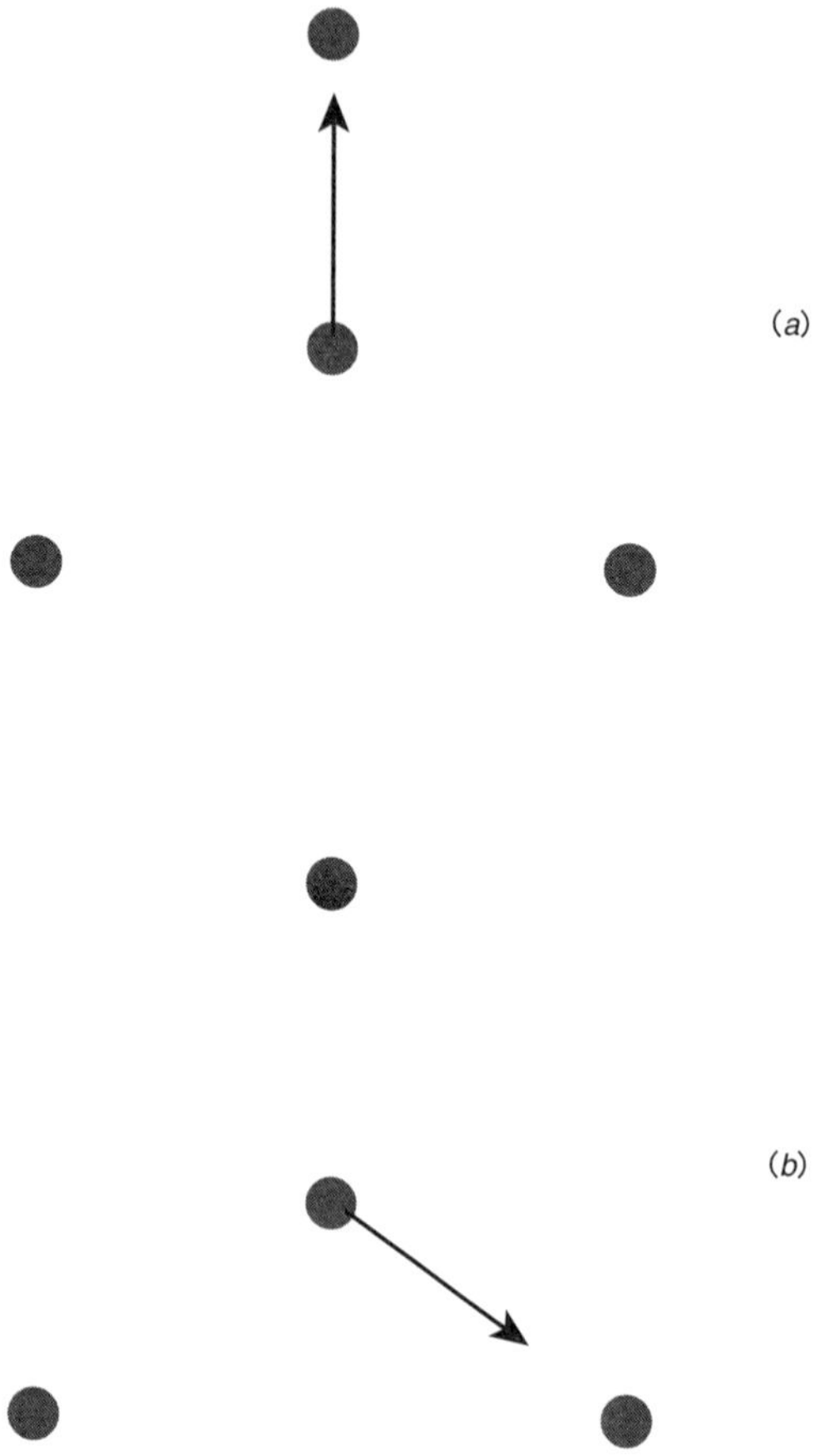

図A6　シャーマンの訂正。(a) 答えを訂正した後の力のベクトル。軸 I に関する鏡映は問題ない。(b) しかし120度回転すると答えが変わる。したがって、答えは間違っているはずである――力のベクトルについてのあり得るただ一つの答えは $F=0$ である。

をくり抜いて、その中心に置いた物体にはたらく重力はどのくらいか？」シャーマンは力ずくでこの問題を計算しようとはしなかった。この場合も生じるはずの力は、対称性によって決定されることが今やシャーマンには明白だったからである。シャーマンはその教訓を十分に学んだ――対称性こそ王者である。

連続対称性群

円には多くの対称性がある。確かに正三角形とは違って、これから述べるように、円には無限の対称性がある。二枚の透明シートまたはかなり透明な紙に、直径の等しい円を描く。二つの円を重ねてその中心にピンを刺してとめる。こうすると、ピンでとめた中心のまわりに上の円をゆっくり回転させて、位置を変えることができる。どんな角度にも回転させることができる。ゼロからはじめて三六〇度までの角度に対応して、無限の回転がある。さらに興味深いのは、上の円をほんのわずか、つまり**無限小**の量だけ回転させても、下の円とぴったり重なるということである。したがって、一つの円をもう一つの円の上に正確に重ねるときの、その重ね方は無限通り存在する。正三角形の場合には、その重ね方はわずか六通りで、三角形の位置を変えるためには、上の三角形を持ち上げて、たとえば裏返しにするとか、あるいは一二〇度ずつとびとびに回転させるとかという、不連続な動作を加えなければならなかった。三角形に対しては無限小の対称操作はないが、円に対しては無限小の回転が対称操作になっている。

これが正三角形の対称性と円の対称性との大きな相違である。正三角形の対称性には、無限小の対称操作はない。一つの三角形をもう一つの三角形に重ねるためには、上の三角形を持ち上げて、最低一二〇度回転させるか、三角形を裏返しにするかしなければならなかった。円の場合には、どのような回転でも——〇・〇〇〇〇〇〇〇一度の回転でも——円の対称操作である。

円のすべての対称操作の集合もやはり群をつくる。数学者は円の対称性群にも特別の名前を与えた。この群は$U(1)$と呼ばれる。この群には無限通りの対称操作があり、ゼロでない最小の操作というものはないことがわかる。これに対して、正三角形にはとびとびの操作がともない、無限小の操作はないから、正三角形の対称性群は**離散的**であるという。円には無限小の操作があって、対称操作の数は無限だから、円の対称性群は**連続的**であるという。

連続対称性群には対称操作つまり元が無限個あるから、それらの乗算表をつくることはできない——元の数は事実上、無限大の無限大倍になってしまうだろう。それでは、連続対称性群はどのように解析したらよいのだろうか？　微積分を学んでいる学生は、連続関数に適用される**変化率**つまり**導関数**の概念が連続的対称性にも当てはまるだろうと推測するかもしれない。確かに、この概念から連続的対称性の分類の核心が導かれる。完全な乗算表を解析する代わりに、微小な、つまり無限小の対称操作（角に関する回転の導関数）を調べるだけでよい。これらの微小操作は群の**生成子**と呼ばれる。生成子からすべての対称性群を再構成することができる。

生成子は、それ自身の特別な自己充足的な数学の体系をつくる。この体系は、この理論を創始した一八四二年生まれの有名なノルウェーの数学者ソフス・リーにちなんで**リー代数**と呼ばれる。(2)変換の無限集合よりもむしろリー代数を考察することによって、存在しうるすべての可能な連続的対称性が決定されてきた。すべての可能な連続的対称性は、二〇世紀初頭に数学者たちによって、とりわけフランスの数学者エリー・カルタンによって分類された。

円を回転することのできる方向は一つだけなので、対称性群 $U(1)$ には一つの生成子だけから成るささやかなリー代数がある。球は、もう一段階進んだ「三次元の円」である。空間の特定の点に中心をピンで固定した球が、空間に浮かんでいると考えよう（たとえば中心を特定の位置に固定したバスケットボール用のボールが空中にぶら下がっていると考える）。中心をピンでとめたまま、この球がそれ自身に重なるようなすべての回転を考える。このような回転は明らかに無限通り存在する。バスケットボール用のボール、つまり球は、二次元平面に横たわっている円とは異なる。球の場合には中心を突き抜ける直線のまわりに回転することができ、このような回転はすべて球をそれ自身の上に重ねる。

球に対しては、三つの異なる生成子がある。これらは、想像上の x 軸、y 軸、z 軸のまわりの回転である。球の対称操作の数はやはり無限にある。三次元で球を回転することができるから、球の対称操作は円の場合より明らかに無限に多い。したがって、球には円よりも大きい対称性があるという。数学者は球を不変にしておく対称操作の集まりを対称性群 $SU(2)$ と呼んでいる。（これは $SO(3)$ と呼ばれるもう一つの群と同等である。実際には $SU(2)$ は $SO(3)$ を含んでいるから同等というのは正確でないが、これは些細な区別であり、ここでは立ち入らない。）

$SU(2)$ の三つの生成子を T_x, T_y, T_z と表すと、群 $SU(2)$ の一つの元である操作（回転）は $\exp(iT_x\theta_x+iT_y\theta_y+iT_z\theta_z)=1+iT_x\theta_x+iT_y\theta_y+iT_z\theta_z+\cdots$ と書くことができる。ただし、θ_x, θ_y, θ_z は群の元の**回転角**（または「パラメーター」）である。ここでは非常に小さい回転角に対する近似形が書かれ、また指数関数はその級数展開で定義されている。

ここでもまた、われわれは非可換性という興味深い性質に出会う。球の一つの回転（Aと呼ぶ）を行ってから次にもう一つの回転（Bと呼ぶ）を行うと、A×Bと考えることのできる結果が得られる。順序を逆にしてこれらの回転を行うと、B×Aが得られる。A×Bは一般にB×Aと等しくないことがわかっており、この性質は非可換性と呼ばれる。x軸のまわりの無限小回転を行ってからy軸のまわりの無限小回転を行う場合を考察し、次に順序を逆にした場合を考察することによって、生成子は$T_xT_y-T_yT_x=2iT_z$, $T_yT_z-T_zT_y=2iT_x$, $T_zT_x-T_xT_z=2iT_y$という関係を満たすことがわかる。これらの関係は群$SU(2)$のリー代数を定義しており、乗算表が群S_3を定義したのとよく似ている。これらの関係は、有限個の元をもつ離散群に対して存在した群の乗算表に類似したものである——今やわれわれは非可換リー代数を満たす有限個の生成子をもっている。すべての連続的対称性の分類の問題は、今やすべてのリー代数を分類する問題に還元されたわけである。

$T_xT_y-T_yT_x$のような組合せは群論および量子力学で（古典力学でも）非常に重要なので、特別の名前がつけられている。これらの組合せは**交換子**と呼ばれ、$T_xT_y-T_yT_x=[T_x, T_y]$と書かれる。群生成子の乗法では結合法則が成り立つ。

リー代数は二つまたはそれ以上の部分に分解することが多く、それぞれの部分は他の部分と完全に可換である。したがってリー代数は、二つまたはそれ以上の異なる対称性を表す。このように分解しないリー代数は**単純群**と呼ばれる。より複雑な群は、直積の意味で二つの群を「掛ける」ことによって得られる。この例は、ボトムクォークのような重いクォークによって与えられる。ボトムクォークはスピンをもつため、回転の対称性$SU(2)$を表すが、このクォークはまたカラー（色）をもつから、同時にカラー対称性$SU(3)$を表す。したがって、ボトムクォークに適用される組み合わされた対称性は、合成された群、つまり**直積群**$SU(2)\times SU(3)$であり、$SU(3)$カラー回転のすべては$SU(2)$スピン回転と可換である。

可能なすべての単純リー代数の分類は二〇世紀初めに完成され、**カルタン分類**として知られる。これらのリー代数は次のとおりである。

1 実座標N次元に存在する球の回転対称性——$O(2)=U(1)$, $SO(3)=SU(2)$, $SO(4)$, $SO(5)$, …, $SO(N)$, …

2 複素座標N次元に存在する球の回転対称性——$U(1)$, $SU(2)$, $SU(3)$, $SU(4)$, …, $SU(N)$, …

3 シンプレクティック群はN調和振動子の対称性である——$Sp(2)$, $Sp(4)$, …, $Sp(2N)$, …

4 例外群——G_2, F_4, E_6, E_7, E_8

たとえば、群$SO(N)$は「特殊直交群」と呼ばれ、実座標のN次元空間に存在する球の対称性である。したがってこれらの群は、$(x_1, x_2, \dots, x_N)\to(x_1', x_2', \dots, x_N')$という写像を行って$N$次元球体を$1=x_1^2+x_2^2+\dots+x_N^2=x_1'^2+x_2'^2+\dots+x_N'^2$のように不変にしておく変換の集合である。$(x_1, x_2, \dots, x_N)\to-(x_1, x_2, \dots, x_N)$のようにやはり球を不変にしておく離散的変換である鏡映があることに注意しよう。鏡映は$SO(N)$の定義では除かれており、そのことが$SO(N)$に「特殊（special）」を意味するSが付けられている理由である（厳密にいうと「直交群」$O(N)$にこれらの離散的鏡映が含まれる）。

これに対して、群$SU(N)$は「特殊ユニタリー群」と呼ばれ、複素座標をもつN次元空間に存在する球の対称性である。したがってこれらの群は、$(z_1, z_2, \dots, z_N)\to(z_1', z_2', \dots, z_N')$という写像を行って

複素N次元球体の方程式を $1=|z_1|^2+|z_2|^2+\cdots+|z_N|^2=|z_1'|^2+|z_2'|^2+\cdots+|z_N'|^2$ のように不変にしておく変換の集合である。

このような対称性は量子力学に関係がある。なぜなら、系の物理状態は複素空間におけるベクトルと考えられるからである（これは実際に波動関数よりも基本的な記述である）。たとえば、クォークのカラーは軸を「赤」、「青」、「緑」と呼ぶ三次元複素空間におけるベクトルで、カラーの対称性群は $SU(3)$ である。$U(1)$ の全部の因子は対称性の一部で、$SU(N)$ の定義では除かれている（厳密にいうと「ユニタリー群」$U(N)$ は $U(1)$ の付加因子を含む）。シンプレクティック群は類似の不変性をもち、非可換数から成る2N次元ベクトルに作用する。

最後は名高い**例外群** G_2, F_4, E_6, E_7, E_8 である。これらの群は対称性と関連させて簡単に説明できないが、目立った性質をもっている。局所ゲージ対称性によって記述される自然界のすべての基本的な力の大統一との関連から、これらの群は常に魅力的な対称性群である。その理由は、自然界で知られている力はゲージ群 $U(1)\times SU(2)\times SU(3)$ によって記述され、これらのゲージ群は無理なく $SU(5)$ に包含され（つまりこれらの群は**部分群**であってより大きい群のなかに入っている小さい群である）、$SU(5)$ はまた $SO(10)$ に包含されるからである。群 $SU(5)$ は最初の説得力のある大統一理論で、一九七〇年代の半ばにハワード・ジョージャイとシェルドン・グラショウによって提案された。この群は同じように無理なく例外群の入れ子になった集合 $SO(10)\cup E_6\cup E_7\cup E_8$ に包含される。

一九八〇年代にジョン・シュウォーツとマイケル・グリーンによって、最大の例外群 E_8（実際には直積 $E_8\times E_8$）がひも理論と実際に結びついており、そしてこの例外群が量子力学的な超ひもによって記述される世界の無矛盾に認められるいくつかの対称性の一つを表していることが示された。このことから、ひも理論が量子重力を本来的に含んでいるように見えるという事実とあいまって、自然のすべての基本的な力の究極の理論としての超ひも理論に、多大な関心が寄せられている。

謝辞

執筆の各段階で原稿のさまざまな部分を読み、批判的な意見やいろいろな見解、考えを寄せてくれたシャリ・バーテーン、キャロル・ブラント、ロナルド・フォード、スタンカ・ジョヴァノヴィチ、ギルバート・ヒル、ドナルド・ローレク、ニール・ニューロン、ローラ・ニカーソン、アイリーン・プリツカー、ボニー・シュニッタ、スーザン・タトナルに感謝する。また助言と見識ある意見を聞かせてくれた大勢の物理の同僚たち、とくにアンディ・ベレトヴァス、ビル・バーディン、ロジャー・ディクソン、ジョシュ・フリーマン、ドラスコ・ジョヴァノヴィチ、クリス・クイッグ、スティーヴン・パーク、アル・ステビンスに感謝したい。

素晴らしい挿絵を描いてくれたシー・フェレル、またブリンマー大学資料館の視覚所蔵品専門家のバーバラ・グラブに感謝する。

この著作の最初から完成まで格別の努力を払ってくれた、辛抱強く献身的な編集者ベンジャミン・ケラー、とくにリンダ・グリーンスパン・リーガンに厚くお礼申しあげる。

われわれのウェブサイトを訪れて、以前に掲げてあった内容に電子メールで意見を伝えてくれた多くの方々に大いに助けられた。本書の執筆方針を決めるときに、このウェブサイトがいわば実験の場として役立った。またとくに、フェルミ研究所のサタデー・モーニング・フィジックス・プログラムに参加された七〇〇〇人余りの学生諸君に心からの謝意を表したい。この学生たちへの講義で初めて話した内容もあり、本書執筆の着想は彼らから与えられた。このときの学生諸君が優れた成果を上げることを望みたい。われわれの未来は決定的にそれにかかっているのだから。

訳者あとがき

対称性は自然界にも、また人間がつくり出したさまざまな芸術にも広く見られる重要な概念である。ある対象にある適当な操作つまり変換をほどこしたとき、何か違いが生じなければ、この対象はその操作に対して不変であるといい、そこにはなんらかの対称性が存在すると考えられる。このことは幾何学的な図形の場合には直感的に理解できる。円はその中心を固定してどのような角度の回転を行っても不変であり、また球も中心軸のまわりにどのような角度の回転をほどこしても不変である。正三角形の一二〇度の回転も、ある特別な操作に対する対称性の例である。

本書では宇宙の素晴らしい対称性、すなわち物理的世界の働きを支配する基本法則そのものに内在する対称性を扱う。ある物理系にある変換をほどこしても物理法則が不変であれば、その物理系には対称性が存在する。対称性とは、物理系にある変換を加えてもその系を支配している自然法則に影響を及ぼさないということである。そして重要なことは、本書で詳しく述べられているように、物理法則の何か一つの対称性があれば、それに伴って一つの保存則があるという点である。たとえば、空間における連続的並進に対する物理法則の不変性から運動量保存則が導かれ、時間についての物理法則の対称性、つまり不変性からエネルギー保存則が導かれる。この逆も成り立ち、たとえばエネルギー保存則は物理学が時間とともに変化しないことを意味している。自然法則の対称性と保存則との深い関係を明らかにしたのがエミー・ネーターである。ネーターの定理によって、保存則を対称性と関係づけて眺めることができる。

物理学には多くの保存則がある。電荷の保存、バリオン総数の保存、クォークのカラーの保存などいろいろあるが、これらの保存量のそれぞれが自然法則の構造内部の奥深くにひそむ（連続的）対称性からきている。物理法則そのものが本質的に対称性の原理によって規定されている。相対性理論や量子力学の研究においても対称性が大きな役割を果たしたが、物質の基本的相互作用を統一的に記述する大統一理論においても、対称性の果たす役割が期待されている。

本書は、対称性とその表裏の関係にある保存則を縦糸として、物理学の興味深い重要な分野を解説しながら、全体を通して対称性が自然の根底にある重要なテーマであることを説明する。物理的な内容の説明には関連する幅広い話題が随所に挿入されて、読者が退屈しないような工夫が凝らされ、見事な出来映えになっている。たとえ話や例も面白くわかりやすい。また基礎的な内容に関する説明はきわめて丁寧で、著者の教育的配慮を感じさせる。物理学の問題を広範囲に扱っているために、進んだ内容については簡単に触れる程度にとどまるが、本書の性格からいってやむを得ないことであろう。波動関数に物理的解釈を与えたマックス・ボルンがポピュラーミュージック歌手オリヴィア・ニュートン=ジョンの祖父であるという話が出てきたり、並進対称性の説明のときに日本でもファンの多いクリスティーナ・アギレラの名前がちらりと挙がったりと、他の解説書に見られぬユニークさに感心される方も多いと思う。

註は補足説明や参考文献あるいは参考となるウェッブサイトの紹介である。註に挙げられている文献のうち、邦訳があることに気づいたものは掲げておいたが、見逃したものもあるかと思う。なお、インフレーション理論に関して本書ではアラン・グースの名だけが挙がっている。これは欧米の本では一般的なことではあるが、佐藤勝彦（現東京大学教授）によって同等のモデルがわずかに早く提唱され、論文として発表されていることを加えておきたい。

著者の一人レーダーマンは素粒子実験の大家で、一九八八年にノーベル賞を受賞している。一九二二年ニューヨーク市に生まれ、ニューヨーク市立大学卒業後、合衆国陸軍へ入隊して三年を過ごし、一九四六年コロンビア大学大学院へ進んだ。博士号取得後も引き続きコロンビア大学で研究をつづけ、コロンビア大学教授を経て、一九七九年からフェルミ国立加速器研究所の所長。一九八九年退任して名誉所長。その後、シカゴ大学教授を経て、現在イリノイ工科大学教授。本書の記述の端々からもわかるように科学教育の普及に熱心なことで知られており、イリノイ数学科学教員講習アカデミーの創設に参加、現在もここで講義を行っている。また性差別に対する強い批判の持ち主であることは、エミー・ネーターに関する記述などにも見られる。

レーダーマンの研究業績としては本書にも紹介されているパイオンやミューオンの崩壊過程でのパリティ非保存性の確認をはじめ、ウプシロン粒子（ボトムクォーク）の発見などが著名であり、ミューニュートリノの発見とレプトンの二重構造の実証の功績により、シュウォーツ、シュタインバーガーとともにノーベル物理学賞を受賞した。著書には本書の註に掲げられている『神がつくった究極の素粒子』（*The God Particle*〔高橋健次訳、草思社刊〕）の他、D・シュラムとの共著『クォークから宇宙へ』（*From Quarks to the Cosmos: Tools of Discovery*〔平田光司・清水韶光訳、東京化学同人刊〕）などがある。

共著者のヒルは、一九五一年ウィスコンシン州ニーナ市に生まれ、マサチューセッツ工科大学を卒業、カリフォルニア工科大学で素粒子物理学を専攻して博士号を取得した。シカゴ大学で二年間研究の後、一九七九年にフェルミ国立加速器研究所へ移り、現在は同研究所の理論物理部門の部長をつとめている。電弱対称性の破れのメカニズムの研究に力を注いでいるとのことである。

なお、原書の英文について友人の大塚一夫氏からいろいろご教示を得た。改めて感謝申しあげたい。また本書訳出の機会を与えてくださった上、訳文にも丁寧に目を通され、刊行までなにかとお世話いただいた白揚社編集部の鷹尾和彦氏と九法崇氏に厚くお礼申しあげる。

二〇〇八年三月

小林　茂樹

索引

さ行

た行

な行

は行

ま行

や行

ら行

わ行

註

はじめに

(1) Albert Schweitzer, *J. S. Bach*, trans. Ernest Newman (Mineola, NY : Dover, 1966), pp. 99–101, 227［浅井真男他訳『バッハ（上、中、下)』（シュバイツァー著作集、第12–14巻） 白水社、1957–1958］。

(2) バッハの伝記とともに、音楽様式の興味深い歴史、また対称性と音楽との関係の分析が、ノーザン・アリゾナ大学のティモシー・スミス教授の次のウェブサイトに出ている。“Sojourn : The Canons and Fugues of J. S. Bach,” http://jan.ucc.nau.edu/~tas3/bachindex.htmlおよび “Lüneburg (1700–1703),” http://jan.ucc.nau.edu/~tas3/luneburg.html#french。スミス教授はバッハの音楽に見られる複雑な対称様式のいくつかのものに**逆行**という用語を用いている。

(3) Timothy Smith, “Bach : The Baroque and Beyond ; The Symmetrical Binary Principle,” http://jan.ucc.nau.edu/~tas3/bin.html#note2「楽音の配列における舞踊の模倣(楽句が正式舞踊の絡み合ったステップのように結びつく)、小節の対称的配列、こういったもののすべてが、「小曲」として知られる新しい型をつくりあげた。小曲は音楽のなかの詩情を表現する。フランス国民の念願は微妙な対称的分割へ向けられ、小曲における音楽的模様を形づくる。それはパリのチュイルリー宮の庭園を構成するツゲの生け垣の装飾的輪郭に似ている。」この引用文はバッハと同時代の歴史家アボット・ジャン–ベルナール・ルブランが言ったとされ、次の本に収められている。Manfred F. Bukofzer, *Music in the Baroque Era* (New York : W. W. Norton, 1947), p. 351.

(4) William Manchester, *A World Lit Only by Fire: The Medieval Mind and the Renaissance Portrait of an Age* (Boston : Back Bay Books, 1993), p. 230.

(5)　Will Durant and Ariel Durant, *The Story of Civilization*, Vol. 2, *The Life of Greece* (New York : Simon & Shuster, 1966), pp. 636–37.

(6)　群論とガロアの生涯についてのすぐれた解説 Simon Singh, *Fermat's Enigma* (New York : Walker, 1997), pp. 223–26 を参照のこと。

(7)　対称性の数学的な面に興味のある読者は付録を見ていただきたい。群論の初歩を説明し、群論を使ったわかりやすい「驚くような」結果をいくつか示しておいた。これは高校の代数や物理の授業での群論入門として適している。あるいは、雨の降る日曜日の午後の数学レクリエーションになると思う。

第1章　ビッグバンから生まれた巨人《ティタン》たち

(1)　ビッグバン理論の不朽の入門書であるSteven Weinberg, *The First Three Minutes* (New York : Basic Books, 1977)［小尾信弥訳『宇宙創成はじめの三分間』ダイヤモンド社、1977］を参照のこと。

(2)　Hesiod, *Theogony*, trans. N. Brown (New York : Liberal Arts Press, 1953), ll. 116–138［原典からの翻訳として廣川洋一訳『神統記』岩波文庫、1984がある］; The Berkeley Online Medieval and Classical Libraryがそのウェブサイトhttp://sunsite.berkeley.edu/OMACL/Hesiod/theogony.htmlで翻訳と分析を提供している。本文では『神統記』の詳しい記述を省略したので、以下に要約しておく。

ガイアはまた一つ目の巨人キュクロプス（一つ目巨人）を生んだ。ブロンテス、ステロペス、アルゲスがそれで、雷鳴、雷電、雷光を表していた（彼らは最後にはオリンポスの山に落ち着き、ゼウスの武器をつくる鍛冶屋になった）。ガイアの3番目の同腹子はコットス、ブリアレオス、ギュゲスという名のヘカントケイレス（百手巨人）で、50の頭と100本の腕をもち、その巨大な体に桁外れの強い力がそなわっていた。ウラノスは父親としての自尊心を傷つけられてヘカントケイレスを強く憎み、「大地の秘密の場所」に彼らを隠してしまった。そのため母であるガイアは大いに腹を立てた。

ガイアはヘカントケイレスの一件で怒り、彼女の息子であるティタンのクロノスに、ウラノスを打ち負かすように頼んだ。クロノスは彼の父親を待ち伏せ、鎌でそ

の睾丸を切り取り、ティタンたちの統治者になった。切り取られたウラノスの活気に満ちた局部は海に投げ捨てられ、海の泡となり、この泡から美しい女神アフロディィテ（ヴィーナス）が現れた。ヘカントケイレスは許され、隔離されていた場所から戻った。

しかしクロノスは、過度の猜疑心をもつ統治者だった。自分の子供たちによって支配権が奪われることを恐れ、子供が生まれると次々に飲み込んでしまった。クロノスの妻レアはクロノスをだまして、息子のゼウスの代わりに石を飲み込ませた。こうしてオリンポスの神々、つまり将来のヘレニズム時代の神々を救った。クロノスは、子供たちが自分の権力を奪うことのないように、ガイアの奇怪な子供たちであるキュクロプスとヘカントケイレスを冥界タルタロスに投げ込んだ。こうして、ウラノスは打ち倒されたものの、ガイアの目的は達せられなかった。タルタロスは、ガイアの最後の子供たちである奇怪なヘカントケイレスによって守られていた。

最後にゼウスが、父であるクロノスと他のティタンたちに反乱を起こし、彼らを滅ぼした。ティタンたちはみなタルタロスへ追放された。しかしクロノスは、首尾よく逃れてイタリアに住みつき、そこでローマの神サトゥルヌスとして支配力をふるった。クロノスの治世は地上の黄金時代といわれ、ローマの伝統のなかでサトゥルナリア祭によって栄誉を与えられている。ティタンたちの後は、オリンポスの山のゼウスとその世代の神々による統治がつづいた。

(3)　Arthur Koestler, *The Sleepwalkers: A History of Man's Changing Vision of the Universe*（New York : Macmillan, 1959 ; London : Arkana, 1989), p. 35［本書の全 5 章のうちの第 4 章に当たる部分は小尾信弥・木村博訳『ヨハネス・ケプラー』河出書房新社、1971として、第 3 章は有賀寿訳『コペルニクス』すぐ書房、1977として邦訳が出版されている］。

(4)　元素の形成についての詳しい情報は以下を参照のこと。"From the Big Bang to the End of the Universe : The Mysteries of Deep Space Timeline," PBS Online Web site, http//www.pbs.org/deepspace/timeline/ ; "Tests of the Big Bang : The Light Elements," NASA WMAP homepage, http://map.gsfc.nasa.gov/m_uni/uni_101bbtest2.html ; P. J. E. Peebles et al., "The Case for the Relativistic Hot Big Bang Cosmology," *Nature* 352（1991）

: 769 ; P. J. E. Peebles et al., “The Evolution of the Universe,” *Scientific American* 271（1994）: 29［『日経サイエンス』1994年12月号］。Googleのような検索エンジンにたとえば*nucleosynthesis*（核合成）などと入力すれば多数の満足できるウェブサイトがわかる。恒星での核合成についての古典的な文献としては次のものがある。R. A. Alpher, H. A. Bethe, and G. Gamow, *Physical Review* 73（1948）: 803 ; E.M. Burbidge et al., *Reviews of Modern Physics* 29（1957）: 547。

（5） 以下を参照のこと。“Oklo’s Natural Fission Reactors” American Nuclear Society Web site, http://www.ans.org/pi/np/oklo/ ; “Oklo Fossil Reactors,” Curtin University Center for Mass Spectrometry Web site, http://www.curtin.edu.au/curtin/ centre/waisrc/OKLO/index.shtml ; “Oklo,” Wikipedia, http://en.wikipedia.org/wiki/Oklo

（6） 註（5）に挙げた他に基礎物理定数の時間依存性に関してF. W. Dyson, “Time Variation of Fundamental Constants,” in *Aspects of Quantum Theory*, ed. A. Salam and E. P. Wigner（Cambridge : Cambridge University Press, 1972）, pp. 213–36を参照のこと。

第 2 章　時間とエネルギー

（1） 物理や工学では、いろいろなことを記述するとき、長さ、時間、質量という 3 つの基本的な物理量を用いる。たとえば、ある試料の**物質量**を指定するためには、その組成などは一切無視して、その試料の**質量**を示す。「試料」は、陽子、電子、ウイルス、エッフェル塔、あるいは木星などなんでもよい。陽子を記述するときと電子を記述するときに別の種類の質量を使う必要はない。

物理では一般にもっと複雑な量を扱う。たとえば運動の量を測定するには、物体が運動する**速度**を用いる。速度は、ある時間内に移動する距離である。したがって速度は、ある時間間隔で距離を割ったものであり、速度はL/Tという次元をもつという。加速度は**単位時間あたりの速度の変化率**であるから、L/T^2という次元をもつ。ある物体が動くときの物理的な運動を測定したものが**運動量**で、これは質量と速度との積、つまりML/Tである。ほとんどどんな形態でもとることのできるエネルギーは、速度の 2 乗と質量との積の次元、つまりML^2/T^2という次元をもつ。仕事率（パワー、電気工学では電力とも呼ばれる）は、**単位時間あたりのエネルギー量の**

変化率で、ML^2/T^3である。ニュートンの運動方程式から、**力**は**単位時間あたりの運動量の変化率**であることがわかる。したがって力の次元はML/T^2となる。

科学では、次の2つの単位系のうちの1つを使う。

(a) センチメートル–グラム–秒の単位系、すなわちcgs単位系

(b) メートル–キログラム–秒の単位系、すなわちMKS単位系

本書では主としてMKS単位系を使うが、本質的にはどちらを選んでもよい。MKS単位系では質量はキログラム、長さはメートル、時間は秒で測定される（どちらの単位系でも時間は秒)。上の例では次の換算が用いられる。1メートル＝100センチメートル＝3.28フィート＝1.09ヤード。地球上で1ポンドは0.45キログラムの質量に等しい（ポンドは重さ（重量）であって、力ML/T^2を表している。これに対して、キログラムは質量Mを表している。月面ではある物体の重さは変わるが、質量は変わらない。室温で1立方センチメートルの水の質量は1グラムなので、*cgs*単位系は手頃である。1年は3.15×10^7秒である。

(2) 他の現代的なフリーエネルギー計画についてはRobert L. Park, *Voodoo Science*（Oxford : Oxford University Press, 2000), pp.3–14［栗木さつき訳『わたしたちはなぜ科学にだまされるのか』主婦の友社、2001］を参照のこと。永久機関はエネルギーの消費も生産もなしに無期限に動く装置と一般に定義されている。これに対してフリーエネルギー機関は、無からエネルギーをつくり出す装置である。次のウェブサイトも参照のこと。“The Museum of Unworkable Devices,” Donald Simanek’s pages, http://www.lhup.edu/~dsimanek/museum/unwork.htm ; “Eric’s History of Perpetual Motion and Free Energy Machines,” Philadelphia Association for Critical Thinking Web site, http://www.phact.org/e/dennis4.html

(3) Mark Twain, *The Tragedy of Pudd’nhead Wilson*, from *Pudd’nhead Wilson’s Calendar* in chapter 14, “Tom Stares at Ruin.”［村川武彦訳『まぬけのウィルソンとかの異形の双生児』（マーク・トウェイン　コレクション1）彩流社、1994］。

(4) 完全な物理的過程で実際に起こっていることは、もう少し複雑である。エネルギーと**運動量**の両方を保存するために、衝突にともなう他の粒子が必ず存在しなければならない。それにもかかわらず、電子による光子の放出または吸収は、電磁現象を規定する基本的な過程である。11章でこの問題をもう一度取り上げる。

(5)　David Goodstein, *Out of Gas : The End of the Age of Oil* (New York : W. W. Norton, 2004).

(6)　前にも述べたように、質量はその物体の物質量の尺度である。1000キログラムの自動車は地表では2200ポンド、つまり1トンちょっとの**重さ**をもつ。重さ（重量）というのは地球上でその物体が受ける重力の力である。したがって、ポンドとトンは質量の単位では**ない**が、キログラムは質量の単位であることに注意しよう。月面でもこの自動車はやはり1000キログラムの質量をもつが、重さはわずか370ポンドになる。空間を自由落下する場合、この自動車はやはり1000キログラムの質量をもつが、重さはゼロになる。物理では重さのことは忘れて、質量だけで考えるのがよい。本章の註（1）を参照のこと。

(7)　マイルで表した時速を2で割れば、メートルで表した大ざっぱな秒速が得られる。これは概算に役立つ。1マイルは約1.6093キロメートルなので、時速60マイルは秒速26.83メートルになる。本文ではこれを切り上げて秒速30メートルとした。本書ではいろいろなことについて大ざっぱな見積を使う。物理の世界（さらにいえば社会経済的な世界）を理解するために必要なことは、桁数の見積ができるということである。

(8)　ニュートン力学で物体の運動エネルギーを求める簡単な式$E=Mv^2/2$を使っている。Eを計算するためには、首尾一貫して同じ単位系を使う必要があり、MKS単位系は最も便利な単位系の一つである。本章の註（1）を参照のこと。

(9)　スポーツ汎用車（SUV、高性能の四輪駆動車）でこの小実験を行い、小型車またはオートバイでの結果と比較したいと思う読者がいるかもしれない。その場合には、これらの自動車の質量を知る必要があるが、たとえばhttp://www.new-cars.comで、マニュアルトランスミッション5段変速の小型車の重量が2,590ポンド、したがって2.2で割れば質量1,177キログラムであることがわかる（運転者とガソリンの質量を除く）。実験を行うと、障害物のない道路で時速60マイルから50マイルに減速するのに10秒かかったので、この小型車の仕事率は16,100ワット、つまり16キロワットである。ところで1ガロン（3.785リットル）のガソリンには、約110,000,000ジュールの化学エネルギーが含まれる。時速60マイル、つまり秒速1/60マイルのとき、この小型車は（16,000ワット)/(秒速1/60マイル)＝1マイルあたり

約100万ジュールを消費する。エンジンの効率が100パーセントなら、燃費は（1億1000ジュール/ガロン)/(1マイルあたり100万ジュール)、つまり1ガロンあたり110マイルになる。しかしこの自動車の燃料計によると、1ガロンあたり35マイルだった。したがって、この自動車の効率は約32パーセントであることがわかる。SUVあるいはオートバイを使って自分で実験してみれば、車種によるガソリン消費量の違いがわかるだろう。SUVを運転する人は、ガソリンスタンドで給油するたびに、なぜ大金を支払うのかわかるに違いない。

(10)　これはエネルギーのもう一つの単位であるBTUで引用されることが多い。現在、アメリカの年間エネルギー消費量は、約100クワドリリオンBTU（1クワドリリオンは1,000兆、10^{15})、つまり10^{17} BTUである（たとえば米エネルギー省のウェブサイトhttp://www.eia.doe.gov/emeu/aer/diagram1.htmlを参照のこと)。1 BTUは約1,000ジュールなので、10^{20}ジュールが毎年アメリカで消費されている。アメリカ市民は約3億（3×10^{8}）人、1年は約3000万（3×10^{7}）秒だから、平均的なアメリカ人は、約$10^{20}/(3\times10^{8}\times3\times10^{7})$ ワット、つまり約1万ワットを消費している。家庭や日常的な活動での個人的消費はざっと3,000ワットとされている。これは世界平均の5倍である。

(11)　われわれのエネルギー需要への答えは、薪ストーブを利用するような基本に戻ることだと考える人が多い。「バイオエネルギー」として知られるバイオマス燃料の開発に真剣な努力がなされている。広大な地域に美しいポプラやヤナギを植えることができるが、これらは事実上、一種の太陽熱収集器である。ある程度の本数をまとめると、大ざっぱな見積で樹木から得られるエネルギーは1平方メートルあたり1ワットになる。この効率は太陽エネルギーの1パーセントで、一人あたりのエネルギー消費量が大きい社会では十分とはいえない。その上、木材の燃焼による大気汚染も小さくない。バイオエネルギー情報ネットワークhttp://bioenergy.ornl.govを参照のこと。ここにはさまざまな役に立つバイオエネルギーの測定量や変換係数が掲げられている。

(12)　さらに詳しい情報については国際熱核融合実験炉のウェブサイトhttp://www.iter.orgを参照のこと。

第3章　エミー・ネーター

（1）　しかし、宇宙の最初の瞬間 $t=0$ における条件を具体的に指定するために付加情報が必要とされるかどうかは未解決の問題である。J. B. Hartle and S. W. Hawking, “Wave Function of the Universe,” *Physical Review* D28（1983）: 2960では、この瞬間への物理法則のスムーズな外挿が意味をもち、十分かもしれないと主張されている。

（2）　Robert K. Massie, *Dreadnought*（New York : Ballantine Books, 1991）, pp. 38–43.

（3）　Simon Singh, *Fermat's Enigma*（New York : Walker, 1997）, p. 100に引用されている。

（4）　1916–17年のゲッティンゲン大学の講義目録による。ウェブサイト “Emmy Amalie Noether” のJ. J. O'ConnorとE. F. Robertsonによるエミー・ネーターのすぐれた伝記中に引用されている。http://www-gap.dcs.st-and.ac.uk/~history/Mathematicians/Noether_Emmy.html ; http://www-gap.dcs.st-and.ac.uk/~history/PictDisaplay/Noether_Emmy.html。2番目のサイトにはネーターの写真が掲げられているが、所有権についての情報がないので出版できる写真を見つけるのはむずかしい。

（5）　Nina Byers, “E. Noether's Discovery of the Deep Connection between Symmetries and Conservation Laws” は代数、幾何、物理学におけるエミー・ネーターの遺産に関するシンポジウムで発表され、*Israel Mathematical Conference Proceedings* 12（1999）に収録されている。また次を参照のこと。Nina Byers, ed., “Emmy Noether: 1882–1935,” Contributions of 20th–Century Women to Physics, http://www.physics.ucla.edu/~cwp/Phase2/Noether,_Amalie_Emmy@861234567.html。

（6）　Emmy Noether, *Collected Papers*, ed Nathan Jacobson（New York : Springer Verlag, 1983）

（7）　簡単に言うと、ゲーデルが証明したのは、いかなる数学的体系も真偽を証明することができない「定理」を必ず含んでいるということである。ヒルベルトの時代に、数学自体は論理的に算術に等しいことが示された。公理、つまり最初に前提となる仮定は、素数の選ばれた集合に似ている。たとえば、与えられた数学的体

系が素数（2, 3, 5, 7, 11）に対応する５つの公理を含んでいるとする。証明できる定理は、この素数の集合に因数分解される数によって表される。たとえば、44という数に対応する定理は証明可能である。なぜなら44＝２×２×11で、２と11はこの体系における公理だからである。しかし17という数に対応する定理は証明できない。なぜなら17は、われわれが選んだ公理の集合、つまり11までの５つの素数の集合に因数分解できないからである。したがって、有限個の公理を含む数学的体系は「不完全」である――これがゲーデルの定理の内容である。この定理によって、ヒルベルトの有名な23の問題にある大定理のいくつかは実際には証明できないのではないかという不安が引き起こされた。最近まで、挑戦的なフェルマーの定理でさえゲーデルの不完全性の候補だと信じられていたが、このフェルマーの定理は1993年にプリンストン大学のアンドリュー・ワイルズによって証明された（註（3）に挙げたSingh, *Fermat's Enigma*を参照のこと）。

（8） Hermann Weyl, "Emmy Noether," *Scripta Mathematica* 3（1935）: 201–20［邦訳は註（9）の『ネーターの生涯』に収められている］。

（9） 興味深い伝記的な資料は註（8）の他に以下のものに含まれている。Clark Kimberling, "Emmy Noether（1882–1935）: Mathematician" は彼のホームページに出ている（faculty.evansville.edu/ck6/bstud/noether.html ; Auguste Dick, *Emmy Noether, 1882–1935*, trans. H. I. Blocher（Boston : Birkhauser, 1981）［静間良治監訳・諏訪田利子訳『ネーターの生涯』東京図書、1976］; C. Kimberling, "Emmy Noether," *American Mathematical Monthly* 79（1972）: 136–49 ; Martha K. Smith, *Emmy Noether : A Tribute to Her Life and Work*, ed. James W. Brewer（New York : Marcel Dekker, 1981）;C. Kimberling, "Emmy Noether, Greatest Woman Mathematician," *Mathematics Teacher* 75（1982）: 53–57 ; Lyn M. Olsen, *Women of Mathematics*（Cambridge, MA : MIT Press, 1974), p. 141［吉村証子・牛島道子訳『数学史のなかの女性たち』法政大学出版局、1987］; Sharon Bertsch McGrayne, *Nobel Prize Women in Science : Their Lives, Struggles, and Momentous Discoveries*（New York : Carol, 1993）［中村桂子監訳・中村友子訳『お母さん、ノーベル賞をもらう』工作舎、1996］。

（10） Albert Einstein, "The Late Emmy Noether : Professor Einstein Writes in Appreciation of a Fellow Mathematician," *New York Times*, May 4, 1935, p. 12

第４章　対称性、空間、時間

(1)　基礎物理定数のいくつかを挙げておく。これらの定数はゲダンケンラボが宇宙のいたるところを移動しながら測定したものの一部である。

光の速度	c	=	2.99792458×10^{8} m/s
プランク定数	$\hbar$	=	$1.054571596 \times 10^{-34}$ m^2 kg/s
ニュートンの重力定数	G_{N}	=	6.673×10^{-11} m^3/kg s^2
電荷の単位	e	=	$1.602176462 \times 10^{-19}$ クーロン
電子の質量	m_{e}	=	$9.10938188 \times 10^{-31}$ kg
陽子の質量	m_{p}	=	$1.67262158 \times 10^{-27}$ kg

(2)　意外なことに、これらの結果から見ていくらか困惑させるような観測がある。物理法則は観測者の運動状態から独立しているが、宇宙における物質には好ましい運動状態があるように見えることをゲダンケンラボが発見している。つまり、全銀河の平均運動や宇宙における名残の熱放射がゼロになるような特別の運動状態、特定の速度がある。もちろん、ある銀河はあるランダムな速度で運動しているが、ひとまとめにして考えると、全銀河は特別の運動状態を規定している。しかし、光速度、電子の質量、その他すべての物理量の測定に具体的に現れている基本的な物理法則は、ゲダンケンラボの運動状態には左右されない。

(3)　差の**絶対値**（または正の値）をとって、長さを$L = |x_{\mathrm{tip}} - x_{\mathrm{handle}}|$と定義することが多い。後で相対性理論を論じるときには**隔たり**を$L = |x_{\mathrm{tip}} - x_{\mathrm{handle}}|$と定義する。これは本質的には長さであるが、負のこともあり得る。

(4)　C. T. Hill, M. S. Turner, and P. J. Steinhardt, “Can Oscillating Physics Explain an Apparently Periodic Universe?” *Physics Letters* B252（1990）: 343–48およびこの論文の文献を参照のこと。

(5)　この部分には多くの人を悩ます問題があり、それは物理学がものごとを記述する本質と関係している。われわれは空間においても時間においても並進対称性が成り立つことを見てきた。しかし、私自身が空間を通って並進することはできるが、時間を通って並進する自由はないように見える。タイムトラベルは空想科学小

説の世界のことで、現実の世界にはない。また、私は山脈を見ることができ、空間の3次元を見ることができるが、時間については瞬間を感じるだけで、(アメリカの小説家カート・ヴォネガットのトラルファマドール星人と違って) 山脈を見るように歴史全体を見ることはできない。空間的に広がった山脈を横切ることはできるが、時間の山脈を自由に横切ることはできない。私は過去の出来事を思いだすことはできるが、未来の出来事を思いだすことはできない。私の「目」は過去を見ることができるだけなので、中国人が言うように、私は「未来へ後退」している。なぜ時間の**認知**は空間の認知とこれほど違うのか？　ここでのキーワードは認知であり、「時間の矢」は「今」という瞬間の認知と関係している。これは実際には物理学の問題ではなく、人間の意識 (consciousness) にかかわることであり、われわれは「C問題」と呼んでいる。われわれは生存中に起こった出来事を記憶としてもっており、脳は新しい出来事と記憶とを絶えず比較し、未来と過去との間の知覚された境界面をつくりだす。この境界面を「今」と感じる。あらゆる物理学の問題は、次のような問いとして表現される。「あるものが時刻 t_1 に位置 x_1 を出発したとすると、時刻 t_2 にはどの位置にあるか？」われわれの知っているように、時間並進対称性は、この答えが次の問いの答えと同じになることを意味する。「あるものが時刻 t_1+T に位置 x_1 を出発したとすると、時刻 t_2+T にはどの位置にあるか？」

(6)　三角法を使って、(x, y) と回転角θから (x', y') に対する式を書くことができる。結果は $x'=x\cos(\theta)+y\sin(\theta)$ と $y'=-x\sin(\theta)+y\cos(\theta)$ である。これを $L=\sqrt{x'^2+y'^2}$ に代入すると、$L=\sqrt{x^2+y^2}$ が得られる。したがって、回転の**後**でも、われわれの式から指示棒の長さの同じ値が求められる――つまりわれわれの数学は回転対称性を含んでいる。

(7)　この実験を気楽に繰り返すことはお勧めしない。宇宙船がブラックホールに落下するとしよう。そのとき剛体系の質量中心つまり宇宙船の質量中心は自由落下の状態にあるが、末端部分は自由落下していない。末端部分は質量中心にしっかり結合しているだけで、末端部分そのものは完全な自由落下の状態にはない。そのために潮汐力と呼ばれる応力が生じ、この力はブラックホールの事象の地平線近くでは非常に強くなるから、自由落下中の不運な宇宙船はバラバラに引き裂かれてしまうだろう。太陽、月、地球といったような大部分の重力系に対しては、宇宙船の

各部分での重力はそれほど変わらないから、潮汐力は大きな効果を及ぼさない。もちろん、「自由落下」している質量中心をもつ地球（あるいは地球と月の質量中心のまわりを回転している地球）に潮汐力がはたらいていることはよくわかる。しかし、海面は潮汐力によって自由落下せずに、潮の干満が起こる。潮汐力は地震のような他の効果に関係しているかもしれない。

第5章　ネーターの定理

(1)　ベクトルの概念を導入せずに、物理学について意味のあることを言うことは不可能である。ベクトルは一般に $\vec{v}, \vec{u}, \vec{P}, \vec{p}_1$ などのように上に矢印を加えた記号で表す。もし座標系を描くなら、ベクトルは座標系の3つの軸のそれぞれへの投影である成分をもつ、という。たとえば $\vec{p}_1=(p_x, p_y, p_z)$ において、各成分は対応する座標軸へのベクトルの投影である。ベクトルは加えたり引いたりすることができ、また普通の数を掛けて、その大きさ（長さ）を増やしたり減らしたりすることができる。系の全運動量は、系の全構成要素の個々の運動量の総和である。しばしばこれを $\vec{P}=\vec{p}_1+\vec{p}_2+\vec{p}_3+\cdots$ という方程式で表すが、ここで $\vec{P}$ は系の全運動量、$\vec{p}_1, \vec{p}_2, \vec{p}_3$ などは系の個々の構成部分の運動量である。ネーターの定理は $\vec{P}$ が保存されることを示しているが、個々の $\vec{p}_i$ は与えられた過程で変化することがあり得る。さらに式 $\vec{P}=m\vec{v}$ はほぼ点と考えてよい物体に適用され、（またその物体が光速度に比べて小さい速度で運動していると仮定すれば）運動量はその物体の質量にその速度を掛けたものである。物理系が空間を並進できる方向はベクトルであり、もし学生がネーターの定理を思いだせば、その学生はSAT（アメリカの大学進学適性試験）を受けるさいに運動量がベクトルであることを忘れないはずだ。

(2)　この過程は、巨星を崩壊させて超新星を生みだす過程 $p^{+}+e^{-}\rightarrow n^{0}+\nu_e$ に似ていることに気づいたと思う。陽子と電子が一緒に押しつぶされるようなことが起こるのは、巨大な星が崩壊するときの超高密度の条件下だけである。自由空間での中性子は、「ベータ崩壊」に関係する過程 $n^{0}\rightarrow p^{+}+e^{-}+\bar{\nu}_e$ によって、半減期約11分で陽子、電子、（反）ニュートリノに崩壊する。

(3)　意外かもしれないが、地球は過去にかなり大きな小惑星の直撃を受け、地

球–月の系が誕生した。この理論によって月の表層における水、鉄、ケイ素のような物質の存在度がかなり正確に予言されるが、理論の詳細は初期の地球と小惑星の詳しい知識がないとある程度限定されてしまう。たとえばW. Benz, A. Cameron, and H. J. Melosh, "The Origin of the Moon and the Single–Impact Hypothesis Ⅲ," *Icarus* 81 (1989) : 113–31 ; H. J. Melosh, "Giant Impacts and the Thermal State of the Early Earth," in *Origin of the Earth*, ed. H. Newsom and J. Jones (Oxford : Oxford University Press, 1990), pp. 69–83を参照のこと。メロシュは有益なウェブサイト "Origin of the Moon," http//www.lpl.arizona.edu/outreach/origin/を提供している。

(4) 軌道運動は重力による地球と太陽の多くの瞬間的な相互作用、つまり「微弱な衝突」から成り立っていると考えれば、「揺れ」を理解できる。その場合、最初の全運動量は $m_{\mathrm{Earth}}\vec{v}_{\mathrm{Earth}}+m_{\mathrm{Sun}}\vec{v}_{\mathrm{Sun}}$、最後の全運動量は $m_{\mathrm{Earth}}\vec{v}'_{\mathrm{Earth}}+m_{\mathrm{Sun}}\vec{v}'_{\mathrm{Sun}}$ である。ところが地球は太陽よりはるかに小さく、$m_{\mathrm{Earth}}\ll m_{\mathrm{Sun}}$である。ここで少し代数を使うと、「衝突」後の太陽の速度の変化は

$$\vec{v}'_{\mathrm{Sun}}-\vec{v}_{\mathrm{Sun}}=\left(\frac{m_{\mathrm{Earth}}}{m_{\mathrm{Sun}}}\right)(\vec{v}'_{\mathrm{Earth}}-\vec{v}_{\mathrm{Earth}})$$

であることがわかる。太陽の速度の変化は微小な量 $m_{\mathrm{Earth}}/m_{\mathrm{Sun}}$ に比例する。地球と太陽についてのこの数値はきわめて小さく、約0.3×10^{-6}である。したがって太陽の速度の変化、つまり地球の軌道による太陽の運動の「揺れ」はほとんど感知できない。木星の質量は地球よりずっと大きく、$m_{\mathrm{Jupiter}}/m_{\mathrm{Sun}}\approx10^{-3}$ であるから、太陽にもっと大きな揺れを引き起こすと考えてよい。しかし木星の軌道半径は大きく、宇宙空間における木星の軌道速度は地球よりずっと小さいから、木星の効果はいくらか弱められ、10^{-3}より小さくなる。ところで、あなたが地面を蹴って跳び上がっても、地球が感知できるほど後退しないのは同じ理由による。地球は実際には運動量を保存するためにほんの一瞬後退し、その速度にわずかな変化を受けるのだが、その大きさたるや、あなたの質量を地球の質量で割り、それにあなたの跳躍速度を掛けたものにすぎない。その数値は問題にならないほど小さいのだ。

(5) 放射された光のドップラー効果（光源が遠ざかるときの赤方偏移あるいは近づくときの青方偏移）を利用して、遠くの恒星が揺れているかどうかを知ることができる。ウォブル・ウォッチング（揺れの観測）の結果、最初の太陽系外惑星が

いくつか発見された。ペガスス座51番星の惑星は木星に近い質量をもち、その軌道半径は水星の軌道半径より小さく、軌道周期は4.2日である（比較のために言うと水星は太陽の周囲の軌道をまわるのに88日かかる）。太陽系外惑星についてさらに知りたければ、次のウェブサイトを参照のこと。“Wobble Watching Revisited,” Starryskies.com, http://www.starryskies.com/articles/dln/5-96/newpls.html ; Laurence R. Doyle, “Detecting Other Worlds : The Wobble Method, Space.com, http://www.space.com/searchforlife/seti_wobble_method_010523.html ; Maya Weinstock, Astronomers Discover Bundle of Extrasolar Planets, Space.com, http://www.space.com/scienceastronomy/astronomy/new_planets_000804.html。

(6)　この手紙はCERNのパウリ資料館にあり、http://library.cern.ch/archives/pauli/paulimain.htmlで見ることができる。同資料館委員会の引用許可に感謝したい。**ニュートリノ**を角括弧に入れたのは、この名前をつけたのは実際にはエンリコ・フェルミだからである。パウリはこの新しい粒子にニュートロンという名を使っているが、今日では**ニュートロン**（中性子）は原子核の重い中性の構成要素に用いられている。

(7)　ここでは議論をかなり単純にしている。スピンや円運動に対しては、「角速度ベクトル」（通常ギリシア文字オメガ $\vec{\omega}$ で表される）について語るのが役に立つ。角速度はベクトルであり、その大きさは物体が 1 秒間に回転する角度をラジアンで表したものである（360度が2πラジアンに等しいことを思いだそう）。$\vec{\omega}$ の方向は右手の法則で定義される。円軌道を描いて運動している惑星に対しては、速度の大きさは $|\vec{v}|=\vec{\omega}R$ で、したがって運動量の大きさは $|\vec{p}|=|m\vec{\omega}R|$ である（軌道に対して接線方向へ向く）。そして角運動量の大きさは $|\vec{J}|=|m\vec{\omega}R^2|$ で、軌道面から右手の法則で定義される向きを指す。

質量 m の「近似的半径」R の物体が角速度 $\vec{\omega}$ で軸のまわりをスピンしているとき、その物体のスピン角運動量は $\vec{J}=km\vec{\omega}R^2$ になる。ただし k は物体の形や内部の物質分布を特徴づける数である。たとえば、物体が円板で、回転が円板面で行われれば $k=1/2$ であり、もし物体が環状のものなら $k=1$ である。k の値を決めるには、物体を構成するすべての断片（原子）の円軌道角運動量を総計する（積分が必要になる）。一般に物体の「慣性モーメント」を $I=kmR^2$ と定義する。これは物体の内

部形状、大きさ、構造、つまりものの「中身」に関係する。そうすると、スピンする物体の角運動量は$\vec{J}=I\vec{\omega}$である。三ダンベル実験において一定に保たれるのは、全角運動量$\vec{J}=I\vec{\omega}$である。ダンベルを体に近づけることによって、講師の慣性モーメントI（これはR^2に比例する）は減少するが角運動量$\vec{J}=I\vec{\omega}$は保存されなければならないから、$\vec{\omega}$は$1/R^2$に比例してかなり増加しなければならない。この実験が非常に強い印象を与える理由はここにある。Rが半分になると、角振動数は4倍になる。

第6章　慣　性

(1)　歴史的な概要はWill Durant and Ariel Durant, *The Story of Civilization*, vol. 7, *The Age of Reason Begins*（New York : Simon and Schuster, 1983）で見ることができる。

(2)　ファインマンは、光子と相互作用する電子を正確に記述する量子電磁力学の発展に貢献した一人で、「ファインマン図」を考案した。これは、量子論的なスケールでの物質の運動と相互作用に適用される複雑な計算を表す図形である（11章参照)。ファインマンには他にも、自然を理解する上での重要な多くの貢献がある。たとえば、量子力学の法則の彼自身による定式化がその一つで、これは素粒子物理学の現代的な発展に欠かすことができない。物理学者ならだれでも、有名な全3巻の『ファインマン物理学講義』（10章の註13参照）が1960年代にカリフォルニア工科大学で講義されてから40年以上もたっているのに、今日まだまったく意義を失っていないことを知っている。ファインマンがアメリカで一般の人々に知られるようになったのは、スペースシャトル「チャレンジャー」号の惨事の調査委員会の委員を務めたからである。ファインマンはテレビの生放送で、サンプルを使って、固体燃料ロケットブースターに使われるゴム製のOリングが凍結によって弾性を失いやすいことを説明した。このOリングの欠陥がロケットの側面からの気体漏れの原因となり、結局はスペースシャトルの悲惨な結果をもたらした。「チャレンジャー」号の事故についてファインマンが異議を唱えた報告は、17年後の「コロンビア」号の惨事を予想していた。

(3)　Richard P. Feynman, as told to Ralph Leighton, *What Do You Care What Other*

People Think?（New York : W. W. Norton, 1988）, p.15［大貫昌子訳『困ります、ファインマンさん』岩波書店、1988。この邦訳は英語版の刊行に先立ってファインマンから送られてきた原稿から直接訳出されたものなので、英語版とは内容の配列などが異なる。］

（4） ギリシア人は、力は質量と速度との積に等しい、つまり$\vec{F}=m\vec{v}$という運動方程式を考えていたように思われる。この方程式は、ある有限速度の物体を動かすためには力を加えなければならないことを意味する。物体が重ければそれだけ大きい力が必要である。物体の運動方向は常に加える力の方向になる。だが、この式は力と運動の正しい方程式では**ない**ことを強調しておきたい。正しいのはニュートンの方程式$\vec{F}=m\vec{a}$である。ここで$\vec{a}$は加速度、つまり単位時間あたりの速度変化である。

（5） Arthur Koestler, *The Sleepwalkers : A History of Man's Changing Vision of the Universe*（London : Penguin Press, 1959）［邦訳については1章の註（3）を参照のこと］。ケストラーはケプラーの擁護者で、ケプラーを物理学の発展のなかで中心的役割を果たした人物と評価している。

（6） 中世を通じて修道院の学者たちは、正確な予言が得られるように、プトレマイオスの理論に微調整を加えた。彼らは意識せずに現代的な「フーリエ解析」を発明した。フーリエ解析を使うと、関数を一連の周期関数（三角関数）の和によって近似できる。Emmanuel Paschos, *The Schemata of the Stars : Byzantine Astronomy from 1300 A. D.*（Singapore : World Scientific Press, 1998）を参照のこと。

（7） この強い言い方に異議を唱える「知ったかぶりをする人」がいるかもしれない。たとえば、1つの物体が同じ質量のもう1つの物体の周囲をまわっているような場合、一方の物体が別の物体の周囲をまわっている――両方がお互いの周囲をまわっている――という表現はまぎらわしい。これに対して、実際にはどちらかの物体に固定した動いている座標系を用いて、この座標系から運動を記述することができる。そうすれば、他の物体が軌道を描いてまわっているかのように扱うことができる。こうして技術的には、地球に固定した座標系では太陽が地球の周囲をまわると言うことが**できる**（アインシュタインの一般相対性理論では確かにどのような座標系を選んで使うことも許される）。しかし、金星や火星などの惑星も地球の周

囲をまわっていると言うことはできない。なぜなら、この地球に固定した座標系では、惑星は地球の周囲をまわらないからだ。正確に言うと、慣性系ではあらゆる物体は太陽系の質量中心の周囲をまわっており、この質量中心は空間に固定されていると考えることができる。太陽系の質量中心は、太陽の質量がきわめて大きいために、ほぼ太陽の中心にある。

(8)　後にガリレイは公然と聖書と対決した。たとえばDava Sobel, *Galileo's Daughter*（London : Fourth Estate, 1999）［田中一郎監修、田中勝彦訳『ガリレオの娘』DHC、2002］を参照のこと。

(9)　オーウェン・ギンガリッチの歴史的研究に関する優れた論説についてはChristopher Reed, "The Copernicus Quest," *Harvard Magazine*, November 2003を参照のこと。またOwen Gingerich, *The Book Nobody Read : Chasing the Revolutions of Nicolaus Copernicus*（New York : Walker, 2004）［柴田裕之訳『誰も読まなかったコペルニクス』早川書房、2005］を参照のこと。

(10)　ケプラーの法則をもっと簡潔に述べると次のようになる。(1) 惑星の軌道は楕円で、楕円の一つの焦点に太陽がある；(2) 太陽と楕円を結ぶ直線が単位時間に掃過する面積は一定である（これは角運動量保存則を述べているのと同等である）；(3) $T^2=kR^3$、ただし T は軌道周期（年)、R は楕円の長半径（天文単位）で、定数 k は太陽系のどの惑星に対しても同じである。

ケプラーの法則を図解したウェブサイトはたくさんあり、一部のものは動画を扱っている。検索エンジンのGoogle（http://www.google.com）に "Kepler's laws" と打ち込むか、たとえばhttp://www.phy.ntnu.edu.tw/java/KeplerあるいはBill Drennon, "Kepler's Laws with Animation," http://www.cvc.org/science/kepler.htmを参照のこと。

(11)　Arthur Koestler, *The Sleepwalkers*, pp. 446–48［邦訳については1章の註（3）を参照のこと］。

(12)　ニュートンとその同時代の人々についての説明はDurant and Durant, *The Story of Civilization*, Vol. 7, *The Age of Reason Begins*およびvol. 8, *The Age of Louis XIV*（New York : Simon and Schuster, 1983）に見られる。

(13)　ここで重要なのは、a の割合で加速している物体が時間 t に進む距離 x を決めることである。数式は簡単で、微積分を習いはじめて1週間もすれば導くこと

ができるが、答えを示すと $x=\frac{1}{2}at^2$ である。ここでは説明のために、ニューヨークからシカゴまでの距離を1200キロメートルとしよう。したがって中間点までは600キロメートルとなり、ここまで進むのに要する時間は $600\ \mathrm{km}=600{,}000\ \mathrm{m}=\frac{1}{2}\times 5\ \mathrm{ms}^2\times t^2$ によって決まり、$t=490$ 秒となることがわかる。減速しながらニューヨークに到着するのにも同じ時間がかかる（対称性によって運動のこの段階では時計を逆向きに動かすと考えてもよい）。したがって、シカゴからニューヨークまでのこの移動全体で $T=2t=980$ 秒、つまり約16.3分しかかからないのだ。

（14） 万有引力が非常に弱いことを実感するために、牛乳が1ガロン（約4リットル）入っている容器を持ち上げてみよう。持ち上げた人がこのために出している力は4キログラム弱である。この力は、石油を満載した2隻のタンカーが16キロメートル離れているとき、これらのタンカーにはたらく万有引力の強さにほぼ等しい。

（15） ニュートンから二世紀半後にアーネスト・ラザフォードは、荷電したアルファ粒子（キュリー夫妻によって以前に発見されていた）を原子に打ち込み、まったく同じ散乱軌跡が生じることを発見した。このことから、原子には原子核と呼ばれる太陽のような中心があることが確かめられた。アルファ粒子は電磁気力によって原子核から散乱されるが、この電磁気力は万有引力と同じように逆二乗則の力である。

（16） 小惑星セドナの発見は2004年3月に発表された。セドナは極端な楕円軌道をもつ太陽系の第10惑星で、他にも同じような遠方の天体がたくさん存在すると信じられている。たとえば、Michael E. Brown, "Sedna（2003 VB12）," http://www.gps.caltech.edu/~mbrown/sedna/ ; "Sedna（planetoid）," Wikipedia, http://en. wikipedia.org/wiki/Sedna_（astronomical_object）を参照のこと。

第7章　相対性理論

（1） ヴァージニア大学のマイケル・ファウラー教授は、光速度測定を含む相対論の歴史と物理に関する素晴らしいウェブサイトを提供している。Michael Fowler,

“Galireo and Einstein,” http://galileoandeinstein.physics.virginia.edu/を参照のこと。

(2) Dava Sobel, *Longitude*（New York : Walker, 1995）［藤井留美訳『経度への挑戦――一秒にかけた四百年』、翔泳社、1997］は経度の問題とその解決の歴史を見事に描き出している。最初の航海用時計をつくりあげたジョン・ハリソンの英雄的でひたむきな努力に対する賞金授与を、実は天文学者たちが妨げたのである。

(3) イギリス西南端のシリー諸島におけるクラウジリー・シャベル提督の悲惨な沈没事故については、上掲書Dava Sobel, *Longitude*, pp. 11–13［邦訳書 pp. 18–20］に詳しく書かれている。

(4) ガリレイ衛星は、木星がよく見える晴れた夜には低価格の小型望遠鏡で見ることができる。木星とその衛星は、小規模な太陽系によく似た構造の系である。衛星の軌道は円に近く、軌道周期と運動はケプラーの法則によって決まる。つまり、ニュートンの万有引力の法則と慣性の原理に支配されている。今では、NASAとジェット推進研究所（JPL）が打ち上げた木星探査機「ガリレオ」によって、木星の衛星が詳細に撮影されている。“Galileo : Journey to Jupiter,” http://www2.jpl.nasa.gov/galileoを参照のこと。

(5) 円軌道と考えよう。地球の軌道周期（１年）をT_E、火星の軌道周期（1.88年）をT_Mとする。地球の軌道半径（われわれが求めている天文単位）をR_E、火星の軌道半径をR_Mとする。衝（外惑星が天空で太陽と正反対の方向にくること。われわれの場合は火星と地球が最接近すること）においては、$R_M=R_E+d$になる。ただしdは、南太平洋の軍艦との視差を使ってカッシーニが測定した距離である。ケプラーの第三法則を用いると、$(T_M/T_E)^2=(R_M/R_E)^3$となる。したがって代入して解くと、$R_E=d/[(T_M/T_E)^{2/3}-1]=1.91d$が得られる。残念ながら火星の軌道はかなりの楕円だから、これほど単純ではなく、dは5600万kmと１億kmの間で変わりうる。ケプラーの法則は楕円軌道の長半径の長さに対する関係を表しているから、カッシーニは自分のデータからその長さを計算しなければならなかった。正しい答えは、（2003年に見られたような）最接近した衝のときの最小距離と最大距離の平均7800万kmを用いて得られる。求める答えは$R_E=1.91\times 7800=$１億4900万kmとなる。

(6) ２人の異なる観測者の２つの異なる座標系が関係する議論を簡単にするために、同じ測定単位を使うことにする。また少なくとも最初は、それぞれの座標軸

が平行な2つの座標系を考える。このことはx軸、y軸、z軸の方向が一致していて、2人の観測者がこの取り決めにしたがうことを意味する。時間については、両者の時計が正確に一致していることが必要である。また運動については、2つの座標系がある特別な時刻、たとえば$t=0$には完全に一致していると考える。つまり$t=0$では、「動いていない」観測者（静止している観測者）と「動いている」観測者は空間における同じ場所すなわち原点に位置しているとする。これらのことを取り決めることは時間および空間の並進をともなうが、これらの並進は物理学の対称性である。このような「目盛合わせ」はしなくてもよいが、役に立つことが多い。動いている観測者の座標系は動いている観測者と一緒に動き、動いていない観測者の座標系は静止している。

(7)　もっと一般的には、2つの座標系が与えられたとして、x軸の正の方向へ動いている場合、ガリレイブーストは$x'=x-vt$、$y'=y$、$z'=z$、$t'=t$である。ガリレイブーストは連続的な対象操作だから対応する保存則があり、それを決めるのはむずかしくない（E. L. Hill, “Hamilton’s Theorem and the Conservation Theorems of Mathematical Physics,” *Review of Modern Physics* 23（1953）: 253参照）。

(8)　A. Einstein, “On the Electrodynamics of Moving Bodies,” *Annalen der Physik* 17（1905）: 891–921（原文はドイツ語）; *The Principle of Relativity*（New York : Dover, 1952）, pp. 35–65に転載［内山龍雄訳『アインシュタイン 相対性理論』岩波文庫、1988］。特殊相対性理論の展開においてアインシュタインの最初の妻ミレヴァ・マリッチが果たした不思議な役割が最近くわしく調べられた。彼女の悲劇的な運命が、アインシュタインの率直で寛大なイメージをいくらか弱めている。“Einstein’s Wife : The Life of Mileva Marić Einstein,” PBS Web site, http://www.pbs.org/opb/einsteinswife/およびそこに掲げられている資料を参照のこと。

(9)　これはアインシュタインブーストを簡単に表したもので、一般的な形ではない。運動している観測者は、2つの事象に対してどの方向へも動くことができる。また、座標系についての長い説明を避けるために、長さと時間の隔たりについて述べてきたが、座標系は結果を表現するためのもっと一般的な言葉を提供する。静止している観測者は、4つの座標（x, y, z, t）で表される時空の点として事象を記述する。運動している観測者は「一緒に動いている」座標系（x′, y′, z′, t′）をもって

いる。アインシュタインブーストは速さ v の $+x$ 方向への相対速度に対して、これらの座標を次のように関係づける。

$$x' = \gamma(x - vt),\ y' = y,\ z' = z,\ t' = \gamma(t - vx/c^2)$$
$$\text{ただし}\ \gamma = \frac{1}{\sqrt{1 - v^2/c^2}}$$

これらの式が註（7）のガリレイブーストに取って代わる。

（10） 不変インターバルが 2 人の観測者にとって同じだということは、少し代数を使えば次のように容易に確かめることができる。

$$\tau^2 = T'^2 - L'^2/c^2 = \gamma^2(T - vL/c^2)^2 - [\gamma^2(L - vT)^2]/c^2 = T^2 - L^2/c^2$$
$$\text{ただし}\ \gamma = \frac{1}{\sqrt{1 - v^2/c^2}}$$

したがってインターバルつまり固有時はブーストに対して不変である。座標の言葉で言えば、2 つの事象 1 と 2 が与えられたとすると、これらの間のインターバルは

$$\tau^2 = (t_1 - t_2)^2 - [(x_1 - x_2)^2 + (y_1 - y_2)^2 + (z_1 - z_2)^2]/c^2$$

ただし c は光速度である。運動している観測者は次のように書くはずである。

$$\tau^2 = (t'_1 - t'_2)^2 - [(x'_1 - x'_2)^2 + (y'_1 - y'_2)^2 + (z'_1 - z'_2)^2]/c^2$$

ローレンツ変換は不変インターバルを保存する。なぜなら

$$\tau^2 = t'^2 - [x'^2 + y'^2 + z'^2]/c^2 = \gamma^2(t - Vx/c^2)^2 - [\gamma^2(x - Vt)^2 + y^2 + z^2]/c^2$$
$$= t^2 - [x^2 + y^2 + z^2]/c^2$$

群の言葉では（付録参照）、この対称性は 4 次元球の対称性 $SO(4)$ に似ている。x–y 面での通常の回転は、$\cos(\theta)$ と $\sin(\theta)$ のような因子を含む x 座標と y 座標を結びつける。x 軸に沿ったローレンツ変換は γ と $-\gamma(V/c)$ という因子のついた x と ct を結びつける回転に似ている。$\cos^2(\theta) + \sin^2(\theta) = 1$ に対して、$\gamma^2 - (-\gamma V/c)^2 = 1$ という

関係があることに注意しよう。ローレンツ変換と4次元における通常の回転との相違は、空間から時間を区別する固有時にマイナス符号がついていることである。われわれは $SO(1, 3)$ という対称性群を定義する。すなわち、$SO(4)$ が単位球の半径 ($1=x^2+y^2+z^2+w^2$) を不変に保つ4つの座標 (x, y, z, w) 上の変換の集まりであるのに対して、$SO(1, 3)$ は量 $1=-x^2-y^2-z^2+w^2$ を不変に保つ4つの座標上の変換の集まりである。これは**ローレンツ群**と呼ばれる連続対称性群である。

(11) 長さの短縮を理解するために、運動している2人の観測者がそれぞれの基準座標系で事象間の距離をどのくらいに測定するかを調べよう。この2人の観測者は実際には2つの事象間の長さの隔たり L' と時間の隔たり T' を測定する。ただし $L'=\gamma(L-vT)$ および $T'=\gamma(T-vL/c^2)$ である。しかし、**物体の長さ**を測定するときには、両端に位置する2つの事象の間の距離を**同時に**測らなければならない。そのため運動している観測者たちは、$T'=0$ だと主張する。したがって、$T=vL/c^2$ および $L'=\gamma(L-vT)=\gamma(L-[v^2/c^2]L)$ であり、後の式は $L'=\sqrt{1-v^2/c^2}L$ となる。メトロノームは時間の隔たり T で光り、$L=0$ であるから、時間の遅れを理解するのはそうむずかしくない。すなわち、運動している観測者は $T'=\gamma(T-vL/c^2)=\gamma T$ を測定し、ガンマ因子が時間の遅れである。

猫のオリーが光速度で逃げると、私がオリーをつかまえることができない理由が今や理解できる。オリーは速度 u で $+x$ 方向へ (x, y, z, t) 座標の (0, 0, 0, 0) の時空事象1で走りはじめる。時間 T 後にオリーは、座標 ($uT, 0, 0, T$) の時空事象2を定める空間の異なる点を通過する。静止系では、オリーの速度は空間座標の差 $uT-0=uT$ を時間座標の差 $T-0=T$ で割ったものである。したがって $uT/T=u$ である。

今度は私が静止系に対して速度 $+v$ で $+x$ 方向へ走るとする。私から見てオリーの速度はどうなるか？　私の動いている座標 (x', y', z', t) に対する註 (9) のローレンツ変換から、事象1は (0, 0, 0, 0) で、事象2は ($\gamma(uT-vT), 0, 0, \gamma(T-uvT/c^2)$) である。したがって、2つの事象の間の x の距離は $\gamma(u-v)T$、時間の隔たりは $\gamma(1-uv/c^2)T$ であるから、いつものやり方で、速度として時間の隔たりに対する距離の比 $u'=\gamma(u-v)T/\gamma(1-uv/c^2)T$ が得られる。これから、$u'=(u-v)/(1-uv/c^2)$ が得られる。したがって u' は、速度 v で追いかける私から逃げているオリーの、私

が観測する速度である。

この式は、平行運動の特殊な場合に対する**速度加法公式**と呼ばれる。光速度が無限大だとすると、この式は $u'=(u-v)$ となり、これはガリレイの物理学が予言するものと一致することに注意しよう。もしオリーが光速度で走るなら $u=c$ で、私が観測するオリーの速度は $u'=(c-v)/(1-cv/c^2)=c$ なのだ。私の速度 v がどうであっても、私が観測するオリー、つまり光波は、常に同じ速度 c で私から逃げている。もちろんこれは、光速度一定を初めから理論に組み込んでいる特殊相対性理論の出発点を再確認しているにすぎない。

(12)　この結果は次のことを意味する。つまり、一方の観測者は粒子が（$E, \vec{p}$）で与えられるエネルギーと運動量をもつと観測し、この観測者に対して $+x$ 方向へ速度 $\vec{v}$ で動いている別の観測者は同じ粒子が異なるエネルギーと運動量（$E', \vec{p}'$）をもっていると観測するということである。しかし、これらの量もローレンツ変換によって次のように関係づけられる。

$$p_x'=\gamma(p_x-vE/c^2),\ p_y'=p_y,\ p_z'=p_z,\ E'=\gamma(E-vp_x)$$

動いている観測者は、エネルギーと運動量が変わっているという事実にもかかわらず、慣性質量が同じに保たれているのを見いだす。すなわち

$$E'^2-|\vec{p}'|^2c^2=m^2c^4$$

(13)　これは、$x \ll a$ のとき、平方根に対するテイラー級数近似 $\sqrt{a^2+x^2}=a+x^2/2a$ から出てくる。この式を変えて、運動している粒子のエネルギーと運動量についての最終的な関係式を得ることができる。粒子が静止系で静止していると仮定する。その場合、エネルギーと運動量は（$E=mc^2, \vec{p}=0$）である。次に、その粒子が速度 $\vec{v}=(v, 0, 0)$ で運動している系へこれらの量をブーストする（これは $-\vec{v}$ のブーストであることに注意しよう）。そうすると、その運動している粒子のエネルギーと運動量は次のようになることがわかる。

$$\text{アインシュタイン：}E=\frac{mc^2}{\sqrt{1-v^2/c^2}},\ \vec{p}=\frac{m\vec{v}}{\sqrt{1-v^2/c^2}}$$

$$ニュートン：E=\frac{1}{2}mv^2, \vec{p}=m\vec{v}$$

比較のためにニュートンの式も示したが、大きな差がある。やはり静止エネルギーは$\vec{v}=0$を意味し、ここでアインシュタインの式は次のようになる。

$$E\approx mc^2+\frac{1}{2}mv^2 \quad および \quad \vec{p}=m\vec{v}$$

特殊相対性理論では、質量をもつ粒子（ゼロでない慣性質量mをもつ粒子）を光速度まで加速することは決してできない。$|\vec{v}|\to c$のときには、運動量とエネルギーが無限大になる。したがって、陽子を光速度まで加速しようとすれば、無限大のエネルギーが必要になる。フェルミ研究所のテバトロンで、われわれは陽子を1兆電子ボルトのエネルギーまで加速する。陽子の静止質量エネルギーは約10億電子ボルトだから、テバトロンは陽子をブーストして約1,000のローレンツ因子$\gamma=1/\sqrt{1-v^2/c^2}$をもたせる。これは、$v/c\approx0.9999995$、つまりテバトロンは陽子を光速度の99.99995パーセントに加速することを意味する。世界で最高エネルギーの加速器を使っても、陽子が光速度に達することは決してないのだ。それでは、どうすれば粒子を光速度で走らせることができるだろうか？　もし$|\vec{v}|=c$とし、粒子の質量をゼロにすれば、エネルギーは実際には不定、すなわち$E=0/0$になる。しかしこのことは、質量ゼロの粒子、慣性質量をもたない粒子が、有限のエネルギーと運動量をもつことができるという可能性を認めている。エネルギーと運動量の関係を調べれば、質量ゼロの粒子は$E=|\vec{p}|c$を満たさなければならないことがわかる。実際、この式は光の粒子である光子を記述している。光子は慣性質量をまったくもたないが、空間を通してエネルギーと運動量を伝える。光子は光速度で永遠に進む。光子は静止することも、cより小さい有限の速度をもつこともできない。そのときには、光子のエネルギーはゼロになってしまうからだ。

（14）　静止している粒子はその慣性質量と同等なエネルギーをもっているから、粒子の質量をこのエネルギーによって測定することができる。そのためには、ジュール以外のエネルギー単位を使うのが便利である。とくに**電子ボルト**（eV）という非常に小さいエネルギー量が用いられる。これは1ボルトの電池が回路内の1個の

電子を押すのに費やすエネルギーである。換算すると、1ジュール＝6.24150974×10^{18} eVで、このエネルギー量がどれほど小さいかわかる。しかし、この単位はたいへん役に立ち、たとえば陽子の質量は1.67262158×10^{-27}キログラムであるが、電子ボルトを使えば $m_{proton}c^2=1.5\times10^{-10}$ジュール＝938 MeV（1 MeVは100万eV、つまり10^6 eV）と表すことができる。大ざっぱに見積もるときは、陽子と中性子の質量を約1 GeV（10億eV、つまり10^9 eV）とすることが多い。

炭素を燃焼させて炭素原子Cと酸素分子O_2を結合させると、CO_2が生じ、約 $E=$ 10 eVがエネルギーとして（光子の形で）得られる。したがって生じたCO_2分子の質量は、実際には最初のCとO_2の質量よりごく小量 E/c^2 だけ少ない。これは、炭素＋酸素分子の質量（陽子と中性子が12＋16＋16個つまり約44 GeV）のうち約10 eV/44 GeV≈0.2×10^{-9}の割合の減少である。これは変換効率を表しているから、アメリカのエネルギー需要を満たそうとすると、年間1,000 kg/(0.2×10^{-9})≈5×10^{12}キログラムの石油を燃やさなければならない。核分裂では、主としてウラン235がより軽い原子核に変化する（ウラン原子1個あたり約200 MeVのエネルギーが生じる）。この変換効率は200 MeV/(235×1 GeV)≈×10^{-3}で、炭素を燃やすよりずっと効率がよい。核融合では、水素原子核（陽子）と重水素原子核（陽子＋中性子）が結合して、ヘリウムの同位体（陽子2個と中性子1個）が生じ、14 MeVのエネルギーが解放される。したがって、変換効率は約4×10^{-3}となる。

（15） 一般相対性理論についてはRobert M. Wald, *Space, Time, and Gravity : The Theory of the Big Bang and Black Holes*（Chicago : University of Chicago Press, 1992）［石田五郎訳『新しい宇宙観』秀潤社、1982］、Clifford Will, *Was Einstein Right?*（New York : Basic Books, 1993）［松田卓也・二間瀬敏史訳『アインシュタインは正しかったか？』TBSブリタニカ、1989］などのすぐれた入門書がある。さらに進んだ学生にはSteven Weinberg, *Gravitation and Cosmology*（New York : John Wiley and Sons, 1972がたいへんよい。

（16） 質量 M、半径 R の星のように大きい物体の引力から脱出するために質量 m の粒子の全エネルギーが必要とされる条件は、粒子の静止エネルギー mc^2 がこの粒子を捕らえている重力ポテンシャルエネルギーに等しいか、それを上回らなければならないことである。その重力ポテンシャルエネルギーは、ニュートンの理論に

よると $mc^2=G_NMm/R$ である。この式は、**シュヴァルツシルト半径**が［2］という因子を除いた $R=[2]G_NM/c^2$ であることを予言している。［2］という因子を入れた式が、一般相対性理論で正しく計算される場合の式である。

第8章　鏡　　映

(1)　T. D. Lee, and C. N. Yang, "Question of Parity Conservation in Weak Interactions," *Physical Review* 104（1956）; J. Bernstein, "Profiles : A Question of Parity," *New Yorker Magazine* 38（1962）; M. Gardner, *The New Ambidextrous Universe : Symmetry and Asymmetry, from Mirror Reflections to Superstrings*（New York : W. H. Freeman, 1991）［坪井忠二・藤井昭彦・小島弘訳『新版 自然界における左と右』紀伊國屋書店、1992］

(2)　パイオンの崩壊やミューオンの崩壊におけるパリティの破れの発見をめぐる愉快な逸話についてはLeon M. Lederman, *The God Particle*（New York : Dell, 1993）［高橋健次訳『神がつくった究極の素粒子（上下)』草思社、1997］を参照のこと。

(3)　言い換えると、もしわれわれがある特定の鏡のなかの系を見ているとすれば、磁場の方向が逆向きになっているのに、放出される電子の運動方向は同じままなのがわかるはずである。鏡の位置が変われば、電子の運動が逆向きになり、磁場は同じままである。電子の運動と磁場の相対的な配置は常に逆になっている。

(4)　K中間子の粒子K^0と反粒子$\overline{K}^0$は実際には互いの間を行ったり来たりして振動しており、$K^0\leftrightarrow\overline{K}^0$と表される。もしCPが厳密な対称性だとすると、$K^0$から$\overline{K}^0$への振動の位相は$\overline{K}^0$から$K^0$への逆の振動の位相と厳密に同じになると考えられる。しかし実験によって、$K^0\rightarrow\overline{K}^0$の振動の位相は$\overline{K}^0\rightarrow K^0$の振動の位相と1,000分の1ほど違っていることが見いだされた。これについてはJ. H. Christenson et al., "Evidence for the 2 Pi Decay of the K^0 Meson," *Physical Review Letters* 13, nos. 138-40（1964）を参照。これはCP不変ではない。中性K中間子を用いた精密な実験では、T対称性の破れも直接確認された。組み合わされた対称変換CPTは崩壊の対称性である。CPの破れは、B中間子と呼ばれる、重いボトムクォークを含む別の粒子でも見つかっている。

第9章　破れた対称性

（1）　もしN人の女の子がいれば、これは「Z_N」離散的対称性と呼ばれる。

（2）　Paul Doherty, “2,000 Years of Magnetism in 40 Minutes,” Technorama Forum Lecture, http://www.exo.net/~pauld/technorama/technoramaforum.htmlを参照のこと。

（3）　羅針盤の磁針の「北の方向」を指す極は磁石の「北極」と呼ばれ、地球の「北磁極」の方向を向く。したがって地球の「北磁極」は、地球を磁石と考えれば、本当は地球の「南磁極」である。

（4）　Robert L. Park, “America’s Strange Attraction : Magnet Therapy for Pain,” *Washington Post*, September 8, 1999。また “Magnet Therapy : What’s the Attraction?” *Science Daily*, September 9, 1999, www.sciencedaily.com/releases/1999/09/990909071842.htmを参照のこと。

（5）　Robert L. Park, “America’s Strange Attraction” およびRobert L. Park, *Voodoo Science*（Oxford : Oxford University Press, 2000）［邦訳については2章の註（2）を参照］を参照のこと。

第10章　量子力学

（1）　xを波の運動方向の位置、tを時間とすると、水のある特定の進行波は$\psi(\vec{x}, t)=A\cos(kx-\omega t)$ という形の正弦関数によって記述できる。時間に対して図示すれば、これは**波連（波列）**であり、時間tが増すと波連は右へ動く。kは**波数**と呼ばれ、ωは波の**角振動数**と呼ばれる。これらの量は通常の「サイクル毎秒」の振動数fと波長λに対して$f=\omega/2\pi$、$\lambda=2\pi k$という関係にある。波長（λ）は波の隣り合った谷と谷または山と山の間の距離である。振動数（f）は、ある固定点xで1秒間に波が完全な周期で上下に揺れ動く回数である。言い換えると、波を貨物列車と考えれば、λは1台の貨車の長さ、fは、列車の通過を辛抱強く待っているとき、1秒間に目の前を通り過ぎる貨車の台数である。Aは波の**振幅**と呼ばれ、山の高さを決める。谷の底から山の頂上までの距離が$2A$になる。進行波の速度は$c=\lambda f=$

ω/k である。速度は通常はベクトルとして表され、方向$\vec{k}$の進行波を表すために kx は 3 次元空間では通常 $\vec{k}\cdot\vec{x}$ と書かれる。

(2) マックス・プランクはじめ物理学者たちは、理想的な「黒体」について語るのを好んだ。黒体というのは熱い壁にかこまれた空洞のことで、この空洞はある温度に加熱されている。観察者は空洞のなかに含まれている光または内部から放射される光だけを見る。これによって、われわれの例でいえば、消えつつあるキャンプファイアの薪の化学組成から不確かさが除かれる。

(3) 物理学では $\hbar = h/2\pi$ という量を使うことが多く、h と $\hbar = h/2\pi$ のどちらも「プランク定数」と呼ぶことが多い。

(4) ラザフォードは、放射性物質から放射されるアルファ粒子（後にヘリウムの原子核であることが発見された）を金箔に当てた。彼が心に描いていたのは、シェービングクリームの大きな球に弾丸を撃ち込む状景だった。ところがラザフォードを驚かしたのは、シェービングクリームの球から弾丸が跳ね返されるように、ときどきアルファ粒子が跳ね返されるのが観測されたことだった。このことは、内部に何かが隠されていることを明確に示していた。ラザフォードは、アルファ粒子のこの散乱のパターンが、原子の中心に正電荷をもつ小さい固い部分がある場合に予想されるものであることに気づいた。こうして、ラザフォードは原子核を発見した。

(5) 不確定性原理は、空間の非常に小さい距離 Δx の範囲に粒子を局在化させようとすると、その粒子の運動量の x 成分 Δp_x の不確定さが大きくなり、少なくとも $\Delta p_x \geq h/2\pi\Delta x$ になるということを意味する。同じように、ある事象を微小な時間 Δt の間ある系に局在化させようとすると、必然的にその系が乱され、エネルギー ΔE の不確定さが生じる。そのとき $\Delta E\Delta t \geq h/2\pi$ という関係があるので、Δt を小さくすればするほど $\Delta E \geq \hbar/\Delta t$ のように ΔE がそれだけ大きくなる。電子の原子軌道の大きさは、標準的な原子で空間のどの方向へも約 $\Delta x \approx 10^{-10}$ メートルである。したがって、ハイゼンベルクの不確定性原理によって、電子の軌道内の運動量の範囲は $\Delta p_x \geq \hbar/\Delta x$ から $\Delta p_x \approx 10^{-24}$ kg m/sとなる。電子は c よりずっと小さい速度（すなわち**非相対論的**速度）で軌道を運動しており、電子の質量は $m_e \approx 9.1 \times 10^{-31}$kg であることが知られている。それゆえ典型的な電子の運動エネルギーは、およそ $E \approx$

$(\Delta p_x)^2/2m_e \approx 6\times10^{-19}$ジュール、すなわち約3.8電子ボルトと推定することができる（1電子ボルト＝1.6×10^{-19}ジュール；この大ざっぱな見積のために数字を何度も四捨五入した)。したがって、電子をその軌道に保持している力は、この大きさを越える負のポテンシャルエネルギーを与えなければならない。このエネルギーは電磁気力によって与えられ、原子内の電子の**束縛エネルギー**（電子を解放するのに必要なエネルギー）の標準的な大きさはこの程度で、ほぼ0.1から10電子ボルトの範囲にある。実際、これはあらゆる化学反応の標準的なエネルギースケールで、可視光線の光子の標準的なエネルギーを含んでいる。

(6)　これを実証するために、あなたは家庭または教室で次のようなちょっとした実験をやってみようと思うかもしれない。テーブルの前に座っている被験者に目隠しをする。テーブルの上に小さい物体、たとえば鉛筆、ドライバー、25セント銀貨、イチゴなどをいくつか置く。次にこの被験者にゴム風船を渡し、手に持ったゴム風船でテーブル上の物体に触れるように指示し、その触れたものが何であるかを識別してもらう。物体はどんな形をしているか？　物体はいくつあるか？　ゴム風船だけを手に持って、その風船を小さい物体のプローブ（探針）として使うのでは、質問に答えるのは非常にむずかしいどころか、答えられないだろう。今度は、被験者に1本の箸、またはほうきから引き抜いた1本のわらか竹の枝を渡す。この微細なプローブでテーブル上の物体に触れれば、被験者は少しばかり創造力と論理をはたらかせて、物体のイメージを頭のなかで再構成して、その物体が何であるかについての仮説をつくることができる。

(7)　シュレーディンガーについての詳しいことはJ. J. O’Connor and E. F. Robertson, “Erwin Rudolf Josef Alexander Schrödinger,” http://www-gap.dcs.st-and.ac.uk/~history/Mathematicians/Schrodinger.htmlを参照のこと。

(8)　ここで脇道にそれて、数について説明しておく必要がある。実数はギリシア人によって発見された。数が「発見」されなければならないというのはおかしい、と思うかもしれないが、実際にそうだったのだ。まず簡単な自然数、つまり0, 1, 2, 3などの整数からはじまる。これらの数は羊や通貨を数えることによって発見され、やがて負の整数－1, －2, －3などが発見された。負の整数が発見されたのは、だれかが引き算を「発明」し、3から4を引こうとしたときだった。ピタゴラ

ス学派は割り算を発明し、**有理数**を発見した。これは3/4や9/28などのように2つの整数の比として表すことのできる数である。ピタゴラス学派はまた**素数**も発見した。素数は2, 3, 5, 7, 11, 13, 17などのように、その数以外の整数では割りきれない整数のことである。したがって15＝3×5は素数ではなく、**素因数**3と5を含む。ある意味では素数は「原子」であって、すべての整数が素数から掛け算によってつくられる。素数は数学ではたいへん重要で、今日でも多くの研究が行われている。ピタゴラス自身は、整数の比として表すことのできない数があるという考えを受け入れなかった。しかし$\sqrt{2}$やπのような数は**無理数**であって、2つの整数の比で表すことができない。πが無理数であることの証明はたいへんむずかしいが、$\sqrt{2}$が無理数であることを証明するのは比較的やさしい（ユークリッド自身が証明した）。これらの「証明」はインターネットで見つけることができる。正と負の整数、有理数、無理数を合わせたものが実数である。したがって、連続数直線は注目すべき構造をもっている。

その後、数学者は**虚数**を発明した。たとえば、$x^2=-9$という問題を解こうとするとしよう。この方程式を解く実数はない。そのため、$i=\sqrt{-1}$で定義されるiと呼ばれる新しい数が発明された。したがって上の方程式に対する2つの解$x=3i$と$x=-3i$が存在する。そうすると、$z=a+bi$という形の数をつくることができる。ただしaとbはいずれも実数である。このような形の数は**複素数**と呼ばれる。zの**複素共役**を$z^*=a-bi$と定義し、zの大きさを$|z|=|\sqrt{zz^*}|=|\sqrt{a^2+b^2}|$と定義する。虚数は通常の実数直線に対して第2次元、つまり垂直軸を表す。これによって複素平面が導かれる。複素平面ではx軸が普通の実数直線、y軸がiを掛けた実数の集合である。複素数は複素平面におけるベクトルである。重要な基礎定理によって、$e^{i\theta}=\cos(\theta)+i\sin(\theta)$のように三角関数を介して虚数の指数関数が複素数と結びつく。この証明はテイラー級数を使う微積分学の課程に任されることが多いが、実は指数関数の一般的性質と三角関数の「加法定理」を使って証明できる（試みてほしい）。この結果を用いると、複素数は$z=\rho e^{i\theta}$と表すことができる。ここでρとθは実数である。そうすると$|z|=|\sqrt{zz^*}|=|\rho|$となる。これは複素平面の極座標表示である。

(9)　ここで多くの学生が「冗談はやめてください。電気工学で行われているよ

うに一種の数学的道具として、便宜上、複素数を使っているだけで、本当は物理の方程式で複素数を使うことに物理的な意味はないのでしょう？」という。冗談を言っているのではない。物理的な意味があるのだ。量子力学では**実際に**複素数が存在し、波動関数は**実際に**複素数を含む時空の関数である。すべてを実数の対に還元し、-1の平方根 i の組合せについて語らずに、苦労してなんとか数学をすすめることができるとしても、そうすることに何の利益もない。それは、カクテルパーティーで本当の病名を言わずに慎重に恐ろしい性病のことを語るようなものだが、だれもが実際には何のことをいっているのか理解し、いずれだれかが口を滑らしてしまうだろう。量子力学の数学では、-1の平方根 i が**基本的な**役割を果たしているというのが事実である。自然は明らかに複素数の本を読んでいるのだ。理由はわからないが、それが真実であることはわかっている。それでは、量子論的粒子の波動関数はどのようなものだろうか？　シュレーディンガーの方程式を使えば、自由に進行する粒子は次のような波動関数をもつ波であることがわかるだろう。すなわち $\psi(\vec{x}, t)=A(\cos(\vec{k}\cdot\vec{x}-\omega t)+i\sin(\vec{k}\cdot\vec{x}-\omega t))$ ただし $|\vec{k}|=2\pi/\lambda$、$\omega=2\pi f$ である。

(10)　マックス・ボルンについて詳しくはJ. J. O'Connor and E. F. Robertson, "Max Born," http://www-gap.dcs.st-and.ac.uk/~history/Mathematicians/Born.htmlを参照のこと。またオリヴィア・ニュートン＝ジョンの国際ファンクラブの伝記のページ"Only Olivia," http://onlyolivia.com/aboutonj/index.htmlも参照のこと。

(11)　実は厳密に言うと、ここには少々ごまかしがある。閉じこめられた波は進行波のような一定の運動量をもつ状態にないので（量子力学の言い方では進行平面波は運動量の固有状態であるが閉じこめられた波はそうではない）、ここで本当に意味しているのは運動量の**大きさ**である。ギターの弦の定在波は、ある瞬間に２つの値（１つは正、１つは負であるが、それ以外は共通の大きさ）の運動量をもつ。最低モードに対する波動関数は、空間で振動するギターの弦と同じ形を取る。最低モードの形は関数 $\sin(\pi x/L)$ である。波動関数の正確な形はもちろん複素数を含み、$\varphi(x, t)=A\sin(\pi x/L)e^{i\omega t}$ と表すことができる。ただし$\omega=2\pi E/h$。したがって $x=0$ と $x=L$ の間のどこかに電子を見いだす確率は $|\varphi(x, t)|^2=A^2\sin^2(\pi x/L)$ である。実際には区間 $0\leq x\leq L$ のどこかに電子を見いだす確率は１であるから、$A=1/\sqrt{2L}$ であることがわかる。

(12) 靴の空き箱、観察するための回折格子、それに小さいアルミホイルを使って、30分もあれば分光計を組み立てることができる（回折格子は理科器具を売っている店や高級ホビーショップで1ドルくらいで買えるプラスチックの格子で、理科の教師の多くは理科教室の後ろのあの謎めいた戸棚にたくさんもっている)。カミソリの刃か工作用のナイフでアルミホイルに細いスリットを切り、靴箱の一方の端へ光が入るようにする。靴箱のもう一方の端にのぞき穴を開け、回折格子を取り付ける。次にスペクトルを見る内部が暗くなるように箱を閉じる。近くの街灯のナトリウムランプにスリットを向け、回折格子を通して箱のなかをのぞいてスリットを見ると、スリットの脇に多数の虹色のスリットのコピー像が見える。これは光の広がったスペクトルで、ナトリウム蒸気中の電子から放出された光子の離散スペクトル線を示している。今度はもっと印象的な標的に挑戦してみよう。スリットを**注意深く**太陽に向け、回折格子から箱をのぞくと、スリットの側面の像が光の連続的な虹のスペクトルを形成しているのが見える（太陽を直接見ては絶対にいけない)。しかし詳細に調べると、虹のなかに黒い線のあるのが見える。これらの線は太陽のコロナにある水素ガスの光子吸収線である。この現象は1800年半ばに発見され、量子論が生まれるまで物理学者には説明のつかないことだった。

(13) 量子力学をさらに学ぼうとする人には、次のファインマンの本がいちばんよいと思う。R. P. Feynman, *The Feynman Lectures on Physics*, vol. 3（Reading, MA : Addison–Wesley, 1963）［砂川重信訳『ファインマン物理学Ⅴ、量子力学』岩波書店、1979（日本語版は巻構成が原書とは異なる)］。

第11章　光の隠れた対称性

(1) 電磁気学を扱ったいろいろなレベルの教科書がたくさんある。入門的な大学レベルのものとしては、R. P. Feynman, *The Feynman Lectures on Physics*, vol. 2（New York : Addison–Wesley, 1970）［宮島龍興訳『ファインマン物理学Ⅲ、電磁気学』岩波書店、1969］。大学院レベルの標準的教科書は、J. D. Jackson, *Classical Electrodynamics*（New York : John Wiley and Sons, 1999）［西田稔訳『ジャクソン電磁気学（上下)』（物理学叢書）吉岡書店、2002/2003］。ウプサラ大学の天文・宇宙物

理学科が無料でダウンロードできる古典電磁気学の教科書と関係サイトへのリンクをBo Thidé, "Classical Electrodynamics," http://www.plasma.uu.se/CED/で提供している。

(2) 1996年5月のジョン・P・ラルストンのクリストファー・T・ヒルへの私信。またJ. D. Jackson and L. B. Okun, "Historical Roots of Gauge Invariance," *Reviews of Modern Physics* 73 (2001): 663を参照のこと。ジャクソンとオクーンは次のように書いている。

> ゲージ不変性の歴史にとって注目に値するがやや周辺的なことは、ジェームズ・マッカラが弾性エーテルの新しい形態中を伝搬する擾乱として光の現象論的な理論を初期に発展させたことである。光の振動を純粋に横向きにするために、マッカラは光が媒質の圧縮やねじれでなく、局所的回転だけに依存するポテンシャルエネルギーをもつとした。……マッカラの方程式は、(適切に解釈すれば) 異方性媒質中の自由場に対するマクスウェル方程式に相当する。マッカラの研究に関する未発表の原稿を利用させてくれたジョン・P・ラルストンに感謝する。

このようにマッカラは1839年に、「エーテル」という物質的媒質中を伝搬する波動擾乱として光の理論を実際に構築した。この理論は25年ほど後のマクスウェルの理論と同等であり、観測できないゲージ場の概念を含んでいる。したがって、マッカラは局所ゲージ不変性の対称性理論を発見したように思われる。しかし、物質的媒質中でのねじれ、つまり局所的回転の概念を含むこの基本的な物理的描像と電気力学との関係は薄い。この発見はほとんど注目されなかった。マッカラは他の物理学者たちとの関係がうまくいかず、自殺という悲劇的な形で生涯を終えた。時代より先に進みすぎていたのかもしれない。

(3) 具体的にいうと、**複素位相因子**は $e^{i\theta}$ (θは実数) のように指数関数で、大きさは1、すなわち$1=|e^{i\theta}|^2$である。したがって電子の波動関数にこの因子を掛けることは $\Psi(\vec{x},t)\rightarrow e^{i\theta}\Psi(\vec{x},t)$ を意味し、これは電子の波動関数の大きさを変えないから、観測される確率には影響しない。**局所**ゲージ不変性への手がかりは、位相因子に現れる角度が時空の**実関数** $\theta(\vec{x},t)$ になることを認めることである。これは電子の波動関数の見かけのエネルギーと運動量を変えることができる。つまり、電子が運動量 $\vec{p}$ とエネルギー E をもつとすれば、その波動関数に位相因子 $e^{i\theta(\vec{x},t)}$ を

掛けたときに、われわれの望む新しい運動量とエネルギーをもつような $\theta(\vec{x}, t)$ を見つけることは容易である。たとえば単純に $\theta = ax - bt$ を選ぶと、$e^{i(kx-\omega t)} \to e^{i(ax-bt)}e^{i(kx-\omega t)} = e^{i(k'x-\omega' t)}$ となる。ただし $k' = k + a$ および $\omega' = \omega + b$ である。われわれは明らかに任意に波数と振動数を変えたわけである。このように、時空によって決まる複素位相を掛けることによって、運動量 $\vec{p}$ とエネルギー E をもつ以前の電子が任意の異なる運動量 $p' = \hbar k'$ とエネルギー $E' = \hbar\omega'$ をもつ新しい電子に変わる。これは最初の状態の対称性ではなく、異なる観測可能なエネルギーと運動量をもつ新しい状態が生じたように見える。

(4) この新しいゲージ相互作用は、付加的なポテンシャルエネルギーを与えることによって、電子の全エネルギーを変化させる。そのとき電子の全エネルギーは $E = \hbar\omega + e\phi$ と修正される。特殊相対性理論ではブーストによりエネルギーと運動量は時間と空間のように互いに混じり合わなければならないから、同じように運動量を $\vec{p} = h\vec{k} + e\vec{A}$ と修正する新しい何かを導入しなければならないことになる。この新しい対象（$\phi, \vec{A}$）はローレンツ変換のもとでの時空（$t, \vec{x}$）のようにふるまう。ϕ を**スカラーポテンシャル**、$\vec{A}$ を**ベクトルポテンシャル**と呼ぶ。定数 e は**電荷**と呼ばれる因子で、電子が新しいスカラーポテンシャルとベクトルポテンシャルの存在をどのくらい強く感じるかを決める。今度は振動数と波数ベクトルを新しい値 $\omega \to \omega'$ と $\vec{k} \to \vec{k}'$ に変える位相因子を電子の波動関数に掛けると、新しいスカラーポテンシャルと新しいベクトルポテンシャルの値を同時に変えることができる。つまり、全体のゲージ変換は次のとおりである。(1) 電子の波動関数に位相を掛ける：$e^{i(kx-\omega t)} \to e^{i\theta(\vec{x}-t)}e^{i(kx-\omega t)} = e^{i(k'x-\omega' t)}$、(2) そうすると $\omega \to \omega' = \omega + b$ および $k \to k' = k + a$ となることがわかる、しかしまた (3) スカラーポテンシャルを $\phi \to \phi - \hbar b/e$ と変え、(4) ベクトルポテンシャルを $\vec{A}_x \to \vec{A}_x - \hbar a/e$ と変える。そうすると、組み合わされた変換のもとでは全エネルギーは不変であることがわかる：$E = \hbar\omega + e\phi \to \hbar\omega' + e\phi - \hbar b \to \hbar\omega + e\phi = E$。その上、組み合わされた変換のもとでは運動量も $\vec{p}_x = \hbar k + e\vec{A}_x \to \hbar k' + e\vec{A}_x - \hbar a = \hbar k + e\vec{A}_x = \vec{p}_x$ のように不変である。これらの組み合わされた変換は**局所ゲージ変換**と呼ばれる。

第12章　クォークとレプトン

(1)　ページ数の関係で残念ながら周期表については細かく検討しない。いろいろな周期表がインターネットで閲覧できる。たとえば“A Periodic Table of the Elements at Los Alamos National Laboratory,” http://periodic.lanl.gov/default.html。現代的な周期表には、自然界には存在しない最近合成された原子番号118までの元素が含まれている。

(2)　1電子ボルトのエネルギーは 1.60×10^{-19} ジュールに相当し、$m=E/c^2$ だから光速度の2乗で割ると、質量 1.78×10^{-36} キログラムに等しい。陽子の質量0.938 GeVに 1.78×10^{-36} キログラムを掛ければ、キログラムで測った陽子の質量 1.67×10^{-27} キログラムが得られる。

(3)　たとえばMurray Gell-Mann, *The Quark and the Jaguar*（New York : W. H. Freeman, 1994）［野本陽代訳『クォークとジャガー』草思社、1997］を参照のこと。本書は伝記ではないが、複雑性、物理学、その他の問題についての魅力的な本である。

(4)　ゲルマンが提案した**クォーク**という用語は、ジェームズ・ジョイスの小説『フィネガンズ・ウェイク』［柳瀬尚紀訳、全2巻、河出書房新社、1991、1993］の一節「マーク大将のためにクォーク三唱」から借りたものである。ありがたいことに、これによって素粒子物理学では、命名の際にすべてギリシア文字を用いるという習慣が破られた。クォークの概念は、ゲルマンのカリフォルニア工科大学時代の同僚で、CERNを訪問中だったジョージ・ツワイクによっても独立に提案された。ツワイクはその考えを有名な刊行されずに終わったCERNのプレプリントにまとめた。ツワイクが選んだ名称は**エース**だった。ツワイクは、多くの新しく発見された粒子のある種の動力学的性質が物質の次の階層であるクォークに基づいて説明できることを理解していた。

(5)　実際には、ある世代のレプトンとクォークの電荷の合計がゼロになるという事実について多少は理解されている。電荷がゼロになるのは、弱い相互作用におけるゲージ対称性への量子的脅威である「アドラー-バーディーン-ベル-ジャキー

フ」異常を相殺する要請からきている。この「異常（アノマリー）の相殺」は、各世代に見られるクォークとレプトンの特定のパターンに対して容易に起こる。このパターンを予言するジョージャイとグラショウの*SU*(5) 理論のような美しい説得力のある「統一理論」もある。しかし、どの理論でも、特定のレプトン、たとえば電子が、トップクォークとボトムクォークあるいは他の組合せとではなく、必ずアップクォークとダウンクォークと調和することを完全には説明できない。

(6) しかし、経費を切り詰める粒子能率専門家として夢中になって、粒子の世代を刈り込もうとする前に、自然界で観測されるCPの破れが、実際的な理由で三つの世代すべてを**必要としている**ことに注目しよう。前に述べたように、ある種のCPの破れは宇宙に物質が存在するために必要である。その上、すべてのクォークとレプトンが初期の宇宙では活動的で、宇宙が現在のように形成される上である役割を果たした。したがって、世代を切り捨てるのはとんでもないことと言えるだろう。

(7) 世代のパターンは、実際にはクォークとレプトンのヘリシティ、もっと正確に言うと**カイラリティ**と関係している。つまり、どの世代でも「左巻き」の粒子だけが弱い力と作用する。このパターンの延長があるとしても、そのためには「右巻き」と「左巻き」の粒子の両方が弱い相互作用と結びつかなければならない。

(8) クォーク（および反クォーク）からつくることのできる多数の複合粒子を全部まとめて**ハドロン**という。3個のクォーク（または3個の反クォーク）から構成されるハドロンを**バリオン**（重粒子）と呼び、クォーク1個と反クォーク1個の組合せから構成されるハドロンを**メソン**（中間子）と呼ぶ。これらのクォークを含む粒子の対応する「励起状態」があり、これを**共鳴**と呼ぶ。共鳴は、ポテンシャル井戸に閉じこめられた電子のようにさまざまな量子エネルギー準位に似たふるまいをし、10章の「ギターの弦のモード」を表す。バリオンはすべて1/2、3/2、5/2などのスピンをもち、メソンはいずれも0、1、2、などのスピンをもつ。

(9) グルーオンの数は$8 = 9 - 1$である。論理的に得られる（カラー、反カラー）対の数は9であるが、$r\bar{r} + b\bar{b} + g\bar{g}$という組合せは*SU*(3) 対称性群の元（要素）ではない。つまり、この組合せはカラー空間で何も回転させないし、グルーオンとして現れない。そのため全部で8つの物理的なグルーオンが残り、その効果は高エ

ネルギー衝突でつくられるジェットのなかに印象的に観測された。

(10)　ヒッグスボソンはわれわれと全宇宙に絶大な影響を与えるので、これを「神の粒子」とさえ呼んだ人もいる。

付録　対称性群

(1)　D. Gorenstein, "The Enormous Theorem," *Scientific American*, December 1985, p. 104［『日経サイエンス』1986年 2 月号98ページ］を参照のこと。

(2)　ソフス・リーは、連続群に関する彼の代数の重要性を数学者仲間に説得するのに苦しい思いをし、最後には精神に異常をきたした。J. J. O'Conner and E. F. Robertson, "Marius Sophus Lie," http://www-gap.dcs.st-and.ac.uk/~history/Mathematicians/Lie.htmlを参照のこと。

著者略歴

レオン・M・レーダーマン（Leon M. Lederman）

実験物理学者。ボトムクォークの発見で知られる。一九八八年にミューニュートリノの発見によるレプトンの二重構造の実証でノーベル物理学賞受賞。イリノイ数学科学アカデミーのグレート・マインズ・プログラム常任研究員、フェルミ国立粒子加速器研究所名誉所長であり、イリノイ工科大学プリツカー科学教授。著書に *The God Particle*［邦訳『神がつくった究極の素粒子』髙橋健次訳、草思社］などがある。

クリストファー・T・ヒル（Christopher T. Hill）

理論物理学者。シカゴ大学物理学科非常勤教授、客員研究員、オックスフォード大学客員研究員を経て、フェルミ国立粒子加速器研究所理論物理学部長。米国物理学協会特別会員。理論物理学と宇宙論についての論文を一〇〇編以上執筆している。

訳者略歴

小林茂樹（こばやし　しげき）

一九三二年生まれ。早稲田大学理工学部卒業。岩波書店『科学』編集長、物理系学術誌刊行協会事務局長などを経て朝倉書店編集企画顧問。『面白い化学の世界』、『究極のシンメトリー―フラーレン発見物語』『マンガ化学が驚異的によくわかる』（ともに白揚社）、『混乱するロシアの科学』（岩波書店）、『原子の世界の秩序と無秩序』、『核融合とプラズマ』（ともに東京図書）、『技術の社会史』（みすず書房）など訳書多数。

SYMMETRY
AND THE BEAUTIFUL UNIVERSE
by Leon M. Lederman and Christopher T. Hill

ISBN978-4-8269-0144-4

対称性《たいしょうせい》

二〇〇八年四月十五日　第一版第一刷発行
二〇〇八年十月二十日　第一版第四刷発行

著　者　レオン・レーダーマン／クリストファー・ヒル

訳　者　小林《こばやし》茂樹《しげき》

発行者　中村　浩

発行所　株式会社　白揚社　© 2008 in Japan by Hakuyosha
東京都千代田区神田駿河台一―七　郵便番号一〇一―〇〇六二
電話（03）五二八一―九七七二　振替〇〇一三〇―一―二五四〇〇

装　幀　岩崎寿文

印刷・製本　株式会社　シナノ